T0132959

HISTOIRE ET PHILOSOPHIE DES SCIENCES
sous la direction de Bernard Joly et Vincent Jullien
14

Systèmes expérimentaux et choses épistémiques

Hans-Jörg Rheinberger

Systèmes expérimentaux et choses épistémiques

Traduction d'Arthur Lochmann

PARIS
CLASSIQUES GARNIER
2017

Hans-Jörg Rheinberger est biologiste moléculaire et historien des sciences. De 1996 à 2014, il fut directeur au Max-Planck-Institut d'histoire des sciences. L'expérimentation scientifique constitue l'un de ses principaux objets de recherche. Il a notamment publié : *Experiment, Differenz, Schrift* (Marburg, 1992), *An Epistemology of the Concrete* (Durham, 2010) et *A Cultural History of Heredity* (Chicago, 2012).

ISBN 978-2-406-06246-2 (livre broché)
ISBN 978-2-406-06247-9 (livre relié)
ISSN 2117-3508

ABRÉVIATIONS

Pour les documents d'archives fréquemment cités, les abréviations suivantes ont été retenues :

FCL   Francis A. Countway Library of Medicine, Boston
GLS   Green Library, Stanford University, Special Collection
MGHR   Massachusetts General Hospital, Research Affairs Office
MCL   Heinrich Matthaei, carnets de laboratoire. Propriété de H. M.
ZCL   Paul C. Zamecnik, carnets de laboratoire. Propriété de P. Z.
ZNR   Paul C. Zamecnik, notes de recherche. Propriété de P. Z.

Les textes allemands et anglais sont cités dans la traduction française lorsqu'il en existe une. Les modifications qui ont toutefois pu être apportées à ces traductions sont signalées par le traducteur.

PROLOGUE

Avec ce livre je poursuis trois objectifs. D'abord, je développe ma conception des arrangements matériels que les scientifiques du XXe siècle travaillant en laboratoire désignent comme leurs « systèmes expérimentaux[1] ». Depuis quelque temps déjà, philosophes et historiens des sciences naturelles accordent une plus grande attention à l'expérience scientifique. Cet ouvrage constitue une tentative pour établir une épistémologie de l'expérimentation moderne sur la base du concept de « système expérimental ». Ma deuxième ambition est de comprendre la dynamique de la recherche comme un processus de formation de « choses épistémiques » ; à cet effet, il sera nécessaire de sonder la question fondamentale de l'apparition et du façonnement de nouveaux objets de recherche dans les sciences empiriques en général. Un tel déplacement de la perspective, délaissant les idées et les intentions des acteurs pour s'intéresser aux objets vers lesquels les gestes et désirs de ces acteurs sont tournés, nous mènera à une histoire des choses – épistémiques en l'occurrence. En troisième lieu, j'articule ces questions épistémologiques et historiographiques à une étude de cas, en suivant au microscope un laboratoire précis, celui de Paul C. Zamecnik et de ses collaborateurs au Collis P. Huntington Memorial Hospital de l'Université de Harvard au Massachusetts General Hospital de Boston. Au cours d'une période de quinze années – entre 1947 et 1962 – cette équipe développa un système expérimental permettant de réaliser la biosynthèse de protéines dans des éprouvettes ; partant de la cancérologie et en passant par la biochimie, Zamecnik et ses collègues furent conduits dans l'ère de la biologie moléculaire.

Après avoir travaillé pendant plusieurs années à ce projet, il m'apparut clairement que la triple articulation entre analyse, réflexion et reconstruction imposait une forme particulière d'exposition. Le développement

---

1   On trouvera une présentation générale dans Rheinberger, 1992a, 1992b, 1993, 1994. *Cf.* également Rheinberger & Hagner, 1993, ainsi que Hagner, Rheinberger & Wahrig-Schmidt, 1994.

systématique des thématiques épistémologiques et historiographiques semblait entrer en conflit avec l'étude de cas. Celle-ci devait être exposée en détail mais respecter une perspective qui anticipe suffisamment peu les événements pour que les microscopiques contingences qui sont en jeu lors de l'émergence de nouveaux objets de savoir puissent apparaître en tant que telles. J'ai tenté de résoudre ce problème de représentation en divisant les chapitres de l'ouvrage en deux catégories. Alternant réflexion et récit, ils oscillent entre le regard récursif d'un épistémologue et le point de vue – à vrai dire impossible – d'un participant aux événements historiques. Les chapitres, qui renvoient les uns aux autres, se soutiennent mutuellement dans l'argumentation. Mais on peut également les regarder comme deux versions différentes d'une même pièce de théâtre qui alternerait entre l'exposition d'une histoire et son commentaire. Ce livre s'adresse autant aux chercheurs en sciences naturelles qu'aux historiens et philosophes des sciences, et ne donnera pas moins de fil à retordre aux uns qu'aux autres. Ceux qui s'intéressent avant tout à la thématique philosophique pourront se consacrer aux chapitres épistémologiques et historiographiques et ne se reporter au matériel historique que lorsqu'ils souhaiteront des éclaircissements sur certains détails. Ceux que l'étude de cas intéresse davantage pourront se concentrer sur les chapitres chronologiquement ordonnés et consulter les intermèdes réflexifs selon leur envie. Il incombera aux lecteurs appartenant aux deux camps de dire si ce modèle se montre probant.

L'ÉPISTÉMOLOGIE

J'ai donné une première esquisse des idées qui se trouvent au fondement de cette étude à l'occasion de deux articles et d'une petite brochure dans lesquelles le message épistémique du présent ouvrage est contenu en germe[2]. Les conversations que j'ai pu avoir avec de nombreux collègues m'ont aidé à formuler plus clairement ce qui leur parut d'abord confus – cela toutefois au prix d'une certaine modération de mon enthousiasme initial, qui se nourrissait de mon existence hybride partagée entre le

---

2   Rheinberger, 1992a, 1992b.

laboratoire et l'épistémologie. J'espère néanmoins que le texte, même après son odyssée de l'allemand vers l'anglais, puis de là vers l'allemand à nouveau, porte encore les traces de cette passion des débuts.

Commençons par une rapide présentation de la charpente de l'argument épistémologique. Les systèmes expérimentaux (p. 21 *sq.*) sont les unités de travail effectives de la recherche contemporaine. Les objets de savoir et les conditions techniques de leur mise en évidence y sont inextricablement mêlés. Ils constituent des unités à la fois locales, individuelles, sociales, institutionnelles, techniques, instrumentales et, avant toute chose, épistémiques. Les systèmes expérimentaux sont donc, de part en part, des dispositifs composites, hybrides ; dans les limites définies par ces constructions dynamiques, les chercheurs en sciences expérimentales donnent forme aux choses épistémiques sur lesquelles ils travaillent. En premier lieu, ce livre est consacré à l'aspect épistémique des systèmes expérimentaux. Il y a une explication à cela : le sociologue du savoir qui affirme que l'activité scientifique ne peut être que locale et limitée doit également le dire de l'activité de l'historien et du philosophe. Une décennie durant, je fus pris dans les rets d'un système expérimental : le travail de paillasse a marqué mon idiosyncrasie et mon goût pour une « épistémologie d'en bas ». D'autres que moi pourront compléter les lacunes et oublis qu'ils découvriront.

Ensuite, un système expérimental doit être apte à subir une reproduction différentielle (p. 97 *sq.*) pour pouvoir servir de « générateur de surprises[3] », d'appareil de production d'innovations scientifiques allant au-delà de notre savoir actuel. Reproduction et différence sont les deux faces d'une seule et même médaille ; leur alternance est à la base des revirements et déplacements qui ponctuent le processus de recherche. Pour rester productifs, les systèmes expérimentaux doivent être organisés de telle manière que la *génération de différences* devienne la force motrice reproductive de l'ensemble de la machinerie expérimentale.

Enfin, les systèmes expérimentaux constituent les unités au sein desquelles les signifiants de la science sont élaborés. Ces derniers déploient leur signification dans des espaces de représentation (p. 139 *sq.*), où des graphèmes – des traces matérielles, telles que les bandes de fractionnement ou une colonne de coups radioactifs par minute – sont produits, reliés entre eux ou séparés les uns des autres par placement, déplacement et

---

3   Hoagland, 1990, p. XVII.

remplacement. Limités par le contexte hybride de leurs systèmes expérimentaux respectifs, les chercheurs en sciences naturelles pensent dans les coordonnées de ces espaces qui définissent la représentation possible. Plus précisément, ils ouvrent de tels espaces de représentation lorsqu'en enchaînant leurs graphèmes ils forment des choses épistémiques. En tant que graphies, ces dernières relèvent en quelque sorte d'une forme généralisée d'écriture. Finalement, par le jeu de conjonctures et de disjonctions, les systèmes expérimentaux particuliers sont intégrés à des ensembles expérimentaux plus vastes ou à des cultures expérimentales (p. 183 *sq.*). En règle générale, les conjonctures, comme les ramifications, sont le résultat d'événements imprévus, voire inanticipables. Dans l'économie de la pratique scientifique, de telles condensations locales fonctionnent comme des attracteurs autour desquels s'organisent les communautés de chercheurs, et à plus long terme des disciplines scientifiques toutes entières.

L'HISTORIOGRAPHIE

En matière d'historiographie je partage les vues de Bruno Latour quand il affirme qu'il « y a une histoire de la science, pas seulement des scientifiques, et une histoire des choses, pas seulement de la science[4] ». Mon point de vue historique personnel, dans cette cascade qui s'étend des scientifiques aux objets épistémiques en passant par la science, est ancré dans le plan des choses. On pourrait parler d'une biographie des choses, ou d'une généalogie des objets, à condition de ne pas entendre par là que les objets sont alignés les uns à côté des autres comme les tableaux d'une exposition ; il m'importe bien davantage de mettre en évidence les processus qui leur donnent naissance. Sur ce point, j'ai été particulièrement captivé par les réflexions de l'historien de l'art George Kubler sur les formes temporelles de la production artistique, et en particulier par ses *Remarques sur l'histoire des choses*. Dans le cadre de son étude des « séquences formelles » des choses – œuvres d'art, expériences, outils et constructions techniques – Kubler note : « La valeur

---

4   Latour, 1990b, p. 66.

de tout rapprochement entre l'histoire de l'art et l'histoire des sciences est de mettre en avant les traits d'invention, de changement et de vieillissement que les œuvres matérielles des artistes et des savants ont en commun dans le temps[5]. » Le rapprochement que je cherche ici à établir vise une histoire de la culture matérielle des sciences naturelles et des arrangements expérimentaux dans lesquels ces sciences s'incarnent et, en quelque sorte, habitent. Plutôt que de m'intéresser aux concepts pour y lire une histoire de l'*objectivité* scientifique, j'ai entrepris de déchiffrer dans les traces matérielles une histoire de l'*objecticité*.

Dans cette tentative pour considérer les histoires de la science comme des histoires des choses et des traces, un couple de concepts forgés par Derrida me sert de point de départ : « *différance* » (p. 97 *sq.*) et « *historialité* » (p. 243 *sq.*)[6]. « Différance » désigne ici le travail particulier de poussée caractéristique des systèmes expérimentaux, tandis qu'« historialité » rend compte de la charge temporelle qui leur est inhérente. Si les systèmes expérimentaux ont une « vie propre[7] », ils ont également un temps propre. La notion de *différance* ne me permettra peut-être pas d'échapper entièrement au piège de tout réalisme naïf – la dichotomie intemporelle entre le « vrai » et le « faux », entre le fait et l'artefact – mais du moins de la perforer ici et là. Quant au concept d'historialité, il sera d'une grande aide pour se soustraire à la dichotomie à sens unique entre passé et avenir où s'enferre toujours l'historicisme naïf. Je m'en tiendrai donc à ce qu'avec Derrida on aimerait qualifier de principe de supplémentarité – ou, pour le dire plus simplement, à une économie du déplacement épistémique dans laquelle tout ce qui est d'abord pris en compte comme pure substitution ou addition à l'intérieur des limites d'un système expérimental existant tend à changer la forme du système pris dans son ensemble, et impose par là de relire à nouveaux frais son histoire. Le mouvement de supplémentation s'accompagne d'une connotation translinguistique de la sémantique : c'est ce qui déplace, la matérialité motrice de la trace, qui renverse la signification du déplacé.

Le présent ouvrage ne fait pas exception à cette règle. Lorsque je me suis lancé dans la rédaction des premières ébauches pour ce texte, j'ignorais que les systèmes expérimentaux y prendraient finalement une

---

5   Kubler, 1962 [1973], p. 10 [p. 35]. *Cf.* également Lubar & Kingery, 1993.
6   Derrida, 1967, p. 38 et *passim*.
7   Hacking, 1983 [1989], p. 150 [p. 270]. [Traduction modifiée (*N.d.T.*)].

place aussi importante. Le concept de système expérimental n'était à l'origine qu'un supplément à la « pensée empirique », mais devint bientôt une véritable puissance de déplacement – vers l'intérieur comme vers l'extérieur. À mes pensées vagabondes il fournit un solide point d'appui, tant dans le rapport à mes objets qu'à l'égard de mes lecteurs, auxquels je m'adressais alors en tant qu'historien venant tout juste de quitter ses habits de biologiste.

L'ÉTUDE DE CAS

À se plonger dans les détails des études médicales et biochimiques sur la synthèse des protéines menées dans le cadre de la recherche sur le cancer au cours de la décennie qui suivit la Seconde Guerre mondiale, on est rapidement gagné par le sentiment d'évoluer dans un labyrinthe où rien n'est plus aisé que de se perdre. À plusieurs reprises, Gunther Stent a fait observer qu'une attitude méprisante à l'égard de la biochimie traditionnelle dominait chez les biologistes moléculaires de la première génération. Leurs procédés plutôt salissants, parfois même littéralement sanglants, ne pouvaient évidemment pas gagner la faveur d'anciens physiciens venus sur le tard à la biologie[8]. Dans son autobiographie, Mahlon Hoagland a parlé du « profond fossé » qui, dans les années cinquante et jusqu'au début des années soixante, séparait la culture expérimentale des biochimistes de ceux qui se définissaient comme biologistes moléculaires[9]. Mon étude de cas sur le groupe de recherche qui officia au Massachusetts General Hospital montrera cependant que la majeure partie des laborieux travaux menés sur les détails moléculaires de ces phénomènes qui furent codifiés entre 1953 et 1963 (la réplication, la transcription et la traduction de l'information génétique), fut le résultat d'études biochimiques initialement engagées sous un tout autre angle que celui de la génétique moléculaire. Et le succès de ce que Stent nomma la « phase dogmatique » de la biologie moléculaire tient surtout au fait qu'à la fin des années cinquante, de nombreux biologistes moléculaires

---

8   Stent, 1968.
9   Hoagland, 1990, p. 82.

– parmi lesquels figuraient également James Watson et ses collègues de laboratoire de Harvard – firent retour aux méthodes et aux systèmes expérimentaux de la biochimie écartés peu de temps auparavant, ceci afin d'élucider les détails du flux d'information moléculaire qui était devenu le cœur de leurs préoccupations.

Les relations entre la chimie biologique et cette discipline en formation qu'est la génétique moléculaire ne laissent pas d'être complexes. Toutes deux comportent d'innombrables nuances et degrés qui présentent des aspects différents selon les traditions locales de recherche, les structures institutionnelles et les ancrages disciplinaires des chercheurs. En outre, leurs orientations de recherche dépendent autant des convictions philosophiques que des stratégies politiques nationales de soutien à la recherche. À cet égard, le présent ouvrage n'apporte qu'un éclairage supplémentaire à un débat ouvert de longue date et toujours actuel[10].

Au cœur de mon enquête se trouve un système expérimental bien particulier qui devait prendre une place centrale dans l'étude du mécanisme de la synthèse des protéines. Je reconstitue le cours sinueux de cette entreprise de recherche en en restituant les virages, les revirements soudains et les événements imprévisibles. Je me suis efforcé de ne pas tirer un trop facile profit de ce privilège qu'est le regard rétrospectif, même si j'ai bien conscience qu'aucun historien ne peut renoncer tout à fait à la drogue de sa profession, la pédanterie de celui qui vient après-coup. Comme pour tous les autres narcotiques, il dépend entièrement du dosage qu'elle soit nocive ou bienfaisante.

L'étude de cas proposée dans cet ouvrage se penche de très près sur la construction d'un système de biosynthèse des protéines *in vitro*. Il s'agit en particulier de comprendre comment de ce système émergea la molécule qu'en biologie moléculaire on appelle aujourd'hui l'ARN de transfert. D'une part, cette molécule « transfère » des acides aminés du cytoplasme vers les ribosomes, c'est-à-dire vers les organites cellulaires, où ils sont assemblés pour former des peptides. Sur la base de ses propriétés de codage d'autre part, elle transfère vers les protéines – dans le sens d'une traduction – le message génétique contenu dans les acides nucléiques.

---

10 *Cf.* par exemple Abir-Am, 1980, 1985, 1992 ; Gaudillière, 1991, 1993 ; Fruton, 1992 ; Burian, 1993a, 1993b, 1996, 1997 ; Kay, 1993, 2000 ; Chadarevian, 1996, 1998 ; Creager, 1996, 2002.

Outre Paul Zamecnik, médecin formé à Harvard, le groupe dont je retrace les travaux menés au Collis P. Huntington Memorial Hospital de Boston était composé de toute une série de membres au nombre desquels figuraient notamment : Mary Stephenson, qui collabora depuis le début avec Zamecnik comme assistante technique avant d'être reçue docteur en biochimie ; le médecin Ivan Frantz de la Harvard Medical School ainsi que le chimiste organique Robert Loftfield qui, après un doctorat en chimie organique à Harvard, fut d'abord assistant de recherche au Massachusetts Institute of Technology (MIT), tous deux compagnons de route de Zamecnik depuis les premières années d'après-guerre ; Philip Siekevitz, docteur en biochimie de l'Université de Berkeley en Californie, qui rejoignit le groupe de recherche en 1949 ; Elizabeth Keller, docteur en biochimie de l'Université de Cornell, qui collabora également avec le groupe à partir de 1949 ; Mahlon Hoagland, lui aussi médecin diplômé de Harvard, qui travailla un temps avec Fritz Lipmann avant d'intégrer l'équipe de Zamecnik en 1953 ; John Littlefield, également médecin formé à Harvard, qui occupa un poste de clinicien-chercheur au Massachusetts General Hospital (MGH) à partir de 1954 ; Jesse Scott, un médecin de l'Université de Vanderbilt qui fut employé comme biophysicien au Huntington Hospital dans les années cinquante ; Liselotte Hecht, qui avait soutenu une thèse en oncologie dans le Wisconsin et fut associée au groupe de recherche à partir de 1957 ; et Marvin Lamborg, docteur en biologie de la Johns Hopkins University, qui intégra le groupe en 1958 à la faveur d'une bourse de recherche en biochimie.

Zamecnik peut sans nul doute être considéré comme le grand ponte de la synthèse protéique. Pourtant, ni lui ni aucun membre de son équipe n'appartint jamais à la poignée de biologistes moléculaires que l'on célébra comme les héros de la nouvelle discipline. Mais mon intention n'était pas de raconter une histoire de héros et de génies, pas plus que de la démonter. Il m'intéressait au contraire de retracer l'histoire d'une entreprise de recherche dont l'extraordinaire fécondité reposa sur la collaboration de tout un groupe de chercheurs dépassant les frontières disciplinaires. Mais cette histoire constitue par ailleurs un épisode tout à fait typique de la biologie moléculaire biomédicale et biochimique du milieu du XXe siècle. Il m'importait de suivre les traces de cette voie de recherche en particulier, qui est considérée comme caractéristique des *life sciences* d'après-guerre. Dans cette tâche, le récit et les réflexions que donne François Jacob sur son expérience de laboratoire à l'Institut Pasteur furent d'une valeur inestimable[11]. Lorsque je me suis engagé dans ce projet, j'étais justement en train de lire son autobiographie parue en 1987. *La Statue intérieure* m'apporta la nécessaire confirmation que structurer mon exposé sous l'angle d'un système expérimental n'était pas une peine inutile.

L'histoire des premières représentations en éprouvette de l'ARN de transfert comme ARN soluble, qui est développée en détail dans les chapitres suivants, est instructive à bien des égards. Elle montre que cette molécule apparut dans le cadre de recherches en cancérologie et en biochimie, qui n'avaient d'abord rien à voir avec la génétique moléculaire proprement dite. Vers la fin des années cinquante cependant, l'ARN de transfert conduisit à une fructueuse mise en relation de la biochimie et de la biologie moléculaire, avant de s'arroger une place centrale dans l'édifice de la génétique moléculaire au début des années soixante. Il devint un outil de décryptage du code génétique et permit d'établir des ponts entre l'ADN comme lieu de stockage de l'information génétique et les protéines, qui étaient considérées comme les représentants de la signification biologique du code. En retraçant ici les différents stades et les multiples étapes de la vie d'une unique molécule en tant que chose épistémique, j'entends donner à voir une conception plus générale de la façon dont l'histoire des sciences peut être interprétée comme histoire des événements expérimentaux.

Pour autant, il ne s'agit pas d'une simple chronique des événements. Je n'ai pas l'ambition de restituer dans son intégralité l'évolution histo-rique de la recherche sur la biosynthèse protéique, voire du déchiffrage du code génétique. Un tel exposé fait encore défaut, bien que quelques-uns des participants à cette entreprise historique aient déjà livré leurs témoignages sur les événements[12]. En dépit de la limitation à un unique laboratoire, je vise plutôt ici ce que Michel Foucault aurait appelé une « archéologie » de la biologie moléculaire. Il s'agit donc d'une analyse de ces dispositions et dépositions par lesquelles la culture expérimentale de la synthèse protéique des années cinquante peut aujourd'hui être

---

11   Jacob, 1987.
12   *Cf.* notamment Zamecnik, 1969, 1979 ; Lipmann, 1971 ; Tissières, 1974 ; Siekevitz & Zamecnik, 1981 ; Hoagland, 1990 ; Nomura, 1990 ; Spirin, 1990. Sur l'histoire de l'« information » et du « codage » en biologie moléculaire, *cf.* Kay, 2000.

rendue lisible et mise en scène. C'est pourquoi ce récit n'a pas de vocation biographique. Mon intention fut de montrer comment, à partir d'une situation du quotidien de la recherche, une étude se détacha qui, dans une sorte de diffusion par capillarité, en vint sans qu'il n'y paraisse à irriguer l'ensemble de la biologie moléculaire qui était sur le point de voir le jour, et la marqua finalement de son sceau.

Une archéologie, au sens de Foucault,

> [...] ne cherche pas à restituer ce qui a pu être pensé, voulu, visé, éprouvé, désiré par les hommes dans l'instant même où ils proféraient le discours [...]. Elle n'essaie pas de répéter ce qui a été dit en le rejoignant dans son identité même. Elle ne prétend pas s'effacer elle-même dans la modestie ambiguë d'une lecture qui laisserait revenir, en sa pureté, la lumière lointaine, précaire, presque effacée de l'origine. Elle n'est rien de plus et rien d'autre qu'une réécriture : c'est-à-dire dans la forme maintenue de l'extériorité, une transformation réglée de ce qui a été déjà écrit. Ce n'est pas le retour au secret même de l'origine ; c'est la description systématique d'un discours-objet. (Foucault, 1969, p. 183)

À ces discours-objets je donne pour ma part le nom de *choses épistémiques*. Et j'affirme par conséquent que les choses épistémiques – des choses dans lesquelles des concepts se font corps – méritent autant d'attention que des générations d'historiens en ont accordé aux idées désincarnées.

Le premier chapitre présente quelques considérations fondamentales sur les systèmes expérimentaux et les choses épistémiques, et leur assigne une place au sein du débat actuel sur le rôle de l'expérience dans la compréhension de la dynamique propre aux sciences naturelles modernes. Dans les deuxième et troisième chapitres, je concentre mon attention sur le premier système de synthèse protéique *in vitro* qui fut mis au point entre 1947 et 1952 par le groupe de recherche de Paul Zamecnik au MGH, d'abord à partir de coupes de tissus de foie de rat, puis d'homogénats tissulaires. Le quatrième chapitre reprend le fil du premier et le prolonge par des réflexions sur la reproduction différentielle des systèmes expérimentaux. Au chapitre suivant, l'exemple du fractionnement du système de synthèse protéique au cours des années 1952-1955 viendra illustrer ces réflexions. La signification des formes de représentation dans la pratique scientifique fait l'objet du sixième chapitre. Le septième chapitre est consacré à la représentation de la synthèse protéique sous la forme d'une cascade d'étapes intermédiaires dans une chaîne métabolique. Ces développements embrassent la période qui court de 1954 à 1956, pendant laquelle le concept d'activation des acides aminés prit forme. La façon dont les systèmes expérimentaux peuvent glisser d'un premier contexte à un autre plus large est discutée au huitième chapitre, où il est question de conjonctures, hybridations, ramifications et cultures expérimentales. Le neuvième chapitre retrace comment une chose épistémique particulière, l'ARN soluble, émergea du système de synthèse protéique *in vitro*. Cette molécule fut trouvée alors qu'elle n'avait pas fait l'objet de recherches spécifiques, mais elle se révéla être le pont qui permit de faire la liaison entre la recherche sur la synthèse des protéines et la biologie moléculaire. Le dixième chapitre est l'occasion d'exposer des considérations historiographiques relatives à la survenue d'événements inanticipables. Le chapitre onze dépeint la transformation de l'ARN soluble en ARN de transfert, puis celle des microsomes en ribosomes et enfin celle de ce qui fut longtemps considéré comme une « matrice microsomale » en ARN messager. Le douzième et dernier chapitre porte sur un autre événement non anticipé, le déchiffrage du code génétique à partir d'un système bactérien de synthèse protéique *in vitro*. L'ouvrage se clôt enfin par un bref épilogue sur la science et l'écriture.

En de nombreux passages de ce texte, j'ai eu recours à des matériaux et à des réflexions que j'avais publiés à diverses occasions au cours des dernières années. Bien qu'aucune de ces publications n'ait été ici reproduite dans son intégralité, je tiens à indiquer les titres suivants : Experiment, Differenz, Schrift *(Basiliskenpresse, 1992),* « Experiment, Difference, and Writing » *I et II (*Studies in History and Philosophy of Science, *1992, vol. 23),* « Experiment and Orientation » *(*Journal of the History of Biology, *1993, vol. 26),* « Experimental Systems : Historiality, Narration, and Deconstruction » *(*Science in Context, *1994, vol. 7),* « From Microsomes to Ribosomes » *(*Journal of the History of Biology, *1995, vol. 28),* « Comparing Experimental Systems » *(*Journal of the History of Biology, *1996, vol. 29) et* « Cytoplasmic Particles » *(*History and Philosophy of the Life Sciences, *1997, vol. 19). Je remercie Nancy Bucher, Ivan Frantz, Liselotte Hecht-Fessler, Mahlon Hoagland, John Littlefield, Robert Loftfield, Heinrich Matthaei, Philip Siekevitz, Mary Stephenson et surtout Paul Zamecnik pour la patience avec laquelle ils se sont prêtés à mes questions insistantes, ainsi que pour les* *précieuses remarques qu'ils firent au sujet de certains chapitres dont je leur avais soumis une première version. Je suis tout particulièrement reconnaissant envers Heinrich Matthaei et Paul Zamecnik de m'avoir autorisé à consulter leurs carnets de laboratoire. Richard Wolfe de la Francis A. Countway Library of Medecine à Boston et Penny Ford-Carleton du Research Affairs Office au Massachussetts General Hospital m'ont permis d'accéder aux documents d'archives du MGH. Les travaux de Jacques Derrida et François Jacob m'ont accompagné pendant toute la préparation de ce texte. Je remercie également Richard Burian, Soraya de Chadaverian, Lindley Darden, Peter Galison, Jean-Paul Gaudillière, David Gugerli, Michael Hagner, Klaus Hentschel, Frederic Holmes, Timothy Lenoir, Ilana Löwy, Peter McLaughlin, Everett Mendelsohn, Robert Olby, Paul Rabinow, Johannes Rohbeck, Joseph Rouse, Bernhard Siegert, Hans Bernd Strack, Bettina Wahrig-Schmidt, Norton Wise, et surtout Marjorie Grene, Yehuda Elkana et Lily Kay pour nos nombreuses discussions, leurs critiques riches et pénétrantes et leurs constants encouragements.*

J'ai pu commencer à travailler sur ce livre en 1989-1990, à l'occasion d'un séjour à la Stanford University auprès de Timothy Lenoir qui me fut généreusement accordé par Heinz-Günter Wittmann, à l'époque directeur du Max-Planck-Institut de génétique moléculaire de Berlin-Dahlem. Ma gratitude va également à Dietrich von Engelhardt, directeur de l'Institut d'Histoire des Sciences et de la Médecine de l'Université de Lübeck dont l'agréable ambiance de recherche a largement contribué à l'avancement de ce projet. Enfin, un séjour au Wissenschaftskolleg de Berlin pendant l'année universitaire 1993-1994, alors dirigé par Wolf Lepenies, fut d'un grand bénéfice pour cet ouvrage. J'ai pu achever la version allemande grâce à l'invitation de Helga Nowotny au Collegium Helveticum de l'ETH de Zurich pour le semestre d'été de l'année 2000. Je dois vivement remercier Arthur Lochmann pour la présente traduction du texte allement en français. Et reste enfin une personne, qu'il me faut remercier de m'avoir donné le temps que je lui ai pris.

SYSTÈMES EXPÉRIMENTAUX
ET CHOSES ÉPISTÉMIQUES

En 1955, à l'occasion d'un colloque sur la structure des enzymes et des protéines, Paul Zamecnik tint une conférence sur le *Mécanisme d'incorporation d'acides aminés marqués dans les protéines.* Lorsqu'au cours du débat qui suivit l'exposé, Sol Spiegelman évoqua ses propres expériences sur l'induction d'enzymes dans les cultures de levures, Zamecnik lui répondit : « Nous aussi, nous préférerions de loin étudier l'induction de la synthèse enzymatique. Mais cela me rappelle une histoire qu'un jour le professeur Hotchkiss m'a racontée : celle d'un homme qui voulait essayer un nouveau boomerang, mais qui était incapable de se débarrasser de celui qu'il avait déjà[1]. »

Plus efficace que tous les détours d'une longue description, cette anecdote illustre une caractéristique décisive de la pratique expérimentale. En effet, elle rend compte d'une réalité dont tout chercheur est familier dans son travail : plus il apprend à se servir de son dispositif expérimental, plus ce dispositif peut révéler ses potentialités propres. Il devient en quelque sorte indépendant des souhaits du chercheur, précisément parce que celui-ci a conçu et agencé le système avec toute l'habileté dont il est capable. Ce que Jacques Lacan a observé dans les sciences humaines s'applique ici aussi : « Le sujet est, si l'on peut dire, en exclusion interne à son objet[2]. » Cette « extériorité intime », ou « extimité[3] » de la *chose* qui est captée par l'image du boomerang, on peut également la désigner par le concept de virtuosité.

La virtuosité procure du plaisir. Lorsqu'un jour Alan Garen demanda à Alfred Hershey ce qu'était selon lui le plus grand bonheur scientifique, il se

---

1   Zamecnik, Keller, Littlefield, Hoagland & Loftfield, 1956. Le symposium eut lieu dans le cadre d'un colloque de recherche en biologie et en médecine organisé par la Commission de l'Énergie Atomique au Oak Ridge National Laboratory à Gatlinburg (Tennessee) du 4 au 6 avril 1955.
2   Lacan, 1966, p. 861.
3   Lacan, 1986, p. 167.

serait entendu répondre la chose suivante : « Maîtriser une expérience qui fonctionne, et la reproduire en la faisant varier indéfiniment[4]. » François Jacob a donné de cette réplique la version suivante : « Al Hershey, l'un des plus brillants spécialistes américains du bactériophage, disait que pour un biologiste, le bonheur consiste à mettre au point une expérience très complexe et à la refaire tous les jours en ne modifiant qu'un infime détail[5]. » Comme le confia Seymour Benzer à Horace Judson, cette réponse passa à la postérité dans le cercle de la première génération de biologistes moléculaires : de quelqu'un qui tenait une expérience fonctionnant bien, on disait qu'il avait atteint le « ciel de Hershey ».

Dans son autobiographie, François Jacob a envisagé cette question sous la perspective du processus de recherche en cours :

> Pour analyser un problème, le biologiste est contraint de concentrer son attention sur un fragment de la réalité, sur un morceau d'univers qu'il isole arbitrairement pour en définir certains paramètres. En biologie, toute étude commence donc par le choix d'un « système ». De ce choix dépend la marge de manœuvre laissée à l'expérimentateur, la nature des questions qu'il a latitude de poser et même, souvent, le type de réponse qu'il peut obtenir. (Jacob, 1987, p. 261)

Au principe de toute recherche biologique se trouve donc le choix d'un système et, dès lors, d'un certain spectre d'opérations qu'il est possible de réaliser dans et avec ce système.

Sauf mésinterprétation de ma part, il s'agit là de la version profane d'une formule de Heidegger, selon laquelle « l'ouverture d'un secteur » et « l'installation d'une investigation » seraient les caractéristiques fondamentales de la recherche moderne. Et dans la recherche, c'est « l'essence » de la science occidentale qui se dévoilerait. Voici comment Heidegger le formule dans son essai sur « l'époque des conceptions du monde » publié en 1938 :

> L'essence de ce qu'on nomme aujourd'hui science, c'est la recherche. En quoi consiste l'essence de la recherche ? En ce que la connaissance s'installe elle-même, en tant qu'investigation, dans un domaine de l'étant, la nature ou l'histoire. Par investigation, il ne faut pas seulement entendre la méthode, le procédé ; car toute investigation nécessite un déjà ouvert à l'intérieur duquel

---

4   Judson, 1979, p. 275.
5   Jacob, 1987, p. 263.

son mouvement devient possible. Or c'est précisément dans l'ouverture d'un tel secteur d'investigation que consiste le processus fondamental de la recherche. (Heidegger, 1977 [2004], p. 77 [p. 102])

Par leurs contextes autant que par leurs contenus, ces citations divergent considérablement. Zamecnik, Garen, Jacob et Heidegger parlent tous de l'expérimentation mais en considèrent des aspects radicalement différents : ils font valoir la connaissance intime qu'on y développe, la satisfaction que l'on en tire, les limitations qu'elle impose et l'ouverture qu'elle constitue. Sur un point cependant ils s'accordent : tous voient dans le dispositif de recherche, ou système expérimental, la structure centrale dans laquelle l'activité scientifique peut se déployer. Accorde-t-on quelque crédit à cette conception, il en découle des conséquences épistémologiques autant qu'historiographiques. Si nous partons du principe que la *recherche* est le phénomène fondamental de la science moderne, il nous faut enquêter sur la façon dont les scientifiques se comportent lorsqu'ils évoluent sur la frontière entre le connu et l'inconnu. Et si nous admettons que toute recherche biologique – expérimentale – ne commence pas tant par le choix d'un cadre théorique de référence que par celui d'un *système*, alors c'est avec raison que nous concentrerons toute notre attention sur la caractérisation des systèmes expérimentaux, leur structure et leur dynamique. Jacob parle certes du *choix* d'un système, mais cela ne veut évidemment pas dire que de tels arrangements préexistent et qu'il suffit d'en sélectionner un. Au contraire, parvenir à un système expérimental qui fonctionne bien est un processus laborieux, ainsi que le montrera mon étude sur le groupe de recherche du Massachusetts General Hospital. J'accorde une attention particulière aux matérialités auxquelles la recherche a affaire. Mon approche s'efforce d'échapper au primat de la théorie et, faute d'une meilleure expression, on pourrait la qualifier de « pragmatogonique[6] ». J'aimerais rendre le lecteur sensible à ce que cela signifie que de se trouver empêtré dans des situations expérimentales, des pratiques épistémiques, sans ne plus rien pouvoir déduire ni interroger. Ce programme, Frederic Holmes l'a formulé dans les termes suivants :

Ce sont les recherches en tant que telles qui se trouvent au centre de la vie d'un chercheur en sciences expérimentales. Pour lui, les idées s'intègrent aux recherches ou en résultent ; mais prises en elles-mêmes, ce sont de purs

6   *Cf.* Latour, 1990a, p. 160-164, qui fait référence à Serres, 1987.

exercices littéraires. [...] Si nous voulons comprendre les arcanes de l'activité
scientifique, il nous faut nous pencher d'aussi près que possible sur ses opérations de recherche. (Holmes, 1985, p. xvi)

Dans ce chapitre, je m'intéresse tout d'abord à certaines propriétés
structurelles de telles opérations de recherche. Bien que je n'aie ici
nullement l'intention d'écrire une histoire de l'expérimentation – ce
serait un tout autre projet – j'aimerais pour commencer rappeler un
épisode de la fin du XVIIIe siècle. En 1793, alors qu'il réalisait les
expériences d'optique qui le conduisirent à sa théorie des couleurs,
Goethe composa un remarquable essai intitulé « La médiation de
l'objet et du sujet dans la démarche expérimentale[7] ». Son approche
est encore différente de toutes celles que j'ai déjà visées. Ce n'est ni la
virtuosité ni la familiarité, pas plus que l'ouverture ou la contrainte,
mais la *mission* incombant au scientifique qui préoccupe Goethe, en
quoi il se place dans le cadre de ce que Friedrich Kittler a appelé
les « systèmes d'écriture 1800[8] ». Voici la phrase décisive pour notre
affaire : « *La reproduction diversifiée de chaque essai isolé* est donc le véritable devoir d'un chercheur[9]. » Goethe compare ainsi ce qu'il appelle
l'*essai* avec un point depuis lequel la lumière se diffuse dans toutes
les directions possibles. En suivant toutes ces directions pas à pas, on
élabore un ensemble d'expériences qui finit par entrer en contact avec
des réseaux d'essais environnants et par se combiner à eux. La tâche
principale de l'expérimentateur consiste précisément à aménager de
tels champs d'expérimentations. « Si donc nous avons conçu un tel
essai, fait une telle expérience, nous ne pourrons pas porter assez de
soin à examiner ce qui lui est *directement* contigu ? Ce qui lui succède
immédiatement ? C'est à cela que nous devons veiller plus qu'à ce qui
se *rapporte* à l'essai[10]. » S'il ne le publia pas tout de suite, Goethe
envoya ce texte cinq années plus tard à Schiller en sollicitant son
commentaire[11]. Dans sa réponse, ce dernier repère immédiatement
l'argument central : « Vous montrez par exemple, d'une manière très

---

7   Goethe, 1962 [2006].
8   Kittler, 1985.
9   Goethe, 1962 [2006], p. 312 [p. 302]. Les italiques figurent dans l'original. [Traduction
     modifiée (*N.d.T.*)].
10   *Ibid*. Les italiques figurent dans l'original. [Traduction modifiée (*N.d.T.*)].
11   Staiger, 1987 [1994], lettre à Schiller du 10 janvier 1798.

lumineuse à mon gré, le péril qu'il y a à prétendre prouver purement et simplement un théorème au moyen d'essais[12]. »

SYSTÈMES EXPÉRIMENTAUX

Selon une longue tradition épistémologique qui délaisse cette approche, on a considéré les expériences comme des procédés bien définis de contrôle empirique, pris dans un cadre théorique lui-même clairement délimité et qui – selon que l'on se réclame du vérificationnisme ou du falsificationnisme – servent ou bien à confirmer ou bien à infirmer des hypothèses déterminées. Selon la formule classique de Karl Popper : « Le théoricien pose certaines questions déterminées à l'expérimentateur et ce dernier essaie, par ses expériences, d'obtenir une réponse décisive à ces questions-là et non à d'autres. Il essaie obstinément d'éliminer toutes les autres questions. [...] C'est le théoricien [...] qui montre la voie à l'expérimentateur[13]. » Même dans les études scientifiques socio-constructivistes du *strong program* survit encore la conception habituelle de l'expérimentation comme procédé de contrôle des hypothèses – en dépit du changement radical de perspective opéré par ces études qui précisément contestent la capacité des seules expériences à trancher dans des controverses scientifiques. Même dans son rejet de l'expérience comme instance de décision, la réflexion de Harry Collins sur « la régression de l'expérimentateur » (*experimenter's regress*) demeure attachée à la conception de l'expérience comme arbitre[14].

Qu'en est-il lorsque, face à cette image claire – qu'elle procède de l'empirisme ou du rationalisme critique – du théoricien dictant à l'expérimentateur les conditions à respecter, on parle de « systèmes expérimentaux » ? Ludwik Fleck, ce contemporain longtemps négligé de Popper, a attiré notre attention sur le caractère artisanal de la recherche biomédicale au XXe siècle et montré qu'en règle générale, et contrairement

---

12   *Ibid.*, lettre à Goethe du 12 janvier 1798, p. 539-542 [p. 19-21]. [Traduction modifiée (*N.d.T.*)].
13   Popper, 1968 [2009], p. 107 [p. 107].
14   Collins, 1985.

aux affirmations de Popper, les scientifiques ne réalisent pas d'expériences ciblées dans le cadre d'une théorie bien définie :

> Tous ceux qui pratiquent la recherche expérimentale savent qu'une expérience unique ne prouve pas grand-chose et qu'elle n'est pas en mesure de convaincre : on doit toujours inclure tout un système d'expérimentations et de contrôles, lequel système doit être construit conformément à une hypothèse (c'est-à-dire au style) et être réalisé par un expert. (Fleck, 1980 [2005], p. 126 [p. 167])

Selon Fleck, un chercheur n'a donc généralement pas affaire à des expériences isolées les unes des autres et permettant de soumettre une théorie à l'examen, mais plutôt à un dispositif expérimental qu'il a conçu de telle sorte qu'il lui permette de produire un savoir qui n'est pas encore à sa disposition. Plus important encore, le chercheur travaille d'ordinaire avec des arrangements expérimentaux qui ne sont pas précisément définis et ne livrent aucune réponse claire. Fleck va même jusqu'à affirmer : « Si une expérimentation réalisée dans le cadre d'une recherche était claire, alors elle serait totalement inutile : car, pour concevoir une expérimentation claire, il faut connaître son résultat à l'avance, sinon il n'est pas possible de faire en sorte qu'elle soit délimitée et ciblée[15]. » Il ne faut pas voir dans ces remarques la caractérisation triviale de l'imperfection effective de toute activité expérimentale. Nous devons bien plutôt l'appréhender comme une profonde réorientation du regard que nous portons sur ce qui se déroule au sein du processus de recherche. Thomas Kuhn l'a défini comme un processus n'étant pas orienté vers un but mais tirant ses impulsions de son propre passé, « guidé de l'arrière[16] ». Un tel processus n'est pas seulement limité par cette précision finie : il y gagne aussi sa polysémie ; il est ouvert vers l'avant.

En tant que plus petites unités de travail de la recherche – plus petites unités formant entité –, les systèmes expérimentaux sont configurés de manière à répondre à des questions encore inconnues, des questions que l'expérimentateur lui-même n'est pas en mesure de poser clairement. Ce sont des « machine[s] à fabriquer de l'avenir », ainsi que Jacob a pu l'écrire[17]. Les systèmes expérimentaux sont des dispositifs destinés non pas à vérifier et, dans le meilleur des cas, à délivrer des réponses, mais

---

15   Fleck, 1980 [2005], p. 114 [p. 152].
16   Kuhn, 1992, p. 14.
17   Jacob, 1987, p. 13.

avant tout à matérialiser des questions. Dans un amalgame inextricable, ils donnent naissance aussi bien aux unités matérielles qu'aux concepts qui s'y incarnent : ils « apparaissent ensemble, dans un même paquet[18] ». Ce n'est pas l'expérience isolée comme test permettant de statuer sur une supposition nettement délimitée qui constitue la situation simple, élémentaire ou fondamentale en sciences expérimentales. Au contraire, ainsi que Gaston Bachelard l'a fait observer, « le simple est toujours le simplifié ; il ne saurait être pensé correctement qu'en tant qu'il apparaît comme le produit d'un processus de simplification[19]. » Le phénomène simple est donc d'une certaine manière la « dégénérescence » d'un phénomène fondamentalement complexe. Il faut d'abord s'être frayé une voie à travers un paysage expérimental compliqué pour que des choses simples et scientifiquement intéressantes se dessinent. À l'opposé de l'illusion cartésienne des idées initialement claires et distinctes, le simple, dans une épistémologie « non-cartésienne », n'est nullement donné d'emblée. C'est le produit nécessairement historique d'un processus de purification[20]. Dans leurs autobiographies, tous les scientifiques racontent avoir fait cette expérience[21]. On la retrouve également à chaque fois que l'on tente de comprendre dans ses détails tel ou tel épisode de l'histoire récente de la biologie, comme par exemple celui dont j'entame le récit au chapitre suivant.

Le concept de système expérimental me sert de point de repère pour m'orienter parmi les processus extrêmement complexes qui sont à l'œuvre dans les sciences empiriques modernes. Sa source peut être localisée dans la pratique quotidienne des sciences dont il est question dans ce livre : dans la pratique et la langue quotidiennes de la biochimie et de la biologie moléculaire du XXe siècle. Son émergence historique ne peut pas être retracée ici, ni la façon dont elle s'est introduite dans d'autres disciplines. Mais le concept de système expérimental est fréquemment employé par des scientifiques spécialistes de biomédecine, de

---

18   Lenoir, 1992. *Cf.* également Lenoir, 1988.
19   Bachelard, 1934, p. 143.
20   *Ibid.*, chap. 6 ; *cf.* également Bachelard, 1940.
21   Jacob, 1988 est l'un des plus brillants exemples dont dispose l'histoire de la biologie moléculaire. Le nombre d'autobiographies rédigées par des biologistes moléculaires de la première génération est considérable : *cf.* notamment Lipmann, 1971 ; Watson, 1968 [1984] ; Chargaff, 1978 [2006] ; Luria, 1985 ; McCarty, 1985 ; Jacob, 1987 ; Kornberg, 1989 ; Crick, 1988 [1989] ; Hoagland, 1990 ; Perutz, 1998. On en trouvera une présentation générale dans Abir-Am, 1991.

biochimie, de biologie et de biologie moléculaire pour désigner l'ensemble des conditions qui délimitent le cadre de leur travail de recherche. Si aujourd'hui l'on interroge sur ses recherches un biologiste travaillant en laboratoire, il parlera de son « système » et de tout ce qui s'y passe. C'est donc un concept d'acteur par origine, et non d'observateur. Parmi les centaines d'exemples dont regorgent les publications scientifiques, je n'en citerai qu'un seul, emprunté à l'histoire qui sera ici racontée : dans son autobiographie, Mahlon Hoagland parle du « choix d'un bon système » comme de la clé du succès pour tout « voyage vers l'inconnu[22] ».

Dans les premières ébauches réalisées pour la présente étude de cas, j'avais déjà attiré l'attention sur le potentiel descriptif et historiographique de ce concept utilisé de manière floue et imprécise par les praticiens[23]. Dans une étude sur la malaria, David Turnbull et Terry Stokes ont employé l'expression de « systèmes manipulables[24] ». À propos de la drosophile, du champignon *Neurospora* et de la naissance de la génétique biochimique, Robert Kohler parla de « systèmes de production[25] ». Depuis, le terme de système expérimental commence à faire son entrée dans la littérature spécialisée[26].

CHOSES ÉPISTÉMIQUES,
CHOSES TECHNIQUES

Si l'on considère les systèmes expérimentaux d'un peu plus près, on constatera que deux structures distinctes mais pourtant inséparables s'y enchâssent[27]. On peut qualifier la première d'objet de recherche au sens strict, d'objet de savoir ou de *chose épistémique*. Les choses épistémiques sont ces choses sur lesquelles portent les efforts du savoir – non pas nécessairement des objets au sens strict, mais également des structures,

---

22   Hoagland, 1990, p. XVI.
23   Rheinberger, 1992a, 1992b.
24   Turnbull & Stokes, 1990.
25   Kohler, 1991b et 1994.
26   *Cf.* par exemple Cambrosio, Keating & Tauber, 1994 ; Hentschel, 1998 ; Rabinow, 1996 ; Creager, 2002.
27   On trouvera sur ce point des distinctions un peu plus fines dans Hentschel, 1998.

réactions, fonctions. En tant qu'elles sont épistémiques, ces choses se présentent dans une imprécision, un flou irréductible qui leur est propre. De ses années d'expérimentation passées à leur contact, Claude Bernard a pu tirer cette généralisation : « C'est le vague, l'inconnu qui mène le monde[28]. » Dans l'histoire de la réaction de Wassermann qu'a livrée Ludwik Fleck, on rencontre une heuristique des « idées confuses[29] ». Yehuda Elkana, pour établir une description appropriée des premières étapes du développement de la thermodynamique, a recours à l'idée de « concepts pris dans le flot[30] ». Dans le contexte d'une histoire de l'immunologie, Ilana Löwy met en avant la fonction remplie par des « concepts flous » dans l'organisation de domaines de recherche et dans l'établissement de « stratégies expérimentales fédératives[31] ». Abraham Moles explore la fonction du flou dans les sciences avec systématisme[32]. Paul Feyerabend a fait ce constat sans appel : « Sans ambiguïté, pas de changement, jamais[33]. » Et il me faut ici omettre nombre des nuances que connaît cette tentative d'épistémologie du « non-conceptuel[34] » en sciences – comme on pourrait le dire, en forçant quelque peu le trait, avec Hans Blumenberg.

Cela ne signifie pas qu'il faille seulement considérer les concepts comme d'éphémères étapes intermédiaires dans un processus d'enregistrement des faits purement empirique. Il s'agit bien davantage d'affirmer que l'expérience scientifique en devenir, dans laquelle l'indétermination conceptuelle n'est pas un préjudice mais joue au contraire un rôle décisif pour l'action, prime sur son résultat conceptuellement rédigé et solidifié ; de réhabiliter le « contexte de découverte[35] » ; de procéder à une réévaluation en profondeur de la pratique scientifique qui s'est irrésistiblement mise en branle au cours des deux dernières décennies[36] ; de

---

28 Bernard, 1954, p. 26.
29 Fleck, 1980 [2005], p. 35-39 [p. 48-55].
30 Elkana, 1970.
31 Löwy, 1992. Sur la notion de « boundary object », *cf.* Star & Griesemer, 1988.
32 Moles, 1995.
33 Feyerabend, 1995 [1996], p. 179 [p. 226].
34 Blumenberg, 1986 [2007].
35 Reichenbach, 1983, p. 3 ; Grmek, Cohen & Cimino, 1981.
36 *Cf.* notamment Latour & Woolgar, 1979 (rééd. 1986) [1996], Knorr Cetina, 1984 ; Hacking, 1983 [1989] ; Lynch, 1985 ; Collins, 1985 ; Shapin & Schaffer, 1985 [1993] ; Franklin, 1986, 1990 ; Galison, 1987 [2002], 1988, 1997 ; Latour, 1987 [2005] ; Lenoir, 1988, 1992 ; Gooding, Pinch & Schaffer, 1989 ; Gooding, 1990 ; Le Grand, 1990 ; Lynch

caractériser cet état qui d'après Michel Serres menace de se soustraire à la description. Il s'agit d'un « temps, libre et fluctuant, non complètement déterminé, où les savants qui cherchent ne savent pas encore vraiment tout à fait ce qu'ils cherchent tout en le sachant aveuglément ». Et Serres de poursuivre : « Qui recherche ne sait pas, tâtonne, bricole, hésite, garde ses propres choix ouverts. Non, il ne construit pas, trente ans avant sa réalisation, le calculateur d'après-demain, parce qu'il ne le prévoit pas, comme nous, qui le connaissons et l'utilisons désormais, pourrions induire qu'il le prévoyait. » Puis Serres compare l'histoire des sciences, qui se déploie moins dans le temps que le temps n'est à l'œuvre en elle, avec

> [...] la chevelure d'un bassin fluvial mobile à confluents et lits multiples, où les flux, comme à l'aventure, se heurtent à des obstacles, barrages, arrêts ou gels, s'accélèrent en des couloirs ou passages et par les débâcles, sans compter les turbulences, courantes mais assez stables, et les contre-courants qui rebroussent le cours, les pertes et les bras délaissés... (Serres, 1997, p. 4 et 15)

Ce caractère provisoire est inévitable car, paradoxalement, les choses épistémiques sont la matérialisation de ce que l'on ne sait pas encore. Elles sont dotées de ce statut précaire qui consiste à être absentes dans leur présence expérimentale ; mais elles ne sont pas simplement dissimulées dans l'attente d'être révélées au grand jour par d'astucieuses manipulations. À l'image du « voile » de Serres, les choses épistémiques sont des constructions mixtes : « Objet, encore, signe, déjà ; signe, encore, objet, déjà[37] ». Et avec Latour nous pourrions dire que

> [...] l'objet nouveau, au moment de sa conception, demeure *indéfini*. [...] Au moment de son émergence, personne ne peut mieux expliquer ce qu'est l'objet nouveau qu'en répétant la liste des actions qui alors le constituent : [...] Il n'a *pas d'autre forme que cette liste*. La preuve de cet « existentialisme » fondamental est que, si l'on ajoute un élément à la liste, on *redéfinit* aussitôt l'objet, autrement dit on lui donne une forme nouvelle. (Latour, 1987 [2005], p. 87-88 [p. 211-213])

De même que la question de savoir ce qu'est une chose en général, celle de savoir ce qu'est une chose épistémique est éminemment historique[38].

& Woolgar, 1990b ; Pickering, 1992, 1995 ; Rheinberger, 1992a ; Buchwald, 1995 ; Rouse, 1996 ; Heidelberger & Steinle, 1998 ; Pickstone, 2000.

37   Serres, 1987, p. 191.

38   Heidegger, 1987 [1988].

Mais pour s'engager dans un tel processus de redéfinition opérationnelle, il est nécessaire de disposer d'un environnement stable, de ce que l'on pourrait appeler des conditions expérimentales, ou plutôt des choses techniques ; enchâssées dans celles-ci, les choses épistémiques sont déplacées vers des champs plus larges et intégrées à d'autres cultures matérielles et pratiques épistémiques. Au nombre des choses techniques figurent les instruments, les appareils d'enregistrement ainsi que, particulièrement importants en sciences biologiques, les organismes-modèles standardisés et les ensembles de savoirs qui y sont en quelque sorte fossilisés. Les conditions techniques ne définissent pas seulement l'horizon et les limites du système expérimental, elles sont également les produits sédimentaires de traditions de recherche locales ou disciplinaires, avec leurs appareils de mesure, leur accès privilégié à – ou peut-être simplement leur prédilection pour – certains matériaux ou cobayes, et les formes canonisées du savoir-faire manuel qui peuvent être transmises de décennie en décennie par le personnel expérimenté d'un laboratoire. Contrairement au choses épistémiques, les conditions techniques doivent satisfaire les critères de pureté et de précision en vigueur à une époque donnée. Elles déterminent doublement les objets de savoir : d'une part elles constituent leur environnement et leur permettent donc d'apparaître en tant que tels ; mais d'autre part elles les limitent et les restreignent[39]. À première vue, ce lien ne semble pas particulièrement problématique. Mais à y regarder de plus près, il apparaît que les deux composantes d'un système expérimental sont prises, spatialement et temporellement, dans un jeu d'alternance qui est tout sauf trivial et au cours duquel elles peuvent s'imbriquer l'une dans l'autre, se dissocier l'une de l'autre et échanger leurs rôles. Les conditions techniques ne déterminent pas seulement la portée, mais également la forme des représentations possibles d'une chose épistémique ; des choses épistémiques suffisamment stabilisées peuvent ensuite être intégrées comme éléments techniques à un dispositif expérimental existant.

Pour clarifier tout cela, j'anticipe ici sur la suite du présent ouvrage et convoque un épisode de l'histoire de la synthèse des protéines qui se trouve détaillé plus avant au dernier chapitre de cet ouvrage. Lorsqu'en 1961 Heinrich Matthaei et Marshall Nirenberg introduisirent dans leur système de synthèse protéique bactérienne *in vitro*, parmi d'autres acides

---

39 Sur la notion de « *constraint* » proposée par la langue anglaise, *cf.* Galison, 1995.

aminés, de l'acide polyuridylique artificiel comme matrice possible pour la synthèse de polypeptides, le code génétique prit pour la première fois la qualité de chose épistémique expérimentalement manipulable. Quand vers 1965 le code génétique fut déchiffré, le test à l'acide polyuridylique – ou poly-U –, au sein de ce même système *in vitro*, fut transformé en une sous-routine qui, dans le développement ultérieur du processus de recherche, servit à élucider les aspects structurels et la fonction d'un organite synthétiseur de protéines, le ribosome. Ce test fut intégré aux conditions techniques de la synthèse protéique expérimentale. Surtout, il fut – et l'est aujourd'hui encore – utilisé pour tester l'activité de préparations ribosomiques. Ainsi devint-il une mesure de la conservation de la fonction biologique d'un organite extrait de sa cellule. À propos de semblables évolutions, Latour a parlé d'« entrée dans la boîte noire[40] ». Mais cette expression ne reflète toutefois qu'un seul aspect du passage d'une chose épistémique à une chose technique : cette nature tardive de l'objet une fois transformé en routine. Car les conséquences de ce processus pour la nouvelle génération des choses épistémiques qui sont sur le point d'émerger, les nouvelles possibilités de recherche qui s'ouvrent par là, sont au moins aussi importantes. C'est pourquoi je préfère parler de choses techniques plutôt que de *black boxes*.

Par la détermination récurrente qui se joue dans de telles transformations, certaines séries d'expériences se précisent dans certaines directions, mais dans le même temps, elles deviennent aussi inévitablement moins indépendantes les unes des autres parce qu'elles s'appuient de plus en plus sur une hiérarchie de procédures déjà établies, coordonnées entre elles et se faisant référence les unes aux autres.

> Lorsqu'un domaine est déjà à ce point balisé que les possibilités de conclusions sont limitées à l'existence ou à la non-existence, éventuellement à des constatations quantitatives, alors les expérimentations deviennent toujours plus claires. Cependant elles ne sont plus indépendantes, car elles sont conditionnées par un *système d'expérimentations et de choix antérieurs*. (Fleck, 1980 [2005], p. 114 [p. 152][41])

Dès lors, la distinction entre conditions techniques et choses épistémiques doit être comprise de manière fonctionnelle plutôt que matérielle.

---

40 Latour, 1987 [2005], p. 131 et *passim* [p. 319].
41 Nous n'avons pas reproduit les italiques présents dans l'original.

On ne peut tracer une fois pour toutes la ligne de partage entre les divers composants d'un système. Qu'un objet ait une fonction épistémique ou technique dépend de la place, du nœud qu'il occupe dans le contexte expérimental. Malgré toutes les gradations possibles entre les deux extrêmes, et tous les hybrides de degrés divers qui évoluent dans l'espace ainsi ouvert, la distinction reste clairement perceptible dans la pratique scientifique. On pourrait aussi dire : elle s'impose dans le travail, elle s'interpose. Elle organise l'espace des laboratoires, leurs paillasses en désordre et leurs salles blanches réservées aux méthodes de précision hautement spécialisées. Elle détermine également la structure des publications scientifiques et leurs rubriques standardisées : « Matériel et méthodes » (objets techniques), « Résultats » (hybrides de choses techniques et de choses épistémiques) et « Discussion » (touchant le plus souvent à des objets épistémiques)[42].

On peut évidemment se demander s'il ne faudrait pas abandonner complètement la démarcation lorsque ces deux sortes de choses entretiennent une relation d'échange, ou même s'interpénètrent. N'est-elle pas un simple prolongement de cette tradition toujours plus problématique qui fait une différence de principe entre recherche fondamentale et appliquée, entre science et technique ? Si l'on souhaite ne pas appréhender l'activité scientifique comme une relation d'asymétrie allant de la théorie vers la pratique, pourquoi devrait-on s'accrocher à un gradient entre objets épistémiques et objets techniques ? Pourquoi dès lors construire une distinction constamment soumise à la révision au cours du développement historique d'un processus de recherche ? En anticipant sur ce qui va suivre, répondons brièvement : parce qu'elle nous aide à comprendre le jeu de la production de nouveau, l'apparition d'événements inanticipables et, par là, l'essence de la recherche.

Les remarques qui précèdent invitent à faire un usage prudent du terme de « technoscience », aujourd'hui souvent employé pour désigner des grands projets scientifiques, mais aussi l'évolution d'ensemble de la science[43]. Il m'importe ici de faire droit au rapport mobile qui existe dans le processus de recherche entre moments épistémiques et moments techniques. C'est également dans ce sens que Bachelard a

---

42   Pour d'autres développements sur les publications scientifiques en biologie, voir Myers, 1990, ainsi que Bazerman, 1988.
43   Par exemple Latour, 1987 [2005], p. 174 [p. 422].

utilisé le concept de « phénoménotechnique » à propos des sciences naturelles modernes. La phénoménotechnique ne trouve pas des objets d'étude qui se donneraient à elle, elle doit d'abord créer les conditions dans lesquelles ces objets peuvent se manifester, « elle s'instruit par ce qu'elle construit[44] ». Le terme de technoscience en revanche suggère une maîtrise de la science par la technique, maîtrise dans laquelle la tension essentielle qui porte le processus de recherche est évacuée du champ de vision – peu importe que l'on ait affaire à de petits ou à de grands travaux de recherche, à des sciences molles ou dures. Ce concept implique une façon de voir que Heidegger expliqua au moyen d'une phrase du Nietzsche de la maturité : « Ce n'est pas la victoire de la science qui distingue notre XIXe siècle, mais la victoire de la méthode scientifique sur la science[45]. » Heidegger lut dans cette sentence la soumission du « thème » (des objets épistémiques) à la « méthode » (les objets techniques) et interpréta cet assujettissement comme une contrainte pesant sur l'ensemble du processus scientifique moderne :

> Dans les sciences, le thème de recherche n'est pas seulement proposé par la méthode ; il est en même temps implanté dans la méthode où il lui demeure subordonné. La course folle qui emporte aujourd'hui les sciences elles ne savent elles-mêmes pas où, provient d'une impulsion de plus en plus forte, celle de la méthode chaque jour plus soumise à la technique. Tout le pouvoir de la science repose dans la méthode. Tout « thème » est à sa place dans la méthode. (Heidegger, 1959 [1976], p. 178 [p. 162-163])

Dans ce passage, Heidegger voit les sciences entièrement livrées à la méthode, c'est-à-dire subordonnées à la technique et finalement exploitées par elle. « Ce rapport, affirme-t-il encore, n'est pas seulement difficile, il est simplement impossible à percevoir depuis le mode de représentation scientifique ». Nietzsche compléta l'aphorisme cité plus haut par la remarque selon laquelle « les vues les plus précieuses sont les *méthodes*[46] ». Heidegger ne suivit pas cette indication, tant il pensait reconnaître ici une tâche pour la philosophie : « Dans la pensée, il en est autrement que dans la représentation scientifique[47] » – laquelle est aveugle à elle-même. Cette opposition de la science dominée par la technique à

---

44 Bachelard, 1934, p. 17.
45 Nietzsche, 1919 [1992], n° 466 [p. 203, n° 15[51]].
46 Nietzsche, 1919 [1994], n° 469 [p. 56].
47 Heidegger, 1959 [1976], p. 178-179 [p. 163].

la pensée philosophique et l'identification de tout savoir scientifique au « techno-savoir » ont pour effet de favoriser précisément cela même qui est déploré, c'est-à-dire l'évincement du « thème » hors des domaines du savoir, et, pourrait-on ajouter, conduit en fin de compte à mettre la « pensée » à la merci de philosophies telles que celle de Heidegger. Il m'intéresse à l'inverse de continuer à concevoir la pensée comme une partie constitutive du travail expérimental, comme un mouvement de dévoilement qui y est incorporé ; et si ce dévoilement s'inscrit toujours déjà dans des conditions techniques, simultanément il les transcende et crée un horizon ouvert à la survenue d'événements inanticipables.

Comme nombre de ses confrères que l'on pourrait évoquer ici, le biologiste moléculaire Mahlon Hoagland, dont le nom a déjà été cité et qui occupe une place centrale dans notre étude de cas, considère au fond l'activité scientifique comme une « génératrice de surprises[48] ». La recherche, autrement dit, produit de l'avenir : pour elle, la différence est constitutive. Les constructions techniques sont en principe conçues pour garantir le présent. Pour celles-ci, c'est donc l'identité des exécutions successives qui est constitutive et à défaut de laquelle elles ne pourraient remplir leur fonction. Quand l'impulsion provenant de la science se solidifie en technologie, on passe « de l'avenir au présent prolongé[49] ». Les objets techniques doivent au moins remplir les fonctions pour lesquelles ils sont construits ; en premier lieu, ce sont des machines qui doivent fournir des réponses. Un objet épistémique en revanche est avant tout une machine qui soulève des questions[50]. En soi, il n'est pas technique. Ainsi que Samuel Weber a tenté de le montrer dans une discussion de la « question de la technique » heideggerienne, la technique, comme *progression* de la technique, est elle aussi constituée par la différence : « La progression de la technique est en progression, non pas seulement dans le sens de tenir bon, rester en jeu, perdurer, mais dans celui plus dynamique d'un mouvement qui s'éloigne de la pure et simple identité à soi de la technologie. Ce qui progresse, dans la technique et en tant que technique, son *Wesen*, n'est pas technique en lui-même[51]. » De même que la progression de la science suppose l'intervention d'un facteur

---

48 Hoagland, 1990, p. XVI.
49 Nowotny, 1989 [1992], p. 47 [p. 43].
50 *Cf.* Jardine, 1991.
51 Weber, 1989, p. 982.

technique, de même la progression de la technique suppose celle d'un facteur épistémique.

Chaque système de recherche est défini, circonscrit et fixé dans ses conditions limites par des outils techniques – « toute étude commence donc par le choix d'un "système". » Pour que les choses épistémiques puissent fluctuer et osciller à l'intérieur d'un système expérimental, des conditions techniques et instrumentales appropriées sont requises. Sans un système de conditions d'identité suffisamment stables, le caractère différentiel des objets scientifiques ne pourrait pas s'avérer ; au contraire, si elles manquaient de stabilité, ces conditions cesseraient de révéler les caractéristiques des choses épistémiques, pour devenir quelconques puis s'éteindre. Nous sommes donc confrontés à un paradoxe apparent : la recherche scientifique a pour condition de se dérouler dans le domaine du technique. Dans l'histoire de la modernité, la technique s'est toujours déjà imposée comme un prérequis de la recherche scientifique. Mais d'autre part, les conditions techniques tendent en permanence à annihiler ce qu'il y a de scientifique dans les objets épistémiques. Le paradoxe se résout en ceci que l'interaction entre choses épistémiques et conditions techniques est elle-même pour une bonne part non-technique. Les scientifiques sont des « bricoleurs » bien plus que des ingénieurs. Dans sa non-technicité, l'ensemble expérimental transcende les conditions d'identité des objets techniques qui le constituent. Et du côté de la technique également, nous trouvons un principe analogue. Les outils couramment utilisés peuvent acquérir de nouvelles fonctions au cours de leur processus de reproduction. Et leur insertion dans des contextes dépassant ce à quoi ils étaient originellement destinés peut faire apparaître certaines propriétés qui n'avaient pas été envisagées lors de leur conception[52].

---

52 *Cf.* Damerow & Lefèvre, 1981, p. 223-233 ; Rohbeck, 1993, en particulier le chap. 6.

LA BIOSYNTHÈSE DES PROTÉINES
ET SON CONTEXTE

Dans les parties consacrées à l'étude de cas, la présente enquête se concentre sur la bioscience moléculaire au moment de sa formation, entre 1947 et 1962. C'est un système expérimental précis qui accapare notre attention : un système d'étude en éprouvette de la biosynthèse des protéines. Plus étroitement encore, il s'agit d'un certain groupe de recherche qui officia au Collis P. Huntington Memorial Hospital de l'Université de Harvard au Massachusetts General Hospital (MGH) à Boston. Le travail de Paul C. Zamecnik, Mahlon Hoagland et leurs collègues commença au sortir de la Seconde Guerre mondiale à la faveur d'un programme de recherche sur le cancer et devint en l'espace de quinze ans l'un des systèmes centraux de la « nouvelle biologie ».

La biologie moléculaire doit être considérée, c'est du moins ce que j'espère montrer, comme le résultat d'une évolution extraordinairement complexe. La décrire comme la rencontre de disciplines déjà existantes telles que la microbiologie, la génétique ou la biochimie serait encore bien loin de la réalité. Il ne s'agit pas davantage d'une discipline biologique supplémentaire qui viendrait compléter le canon traditionnel des sciences de la vie. Ce n'était donc pas pour faire une simple plaisanterie tautologique que Francis Crick proposa – pour « des raisons douteuses », ainsi qu'il le reconnut avec auto-dérision – de définir la biologie moléculaire « comme l'ensemble de ce qui peut intéresser les biologistes moléculaires[53] ». Surtout, ce qu'avec Foucault on peut appeler la *formation* épistémique et technique du discours de la biologie moléculaire n'est pas la conséquence immédiate des efforts de quelques équipes menées par d'éminentes figures – le groupe du phage du California Institute of Technology (Caltech) à Pasadena et Cold Spring Harbor, le groupe de Cavendish à Cambridge, ou l'*équipe*[54] Pasteur à Paris. C'est là un mythe créé de toutes pièces par quelques ouvrages publiés en hommage aux « membres du club[55] ». La biologie moléculaire n'est pas non

---

53 Crick, 1970, p. 613 ; *cf.* également Olby, 1990.
54 En français dans le texte. *[N.d.T.]*.
55 *Cf.* par exemple Cairns, Stent & Watson, 1966 (2ᵉ édition 1992) ; Rich & Davidson, 1968 ; Monod & Borek, 1971 ; Lwoff & Ullmann, 1979.

plus le résultat d'une théorie paradigmatique universelle basée sur le concept d'information. Richard Burian alla même jusqu'à contester l'existence d'une théorie unificatrice de la biologie moléculaire. Bien évidemment, cela ne signifie pas que la biologie moléculaire ait simplement été le fruit d'une « batterie de techniques[56] ». Mais d'une manière générale, on peut dire que ce que nous qualifions aujourd'hui de biologie moléculaire a résulté d'une multiplicité de systèmes expérimentaux d'abord très dispersés, relevant des traditions de recherche diverses, et peu (ou pas) articulés entre eux. Que leur approche ait été biochimique, génétique ou biophysique, tous s'employaient d'une manière ou d'une autre à établir une caractérisation des organismes en concentrant l'analyse sur les macromolécules présentant un intérêt biologique. Par l'implémentation de différents modèles et modalités, ces systèmes contribuèrent à la création d'un nouvel espace de représentation épistémo-technique dans lequel les notions de la biologie moléculaire, qui gravitaient toujours davantage autour de la métaphore de l'information, furent progressivement associées les unes aux autres. Malgré toute une longue série d'études de cas historiques, ce processus demeure à peine compris, et notamment pas sous l'angle des événements épistémiques et de leurs conditions de possibilité. Il semble donc qu'un niveau d'analyse fasse encore défaut, où puissent se manifester les traits décisifs de cette dynamique propre à la biologie nouvelle qui, en dernière analyse, traverse l'ensemble des sciences de la vie.

Dans les chapitres qui suivent, je propose de renoncer à la perspective d'une matrice disciplinaire plus ou moins clairement définie à travers laquelle on interpréterait la biologie du XXe siècle, et de se tourner vers ce que les scientifiques appellent leurs systèmes expérimentaux. De tels systèmes, je le répète, sont des agencements hybrides : les cadres à la fois locaux, sociaux, techniques, institutionnels, instrumentaux et épistémiques, dans lesquels surviennent les événements de la recherche. En règle générale – en tout cas pour autant qu'ils sont des systèmes de recherche – ils ne s'en tiennent ni aux frontières disciplinaires de la compétence ni aux frontières nationales des politiques gouvernementales de recherche. Dans la mesure où ils constituent le cœur de l'activité de recherche, il ne semble pas infondé de penser qu'ils puissent utilement guider l'historien. Si les systèmes expérimentaux ont une vie propre, il reste à déterminer de quoi cette vie est faite.

---

56   Burian, 1996.

À partir du moment où l'on fait prévaloir l'évolution des choses épistémiques sur celle des concepts ou des problèmes, des disciplines ou institutions, il faut se départir des classifications habituelles : la présente étude relève-t-elle de l'histoire de l'oncologie ? De la cytomorphologie ? De la biochimie ? De la biologie moléculaire ? Ou bien s'agit-il d'une préhistoire du savoir sur la synthèse des protéines ? Toutes ces catégories sont justes – mais aucune ne l'est vraiment. Au début de l'histoire qui est présentée ici, l'étude de la synthèse des protéines faisait partie d'un programme de recherche sur le cancer. En l'espace de quelques années, elle acquit sa propre dynamique de reproduction différentielle en intégrant de nouveaux savoir-faire manuels (la réalisation d'homogénats tissulaires, par exemple), des techniques de marquage radioactif et des instruments supplémentaires (parmi lesquels les rats de laboratoire, les acides aminés radioactifs, les réactions-modèles en biochimie, les ultracentrifugeuses, et bien d'autres choses encore). Dans le paysage très changeant de la nouvelle biologie, son lien avec la recherche sur le cancer, dont elle était issue, fut entièrement relégué au second plan. Puis, suite à de nombreux déplacements imprévus, ce projet de recherche déboucha sur une molécule d'acide nucléique, l'ARN de transfert, qui devait se révéler être l'un des points d'attaque expérimentale les plus importants pour la résolution de l'énigme centrale de la biologie moléculaire : le code génétique.

Jusqu'à ce jour, la majeure partie du matériel sur lequel cette enquête se base avait à peine été prise en compte par les historiens de la biologie et de la médecine[57]. Ceci n'est pas un hasard : notre histoire relève à la fois de la recherche fondamentale et du développement de technologies de recherche, de la biologie et de la médecine, et se trouve au croisement de maintes disciplines, notamment la chimie organique et la technique isotopique, elle-même à la croisée de la physique et de la chimie. Qui aurait pu s'intéresser à un tel mélange ? Elle ne peut pas non plus être reconstituée sans difficultés dans les catégories d'un changement de paradigme, et s'oppose ainsi à une historiographie organisée autour des ruptures conceptuelles. Les ruptures qu'il me faut décrire s'expliquent bien davantage par le potentiel de diffusion de ces choses épistémiques

---

57   Il n'existe pas encore de présentation étendue et englobante de cet objet. On trouvera cependant quelques informations chez Portugal & Cohen, 1977 ; Judson, 1979 ; Bartels, 1983 ; Rheinberger, 1992b, 1993, 1995, 1996 ; Burian, 1993a, 1993b ; Morange, 1994, en particulier les chap. 12 et 13.

qui vinrent au jour puis qui, en tant que choses techniques, finirent par restructurer un champ d'expérimentation tout entier. Elles résident dans les potentiels propres à une certaine culture de la représentation des phénomènes biologiques, de la manipulation expérimentale de processus biologiques *in vitro*, c'est-à-dire hors de la cellule, en tube à essai. C'est cette forme de la représentation si caractéristique des sciences de la vie du XXe siècle dont il s'agit ici d'explorer et d'exploiter les aspects épistémiques.

En physique, les dispositifs expérimentaux apparaissent souvent comme des constructions qui, à partir de modestes prototypes, se développent avec un raffinement croissant pour devenir des machineries de grande envergure et constituer finalement de volumineuses installations nécessitant un entretien et une gestion spécifiques. Cela n'était généralement pas le cas dans la biochimie et la biologie moléculaire de la période qui nous occupe. Dans les premiers moments de l'établissement du système de synthèse protéique *in vitro* qui sera décrit au fil des deux prochains chapitres par exemple, l'ultracentrifugeuse ne joua aucun rôle, bien que cet instrument se montra crucial dans le développement ultérieur du système, et là encore, la zone de contact entre l'appareil et l'essai biologique resta « mouillée ». La configuration optimale de ce point de jonction fut plus importante que la vitesse maximale de rotation. En biochimie comme en biologie moléculaire, les instruments les plus efficients sont en général ceux qui sont compatibles avec le niveau d'analyse, c'est-à-dire ceux qui, dans leur matérialité, s'adaptent à l'échelle moléculaire. Dans le système de la synthèse protéique *in vitro*, ce sont les acides aminés radioactifs qui assumèrent ce rôle d'outils moléculaires. Bien entendu, on ne peut effectuer une tâche de routine avec des isotopes radioactifs biologiquement intéressants sans les installations géantes que sont les cyclotrons ou les réacteurs atomiques[58]. Mais la synthèse organique d'acides aminés à partir de ces isotopes peut – et au début, elle dut – être réalisée avec le modeste équipement dont dispose un laboratoire de chimie organique. D'une part, de telles molécules traçantes sont des moyens techniques permettant d'observer certaines voies métaboliques. Mais d'autre part, dans la mesure où elles deviennent partie intégrante des objets de savoir étudiés, il n'est pas aisé de tracer dans chaque cas une frontière claire entre l'objet de savoir

---

58   *Cf.* Kohler, 1991a, Rheinberger, 2001.

et les conditions techniques au moyen desquelles on essaie de saisir cet objet. Qu'une molécule marquée radioactivement puisse être considérée comme un outil technique d'analyse ou comme une chose épistémique à étudier dépend donc largement du contexte expérimental.

Au surplus, les instruments pris en eux-mêmes ne sont pas la force motrice de la progression expérimentale ; leur insertion dans un réseau de systèmes expérimentaux est bien plus décisive. C'est seulement en tant que conditions de possibilité de certaines formes du représenter, en tant qu'éléments constitutifs d'espaces de représentation, que les instruments déploient leur productivité scientifique[59]. Sans espaces dans lesquels les traces expérimentales puissent être déposées et observées, les objets matériels ne seraient pas les composants d'un « réel scientifique[60] ». Seules de telles représentations permettent par exemple d'obtenir à partir d'un homogénat cellulaire une forme cytoplasmique épistémiquement inté- ressante et sur laquelle peuvent être menées des opérations susceptibles d'ouvrir quelque chose comme un espace matériel de la signification.

L'étude de cas proposée dans cet ouvrage montre que ni les orienta- tions générales données par un cadre institutionnel, ni l'introduction d'une nouvelle technologie, ni les termes dans lequel il est initialement formulé ne fixent la direction prise par un programme de recherche et la productivité scientifique qu'il déploiera finalement. Cela signifie que pour exposer ce cas historique, il convient de renoncer aux déter- minismes, qu'ils soient de nature sociale, théorique ou technique. Les systèmes expérimentaux peuvent croître plus ou moins rapidement, et former une sorte de cadre stable au sein duquel le fragile logiciel des choses épistémiques – cet amalgame qui est moitié matériel, moitié conceptuel, pas encore standardisé mais déjà un peu technique – peut être articulé, relié, séparé, positionné puis de nouveau déplacé. Certes, ils délimitent chaque fois le domaine des possibles. Pourtant, ils donnent rarement naissance à des orientations rigides. Les systèmes expérimentaux productifs se distinguent bien au contraire par le fait que leur repro- duction différentielle donne lieu à des événements entraînant toujours des déplacements mineurs ou majeurs, lesquels peuvent demeurer dans les limites du système comme l'excéder. En un certain sens, on pourrait dire que c'est en déconstruisant continuellement leur propre perspective

---

59 On trouvera une discussion détaillée de ce point aux p. 144-152.
60 Bachelard, 1934, p. 9.

qu'ils progressent. Il n'y a pas de système expérimental un tant soit peu complexe qui puisse raconter son histoire par avance.

J'aimerais clore ce chapitre par une citation de Brian Rotman, une remarque sur la xénogénèse des textes que je trouve particulièrement appropriée pour la description d'un système expérimental :

> [Un xénotexte] ne signifie rien d'autre que sa propre capacité à continuer de signifier. Sa valeur est déterminée par son aptitude à susciter de nouvelles lectures. Aussi un xénotexte n'a-t-il pas de « sens » dernier, pas d'« interprétation » unique, canonique, définitive ou ultime : il n'a de signification que pour autant qu'il est en mesure de produire son propre avenir interprétatif. (Rotman, 1987, p. 102)

Les systèmes expérimentaux sont les xénotextes des sciences. Ils fournissent aux laboratoires ce caractère particulier de lieux où sont développées des stratégies de signification matérielle[61] qui exercent une profonde influence sur la culture scientifique d'une époque – toujours déjà partie intégrante de la culture en général.

---

61   Knorr Cetina, Amann, Hirschauer & Schmidt, 1988.

UN POINT DE DÉPART :
LA CANCÉROLOGIE, 1947-1950

La première fois que j'ai rencontré Paul Charles Zamecnik, le 16 mars 1990 dans les locaux de la Worcester Foundation for Experimental Biology à Shrewsbury, Massachusetts, j'eus face à moi un homme presque octogénaire qui comptait parmi les premiers chercheurs à étudier l'inhibition des virus au moyen de ce qu'on appelle des oligonucléotides antisens. Je cherchais à recueillir quelques informations à propos des débuts de la recherche sur la synthèse protéique, auxquels il avait pris une part décisive environ quarante ans auparavant. Lui voulait m'expliquer les détails des travaux qu'il menait alors sur le virus HIV et les possibilités de guérison qu'ils représentaient pour les personnes atteintes du SIDA[1].

Après son examen de fin d'études au Dartmouth College, Paul Zamecnik fut promu docteur en médecine à la Harvard Medical School. Pendant les années qui suivirent, il partagea son temps entre le Collis P. Huntington Memorial Hospital à Boston, la Harvard Medical School et les centres hospitaliers universitaires de Cleveland. C'est au cours de son internat de médecine dans cette dernière ville, de 1938 à 1939, qu'il commença de s'intéresser à la régulation de la croissance :

> J'avais sollicité plusieurs professeurs de médecine quand finalement l'un d'entre eux me parla d'un chercheur du Rockefeller Institute qui étudiait la synthèse protéique. Il s'agissait de Max Bergmann, un chimiste organique tout juste arrivé d'Allemagne qui synthétisait des peptides avec un nouveau procédé. Dans les cellules, il avait trouvé des enzymes capables d'hydrolyser ces peptides d'une manière très spécifique. Selon son hypothèse, ces mêmes enzymes pouvaient catalyser la synthèse de peptides et de protéines. J'ai alors postulé pour une bourse de recherche à ses côtés en me proposant de développer des cultures tissulaires dans lesquelles j'entendais étudier le rôle de ses

---

1   Zamecnik & Stephenson, 1978 ; Stephenson & Zamecnik, 1978 ; Agrawal, Ikeuchi, Sun, Sarin, Konopka, Maizel & Zamecnik, 1989 ; Zamecnik & Agrawal, 1991 ; *cf.* également Lunardini, 1993.

enzymes dans la synthèse protéique. Le docteur Bergmann me répondit que son laboratoire accueillait exclusivement des chimistes organiques et que si cette question m'intéressait vraiment, il me fallait approfondir ma connaissance de cette discipline et revenir un ou deux ans plus tard. (Zamecnik, lettre à Rheinberger du 5 novembre 1990)

Pour en apprendre davantage sur la chimie des protéines, Zamecnik passa l'année suivante dans les laboratoires Carlsberg à Copenhague auprès de Kaj Linderstrøm-Lang, un spécialiste de la chimie physique des protéines. L'occupation allemande le força à quitter le Danemark en 1940 ; il rentra aux États-Unis en passant par Capri et travailla un an avec Max Bergmann. « Cette fois, il m'a accepté (1941-1942). Dans les faits j'en savais à peine plus qu'avant, mais j'étais auréolé du prestige des célèbres laboratoires Carlsberg[2]. »

Après son retour au MGH, Zamecnik participa à des études sur les facteurs toxiques dans le choc traumatique expérimental. C'était là un projet de recherche lié à l'effort de guerre dont le directeur du Huntington Hospital, Joseph Charles Aub, et ses collaborateurs avaient été chargés par l'Office of Scientific Research and Development (OSRD)[3]. Zamecnik ne put retourner à ses propres travaux qu'une fois la guerre terminée.

Pas plus dans ce chapitre que dans ceux qui suivent il ne s'agit de retracer l'histoire de l'institution qu'est le MGH[4] ni d'établir une bio-graphie – moins encore une hagiographie – des chercheurs concernés. Derrière d'illustres personnes et établissements se cachent ceux qui travaillent dans les laboratoires et dont les noms demeurent presque totalement ignorés du public. Je n'entends pas davantage prêter après-coup un développement logique à une entreprise dont aucun des protagonistes n'avait initialement pressenti qu'elle conduirait au cœur de la biologie moléculaire. L'intention de cette étude est au contraire de montrer comment un système expérimental, d'abord conçu à des fins médicales dans le cadre de la recherche sur le cancer menée par les laboratoires

---

2   *Ibid.*

3   Faxon, 1959, p. 229 ; Aub, Brues, Dubos, Kety, Nathanson, Pope & Zamecnik, 1944 ; *cf.* également une série de six articles publiée dans le *Journal of Clinical Investigation*, 1945, vol. 24, et commençant par Nathanson, Nutt, Pope, Zamecnik, Aub, Brues & Kety, 1945.

4   L'histoire du Massachusetts General Hospital et de ses équipements de recherche a fait l'objet de nombreuses études. *Cf.* Faxon, 1959 ; Garland, 1961 ; Castleman, Crockett & Sutton, 1983.

du Huntington Hospital, développa une dynamique biochimique indépendante de ces premiers objectifs et fut transformé au fil des années en un système permettant d'explorer des questions propres à la biologie moléculaire. Je m'appuie pour ce faire sur un examen approfondi des travaux publiés mais aussi sur les témoignages de quelques collaborateurs et la lecture des carnets de laboratoires, ainsi que d'autres documents d'archives. Certains membres de l'équipe, parmi lesquels Zamecnik lui-même, ont profité de diverses occasions pour retracer l'apparition de la synthèse protéique *in vitro* comme spécialité de recherche ; mais notamment en ce qui concerne la première phase de cette émergence, les récits ne sont pas très circonstanciés – comme c'est d'ailleurs souvent le cas dans les *mémoires* rédigés par les chercheurs en sciences naturelles[5].

LA RECHERCHE SUR LE CANCER
AU HUNTINGTON HOSPITAL

À la fin de la Seconde Guerre mondiale, les laboratoires John Collins Warren du Huntington Memorial Hospital, qui étaient implantés depuis 1942 dans les bâtiments du MGH, se trouvaient sous la direction de Joseph Charles Aub qui avait succédé à George Minot dans cette fonction en 1928. S'étant consacré à l'étude des pathologies métaboliques au cours de sa carrière d'oncologue, Aub avait alors donné une nouvelle orientation au programme de cancérologie du Huntington Memorial Hospital. Avec l'approbation de la Harvard Cancer Commission, il avait délaissé le développement des techniques de production artificielle de tumeurs au profit de l'analyse des déroulements normaux et pathologiques des processus de croissance et de régénération[6]. Zamecnik était lui aussi docteur en médecine, et lorsqu'en 1945 il put redéfinir son projet de recherche, il se décida pour un objet d'étude lié à la cancérologie, à partir duquel il espérait pouvoir rejoindre le niveau d'analyse qui l'intéressait : la cellule. « Nous aimerions aborder le problème de la

---

5   Zamecnik, 1960, 1962a, 1969, 1976, 1979, 1984 ; Siekevitz & Zamecnik, 1981 ; Hoagland, 1996. *Cf.* également Hoagland, 1990 et Rheinberger, 1993.
6   *Cf.* Faxon, 1959, p. 204-207, p. 231-240 ; Castleman, Crockett & Sutton, 1983, p. 343-350. *Cf.* également Zamecnik, 1974, 1983 ; Bucher, 1987 ; Hoagland, 1990, p. 37-39.

synthèse protéique dans la cellule tumorale[7] », expliquait-il en mars 1945 dans une requête adressée à l'International Cancer Research Foundation.

Voici ce que Robert Lottfield fit d'ailleurs remarquer à ce sujet :

> Il ne faut pas oublier que nous travaillions dans un laboratoire de cancérologie, que son directeur était un éminent cancérologue et que nous étions financés par des fonds destinés à la lutte contre le cancer – nous récoltions même de l'argent devant les salles de cinéma ; beaucoup d'entre nous suivaient des patients atteints d'un cancer, et tous collaboraient avec des spécialistes en cancérologie [qui n'avaient rien à voir avec la recherche sur les protéines]. Nous assistions aux réunions de l'AACR (American Association of Cancer Research) et *voulions* pouvoir nous dire que nous servions à quelque chose dans la lutte contre le cancer. Dans notre laboratoire de cancérologie, c'étaient l'hépatome « jaune de beurre » et les cellules tumorales ascites qui s'offraient à nous. (Loftfield, lettre à Rheinberger du 17 mai 1993[8])

Zamecnik résolut d'étudier les potentiels sites actifs des agents cancérigènes sur les cellules et d'identifier ainsi le « point crucial où une distinction métabolique pourrait être établie entre tissus normaux et néoplasiques[9] ». Dans la mesure où d'une part la dérégulation de la croissance est une caractéristique générale des tissus cancéreux, et où d'autre part la croissance d'une cellule est intimement liée à sa capacité à synthétiser des protéines, il fallait s'attendre à ce que l'action carcinogène s'attaquât à la régulation du métabolisme des protéines. Mais on ne savait encore que peu de choses sur les facteurs biochimiques en jeu dans la carcinogénèse. Aussi, la stratégie qui parut la plus évidente aux yeux de Zamecnik ne consista pas à concentrer ses efforts « sur une unique méthode de recherche biochimique », mais à commencer par une approche « pratique » et à « saisir au vol toutes les occasions nouvelles qui se présenteraient, dans l'espoir que la piste finirait par apparaître dans quelque recoin[10] » – une stratégie qu'en somme on pourrait qualifier de « techno-opportuniste ».

Étudiant de Bergmann, lequel avait beaucoup travaillé sur la spécificité des enzymes capables de dégrader les protéines, Zamecnik partageait la

---

7   Notes de recherches de Zamecnik (ZNR), projet « For International Cancer Research Foundation/Application, 3/8/45 ».

8   Lettre de Loftfield à Rheinberger en réponse à l'envoi du manuscrit à l'état de projet, 17 mai 1993.

9   Zamecnik, 1950, p. 659.

10   *Ibid.*, p. 660.

conception, largement répandue à l'époque, selon laquelle la synthèse protéique n'était que le processus inverse de la protéolyse[11]. Cette hypothèse joua par conséquent un rôle essentiel dans la requête mentionnée plus haut, où l'on pouvait lire : « Les expériences de Bergmann et de son groupe laissent penser que les enzymes protéolytiques intracellulaires sont probablement aussi responsables, dans certaines conditions déterminées, de la synthèse protéique normale dans la cellule. » Zamecnik entretenait par ailleurs d'étroits contacts avec Fritz Lipmann : leurs laboratoires à Harvard étaient voisins, et ils étudiaient ensemble une enzyme de la bactérie *Clostridium welchii*[12]. Dès son arrivée au MGH en 1941 pour un stage de recherche[13], Lipmann avait envisagé l'éventualité que la synthèse protéique résulte de l'assemblage d'acides aminés libres et que l'énergie requise pour cette transformation soit fournie par des produits intermédiaires composés d'acides aminés activés[14]. Et puisqu'à cette époque, aucun modèle n'avait encore été corroboré par une confirmation expérimentale contraignante, Zamecnik ne voulait pas exclure tout à fait la possibilité d'un « mécanisme si radicalement différent[15] ».

Pendant les premières années d'après-guerre, de nouvelles structures d'orientation de la politique de recherche virent le jour au MGH. Depuis 1938, l'hôpital était doté d'un conseil de recherche. En 1947, le General Executive Committee et les *trustees* recommandèrent d'accorder plus d'importance à la recherche. À leur demande furent constitués un comité de recherche (Committee on Research, COR) et un comité scientifique consultatif (Scientific Advisory Committee, SAC). Cette dernière formation rassemblait d'éminents spécialistes de recherche fondamentale, au nombre desquels figuraient notamment Karl Compton du MIT, Carl Cori de l'Université de Washington, Herbert Gasser du Rockefeller Institute et Eugene Landis de Harvard ; Linus Pauling, du California Institute of Technology rejoignit cette liste un peu plus tard. Alors qu'en 1935, le budget alloué à la recherche ne dépassait pas 50 000 dollars, il fit un bond et atteignit 500 000 dollars en

---

11 Sur l'histoire négligée du « Programme multi-enzyme de la synthèse protéique », *cf.* Bartels, 1983.
12 *Cf.* Zamecnik & Lipmann, 1947 ; Zamecnik, Brewster & Lipmann, 1947.
13 Faxon, 1959, p. 48.
14 Lipmann, 1941. *Cf.* également Kalckar, 1941.
15 ZNR, travaux préparatoires pour le « American Cancer Society Application, March 8, 1947 ».

1948 – l'année où le comité de recherche, dont Paul Zamecnik était le secrétaire, entra en fonction. En 1955, le budget s'élevait à 2 millions de dollars, dont la quasi-totalité avait été obtenue par des demandes de financement externe.

Les comités avaient pour mission de « promouvoir, faciliter et guider la recherche au Massachusetts General Hospital, sur la base de l'idée selon laquelle les collaborateurs parviendraient mieux à atteindre leurs objectifs s'ils ne travaillaient pas individuellement mais en partenariat les uns avec les autres[16]. » Ces notions de partenariat et d'individualisme coopératif sont caractéristiques du discours qui était en vogue en matière de politique scientifique dans les premières années d'après-guerre aux États-Unis[17]. Depuis les années trente régnait au MGH une tradition qui mettait un accent particulier sur la spontanéité et la libre décision des individus dans le domaine des initiatives de collaboration. Ainsi, le General Executive Committee constatait dès 1934 dans son rapport annuel :

> La coopération scientifique, dès lors qu'elle se met en place de manière spontanée, est vraiment féconde. Mais pour ce faire, elle doit résulter d'un intérêt naturel et de la curiosité des chercheurs. Lorsqu'elle est imposée et ne laisse pas le choix de l'objet à étudier, le résultat est souvent stérile. Dans la recherche scientifique, la qualité ne s'obtient pas sur commande. Elle naît dans les cerveaux et entre les mains de ceux qui possèdent les dons nécessaires. S'ils avaient conscience de cela, ses partisans investiraient dans les scientifiques plutôt que dans la science. C'est en le mettant à l'abri de la précarité que l'on permet à un savant doué de contribuer au mieux à la science : en lui assurant ses moyens d'existence et en lui procurant les ressources nécessaires à son travail. Mais il faut ensuite le laisser œuvrer à sa guise, et choisir librement ses collaborateurs. En science sans doute plus encore que dans d'autres activités humaines, on avance pas après pas. La résolution d'un problème peut en soulever dix autres dont on n'avait parfois pas même soupçonné l'existence auparavant. Tout chercheur doit jouir du privilège qui consiste à pouvoir librement choisir ses problématiques et approfondir des indices révélés par la résolution d'une première difficulté. Lorsqu'il découvre une piste prometteuse, il faut mettre à sa disposition les moyens qui lui permettront de la suivre avec toute l'énergie nécessaire. (MGH Research Affairs Office (MGHR), General Executive Committee, rapport annuel (1934), p. 23-24)

---

16 Castleman, Crockett & Sutton, 1983, p. 33 ; citation tirée du rapport du comité de direction (Executive Committee).

17 *Cf.* par exemple Kay, 1993.

Et c'est dans ce même esprit que seize années plus tard, le comité scientifique consultatif mis sur pied après la guerre incita le MGH à « demeurer fermement attaché à une politique dans laquelle les orientations de la recherche sont exclusivement déterminées par les chercheurs de l'établissement eux-mêmes[18]. »

Joseph Aub avait fait sienne cette philosophie de la recherche, et sur ce point, soutenu par le comité de recherche, Zamecnik se rangea derrière son exemple. Nul plan général de recherche n'encadrait l'utilisation des équipements du MGH et des laboratoires du Huntington. Le choix de problématiques déterminées relevait de la responsabilité des scientifiques : leurs éventuelles coopérations avaient lieu sur la base du volontariat, et aucun projet interdisciplinaire ne leur était imposé[19]. Plus loin dans cet ouvrage, on montrera que le parcours scientifique de Zamecnik est une éloquente illustration de cette conception de la recherche.

ACIDES AMINÉS RADIOACTIFS

Quelques années après la guerre, des acides aminés marqués au carbone radioactif (^{14}C) devenaient disponibles. Les traceurs radioactifs jusqu'alors employés en biologie et en médecine étaient des produits dérivés des technologies cyclotron puis, après la guerre, des réacteurs nucléaires[20]. Le cyclotron dont disposait le MIT était en état de fonctionnement, mais celui de l'Université de Harvard avait été mis à l'arrêt en 1942 « puisqu'aucun travail de recherche, en physique fondamentale ou à des fins militaires, n'était envisagé[21] ». Le carbone 14 était produit à partir d'azote que l'on bombardait avec des neutrons lents ; on soutirait alors l'isotope radioactif de la solution sous la forme de carbonate[22].

---

18 MGHR, Scientific Advisory Committee, Recommendations and Comments, 24 et 25 novembre 1950.

19 Castleman, Crockett & Sutton, 1983, p. 35-36.

20 Kohler, 1991a, Lenoir & Hays, 2000 ; Rheinberger, 2001.

21 Francis A. Countway Library of Medecine Boston (FCL), Aub Files GA_4, Box 3, P. W. Bridgman, de l'université Harvard, lettre à Joseph Aub, membre du Harvard Cyclotron Committee, du 30 avril 1942.

22 Loftfield, entretien avec Rheinberger du 18 juin 1993.

Après des études de chimie organique physique à Harvard, Robert Loftfield fut d'abord assistant de recherche au Radioactivity Center du MIT puis rejoignit l'équipe du Huntington en 1948 à la faveur d'un stage de recherche en médecine. Aub, qui compta parmi les premiers à utiliser des traceurs radioactifs dans l'étude du métabolisme, s'était intéressé aux nouveaux isotopes dès les années trente[23]. Après la guerre, il commença à travailler avec Robley Evans, son ami de longue date du MIT avec lequel il avait déjà mené des observations sur l'excrétion de radium en 1936[24]. Dans le cadre de cette collaboration, Loftfield fut chargé de mettre au point une méthode améliorée de synthèse de deux acides aminés marqués au ^{14}C, l'alanine et la glycine[25]. Il entreprit la fastidieuse tâche « de faire varier chaque facteur, parmi lesquels la durée, la température, les pressions en ammonium et en dioxyde de carbone, ainsi que la nature et la forme physique des réducteurs[26]. » Combinées à son expérience, sa dextérité et sa minutie lui permirent finalement d'obtenir de petites quantités d'alanine et de glycine dont la radioactivité était suffisante pour être employée à des fins biochimiques.

Zamecnik s'engagea alors dans une collaboration avec Robert Loftfield et Warren Miller. Ce dernier venait du département de physique du MIT, où il avait participé au développement d'une nouvelle méthode de comptage des substances radioactives en phase gazeuse[27]. Un prototype de ce nouvel instrument avait été construit au MIT. Puis, quand l'un des appareils fut installé dans les laboratoires du Huntington, il fallut encore d'innombrables ajustements techniques pour que le processus de comptage devienne fiable[28]. Evans et Miller partageaient tous deux la conviction que la méthode de comptage des gaz était l'unique moyen utilisable pour mesurer le ^{14}C. Ils excluaient les techniques de comptage qui maintenaient les échantillons à l'état solide au motif que

---

23 Le traceur qu'il utilisait en 1936 était du plomb naturellement radioactif. Ivan Frantz, lettre à Rheinberger du 7 juillet 1994. *Cf.* également Zamecnik, 1983, p. 347. Au MGH, Aub travaillait depuis 1924 sur le métabolisme du plomb, d'abord sous la tutelle de David Edsall.

24 Zamecnik, 1983, p. 347.

25 ZNR, travaux préparatoires pour le « American Cancer Society Application, 8 March, 1947 ».

26 Loftfield, 1947, p. 54.

27 ZNR, travaux préparatoires pour le « American Cancer Society Application, 8 March, 1947 » ; Miller, 1947.

28 Loftfield, entretien avec Rheinberger, 1993.

l'auto-absorption des rayonnements bêta de faible énergie leur semblait irrémédiablement élevée. « Ce raisonnement paraissait logique et nous l'avons accepté sans discussion », se souvient Ivan Frantz, un des participants aux essais, « mais cela nous a considérablement et inutilement retardés ». Les compteurs internes étaient fabriqués par les souffleurs de verre du MIT, et ils se révélèrent assez imprévisibles[29]. » Après une longue série de tentatives peu convaincantes, la nouvelle technique fut abandonnée. Le groupe revint à la méthode de comptage sur échantillons solides.

Très vite, Zamecnik prit conscience des possibilités offertes par la technique des traceurs pour ses travaux d'une part, et d'autre part constata qu'au sortir de la Seconde Guerre mondiale, des financements particulièrement généreux étaient accordés aux recherches sur les applications médicales de l'énergie atomique. Dès 1948, il proposa au comité de recherche du MGH de se rapprocher de la Commission de l'Énergie Atomique (Atomic Energy Commission, AEC) : « Le docteur Zamecnik fit remarquer qu'il était possible d'obtenir d'importants fonds de recherche de la Commission de l'Énergie Atomique pour des études portant sur les applications médicales de l'énergie atomique. [M.] Ketchum invita le docteur Zamecnik à établir une liste de projets susceptibles de recevoir le soutien de l'AEC[30]. » Avant la fin de la même année, le Huntington Hospital sollicita l'attribution d'une somme non négligeable. Une demande révisée – « pour se mettre dans le sens du vent actuel », selon la tournure figurant aux procès-verbaux des réunions – fut acceptée en 1949, et le travail de Zamecnik fut soutenu par les fonds de l'AEC pendant toute la décennie qui suivit[31]. Ainsi, la mise sur pied d'un système expérimental d'étude de la croissance cellulaire maligne, avec toutes les contraintes internes qui s'y rattachaient, était liée de manière structurelle à la situation politique globale.

Zamecnik mena les premières études sur l'« incorporation » d'alanine radioactive dans les protéines des tissus hépatiques du rat en collaboration avec un autre médecin du MGH mentionné plus haut, Ivan Frantz. Après avoir servi pendant quatre années dans la marine des États-Unis, il

---

29   Frantz, lettre à Rheinberger du 7 juillet 1994.
30   MGHR, procès-verbaux du comité de recherche du MGH (Committee on Research Minutes), livre 1 (janvier 1947 – décembre 1950), p. 93-95.
31   MGHR, Committee on Research, procès-verbaux du comité de direction (Executive Committee Minutes), livre 1 (mars 1948 – décembre 1950), p. 59.

avait obtenu l'une des douze premières bourses financées par l'American Cancer Society et reprit sa carrière scientifique dans les laboratoires de son ancien professeur Joseph Aub[32]. Frantz commença par une étude sur la décomposition des peptides par des enzymes capables de dégrader les protéines, mais apprit bientôt à maîtriser les rudiments de la technique d'incubation des coupes de tissus hépatiques[33]. Il s'agissait d'une remarquable convergence locale d'innovations techniques, de collaboration entre institutions, d'opportunités politiques, ainsi que d'expertises et de savoir-faire artisanaux des protagonistes issus de domaines aussi divers que la chimie organique, la physique des rayonnements, la chimie physiologique ou encore la pratique médicale de laboratoire. Cette situation permit à l'équipe du Huntington Hospital de développer une méthode de marquage des protéines bien avant que les acides aminés marqués fussent disponibles sur le marché en quantité suffisante. C'était une configuration locale ; mais elle permit d'instaurer un système expérimental qui, après quelques années de bricolage, fut transformé en une véritable « machine à fabriquer de l'avenir[34] ». Robert Loftfield fit un jour observer qu'il fut probablement décisif dans la mise au point de cette machine qu'aucun des collaborateurs initiaux n'ait disposé d'une formation de biochimiste au sens traditionnel du terme. Dans la jeune équipe, personne n'était donc pris au piège d'une trop grande appréhension de ce qui « de toute façon ne marchera pas ». Et comme les participants le constatèrent rétrospectivement, c'est précisément cette absence de spécialisation disciplinaire commune qui leur permit de penser de manière différente[35].

À cette époque, les acides aminés radioactifs n'étaient disponibles qu'en très petites quantités. Et la maîtrise des conditions expérimentales posa par ailleurs des problèmes jusqu'alors inconnus. L'un des plus grands défis liés aux études radioactives sur des animaux vivants résidait dans le fait de garder le contrôle des activités spécifiques des substances injectées. Zamecnik et ses collègues étaient convaincus que les études d'incorporation *in vivo* seraient difficiles, sinon impossibles, à mener de manière routinière. Ils renoncèrent donc, comme d'autres, aux cobayes

32   Frantz, lettre à Rheinberger du 7 juillet 1994.
33   Frantz, Loftfield & Miller, 1947.
34   Jacob, 1987, p. 13.
35   Loftfield, entretien avec Rheinberger, 1993.

et envisagèrent de réaliser leurs analyses histologiques *in vitro*[36]. Le choix se porta alors sur le foie de rat. Des rats de la lignée Sprague-Dawley étaient élevés au Huntington Hospital depuis quinze années. En mêlant du « jaune de beurre » à leur alimentation, on pouvait, par une méthode de routine, induire des hépatomes qui devenaient identifiables après plusieurs mois ; ainsi était-il possible de comparer de manière systématique les foies des animaux sains avec ceux qui étaient atteints d'une tumeur[37]. Placées dans des conditions appropriées, les coupes histologiques prélevées sur les animaux conservaient leur activité métabolique pendant plusieurs heures[38]. Ce procédé permettait de mener des expériences sur d'infimes quantités de tissus et, partant, de radioactivité.

Les tissus hépatiques étaient toutefois partiellement endommagés par leur découpage en tranches, et il en résultait une dégradation accélérée des protéines ainsi que des modifications métaboliques d'ampleur inconnue. On constatait en outre un ralentissement général des réactions qui portait préjudice à l'étude. Le processus de comptage des échantillons marqués était pour le moins laborieux : ils devaient être mis en place un par un avant de pouvoir être soumis aux mesures. Enfin, on observait que l'alanine radioactivement marquée était incorporée dans des proportions très variables, sans pour autant être en mesure d'expliquer ces différences. Si donc les chercheurs du Huntington Hospital affirmèrent un temps que les « coupes histologiques avaient été préférées aux animaux vivants parce qu'elles offraient un meilleur contrôle des conditions expérimentales dans l'étude de la synthèse protéique », la confrontation avec la réalité des expériences vint certainement décevoir leurs attentes[39]. Pourtant, les premiers résultats montrèrent qu'« en principe », le dispositif fonctionnait. La protéine qui fut isolée à l'aide du procédé émettait un signal radioactif très distinct bien que soumis à d'importantes variations[40]. De plus, le phénomène d'incubation s'avéra

36 Au nombre de ces chercheurs comptaient Melchior & Tarver, 1947a, 1947b ; Winnick, Friedberg & Greenberg, 1947. Une expérience sur des animaux vivants exigeait cent fois plus de radioactivité qu'une expérience sur coupes histologiques. *Cf.* ZNR, « Final Report to Donner Foundation, Inc., January, 1948 ».
37 *Cf.* Zamecnik, Frantz, Loftfield & Stephenson, 1948.
38 Les coupes histologiques étaient maintenues dans des flacons de Warburg, plongées dans une solution Krebs-Ringer-phosphate et sous une atmosphère oxygénée.
39 Zamecnik, Frantz, Loftfield & Stephenson, 1948, p. 299.
40 Frantz, Loftfield & Miller, 1947. Quand tous les paramètres restaient « identiques », les valeurs relevées s'étendaient de 102 à 916 coups par minute (cpm) incorporés aux

dépendre de l'apport en oxygène, ce qui était compatible avec l'hypothèse de Lipmann selon laquelle il existait un lien entre synthèse protéique et processus d'approvisionnement en énergie. Il ne fut pas non plus sans intérêt de remarquer qu'après la dégradation de la protéine, une grande partie de la substance radioactive pouvait être récupérée sous la forme d'alanine recristallisée.

Le système semblait donc globalement prometteur, en tout cas aux yeux des personnes impliquées dans son élaboration. Bien sûr, n'importe quel esprit critique qui se serait penché un peu plus en détail sur une des premières publications aurait été en droit de demander pourquoi, dans les tableaux de résultats présentés, la quantité de dioxyde de carbone résultant de la dégradation protéique concordait aussi peu avec la radioactivité mesurée dans ce même dioxyde de carbone[41]. Mais les expérimentateurs, eux, fermèrent les yeux sur cette divergence ; et si des explications leur étaient demandées, ils tiraient objection du fait que des traumatismes cellulaires pouvaient être provoqués par le découpage en tranches des tissus. Zamecnik et ses collègues ne démordaient pas de ce qui leur semblait être une différence significative, un signal binaire indiquant la présence ou l'absence, d'après eux plus important qu'une grandeur quantitative. À partir de cette différence, il leur paraissait possible d'entrer plus avant dans les détails du système de coupes tissulaires de foie. Sa dépendance à l'oxygène, notamment, semblait montrer la voie à suivre.

COMMENT UN SIMPLE CONTRÔLE
DEVINT L'EXPÉRIENCE « PROPREMENT DITE »

Les résultats de ces premières explorations furent envoyés au printemps 1948 au *Journal of Biological Chemistry*, suivis en avril d'un courrier adressé à l'éditeur de la publication[42], dans lequel le groupe du MGH mettait en regard deux séries de mesures résumées en un tableau de synthèse. La première des deux séries avait été obtenue lors des études

---

protéines. La seconde valeur fut certes considérée comme erronée, mais toutefois prise en compte dans un « souci d'exhaustivité » expérimentale (p. 545).

41   Zamecnik, Frantz, Loftfield & Stephenson, 1948, tableau 1.
42   Frantz, Zamecnik, Reese & Stephenson, 1948.

oncologiques initiales, qui portaient sur la différence d'activité entre cellules saines et cellules tumorales, tandis que la seconde exposait la première réponse différentielle qui s'était dégagée lors de la mise au point du système. Que les deux résultats aient été présentés simultanément doit être vu comme un signe de l'indécision passagère des auteurs quant à l'interprétation à donner aux traces révélées par les expérimentations.

Dans son introduction, la lettre envoyée au *Journal of Biological Chemistry* évoque une récente observation réalisée par le laboratoire de Lipmann[43], avec lequel l'équipe de recherche entretenait de bonnes relations. William Loomis, un ancien camarade de classe de Frantz qui travaillait auprès de Lipmann depuis peu, venait de constater qu'une substance chimique, le dinitrophénol (DNP), permettait de dissocier les processus de consommation d'oxygène et la phosphorylation : il inhibait la formation de liaisons phosphates riches en énergie mais n'avait aucune influence sur la consommation d'oxygène. Dans la mesure où le système *in vitro* de coupes hépatiques dépendait de l'apport en oxygène, il fut tentant de tester l'effet du dinitrophénol sur des tranches de foies normaux et tumoraux. Du tableau complet dont l'illustration 1 propose une version schématique se pouvaient déduire trois effets ou observations différents.

DNP	foie normal		hépatome primaire	
	consommation d'oxygène	incorporation d'alanine	consommation d'oxygène	incorporation d'alanine
non	+	+	++	+++
oui	+	−	+(−)	−

Ill. 1 – Dépendance au dinitrophénol de la consommation d'oxygène et de l'incorporation d'acides aminés dans les cellules de foies normaux et tumoraux. + : activité d'incorporation d'acides aminés constatée. - : pas d'activité d'incorporation d'acides aminés constatée. Tiré de Frantz, Zamecnik, Reese & Stephenson, 1948, tableau 1. Adaptation de l'auteur.

D'abord, on relevait que foies normaux et foies tumoraux se distinguaient à la fois par la consommation d'oxygène et par l'incorporation d'alanine radioactive. Dans les tissus cancéreux, cette dernière était jusqu'à sept fois plus élevée que dans les tissus sains : les chercheurs n'avaient encore jamais observé une telle différence entre tissus normaux

---

43 Loomis & Lipmann, 1948.

et tumoraux concernant un paramètre biochimique clairement défini. Ensuite, on observait que dans les coupes hépatiques malignes, la consommation d'oxygène était empêchée par le DNP, tandis que dans les échantillons de tissus sains, le DNP n'avait aucun effet. Enfin, on constatait que le DNP découplait la consommation d'oxygène et l'incorporation d'alanine. En présence de dinitrophénol, la respiration avait toujours lieu, dans les foies normaux en tout cas, mais plus aucun acide aminé n'était incorporé.

La première observation confortait les attentes initiales, et ce dans une mesure tout à fait inattendue. Plus tard, Loftfield nota qu'à elle seule, l'étendue de cette *différence* avait constitué une incitation à poursuivre les recherches. Quand il fut informé des résultats, il interrompit un séjour aux sports d'hiver pour regagner son laboratoire au plus vite. Bien entendu, cette avancée fut d'une aide précieuse dans l'obtention de nouveaux financements, et en particulier auprès de l'American Cancer Society[44]. Pour constante qu'elle était, la différence d'activité entre tissus normaux et tumoraux s'avéra cependant être un résultat muet, comme clos sur lui-même, au fil des travaux qui suivirent : il était sans conséquences, et restait sans signifiance quant à la marche à suivre en matière d'expériences. En aucune manière il n'aidait à « obtenir des indices sur ce que nous ne savons pas encore[45] ». Le deuxième résultat introduisait une différence supplémentaire entre tissus normaux et tumoraux : le DNP inhibait très sensiblement la respiration dans les cellules malignes, mais pas dans celles qui étaient saines. Zamecnik et ses collègues prirent soigneusement note de ce comportement singulier sans toutefois chercher à l'expliquer. Pourtant, il aurait été tout à fait possible de voir dans cette observation le premier indice d'un comportement métabolique propre aux cellules cancéreuses. C'est que ce deuxième constat fut occulté par le troisième que l'on put interpréter comme le signe d'un lien entre la synthèse protéique et le processus d'approvisionnement en énergie de la phosphorylation. Ce résultat eut pour effet d'écarter la recherche de ses enjeux oncologiques pour l'orienter vers les aspects bio-énergétiques de l'incorporation des acides

---

44   Loftfield, entretien avec Rheinberger, 1993. De 1948 à 1953, le MGH obtint de l'American Cancer Society une « Institutional Grant » de 100 000 $ par an. Environ 5000 $ de cette bourse servirent chaque année à financer les projets de Zamecnik. MGHR, Report to the Scientific Advisory Committee Meeting, 12 et 13 décembre 1952.

45   Hoagland, 1990, p. XIX.

aminés ; il modifia définitivement la conception que les scientifiques du MGH se faisaient du mécanisme de la synthèse protéique : abandonnant l'idée d'une protéolyse inversée, ils commencèrent à chercher d'éventuels produits intermédiaires activés de la synthèse protéique ; et il offrit également une prise pour faire évoluer le système expérimental de son statut hybride entre *in vivo* et *in vitro* vers un état où, entièrement *in vitro*, il ne dépendrait plus de l'intégrité des cellules et de l'appareil respiratoire. On était en 1948 : après trois années de travail, une nouvelle possibilité venait d'entrer en lice. Comme l'a formulé Loftfield, les membres du groupe se trouvèrent « animés d'une énergie nouvelle[46] ». Ce résultat orienta leurs réflexions vers les mécanismes endergoniques, et fut l'élément initiateur d'intenses efforts pour parvenir à la mise au point d'un système intégralement acellulaire.

ACCROISSEMENT DE LA CONCURRENCE, MULTIPLICATION DES ACTIVITÉS

Dès que des acides aminés marqués radioactivement purent être produits en quantité suffisante pour la recherche sur la synthèse protéique – dans les premières années d'après-guerre, donc –, plusieurs groupes de chercheurs aux États-Unis commencèrent à essayer d'en incorporer dans des coupes de tissus animaux. Avant les travaux de Zamecnik et de son équipe au MGH, Jacklyn Melchior et Harold Tarver furent parmi les premiers à utiliser les coupes histologiques, de même que Theodore Winnick, Felix Friedberg et David Greenberg, tous rattachés à la Biochemistry Division de la Medical School de l'Université de Californie à Berkeley[47]. À la Harvard Medical School, Chris Anfinsen et son collaborateur Art Solomon étaient également parvenus à mettre au point un système de coupes tissulaires[48]. Des articles publiés par Melchior et Tarver, Friedberg, Winnick et Greenberg ainsi que par l'équipe de Henry Borsook du California Institute of Technology à Pasadena

---

46   Loftfield, lettre à Rheinberger du 17 mai 1993.
47   Melchior & Tarver, 1947a, 1947b ; Winnick, Friedberg & Greenberg, 1947.
48   Anfinsen, Beloff, Hastings & Solomon, 1947.

relatèrent diverses tentatives pour incorporer des acides aminés à des protéines d'homogénats tissulaires[49]. Dans un premier temps, les groupes utilisèrent tous des acides aminés différents : Tarver eut recours à de la cystéine et de la méthionine marquées au soufre radioactif ; Greenberg et Winnick à de la glycine marquée au carbone ; Anfinsen et Solomon à de la glutamine et à de l'acide aspartique marqués au carbone ; et enfin Borsook à de la lysine marquée au carbone. L'ensemble de ces marqueurs étaient incorporés *in vitro* à des substances de poids moléculaire élevé, mais il apparut bientôt que l'incorporation observée ne dépendait pas toujours de l'activité de synthèse protéique des cellules étudiées. Ces travaux, dont on ne peut retracer ici tous les détails, montrent clairement que le groupe de Zamecnik n'était pas isolé. La communauté des chercheurs s'intéressant à la synthèse des protéines était certes restreinte, mais toutefois suffisamment étendue pour que s'instaure le jeu de la concurrence et de la surveillance mutuelle.

Ainsi commença une scabreuse odyssée à travers un paysage expérimental encore inconnu et semé d'embûches. Mais pour se prémunir contre un échec potentiel dans la mise au point d'un système de synthèse des protéines *in vitro*, Zamecnik avait multiplié les travaux sans rapport direct avec cet objectif. La technique du marquage radioactif d'acides aminés fut étendue à l'étude expérimentale d'autres aspects du métabolisme protéique, et ce fut cette technique qui forma l'élément commun à des activités le plus souvent liées à la recherche sur le cancer. En retour, l'exploration de la portée et des limites de cette technique fonctionna comme une machine « extériorisée » à générer des questions, et se révéla être un outil d'expérimentation idéal. Cette contextualisation expérimentale était portée par les espoirs de Zamecnik, qui était convaincu qu'un « indice décisif pourrait apparaître dans un recoin inattendu[50] » s'il savait étendre assez largement ses filets. Elle présentait par ailleurs l'intérêt de garantir au groupe de conserver sa place dans le secteur de la recherche oncologique et, par là, son accès aux financements qui s'y rattachaient.

---

49   Melchior & Tarver, 1947a, 1947b ; Friedberg, Winnick & Greenberg, 1947 ; Winnick, Friedberg & Greenberg, 1948, ; Winnick, Moring-Claesson & Greenberg, 1948 ; une présentation d'ensemble fut proposée à l'époque par Greenberg, Friedberg, Schulman & Winnick, 1948. Borsook, Deasy, Haagen-Smit, Keighley & Lowy, 1949a ; on trouvera également un aperçu des premiers travaux du groupe dans Borsook, 1950.

50   Zamecnik, 1950, p. 660.

À l'époque, le rêve de la petite communauté de la synthèse protéique était de disposer d'une forme radioactive de l'ensemble des acides aminés naturellement présents dans les protéines. Ivan Frantz en vint rapidement à l'idée de les fabriquer par des voies naturelles. À cette fin, il cultiva dans une atmosphère de CO_2 radioactif le *Thiobacillus thiooxidans,* une bactérie sulfo-oxydante autotrophe. Puis il isola les protéines, les hydrolysa et soutira du produit de cette hydrolyse certains acides aminés qui, synthétisés par voie chimique, ne pouvaient être fabriqués en quantité suffisante et ne présentaient pas l'activité spécifique nécessaire. Aussi laborieuse que chronophage, cette méthode qui devait permettre « de pousser plus avant les études des tumeurs animales[51] » devint de surcroît superflue à peine quelques années plus tard, quand tous les acides aminés nécessaires furent disponibles sur le marché qui commença s'établir vers la fin des années quarante.

Mary Stephenson, à son tour, consacra un temps considérable à élaborer une technique de séparation des mélanges d'acides aminés susceptible de se substituer au fastidieux procédé de recristallisation et adaptée aux contraintes des préparations de laboratoire[52]. Cette technique reprenait le système des colonnes d'amidon utilisées pour la première fois pour séparer des mélanges d'acides aminés par William Stein et Stanford Moore, deux collaborateurs du laboratoire de Bergmann au Rockefeller Institute for Medical Research ; preuve de ce que l'équipe du Massachusetts General Hospital et celle de Bergmann continuaient d'entretenir d'intenses échanges[53]. Arrivée aux laboratoires du Huntington en tant que technicienne en 1943, Mary Stephenson avait d'emblée commencé à collaborer avec Zamecnik sur le projet de synthèse des protéines[54].

Dans les laboratoires du Huntington travaillait également Nancy Bucher. Elle avait étudié la médecine à l'Université Johns Hopkins et, après son examen de fin d'études en 1945, elle intégra l'équipe du MGH comme chargée de recherche pour étudier la régénération des tissus hépatiques du rat[55]. Ses résultats indiquèrent que le taux de synthèse protéique était accru dans les foies en cours de régénération.

51   Frantz & Feigelman, 1949, p. 619.
52   Zamecnik, Frantz & Stephenson, 1949.
53   Stein & Moore, 1948, 1950 ; Moore & Stein, 1949 ; *cf.* également Zamecnik, 1984.
54   Stephenson, entretien avec Rheinberger du 25 mars 1994.
55   *Cf.* par exemple Bucher & Glinos, 1948.

Composé de tissus non malins connaissant une croissance plus rapide que la plupart des cellules néoplasiques, le foie de rat en régénération offrait de nombreuses possibilités de comparaison[56]. Les travaux de Bucher montrèrent que des taux de synthèse protéique élevés n'étaient pas caractéristiques de la seule croissance cellulaire maligne, et qu'ils ne devaient donc pas nécessairement être interprétés comme la cause d'une croissance tissulaire néoplasique. Ces conclusions entamèrent sérieusement le crédit jusqu'alors accordé à l'impeccable différence entre renouvellement protéique normal d'une part et malin d'autre part établie par les travaux de Frantz et Loftfield. Rien d'étonnant, dès lors, à ce que Zamecnik les ait commentés avec une certaine froideur : « Il semble qu'un taux de synthèse de liaisons peptidiques élevé ne soit pas un signe caractéristique de l'hépatome ; mais on peut [du moins] utiliser ce critère pour distinguer entre le métabolisme protéique de l'hépatome et celui de cellules hépatiques adultes au repos[57]. » La formulation ne cache pas la déception face à un résultat qui n'avançait à rien. Les secrets du métabolisme des tumeurs restaient encore à percer.

En collaboration avec Ann Werner, Ivan Frantz étudia l'équilibre entre dipeptides et acides aminés libres en présence de peptidases, des enzymes cassant les liaisons peptidiques des protéines[58]. Associée à la technique des colonnes d'amidon, l'utilisation de glycine radioactive leur permit d'extraire de grandes quantités d'acides aminés libres les très rares dipeptides formés par ces enzymes. C'est que la possibilité, ou, le cas échéant, la preuve de l'impossibilité, que la synthèse protéique se déroule comme une protéolyse inversée figurait encore au programme de recherche du Huntington Hospital : elle n'avait pas été abandonnée du jour au lendemain au profit de l'hypothèse d'un processus endergonique. Borsook, qui défendait cette dernière conception depuis une décennie, avait longtemps buté sur ce qu'il appelait des « réactions hostiles[59] » de ses collègues.

Ce puzzle expérimental, dont l'utilisation des acides aminés radioactifs constituait la structure porteuse, culmina dans la tentative de synthèse biologique de soie radioactive, un projet que le groupe mena avec

56   Bucher, Loftfield & Frantz, 1949.
57   Zamecnik, Frantz, Loftfield & Stephenson, 1948, p. 310.
58   Frantz, Loftfield & Werner, 1949.
59   Borsook, Deasy, Haagen-Smit, Keighley & Lowy, 1949b, p. 589.

Carroll Williams, chercheur rattaché aux laboratoires de chimie et de biologie de Harvard[60]. Les glandes du vers à soie sécrètent une protéine exceptionnellement riche en glycine et en alanine. Mais il s'agissait précisément là des deux acides aminés que Loftfield savait synthétiser sous forme radioactive en quantités suffisantes, et la synthèse *in vitro* d'une protéine radioactive entière semblait à portée de main. Les premières expérimentations montrèrent que les vers à soie incorporaient bien les marqueurs dans leurs cocons (*cf.* illustration 2) et qu'on pouvait obtenir une protéine radioactive à partir de glandes séricigènes isolées.

ILL. 2 – Gauche : Fragment d'un cocon de vers à soie ; droite : autoradiogramme du même fragment. Tiré de Zamecnik, Loftfield, Stephenson & Williams, *Science*, 24 juin 1949, vol. 109, ill. 2. Reproduit avec l'autorisation de l'AAAS.

Et pourtant, ce système du vers à soie, d'abord prometteur, fut finalement abandonné quand il s'avéra que pour des raisons techniques assez triviales, il était impossible d'en faire un procédé routinier : il aurait fallu préparer des centaines de glandes séricigènes pour obtenir un gramme de tissus capables de synthétiser des protéines. De surcroît, l'activité des glandes était fortement dépendante de la saison, ce qui aurait encore compliqué les travaux. Des tentatives visant à homogénéiser le tissu afin d'aboutir à un système de synthèse protéique acellulaire achoppèrent sur le fait que les homogénats se révélèrent « trop collants » pour être pleinement utilisables en tube à essai[61]. Ce furent donc des contraintes techniques, et non l'échec de l'expérience, qui empêchèrent d'emprunter la voie exotique des vers à soie. Par une sorte de tradition locale, les laboratoires du Huntington accueillaient ce genre de tentatives inhabituelles : ainsi le programme de recherche de Joseph Aub sur les processus de croissance incluait-il par exemple l'étude de la pousse des bois de cerfs.

60　Zamecnik, Loftfield, Stephenson & Williams, 1949.
61　Loftfield, 1957a, p. 371.

À y regarder de plus près, le Huntington Hospital des premières années d'après-guerre apparaît comme un réseau d'activités expérimentales qui, si elles variaient légèrement quant à leur direction et leur portée et n'avaient que peu de rapports entre elles, étaient cependant toutes liées d'une manière ou d'une autre à l'étude de la croissance maligne et du métabolisme protéique. Ce réseau ne se limitait pas à l'équipe de Zamecnik : il incluait le groupe de travail d'Aub, qui s'intéressait à une multitude de phénomènes de croissance et menait également des recherches dans le domaine clinique. Et loin d'être brutalement abandonnée, l'inscription dans le cadre technique et institutionnel que constituait le programme oncologique fut entretenue à grands frais. Même si les chercheurs des laboratoires du Huntington travaillaient avant tout sur leurs propres projets, ils partageaient activement leurs savoirs entre eux. Ainsi fut rassemblée et mise à profit une très large palette de connaissances couvrant de nombreuses disciplines[62]. Les savants engagés dans cette entreprise espéraient voir naître un nouvel idiome de la recherche porté par un panel de scientifiques talentueux qui seraient recrutés aussi bien dans le domaine clinique que théorique et joindraient leurs forces dans un travail commun.

Zamecnik était parvenu à constituer un groupe de recherche composé d'experts issus de spécialités distinctes mais connexes. Les chercheurs intégrés à cette structure souple se renouvelaient régulièrement et colla-boraient « à leur guise », pour reprendre l'expression de Hoagland, et sans se voir assigner des tâches strictement déterminées[63]. Mary Stephenson parle d'un « laboratoire heureux » et Nancy Bucher se souvient d'un « lieu démocratique[64] ». Zamecnik avait rassemblé autour de lui une équipe qui disposait d'expériences variées et pouvait avoir recours à divers savoirs-faire, et mit cette diversité au service de l'élaboration progressive d'un système expérimental, lequel commença peu à peu à orienter lui-même son propre développement par les résultats qu'il livrait. Robert Loftfield a souligné l'équilibre entre les efforts collectifs fournis par le groupe et l'indépendance de chacun des collaborateurs par cette formule qui frise l'oxymore : il s'agissait selon lui d'un « réseau lâche

---

62   Le nombre des publications communes atteste l'intensité de leur collaboration.
63   Hoagland, 1990, p. 48 ; Hoagland, entretien avec Rheinberger du 15 mars 1990.
64   Stephenson, entretien avec Rheinberger, 1991. Nancy L. R. Bucher, entretien avec Rheinberger du 16 juillet 1993.

de liens étroits ». Ce genre de connexion favorisa l'épanouissement d'un climat scientifique caractérisé par une sensibilité aiguë aux événements inanticipables et aux effets inattendus qui, se produisant en un point du système, pouvaient être importants pour ce qui se passait en un autre. À cet égard, Loftfield a parlé un jour de la « force diffuse du laboratoire[65] ». Zamecnik savait par une sorte d'intuition de quel niveau d'identité, de stabilité, de définition opérationnelle et de collaboration un système a besoin pour servir de base à la production d'événements inanticipables. Il était attentif aux signaux qui se manifestaient là où personne ne les attendaient, et pouvait les étudier aussi longtemps et sous autant d'aspects qu'il fallait pour qu'ils disparaissent parmi le bruit de fond du système ou prennent la forme de choses épistémiques inattendues.

RECHERCHE SUR LE CANCER :
UNE PAGE SE TOURNE

À l'occasion du symposium de Cold Spring Harbor de 1949, Zamecnik présenta une approche alternative de la recherche oncologique qui s'appuyait sur la synthèse des protéines[66]. Il émit le soupçon que des agents carcinogènes étaient susceptibles de modifier certains enzymes, lesquels pourraient à leur tour mener à la production de protéines modifiées et/ou à des gènes altérés. Ceux-ci pourraient alors fournir des apoenzymes modifiés, et dès lors conduire à la reproduction des protéines modifiées. Si cette supposition était exacte, il fallait s'attendre à ce que la composition en acides aminés des protéines produites par des tissus cancéreux diffère de celle des protéines issues de tissus sains. Mais ceci n'était observable qu'à condition de disposer d'une méthode praticable pour isoler l'*ensemble* des acides aminés présents dans le produit d'une hydrolyse protéique. C'était la chromatographie sur colonne d'amidon qui semblait à cet égard la plus prometteuse[67] ; et pourtant,

---

65 Loftfield, entretien avec Rheinberger, 1993.
66 Zamecnik & Frantz, 1949.
67 Stephenson, qui s'appuyait sur les connaissances de Loftfield en matière d'échanges ioniques, consacra un temps considérable à standardiser la technique de Moore-Stein à cette fin (Zamecnik, Frantz & Stephenson, 1949).

les résultats de l'analyse correspondante furent décevants. À quelques minimes exceptions près, les différents acides aminés étaient présents en mêmes proportions dans les tissus normaux et malins. Les rares écarts significatifs constatés lors des expériences sur les coupes hépatiques ne pouvaient être confirmés *in vivo*. Zamecnik se déclara alors incapable de fournir une « explication satisfaisante de la divergence entre ces résultats et ceux obtenus par les expériences sur les coupes histologiques[68] ».

C'était une impasse. Aucune des expériences de Zamecnik, Loftfield et leurs collaborateurs ayant comparé les tissus normaux et malins n'avait produit de différences suffisamment spécifiques pour indiquer une direction à suivre par le programme d'expérimentation. La technique des coupes hépatiques butait sur des limites indépassables. Certes, la comparaison entre plusieurs sortes de tissus avait mis en évidence des différences, mais la technique qui avait fait apparaître ces variations ne permettait pas de les analyser plus en détail. Aussi Zamecnik et Frantz en vinrent-ils à cette conclusion : « Si la coupe tissulaire est une préparation utile pour l'étude du processus global [de la synthèse protéique], elle n'a pour l'instant guère livré d'informations sur les mécanismes qui la composent[69]. » Surtout, la technique ne permettait pas même de trancher en faveur de l'un des trois scénarios possibles pour la synthèse protéique, qui pouvait être une inversion de la protéolyse, une synthèse *de novo* réalisée à partir d'acides aminés et à l'aide de liaisons phosphates riches en énergie, ou bien une suite de séparations et de réassemblages d'acides aminés au sein de protéines déjà existantes. Pour élucider cette question, il sembla alors pertinent d'explorer plus avant la voie frayée par Frantz, Loftfield et Miller avec leurs travaux sur l'effet du DNP et le lien entre phosphorylation et synthèse protéique. « Il est peut-être plus important encore, estimèrent Zamecnik et Frantz, d'examiner la façon dont différents composés peptidiques sont synthétisés[70]. » Telle fut donc l'approche adoptée par Frantz, Loftfield et Werner pour l'étude des peptidases.

Face à une telle confusion, Zamecnik trouva un temps refuge dans la poésie : « Nous dansons en cercle et lançons des hypothèses, mais le secret

---

68   Zamecnik & Frantz, 1949, p. 205.
69   *Ibid.*, p. 206.
70   *Ibid.*

se tient au milieu et sait déjà tout[71]. » Puis, en 1950, à l'occasion d'un article de synthèse publié par la revue *Cancer Research*, il s'efforça de replacer dans un contexte plus large les travaux qui avaient été menés jusqu'alors[72]. Les expériences sur les coupes histologiques se contredisaient entre elles à plus d'un égard et il était difficile de leur donner une interprétation cohérente. *In vivo*, c'était un mélange équilibré de l'ensemble des acides aminés, y compris radioactifs, qui donnait les meilleurs résultats. Cela « différait nettement des résultats obtenus avec les expériences sur coupes histologiques *in vitro* », pour lesquels un tel équilibre de la préparation n'était pas nécessaire[73]. Dans le cas des essais sur coupes tissulaires, le taux d'incorporation des acides aminés était inférieur d'au moins un ordre de grandeur à celui observé avec un organe intact, et l'on n'avait toujours pas relevé le moindre élément permettant de savoir si des protéines complètes étaient bien produites au cours de ces expériences.

Une évaluation des rares rapports disponibles sur les essais d'incorporation acellulaire d'acides aminés en homogénats fut compliquée par l'accumulation de signes indiquant que d'autres processus métaboliques interféraient avec ce qui avait jusque-là été considéré comme une synthèse protéique « ordinaire[74] ». Comparativement à ce qui était observé avec les coupes histologiques, ces expérimentations souffraient d'une baisse non négligeable du taux d'incorporation[75]. En outre, la période d'activité de l'homogénat était dramatiquement raccourcie. Zamecnik prit alors conscience du fait que « l'interprétation de ce qui se passe dans les essais d'incorporation en homogénats [était] jusqu'alors demeurée obscure », et que « le terme d'"incorporation" recouvr[ait] différents processus indépendants les uns des autres et par lesquels acides aminés et protéines se retrouvent étroitement associés par une liaison chimique[76] ». Dès lors, il lui sembla impératif de suspendre son jugement et de rester scrupuleusement attentif aux différences entre les expériences menées sur des animaux vivants, des coupes histologiques

---

71 *Ibid.*, p. 207 ; la citation est tirée du poème « The Secret Sits » de Robert Frost. Frost, 1964, p. 495.
72 Zamecnik, 1950.
73 *Ibid.*, p. 662.
74 *Cf.* par exemple Melchior & Tarver, 1947b ; Greenberg, Friedberg, Schulman & Winnick, 1948 ; Borsook, Deasy, Haagen-Smit, Keighley & Lowy, 1949a, 1949b.
75 Comparativement au système de coupes histologiques, l'activité chuta à nouveau d'un ordre de grandeur.
76 Zamecnik, 1950, p. 663.

et des homogénats. Le groupe du Huntington avait été à l'avant-garde dans l'utilisation des coupes tissulaires, d'autres avaient fait les premiers pas vers l'homogénéisation, et Zamecnik fit soigneusement l'inventaire des pièges dans lesquels tous s'étaient pris.

En dépit de ces difficultés, Zamecnik s'évertua à donner à son travail expérimental un cadre théorique. Dans une tentative pour ramener les différents modes d'actions possibles des agents carcinogènes à un « point de vue unifié », il conçut un diagramme dans lequel apparaissaient les « gènes », qui avaient jusque-là été complètement absents de son discours expérimental (*cf.* illustration 3). Il supposait que les produits des gènes ou bien avaient une fonction d'entretien métabolique ou bien jouaient un rôle dans la « synthèse des gènes » – et bouclait ainsi la boucle de rétroaction.

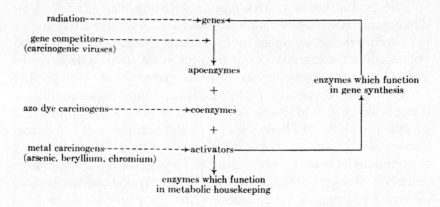

ILL. 3 – Possibles sites actifs des agents carcinogènes.
Tiré de Paul C. Zamecnik, « The Use of Labeled Amino Acids in the Study of the Protein Metabolism of Normal and Malignant Tissues :
A Review », *Cancer Research*, 1950, vol. 10, p. 660, ill. 1.
Reproduit avec l'autorisation de l'AACR.

Le diagramme suggère, selon l'explication de Zamecnik, que

[…] les gènes (considérés comme des substances nucléiques ou cytoplasmiques contenant de l'acide nucléique et impliquées dans la transmission héréditaire de caractéristiques biochimiques) « guident » la synthèse des apoenzymes – c'est-à-dire la composante protéique des enzymes –, lesquels, combinés à un coenzyme, deviennent un catalyseur actif une fois plongés dans un milieu ionique adapté. (Zamecnik, 1950, p. 659)

Les agents carcinogènes figurent aux endroits où l'on présumait qu'ils exerçaient leur action. Selon le mot de Zamecnik, ce graphique cherchait à indiquer une « directivité » allant des gènes vers les enzymes, et postulait que certains enzymes avaient en retour une influence sur la « synthèse » des gènes. Mais ce diagramme demande à être lu avec une certaine prudence : il ne faut pas l'interpréter comme le schéma d'une chaîne de réactions entre des produits intermédiaires biochimiques lors de la synthèse des enzymes, et moins encore comme un flux moléculaire d'information entre les gènes et leurs produits. Il s'agit d'abord et surtout d'un schéma de *synthèse*, qui doit montrer comment les agents cancérigènes affectent le métabolisme fondamental de la cellule, et comment les générations cellulaires suivantes peuvent « hériter » de ces effets ; mais on ne peut en tirer aucune conclusion quant aux conséquences concrètes de ces agents sur la synthèse protéique. Dans la mesure où les entités hypothétiques que sont les gènes, les apoenzymes, les coenzymes, les activateurs et les relations régulatrices qu'elles entretiennent sont représentées dans une sorte de boucle de rétroaction, il n'est fait aucune place aux processus biochimiques – eux-mêmes hypothétiques – qui se trouvent à leur fondement. Pour le dire avec un paradoxe, c'est par son absence même que la synthèse protéique est présente dans ce schéma. La représentation formelle des possibles causes et déclencheurs d'une croissance accélérée – ce que Zamecnik appela la « seconde histoire » dans son article de 1950 – semble n'avoir aucun lien avec les processus qui la sous-tendent, avec la « première histoire », c'est-à-dire avec les « véritables mécanismes de la synthèse protéique elle-même[77] ».

L'illustration 3 donne donc une idée assez juste de la situation de 1950. Les expériences avaient mis en évidence le fait que la synthèse protéique était accélérée dans les tumeurs, mais elles n'avaient fourni aucune information sur les causes de cette accélération. Pareil à un synopsis, le schéma proposé condense l'ensemble des recherches menées sur le cancer au Huntington Hospital à la fin des années quarante. Mais simultanément, il révèle l'incapacité dans laquelle se trouvait cette forme de conceptualisation théorique « vaine » de donner une orientation à l'exploration expérimentale de la synthèse protéique.

---

77 *Ibid.*, p. 660.

UN SYSTÈME DE SYNTHÈSE PROTÉIQUE
IN VITRO PREND FORME, 1949-1952

Rien n'indiquait la direction à prendre pour continuer le développement du système expérimental et se pencher sur la « première histoire » – c'est-à-dire l'histoire des « mécanismes de la synthèse protéique ». Fallait-il poursuivre la progression « logique » menant des animaux vivants aux fragments d'organes isolés, puis de là vers les homogénats cellulaires, pour aboutir enfin aux systèmes-modèles restreints à quelques éléments de ces homogénats ? Dans la mesure où les résultats montraient que cela n'était pas possible avec les cobayes et les coupes histologiques, seuls les homogénats et les systèmes-modèles restaient envisageables. Mais là encore, quelque chose résistait. À l'époque, Zamecnik considérait les homogénats comme des « marécages de la biochimie, dans lesquels on ne gardait pied qu'au prix d'immenses efforts[1] ». Avec des « systèmes plus simples » ou des systèmes-modèles, se posait cependant le problème de « l'interprétation de l'événement mis en évidence par le processus de marquage[2] ». Selon toute évidence, la simplicité ne garantissait pas à elle seule la pertinence du modèle expérimental. La solution devait donc se trouver quelque part entre les marécages et la simplicité. Dans son article de synthèse adressé à la revue *Cancer Research*, Zamecnik ne mentionna pas le fait que dans son laboratoire, Elizabeth (Betty) Keller et Philip Siekevitz s'étaient d'ores et déjà engagés sur cette voie. Mais en revanche, il dota les épreuves d'un addendum dans lequel il citait deux rapports sur la transpeptidisation et la transamidation enzymatiques et, en guise de conclusion, émettait l'hypothèse que la synthèse protéique puisse être un processus en deux temps : au cours d'une première étape, des peptides isolés

---

1 Zamecnik, 1950, p. 663.
2 L'incorporation de glycine radioactive dans le glutathion fut étudiée dans l'un de ces systèmes. Citation tirée de Zamecnik, 1950, p. 663-664.

seraient formés par le jeu de liaisons phosphates riches en énergie ; ensuite pourrait avoir lieu une transpeptidisation enzymatique avec une dépense énergétique supplémentaire limitée[3]. En combinant ainsi les diverses alternatives envisageables pour le mécanisme de la synthèse protéique – inversion de la protéolyse, échange d'acides aminés ou de peptides, et enfin utilisation de liaisons phosphates riches en énergie, il ménageait l'ensemble des possibilités théoriques.

Un processus de recherche fait survenir des choses qui, en règle générale, ne sont pas plus prévisibles dans le cadre d'un système théorique qu'elles ne résultent inévitablement d'un système pratique d'expérimentation. Si donc la conception d'expériences n'est pas nécessairement déterminée par la théorie, la conception de théories quant à elle n'est pas obligatoirement limitée par les expériences[4]. Cette inadaptation mutuelle est l'un des principaux facteurs qui font du procès expérimental un processus de recherche. Dans la situation que l'on vient de décrire, Zamecnik n'était pas seulement incertain quant aux alternatives théoriques à privilégier ; il ne savait pas davantage quel système expérimental pourrait être utile en dernier recours pour trancher entre différents mécanismes envisageables. Et les options disponibles étaient par trop fragiles. Certes, le système basé sur les coupes hépatiques incorporait des acides aminés. Mais il ne disait rien du processus moléculaire sur lequel il reposait. La seule information qu'il avait livrée était le fait qu'il réagissait avec le dinitrophénol, mais cette piste ne pouvait être explorée plus avant avec le système tel qu'il existait : une séparation physique des processus d'oxydation et de phosphorylation aurait été nécessaire. Les alternatives expérimentales, quant à elles – homogénats cellulaires et systèmes-modèles simples de formation des liaisons peptidiques – ne semblaient guère appropriées dès lors qu'il s'agissait de mettre en évidence ce qui avait lieu à l'intérieur des cellules intactes. L'homogénat, enfin, débouchait dans un de ces « marécages de la biochimie » que des années de travail n'auraient pas suffi à assécher. Enfin, il n'était pas rare que des systèmes-modèles simples se révèlent artificiels, soit parce qu'ils modélisaient un processus qui ne se produisait pas dans le métabolisme normal, soit parce qu'ils se focalisaient sur une réaction secondaire tout à fait étrangère à la synthèse protéique en cause.

---

3   Zamecnik, 1950, p. 666.
4   Je dois cette formulation à Robert Loftfield.

Une fois encore, la stratégie de Zamecnik consista à explorer à tâtons l'ensemble des possibilités. Une partie du groupe se consacra à l'étude des systèmes-modèles simples. D'autres collaborateurs, au contraire, entreprirent de drainer le marécage biochimique. Pour ce faire, ils adoptèrent une double stratégie fort ingénieuse : ils combinèrent en effet l'administration *in vivo* d'acides aminés suivie d'un fractionnement d'une part avec le fractionnement d'un homogénat cellulaire de foie de rat suivi de l'ajout d'acides aminés d'autre part.

SYSTÈMES-MODÈLES SIMPLES

Frantz et Loftfield poursuivirent leurs recherches sur les réactions d'échange entre peptides et acides aminés sous l'influence d'enzymes dégradant les protéines[5]. En l'état des connaissances de l'époque, l'hypothèse de la synthèse protéique comme inversion de la protéolyse ne devait pas être entièrement écartée, notamment parce qu'elle permettait d'expliquer l'incorporation observée en tube à essai. Même si Loftfield et Frantz commençaient à nourrir des doutes quant à sa plausibilité, le concept du « programme multi-enzymes » d'après lequel la synthèse protéique se déroulait dans la cellule vivante par le truchement d'enzymes spécifiques aux liaisons peptidiques demeurait largement répandu. Il tirait sa force de l'analogie avec d'autres synthèses macromoléculaires, et de nombreux biochimistes de premier plan, parmi lesquels Kaj Linderstrøm-Lang, Chris Anfinsen, Thomas Work et Harold Traver en restaient de fidèles adeptes au début des années cinquante[6]. Surtout : plus l'incorporation *in vitro* était lente, moins les réactions d'échange pouvaient être négligées[7]. C'est à cette époque que, sous l'impulsion des travaux du biochimiste Joseph Fruton et de ses collègues de Yale, qui travaillaient également avec des « systèmes simples[8] », le rôle joué par les enzymes protéolytiques dans la synthèse protéique connut un regain d'intérêt.

5   Frantz & Loftfield, 1950.
6   Linderstrøm-Lang, 1952 ; Steinberg & Anfinsen, 1952 ; Campbell & Work, 1953 ; Tarver, 1954.
7   Loftfield, Grover & Stephenson, 1953.
8   *Cf.* Fruton, 1952.

On avait observé que dans les coupes tissulaires hépatiques, la machinerie de la synthèse protéique inhibait nettement l'incorporation d'acides aminés ne figurant pas dans la composition de protéines régulières. Ainsi Loftfield chercha-t-il à comparer les effets hydrolysants des enzymes protéolytiques tirés du foie de rat sur les dipeptides naturels et les dipeptides « non-naturels » dans un système-modèle. Il apparut alors que contrairement au système de coupes histologiques, le système enzymatique ne travaillait pas de manière sélective : il ne distinguait pas entre les peptides « non-naturels » et ceux naturellement présents dans les protéines, et tous les composés étaient hydrolysés avec une efficacité comparable. La tentation était grande de supposer que ce comportement valait également pour la réaction inverse, et si Loftfield avait bien concédé que ce raisonnement n'était pas « entièrement probant », il y voyait malgré tout une nouvelle « preuve du fait que les enzymes protéolytiques ne jouaient aucun rôle dans la synthèse protéique normale[9] ». Cet indice venait s'ajouter à un autre groupe d'arguments : à la suite des spectaculaires travaux sur la séquence de l'insuline réalisés par Frederick Sanger et Hans Tuppy en 1951, toute réflexion sur les mécanismes d'assemblage des acides aminés devait dorénavant tenir compte de la spécificité séquentielle « parfaitement définie » qui avait été établie dans le cas de cette protéine[10]. Il était à peine imaginable qu'une telle spécificité puisse résulter de l'action synthétique d'enzymes protéolytiques.

À partir du moment où la modélisation de la synthèse protéique par « systèmes simples » n'apparaissait plus comme une méthode de recherche prometteuse, il devenait urgent de trouver des alternatives. C'est ainsi que l'on s'avisa de prendre le processus dans l'autre sens. L'idée consistait à élaborer un système synthétiseur de protéines en simplifiant progressivement un homogénat cellulaire d'abord extrêmement complexe. De manière intuitive, Zamecnik suivait ce que Gaston Bachelard avait appelé l'épistémologie de la simplification, selon laquelle le simple n'est nullement quelque chose de donné, n'est ni le point de départ ni la composante élémentaire de la science, mais est toujours le résultat d'un long processus de simplification ; la dégénération, pour ainsi dire, d'une situation élémentairement complexe[11]. On est porté

9   Loftfield, Grover & Stephenson, 1953, p. 1025.
10   *Ibid.*, *cf.* Sanger & Tuppy, 1951.
11   Bachelard, 1934, p. 143 ; *cf.* également *supra*, chap. premier.

à croire que dans ce cas, seul un médecin pouvait se lancer dans les travaux d'assèchement du marécage biochimique. Les normes de pureté des chimistes classiques spécialistes des protéines, et *a fortiori* les idéaux esthétiques des biophysiciens moléculaires, auraient écarté de nombreux chercheurs de cette direction. C'est d'ailleurs ce qui se produisit dans ces écoles des premières heures de la biologie moléculaire que Gunther Stent a appelées « structuralistes » ou « informationnelles » et au sein desquelles on cultivait bien souvent un certain mépris pour la biochimie et ses méthodes trop sales[12]. Évoquant la culture expérimentale dans son autobiographie, Mahlon Hoagland parla du « profond fossé » qui, des années cinquante jusqu'au début des années soixante, séparait les biochimistes des chercheurs qui se considéraient comme des biologistes moléculaires[13].

Le groupe de chercheurs qui s'employaient à établir un système *in vitro* basé sur l'utilisation d'homogénats hépatiques était fidèle à la pratique des aller-retour entre différents niveaux de complexité. Betty Keller, une docteur en biochimie diplômée de l'Université de Cornell, avait obtenu un poste de chercheuse au Huntington Hospital en 1949. Un an plus tard, elle entreprit de s'attaquer au problème en combinant des stratégies *in vivo* et *in vitro*. Une brève description des premières expériences réalisées par la jeune chercheuse donnera une idée plus précise de la teneur de cette approche : une dose comparativement faible d'acides aminés marqués était injectée à des rats vivants de telle sorte que les protéines de leurs foies incorporaient une partie de la substance radioactive. Après une durée déterminée, on tuait les animaux puis on prélevait leurs foies dont on homogénéisait les tissus ; la pâte ainsi obtenue était ensuite soumise à une centrifugation différentielle en gradient de saccharose ; la quantité de radioactivité incorporée aux protéines hépatiques pouvait alors être mesurée dans les différentes fractions. Il apparaissait qu'après de courtes durées, la majeure partie de la radioactivité assimilée se trouvait dans ce qu'on appelait la « fraction microsomale », laquelle sédimentait en vingt minutes à 40000 x g (c'est-à-dire par une force gravitationnelle 40000 fois supérieure à la force de pesanteur) ; pour des échantillons prélevés au terme d'une plus longue période, la radioactivité

---

12 Stent, 1968.
13 Hoagland, 1990, p. 82. *Cf.* également Keller, 1990.

disparaissait de cette fraction[14]. À ce point de notre récit, quelques développements sur les origines des « microsomes » s'imposent pour permettre la bonne compréhension des expériences qui vont suivre.

DIGRESSION SUR L'HISTOIRE DES MICROSOMES

C'est l'association de deux choses distinctes qui, à la fin des années trente, marqua les débuts de la dissection du cytoplasme *in vitro* : d'une part la caractérisation d'un objet inconnu, un agent oncogène, dans le cadre de la recherche sur le cancer ; d'autre part l'introduction d'un nouvel instrument très efficace, l'ultracentrifugeuse[15].

En 1910, Peyton Rous avait pour la première fois observé qu'injecté à des animaux sains, le filtrat d'un sarcome de poulet provoquait l'apparition de nouvelles tumeurs[16]. Mais après quelques tentatives de caractérisation infructueuses, le virologue américain se tourna vers d'autres sujets. Une vingtaine d'années plus tard, le Belge Albert Claude fut lui aussi déçu, alors qu'il travaillait auprès de James Murphy dans le département de pathologie du Rockefeller Institute à New York, par les résultats qu'il obtint en essayant d'isoler « l'agent filtrable » par des moyens biochimiques. En 1936, il commença à s'intéresser à la technique toute récente de l'ultracentrifugation après avoir pris connaissance de comptes rendus établis par des chercheurs britanniques d'après lesquels la substance inductrice de sarcome sédimentait lorsque celui-ci était soumis à une centrifugation à grande vitesse[17]. Murphy avait alors encouragé Claude à franchir le pas, et d'emblée les résultats furent extrêmement prometteurs : dans les granules que l'on obtenait après ultracentrifugation des tissus infectés, la concentration en agent oncogène était multipliée par 3000, tandis qu'avec les méthodes biochimiques conventionnelles employées jusque-là, Claude n'était pas parvenu à la multiplier plus de 30 fois. Toutefois, dans des essais

---

14   Outre la présence de la protéine radioactive, la fraction microsomale affichait le ratio ARN (et ADN) / protéine le plus élevé.

15   On trouvera une présentation historique plus large dans Rheinberger, 1995 et 1997.

16   Rous, 1911.

17   Ledingham & Gye, 1935 ; McIntosh, 1935.

de contrôle pratiqués sur des tissus normaux d'embryons de poulet, Claude put à sa grande surprise faire sédimenter une fraction dont les propriétés chimiques et physiques étaient impossibles à distinguer de celles de la fraction qui contenait l'agent – à ceci près, bien sûr, qu'elle n'était pas infectieuse.

Que cela signifiait-il ? Deux interprétations étaient possibles. Outre l'agent lui-même, composante principale mais inerte, la fraction tumorale pouvait contenir quelque chose comme un « précurseur cellulaire de l'inducteur de la tumeur de poulet ». L'idée que le sarcome du poulet n'était pas provoqué par un virus exogène mais par un facteur endogène avait en effet compté parmi les motivations qui avaient poussé Murphy à reprendre ses travaux sur l'agent oncogène du poulet à la fin des années vingt. L'autre explication consistait à supposer que les composantes quantitativement prédominantes dans les deux fractions étaient simplement des « éléments inertes également présents dans les cellules normales[18] ».

Ce fut cette seconde possibilité qui, poursuivant d'abord Claude à la manière d'un spectre, le prit peu à peu au piège avant de le faire finalement renoncer, en l'espace de quelques années, à l'étude de l'agent oncogène à laquelle il s'était consacré pendant presque une décennie – un déplacement caractéristique de l'approche expérimentale des objets épistémiques, causé par l'arrivée d'un nouvel instrument dans un système expérimental déjà constitué. Une possibilité alternative était entrée en jeu. Claude avait introduit l'ultracentrifugation différentielle pour isoler un principe carcinogène submicroscopique. Désormais, cette technique promettait de devenir un outil de fractionnement du suc cellulaire des cellules normales : à l'horizon se dessinaient les contours d'une nouvelle cytologie.

Avec les moyens offerts par la centrifugation différentielle, Claude parvint dans les dix années qui suivirent à déployer le cytoplasme dans un espace de représentation jusque-là sans précédents, ce qui rendit possibles la production, la caractérisation, la séparation et la purification de composantes subcellulaires. Pendant un siècle environ, la cytomorphologie était restée l'apanage de l'observation au microscope optique et des méthodes qui lui étaient associées, la fixation et la coloration de préparations. Outre le noyau, signe distinctif le plus notoire de la

---

18   Claude, 1938, p. 402.

cellule eucaryote, on avait fait apparaître des structures granuleuses, ou « mitochondries[19] », dans une substance cytoplasmique basophile et plus ou moins homogène – ainsi qu'on le supposa pendant plusieurs décennies – pour laquelle s'était imposé le terme d'« ergastoplasme[20] ». À ses débuts, la nouvelle approche de Claude fut tournée en dérision par de nombreux cytologues et histologues traditionalistes, aux yeux desquels cette démarche pouvait tout au plus déboucher sur une sorte de « mayonnaise cellulaire ».

Claude présenta ses nouveaux travaux lors du symposium de Cold Spring Harbor de 1941, qui était consacré aux « gènes et chromosomes ». Que ses résultats aient pu être rattachés aux questions génétiques paraît aujourd'hui étonnant. Mais cette classification rappelle à notre mémoire dans quel contexte scientifique cette première génération de petites particules cytoplasmiques isolées entra en résonance et définit son identité : celui de l'hérédité cytoplasmique associée à ses « plasmagènes », et non pas de l'hérédité nucléique et ses chromosomes. Dans un premier temps, Claude identifia les « petites particules » qui se déposaient dans le fond du tube à essai après une heure de centrifugation à 18000 x g aux mitochondries[21] déjà bien caractérisées par la cytologie, ou à des fragments de celles-ci[22]. Leur taille était légèrement inférieure à la résolution maximale du microscope optique mais elles restaient observables par le microscope à champ noir, dans lequel elles apparaissaient sous la forme d'amas de petits points réfléchissants. Leur composition chimique suscita de nouvelles hypothèses, puisque outre les lipides qui représentaient environ la moitié de la masse totale, ces petites particules contenaient également des protéines et d'importantes quantités d'acide ribonucléique (ARN) alors appelé acide pentosenucléique.

La composition chimique de ces particules cytoplasmiques, et en particulier leur teneur en ARN, attira bientôt l'attention de Jean Brachet qui travaillait à l'Université Libre de Bruxelles. Durant la décennie qui venait de s'écouler, Brachet s'était activement employé à développer des méthodes de coloration histochimiques différentielles ; il s'intéressait tout spécialement à la quantification des proportions d'ADN et d'ARN dans

---

19   Garnier, 1900.
20   Benda, 1902.
21   Bensley & Hoerr, 1934.
22   Claude, 1941, p. 265.

les tissus de différentes espèces animales. Ces études s'inscrivaient dans un projet plus vaste qui cherchait à définir une approche chimique de l'embryogenèse et à faire la lumière sur les interactions entre le noyau et le cytoplasme par des méthodes cytobiochimiques[23]. En lien avec les travaux qu'il avait menés dans les années trente sur le développement de l'œuf d'oursin, Brachet avait établi la présence universelle d'ARN dans le règne organique, dont on pensait jusque-là qu'il n'était présent que dans les cellules végétales et, dans une certaine mesure, dans le pancréas[24]. En combinant la dégradation de l'ARN avec un procédé spécifique de coloration de l'ARN par le mélange vert de méthyle-pyronine, Brachet en était venu à conclure que l'ARN se rencontrait préférentiellement dans les structures nucléiques ainsi que dans l'ergastoplasme, et que les cellules jouant un rôle actif dans la synthèse protéique était particulièrement riches en ARN[25]. « La conclusion à laquelle nous aboutissons, expliquait Brachet en jetant en 1942 un regard rétrospectif sur ces travaux, à savoir que les acides pentosenucléiques interviendraient, suivant un mécanisme encore obscur, dans la synthèse des protéines, cadre donc parfaitement avec toutes les données déjà acquises[26]. » Au même moment à Stockholm, Torbjörn Caspersson était parvenu à des conclusions pour l'essentiel identiques en utilisant une technique différente qui consistait à mesurer l'absorption des rayons U.V. par les acides nucléiques[27].

C'est à ce point, comme déjà mentionné, que Brachet découvrit les travaux de Claude sur les « petites particules cytoplasmiques ». Mais une autre coïncidence intervint alors : par un pur hasard, André Paillot, de la station de zoologie agricole du Sud-Est de Saint-Genis-Laval (Rhône) et André Gratia, un des collègues de Brachet rattaché à l'Université de Liège, avaient fait une observation tout à fait comparable à celle qui avait mis Claude sur la piste des particules cytoplasmiques. Pourtant, Paillot travaillait avec un système expérimental radicalement différent, développé en lien avec l'industrie française de la soie. À l'aide d'une centrifugeuse Henriot-Huguenard, Gratia et Paillot étudiaient le virus responsable de la jaunisse du ver à soie. En centrifugeant l'homogénat cellulaire pour extraire ce qu'ils supposaient être le virus, ils observèrent

---

23   *Cf.* Burian, 1997.
24   Brachet, 1947b en propose un aperçu, *cf.* p. 18.
25   Brachet, 1942.
26   *Ibid.*, p. 239.
27   Caspersson, 1941.

les mêmes petits granules avec les échantillons viraux qu'avec les échantillons témoins composés de cellules saines – à ceci près, encore une fois, que le sédiment de ces derniers n'était pas infectieux[28].

Le travail de Gratia avait montré qu'il était techniquement possible d'utiliser l'appareil pneumatique d'Henriot pour le fractionnement par centrifugation de tissus animaux. Émile Henriot, professeur de physique à l'Université de Bruxelles, avait installé dans les sous-sols de son institut un prototype de sa centrifugeuse, qu'il utilisait pour mesurer la vitesse de la lumière dans différents milieux. Brachet et son collègue, le spécialiste de physiologie animale Raymond Jeener, qui avaient mis en commun leurs forces et leurs équipements rudimentaires, obtinrent d'utiliser la machine d'Henriot. Avec un étudiant de Brachet, le biochimiste Hubert Chantrenne qui préparait alors sa thèse de doctorat, ils se lancèrent dans une étude visant à isoler les « particules cytoplasmiques de dimension macromoléculaire[29] ». Malgré l'occupation de la Belgique par l'Allemagne en mai 1940, le groupe put alors analyser une très grande variété de tissus issus d'animaux différents à l'aide des petits rotors très rapides mis au point par Henriot (l'un atteignait la vitesse de 45000 rotations par minute, l'autre 75000). Mais les conditions de travail devinrent de plus en plus difficiles. Les professeurs juifs et nombre de leurs collègues antifascistes se virent interdire l'exercice d'activités publiques. L'Université resta encore ouverte pendant un an, puis les cours furent interrompus en novembre 1941, et les locaux réquisitionnés par les forces d'occupation au printemps 1942. Jeener et Chantrenne purent rejoindre l'Université de Liège. Brachet fut accueilli à l'Institut des Fermentations du Brabant, mais il fut arrêté en décembre 1942 pour n'être libéré qu'au printemps 1943, et nulle occasion ne lui fut donnée de reprendre ses expériences[30].

Dans une série d'articles qu'ils publièrent entre 1943 et 1945 et où ils proposaient une synthèse provisoire de leurs travaux, Brachet, Chantrenne et Jeener en vinrent à la conclusion que dans les cellules adultes, la quasi totalité de l'ARN cytoplasmique était contenue dans les granules macromoléculaires. De plus, ces granules étaient entourés d'une foule d'enzymes remplissant des fonctions respiratoires ou

---

28   Paillot & Gratia, 1938.
29   Brachet & Jeener, 1943-1945 ; Chantrenne, 1943-1945 ; Jeener & Brachet, 1943-1945.
30   Chantrenne, 1990, p. 13.

hydrolytiques. Suivant en cela la conception largement répandue de la synthèse protéique comme inversion de la protéolyse, Brachet supposa que les enzymes respiratoires massés sur les granules y faisaient pénétrer l'énergie nécessaire au processus de synthèse, tandis que les enzymes hydrolytiques, parmi lesquelles de nombreuses peptidases, formaient des liaisons peptidiques en inversant leur fonction habituelle. C'était selon lui l'ARN qui, en captant les peptides synthétisés et en les soustrayant progressivement à l'équilibre, permettait que la réaction ait lieu dans le sens de la synthèse. Pour étayer ces raisonnements, il convoqua des résultats montrant que lors de la centrifugation de cellules spécialisées telles que les cellules du pancréas produisant l'insuline ou les cellules sanguines produisant l'hémoglobine, d'importantes quantités de ces protéines spécifiques à ces cellules se déposaient avec les particules cytoplasmiques.

À l'aune des innombrables informations collectées en un an de travail grâce à la technique de centrifugation à grande vitesse, Brachet fit part de ses doutes à l'égard de l'hypothèse émise par Claude d'une identité entre les granules contenant l'ARN et les mitochondries. Mais ainsi qu'il s'en expliqua plus tard, il ne parvint pas à séparer plusieurs fractions « à cause des difficultés liées à la guerre et en raison du manque d'équipement[31] ».

Tel ne fut pas le cas pour Claude. Au moment où Brachet et ses collègues publièrent leurs résultats, il avait d'ores et déjà abandonné l'idée de l'identité entre ses particules et les mitochondries. Dans le sédiment particulaire resuspendu que l'on obtenait en modifiant légèrement les conditions de tampon et de centrifugation, on n'observait pas de composants granuleux de la taille estimée des mitochondries. Par un acte d'anabaptisme, il renomma les petites particules qu'à partir de 1943 il appela « microsomes[32] ». Après avoir accordé à ses particules une courte vie de mitochondries, Claude se devait de mettre de l'ordre dans une certaine confusion, notamment terminologique. C'est ce qu'il fit en choisissant cette dénomination plastique dont il croyait qu'elle présenterait du moins l'avantage d'être « anodine », dans la mesure où elle se référait à la seule taille des granules, et de manière très vague

---

31   Brachet, 1949, p. 863 ; *cf.* également Chantrenne, 1991 et Chantrenne, entretien avec Rheinberger du 28 mai 1996.
32   Claude, 1943a.

encore[33]. Mais Claude s'accrochait fermement à l'idée selon laquelle ces petites particules devaient être les précurseurs d'autres plus grandes, qu'elles étaient sans doute appelées à devenir des mitochondries à des stades ultérieurs du cycle de vie cellulaire, voire qu'elles pourraient être capables de s'autorépliquer. Très manifestement, il voulait ménager la possibilité pour sa particule, conçue comme une sorte de « plasmagène », d'être rattachée au débat sur l'hérédité plasmatique qui enflammait alors la plupart des esprits mais auquel il ne prenait pas part active.

Aujourd'hui, avec le recul historique, on perçoit sans difficulté qu'à la fin des années trente et au début des années quarante, l'ultracentrifugeuse était l'outil idéal pour la décomposition structurelle du cytoplasme. Et pendant les premières années pourtant, elle suscita plus de perplexité qu'elle ne contribua à clarifier les questions en suspens. Il fallut en effet une décennie pour que cette technique nouvelle soit standardisée et que l'espace de représentation ainsi ouvert soit intégré au savoir cytologique et biochimique traditionnel.

Cette évolution fut l'œuvre de Claude, et son nom se trouva ainsi associé au nouvel objet épistémique qu'était le microsome. En collaboration avec quelques biochimistes, cytochimistes et enzymologues du Rockefeller Institute au premier rang desquels Rollin Hotchkiss, George Hogeboom et Walter Schneider, Claude parvint, sans être véritablement gêné dans ses travaux par les difficultés liées à la guerre, à définir des conditions communément applicables permettant de séparer les microsomes des vésicules mitochondriales et d'autres granules cytoplasmiques, et de soumettre les fractions à ce que le groupe de travail nomma une « cartographie biochimique » visant à mettre au point une carte des enzymes[34] associées avec les différentes particules. En explorant cette piste plus avant, Claude et ses collègues du Rockefeller Institute en vinrent à la conclusion que la majorité des enzymes respiratoires étaient liés aux mitochondries. Mais l'innovation technique qui marqua le véritable tournant n'eut lieu qu'après des années de labeur consacrées à l'optimisation des conditions de sédimentation, et ce sont les gradients de saccharose qui permirent le succès de cette entreprise[35]. Contrairement à celui des mitochondries, le schéma enzymatique présenté par les microsomes était

33   Claude, 1943b, p. 119-120.
34   Palade, 1951, p. 144.
35   Hogeboom, Schneider & Palade, 1948.

inexploitable : il était irrégulier et ne faisait apparaître aucun élément de nature à nourrir la réflexion sur la fonction des microsomes, laquelle resta longtemps une énigme complète pour Claude. En 1948, lors de sa conférence Harvey, il émit la conjecture assez vague d'une possible participation à un « mécanisme anaérobie », tout en suggérant également qu'ils pouvaient représenter une « étape intermédiaire du transfert d'énergie lors de diverses réactions de synthèse[36] ». S'il mentionna à cette occasion l'hypothèse avancée par Brachet d'une participation de ces particules à la synthèse des protéines, il ne sembla pas y souscrire pour autant. Et les travaux publiés montrent clairement qu'au tournant des années cinquante, ni Claude ni ses collègues ne se préoccupèrent d'élucider les aspects fonctionnels des microsomes.

À Bruxelles, le groupe de travail constitué autour de Brachet ne put reprendre ses activités expérimentales habituelles qu'après la libération de la Belgique à la fin de l'année 1944. Chantrenne, qui se remit pour sa part au travail à l'été 1946, entreprit d'étudier systématiquement la taille et l'uniformité des « macromolécules », pour lesquelles le terme de microsome forgé par Claude s'était entre temps imposé. Il mena ses analyses sur des homogénats de foie de souris : à l'aide d'une centrifugeuse pneumatique Henriot-Huguenard bricolée avec des moyens de fortune, et après avoir affiné les conditions de sédimentation, il parvint à isoler cinq fractions différentes. Les propriétés de ces fractions l'amenèrent alors à remettre en cause la dichotomie radicale entre mitochondries et microsomes qu'avaient établie les chercheurs du Rockefeller Institute. Même si les fractions de Chantrenne se distinguaient entre elles par leurs compositions relatives – leurs teneurs en ARN et en enzymes s'échelonnaient graduellement –, elles présentaient des caractéristiques tout à fait comparables du point de vue qualitatif. « Il semble qu'on puisse répartir les granules en autant de groupes qu'on voudra, concluait Chantrenne de ces travaux, et rien dans nos expériences ni dans nos observations n'indique qu'il existe de démarcations bien nettes entre différents groupes de granules[37]. » Un seul résultat pouvait être clairement dégagé : plus les particules étaient petites, plus leur concentration en acide ribonucléique était élevée. Prolongeant les réflexions sur l'ARN « libre » dans le cytoplasme

---

36 Claude, 1950, p. 163.
37 Chantrenne, 1947, p. 445.

de la levure auxquelles il s'était livré avant l'interruption imposée par la guerre, il estima alors que ce continuum de particules reflétait un processus de croissance progressif et que « l'acide ribonucléique d'abord "libre" se combine au cours du développement à des particules sédimentables[38] ». Les microsomes ne devaient-ils donc leur existence, ou du moins leur caractère de particules, qu'à des coupes arbitraires dans un continuum cytoplasmique ? Les contours qu'on leur prêtait semblaient davantage être un effet des conditions de centrifugation qu'avoir une signification biologique clairement déterminable.

Brachet continua lui aussi d'explorer l'hypothèse selon laquelle les microsomes pouvaient jouer un rôle dans la différenciation tissulaire pendant l'embryogenèse. Dans le modèle qu'il proposait des macro-molécules contenant de l'ARN, l'analogie avec les virus à ARN et l'idée d'hérédité plasmatique, loin de figurer au second plan, servaient explicitement de perspective pour la poursuite des recherches. En collaboration avec John R. Shaver de l'Université de Pennsylvanie, Brachet commença à développer un programme destiné à tester l'activité morphogénétique potentielle de ces granules lors de l'induction du système nerveux. Pour ce faire, il injecta des microsomes isolés extraits de différents tissus embryonnaires dans des ovules d'amphibiens pendant leur division cellulaire. Mais si l'hypothèse d'un rôle joué par les microsomes dans la neurogenèse parut d'abord fort séduisante, Brachet dut constater après une fastidieuse série d'essais que « [ses] résultats demeuraient jusque-là négatifs[39] ».

Claude et Brachet peuvent être regardés comme les deux pères fondateurs des microsomes, mais c'est toutefois sans leur concours que le secret mécanique de ces vésicules, leur fonction biologique, fut percé à jour au cours de la décennie qui nous occupe ici. Claude interrompit son travail sur les microsomes après son retour en Belgique en 1949. Brachet, dont l'équipe participa encore activement aux événements qui marquèrent les années cinquante, semblait obsédé par la possibilité que l'ARN joue un rôle dans la synthèse protéique. Mais son profond intérêt, plus pressant encore, pour la morphogenèse le conduisit à se concentrer sur des questions embryologiques extrêmement complexes dont l'étude l'éloigna du cœur de la biosynthèse des protéines.

---

38 *Ibid.*, p. 447.
39 Brachet & Shaver, 1949, p. 205 ; Shaver & Brachet, 1949.

Ce sont les travaux fondateurs de Henry Borsook à Caltech, Tore Hultin en Suède ainsi que Norman Lee et Robert Williams à Harvard, utilisant des acides aminés isotopiquement marqués, qui apportèrent la confirmation expérimentale de la participation des microsomes à la synthèse protéique[40]. Les expériences réalisées par Betty Keller dans le laboratoire de Zamecnik fournirent des informations complémentaires cruciales quant à « l'importance du microsome dans le processus d'incorporation d'acides aminés[41] ». Elles incitèrent à poursuivre les efforts visant à mettre au point une représentation de la synthèse protéique dans un système *in vitro* entièrement fractionné. Si une telle représentation en éprouvette pouvait avoir un sens, il lui faudrait toutefois être mise en relation avec la situation *in vivo*. D'une approche articulant *in vivo* et *in vitro*, Zamecnik et Keller espéraient obtenir des référents internes, expérimentalement convertibles, capables de tenir en échec les artefacts potentiels. Le risque que l'homogénéisation produise des arrangements purement artificiels devait être contenu par une stratégie d'aller-retour entre un système simplifié et transparent d'une part, et le système intégrant davantage de complexité mais restant opaque d'autre part.

Quelles que soient les différences qui les séparent, toutes les voix de l'épistémologie traditionnelle s'accordent à dire que les expériences ou bien confortent ou bien réfutent les théories et qu'inversement, ces dernières incitent à mener certaines expériences, ou au contraire à en abandonner. Or ici, c'est un autre principe épistémique que nous voyons à l'œuvre. Et ce ne sont ni la théorie ni l'expérience, mais différentes pratiques expérimentales qui s'adaptent les unes aux autres. En sciences biologiques, l'un des procédés les plus importants pour produire de telles résonances est la superposition de résultats *in vivo* et *in vitro*. L'incompréhension opposée par les tenants de l'empirisme et du positivisme à ces méthodes de stabilisation et de « triangulation[42] » repose sur le postulat selon lequel la nature serait toujours l'ultime instance de production de résonances. Le point de vue théorique et constructiviste leur oppose au contraire l'idée qu'en dernière analyse, les stabilisations n'ont lieu que sur le socle des paradigmes qui confèrent sa

---

40 Hultin, 1950 ; Borsook, Deasy, Haagen-Smit, Keighley & Lowy, 1950b ; Lee, MacRae & Williams, 1951.
41 Keller, 1951.
42 Sur le concept de triangulation, *cf.* Star, 1986 ; Gaudillière, 1994.

cohérence à la science – ou aux différents stades de son développement historique. Mais dans le cas ici exposé, la consolidation observée résulte de la production de référents internes qui rendent possible la mise en relation des différentes manipulations expérimentales : sans devoir être stabilisés une fois pour toutes, ils demeurent pendant un certain temps suffisamment fiables pour permettre d'avancer jusqu'à l'étape suivante. C'est précisément pour cette raison qu'à la métaphore constructiviste de la stabilisation je préfère la notion de résonance[43].

UN HOMOGÉNAT ACTIF

La première difficulté consistait à obtenir un homogénat dans lequel l'activité métabolique ne cesse pas immédiatement ou après quelques minutes. Cela devint possible vers la fin des années quarante grâce à l'introduction d'une petite innovation technique qui, en dépit de son apparente insignifiance, révolutionna la recherche cytomorphologique : la suspension de cellules éclatées en solution de saccharose[44]. Ainsi qu'on l'a déjà évoqué, Walter Schneider et George Hogeboom, deux chercheurs du Rockefeller Institute, avaient initialement développé cette méthode en vue de la caractérisation cytomorphologique et biochimique des mitochondries[45].

Philip Siekevitz adopta la recette de Schneider et Hogeboom pour l'incorporation d'acides aminés radioactivement marqués dans une fraction de particules issues de cellules hépatiques[46]. Siekevitz avait étudié auprès de David Greenberg à Berkeley. Après avoir obtenu un doctorat en biochimie à la Medical School's Division of Biochemistry de l'Université de Californie à Berkeley, il profita d'une bourse du National Institutes of Health (NIH) pour se joindre à l'équipe de Zamecnik en 1949. La fraction de foie de rat homogénéisé avec laquelle travaillait Siekevitz ne contenait plus que des mitochondries et des

---

43   *Cf.* Wahrig-Schmidt & Hildebrandt, 1993.
44   Hogeboom, Schneider & Palade, 1948.
45   On trouvera un aperçu de cette question dans Ernster & Schatz, 1981 ; *cf.* également Rheinberger, 1995.
46   Siekevitz & Zamecnik, 1951.

microsomes ; les noyaux, les cellules intactes et les fragments cellulaires de plus grande taille étaient préalablement éliminés par centrifugation à faible vitesse. Même en l'absence de substrats respiratoires additionnels, cette fraction granulaire incorporait de l'alanine radioactive, dans des proportions certes très faibles, mais tout de même observables. Si l'on alimentait le système respiratoire des mitochondries avec les substrats requis[47], l'activité d'incorporation augmentait. Il était particulièrement significatif que Siekevitz pouvait également provoquer cette réponse en ajoutant de l'adénosine triphosphate (ATP) dans la fraction granulaire lorsque la respiration était interrompue. Les mitochondries isolées, en revanche, incorporaient l'alanine uniquement lorsque des microsomes bruts étaient ajoutés à la fraction mitochondriale. Enfin, c'est en incubant un homogénat complet avec de l'alanine radioactive puis en le centrifugeant de manière à obtenir une fraction de mitochondries, une autre de microsomes et un surnageant, que l'on enregistrait l'activité microsomique la plus élevée.

Ces résultats s'accordaient admirablement avec les études de Keller sur le renouvellement des acides aminés *in vivo*. Par ailleurs, ils confirmaient les premiers indices obtenus par l'équipe de Zamecnik grâce à l'utilisation du DNP, lesquels suggéraient que l'incorporation d'acides aminés ne dépendait pas de la respiration en tant que telle, mais de la présence d'ATP. Rapprochés les uns des autres, ces résultats pouvaient aussi bien être les signes d'une relation topologique entre la synthèse protéique et les microsomes que ceux d'un lien métabolique entre ce phénomène et une source d'énergie chimique. Contrairement aux études menées avec le système de coupes histologiques, les premières expériences réalisées dans ce « marécage de la biochimie » qu'était l'homogénat cellulaire firent apparaître des différences qui, loin de rester muettes, fournissaient des indices concrets sur les directions dans lesquelles il était possible d'approfondir la différenciation du système. Sur le plan métabolique, ce sont les besoins du système en énergie qui donnèrent une indication, et du point de vue topologique, sa dépendance à l'égard d'une fraction cellulaire particulière qui, de manière purement opérationnelle, fut définie comme la « fraction microsomale ». Des liens commençaient à se tisser entre l'espace topologique des composants cellulaires et l'espace métabolique des produits intermédiaires de la synthèse protéique riches

---

47   De l'alpha-cétoglutarate ou du succinate furent utilisés comme fournisseurs d'énergie.

en énergie. La synthèse des protéines commençait à se présenter comme un système de fractions cellulaires et de composés biochimiques qui pouvaient être ajoutés dans le tube à essai ou en être prélevés. Un premier coup décisif était joué dans le jeu expérimental de la reconstitution *in vitro* d'une activité biologique centrale.

En très peu de temps, Siekevitz avait pu amorcer la standardisation d'une « première génération » de fractions cellulaires et en donner une définition opérationnelle. En juillet 1951 se dessinaient déjà les contours du système expérimental[48]. Sa stabilisation provisoire permettait également sa différentialité, c'est-à-dire sa capacité à faire varier les questions qu'il était possible de poser par la voie expérimentale. D'emblée, la petite poignée de personnes engagées dans ce nouveau champ de recherche qu'était l'incorporation des acides aminés dans les protéines avait dû envisager la redoutable éventualité que l'activité d'incorporation puisse être un phénomène sans rapport, ou seulement indirect, avec la formation de liaisons peptidiques. La part de radioactivité incorporée était si faible que la question se posait sans relâche de savoir si « l'incorporation » ne reposait pas en réalité sur une adsorption non spécifique ou sur quelques réactions secondaires des acides aminés[49]. Bref, dans bien des cas, le sens des termes d'« absorption » ou d'« incorporation » était tout sauf évident. Les différentes équipes à l'œuvre développèrent des systèmes expérimentaux différents, qu'il s'agisse des tissus étudiés (foie de rat, foie de cochon d'Inde, tissus embryonnaires de souris ou de poulet), des acides aminés utilisés (lysine, glycine, cystéine, méthionine ou alanine) ou des marqueurs isotopiques employés (^{14}C, ^{35}S). Rien ne garantissait donc que le même processus serait observé dans chacun d'entre eux. Et il apparut d'ailleurs que certaines des premières « synthèses protéiques » observées *in vitro* étaient en réalité dues à un pont disulfure entre des acides aminés contenant du soufre[50]. Siekevitz n'ignorait nullement la possibilité de tels pièges. Dans le laboratoire de Greenberg, il avait d'abord travaillé sur la synthèse protéique dans les coupes hépatiques avec de la glycine radioactivement marquée, puis avait étudié le métabolisme de la glycine et de la sérine en utilisant là encore les coupes

---

48   Siekevitz, 1952.
49   Les réactions possibles étaient la transcarboxylation, la transpeptidation et la formation d'acides phosphatidiques et de ponts disulfure.
50   Melchior & Tarver, 1947a ; Tarver, 1954 en propose une discussion détaillée.

hépatiques. En 1947, Greenberg avait publié le premier compte rendu sur un homogénat présentant une activité de synthèse protéique[51]. Deux ans plus tard, cette activité de « synthèse protéique » dut être redéfinie comme une conversion de glycine en sérine, à son tour convertie en phosphatidylsérine, laquelle accompagnait la protéine comme une impureté lipidique[52].

Mon intention n'est pas ici de retracer en détail ces chemins expérimentaux et toutes leurs impasses, mais simplement de souligner ce qui en eux me semble avoir une portée plus générale : le signal expérimental majeur du système – l'« incorporation » de radioactivité dans les protéines – n'avait en lui-même pas de signification. Quelle qu'ait été sa puissance relative, il s'inscrivait dans un réseau d'indicateurs multiples. Et la maîtrise d'un tel réseau exige une connaissance intime du système qui ne vient qu'avec le temps, parfois après des années. On comprend donc pourquoi les expérimentateurs, dès lors qu'ils ont mis en place un réseau expérimental, l'entretiennent de manière presque symbiotique, au point qu'ils donnent parfois le sentiment de « l'habiter ». Car c'est seulement sur la base d'une telle symbiose que le système peut commencer à montrer la direction à suivre. Cette intimité peut placer le chercheur dans une relation d'exclusion interne à ses recherches : plus il manipule son système, plus son système révèle ses possibilités propres. Peu à peu, il prend le chercheur par la main et l'oriente dans des directions tout à fait imprévues.

La mise au point du premier système acellulaire fractionné de synthèse protéique illustre parfaitement cette situation. S'il était encore loin d'avoir instauré ce lien d'exclusion interne, d'« extimité », avec ses manipulateurs, le dispositif expérimental avait déjà quitté le « marécage » depuis longtemps. Siekevitz homogénéisait désormais les tissus hépatiques à l'aide d'un broyeur de Potter-Elvehjem, et avait adopté, en la modifiant à peine, la méthode de centrifugation en gradient de saccharose de Schneider et Hogeboom pour séparer les fractions cytoplasmiques[53]. Une nouvelle forme de représentation de l'objet d'étude – la centrifugation fractionnée du suc cellulaire – prenait forme. Les conditions techniques du système et l'objet épistémique étudié commençaient de s'entrelacer.

51   Siekevitz, lettre à Rheinberger du 1er juillet 1994 ; *cf.* également Friedberg, Winnick & Greenberg, 1947.
52   *Cf.* Winnick, Peterson & Greenberg, 1949.
53   Schneider & Hogeboom, 1950.

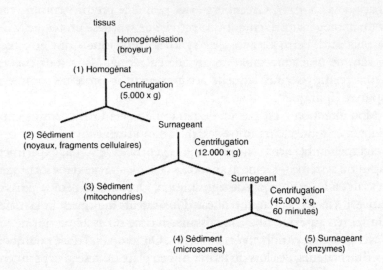

ILL. 4 – Représentation du fractionnement d'un homogénat
de tissus de foie de rat. D'après Siekevitz, 1952. Dessin de l'auteur.

L'illustration 4 montre la décomposition du contenu des cellules
en plusieurs fractions. Celles-ci étaient définies de manière opérationnelle, par les vitesses de centrifugation et les temps de sédimentation
nécessaires à leur séparation. Certaines d'entre elles contenaient des
composants cellulaires identifiables au microscope, tels que les noyaux
et les mitochondries ; mais cela ne signifiait pas qu'elles tiraient leur
définition de ces composants. C'étaient bien davantage les paramètres
de centrifugation qui définissaient les fractions, lesquelles détermi-
naient à leur tour la partition provisoire de l'objet épistémique. Ainsi,
techniques et objets se trouvaient entremêlés dans une relation de
déconstruction mutuelle.

Siekevitz avait développé un procédé poussé de purification et
de séparation qui devait garantir que les isotopes radioactifs soient
bien incorporés par liaison peptidique. La première étape consistait
en une précipitation acide à froid, suivie d'une précipitation acide à
chaud qui détruisait l'ensemble des acides nucléiques ; on réalisait
ensuite une extraction avec une solution chaude d'alcool, d'éther
et de chloroforme permettant d'éliminer les lipides ; venait enfin

la dispersion de la protéine dans l'acétone et son dépôt sur papier filtre en vue du comptage de radioactivité. Parmi un certain nombre de contrôles supplémentaires figuraient le traitement de la protéine et de son hydrolysat à la ninhydrine, ainsi qu'une comparaison de la radioactivité avant et après un traitement alcalin faible[54]. Cette batterie de méthodes avait été mise au point à la suite des difficultés rencontrées par le passé lors de l'exploitation des essais, et devait garantir que c'était bien à des liaisons peptidiques que l'on avait à faire. Malgré leur raffinement, ces procédés n'étaient pas seulement des conditions de reproductibilité des résultats. Elles assuraient également la production des signaux du système, et ce au détriment d'autres signaux possibles qu'elles réprimaient. Se concentrer sur les liaisons peptidiques stables impliquait inévitablement de détruire des liaisons instables. Ainsi qu'il apparut par la suite, l'analyse rigoureuse du produit dont l'identité devait être garantie interdisait l'accès aux mécanismes de sa formation.

Ce n'était pas la première tentative de fractionnement du suc cellulaire. En 1950, déjà, Borsook et ses collaborateurs de Pasadena avaient décomposé leur homogénat en quatre composants différents : trois sédiments correspondant à trois vitesses de centrifugation (750 x g, 24000 x g et 40000 x g) et un surnageant. Toutefois, ils n'étaient pas parvenus à différencier les fractions du point de vue fonctionnel : toutes les quatre intégraient des acides aminés radioactifs[55]. Siekevitz, en revanche, put reconstituer l'activité synthétique de l'homogénat complet à partir des différentes fractions qui étaient inactives lorsqu'on les prenait isolément.

---

54 Des acides aminés libres (et seulement de ceux-ci), la ninhydrine libère du CO_2 contenant le ^{14}C radioactif. Sur les difficultés évoquées, *cf.* Tarver, 1954. Loftfield, 1957a en propose une rétrospective.
55 Borsook, Deasy, Haagen-Smit, Keighley & Lowy, 1950a.

Fraction	cpm par mg de protéine	
	α-cétoglutarate –	α-cétoglutarate +
Homogénat (1)	1,4	10,8
Noyaux et cellules (2)	1,2	2,9
Mitochondries (3)	0,9	1,3
Fraction mélangée	1,7	1,1
Microsomes (4)	1,6	1,0
Surnageant (5)	0,1	0,4
Mitochondries + microsomes	1,1	4,2
Mitochondries + surnageant	1,0	6,6
Mitochondries + microsomes + surnageant	0,8	9,8
Ensemble des fractions	0,8	10,5

ILL. 5 – Reconstitution de l'activité d'incorporation d'acides aminés
par combinaison de différentes fractions de foie de rat.
D'après Siekevitz, 1952, tableau 1. Adaptation de l'auteur.

Dans son principe, la stratégie adoptée par Siekevitz et Zamecnik pour ces expériences paraît simple – elle n'en était que plus difficile à mettre en pratique. De l'illustration 5 se déduisent les étapes suivantes : on met d'abord en place des conditions d'incubation assurant l'incorporation d'acides aminés dans le suc cellulaire entier (1) ; on décompose ensuite cet homogénat et contrôle si chacune des fractions prises isolément présente encore une activité (2-5). Si tel n'est pas le cas, on assemble les composants selon toutes les combinaisons possibles et observe quelles fractions sont nécessaires pour restaurer l'activité initiale. Cette stratégie avait beau fonctionner en théorie, ainsi que ce tableau le suggère, en pratique, tout ou presque restait ouvert. L'homogénat était actif[56]. Isolée, aucune des différentes fractions ne présentait une activité notable, mais si on en combinait certaines d'entre elles, l'activité était partiellement rétablie. Il semblait donc que différents facteurs, présents dans différentes fractions du suc cellulaire et séparables par

---

56   Sous réserve que l'on ait introduit de l'alpha-cétoglutarate comme substrat oxydatif.

centrifugation, devaient être combinés pour qu'ait lieu la synthèse. Quels étaient ces facteurs ?

Le premier d'entre eux était la fraction microsomale. Cela n'avait rien de vraiment surprenant dans la mesure où les essais de fractionnement réalisés par Keller avaient déjà révélé son importance. En matière de besoins en énergie, en revanche, la situation était pour le moins troublante. Le processus d'incorporation ne pouvait avoir lieu sans l'apport énergétique de l'α-cétoglutarate. Mais à contre-pied du premier compte rendu donné par Siekevitz et Zamecnik dans une communication parue un an auparavant[57], l'effet stimulateur de l'adénosine triphosphate avait disparu. Toutefois, le dinitrophénol présentait encore l'effet inhibant qui lui avait été constaté dans le système des coupes histologiques. Siekevitz résuma ces résultats par l'image suivante : à l'aide de l'α-cétoglutarate, les mitochondries produisaient un « facteur soluble », lequel permettait à la fraction microsomale d'incorporer l'alanine. Le facteur ainsi postulé avait deux propriétés quelque peu inhabituelles : il était extrêmement résistant à la chaleur et à l'acidité. Dès lors, il paraissait plutôt improbable qu'il s'agisse d'alanine activée ou d'un triphosphate tel que l'ATP, ce qui conduisit Siekevitz à penser que « l'ATP [était] seulement utilisée pour la formation d'un facteur tel que celui décrit dans cet article, et que c'était ce facteur qui, même s'il lui manquait la liaison phosphate riche en énergie, [était] capable d'incorporer les acides aminés aux protéines, éventuellement à l'aide des acides ribonucléiques[58]. »

Bien que le « facteur soluble » de Siekevitz ait été oublié aussi vite qu'il était apparu sur la scène de la synthèse protéique, et bien qu'il n'ait jamais été repris dans aucune publication ultérieure, force est de constater qu'il occupait une position stratégique dans le tableau de la synthèse protéique en train de se former : l'espace laissé vide entre les acides aminés libres et leurs combinaisons dans les protéines achevées. Une autre fraction, le surnageant résultant de la dernière centrifugation, intensifiait l'activité. Mais à l'époque, elle ne retint pas vraiment l'attention des chercheurs du MGH. Dans l'ensemble, à ce point de son développement, le système posait plus de questions qu'il n'en résolvait. Quel était cet étrange facteur qui semblait provenir des mitochondries ? L'activité stimulatrice du dernier surnageant était-elle vraiment digne

---

57 Siekevitz & Zamecnik, 1951.
58 Siekevitz, 1952, p. 562.

d'intérêt ? Et qu'en était-il de la fraction nucléique, qui affichait tout de même une activité d'environ 30 % ? Les résultats étaient alors aussi encourageants qu'équivoques.

En termes quantitatifs, le moins que l'on puisse dire est que les essais se jouaient à la limite de résolution de la méthode de comptage. Les seuils opérationnels des fractions étaient très imprécisément définis. Isoler les microsomes de manière satisfaisante aurait nécessité des forces centrifuges plus puissantes que celles qui pouvaient être générées avec l'équipement ordinaire des laboratoires. La centrifugeuse Sorvall, qui avait été utilisée pour l'ensemble des études menées jusque-là, atteignait la vitesse de 15000 rotations par minute environ. Zamecnik et Frantz avaient réclamé une centrifugeuse à grande vitesse au comité de recherche dès 1949, mais c'est seulement en 1953 qu'une telle machine fut installée dans les laboratoires du Huntington[59].

UN NOUVEL ESPACE DE REPRÉSENTATION

Pour l'essentiel, les fractions obtenues jusqu'alors étaient définies de manière opérationnelle par des vitesses de centrifugation et leur contenu granulaire – mais du point de vue biochimique en revanche, elles constituaient autant de *black boxes*. À quoi le système servait-il donc à ce stade ? Les essais consistant à recombiner les fractions obtenues avaient pour effet de relier l'espace *métabolique* des réactions avec l'espace *topologique* des fractions. Comme Siekevitz et Zamecnik le formulèrent plus tard, ces expériences jetèrent un pont disciplinaire « entre les morphologistes et les biochimistes, en permettant de mettre en relation les phénomènes biochimiques à l'œuvre dans la synthèse protéique avec des structures reconnaissables[60] ». Elles ouvrirent un nouvel espace de représentation en associant deux méthodes de marquage, les traceurs radioactifs et la centrifugation différentielle. La combinaison et la superposition de ces deux modes de représentation fournirent un soubassement relativement

---

59 MGHR, Committee on Research, Executive Committee Minutes, livre 1 (mars 1948 – décembre 1950) et livre 3 (janvier 1953 – décembre 1954).

60 Siekevitz & Zamecnik, 1981, p. 54 *sq.*

stable pour la reproductibilité du système et déployèrent tout un spectre d'orientations possibles.

Bientôt, la langue avec laquelle les chercheurs essayaient de saisir cette représentation expérimentale de la synthèse protéique refléta autant l'enchevêtrement des procédés techniques et des objets d'étude que l'efficacité pratique de cet écheveau. À propos d'incorporation d'acides aminés dans les protéines, la communauté laborantine commença à parler non plus de taux d'incorporation propres à des tissus mais de vitesses de centrifugation, de propriétés de sédimentation et de conditions de précipitation. Désormais, on manipulait des « précipités pH 5 », des « particules 40000 x g », et des « fractions solubles ». Ces termes n'étaient pas utilisés sans la prudence lexicale caractéristique des expérimentateurs, qui entendaient ménager toutes les interprétations possibles ; pourtant, leur emploi n'était pas sans conséquence. En sciences, le vocabulaire n'est jamais innocent. Le nouvel espace expérientiel déployé par ces expressions emportait avec lui une nouvelle rationalité pratique, ouvrait sur une nouvelle combinatoire expérimentale, imposait de prendre en compte de nouvelles symétries en matière de contrôles expérimentaux, et offrait des arrangements et des possibilités de superposition d'un genre nouveau. Elles représentaient les composantes d'un nouveau système expérimental, et ne tardèrent pas à jouer un rôle dans la détermination de la dynamique de sa reproduction différentielle.

D'abord si centrale, la question médicale de la différence entre tissus normaux et tissus malins avait été progressivement occultée et ne faisait plus l'objet que d'une attention marginale. La recherche sur le cancer dont cette question était issue, et qui avait eu une importance décisive aussi bien pour le Huntington Hospital en tant qu'institution que pour le parcours professionnel de Zamecnik, était toujours aussi précieuse pour obtenir des fonds de recherche. Le financement du travail de Zamecnik était assuré pour l'essentiel par des institutions publiques telles que l'American Cancer Society, l'United States Navy Department et l'Atomic Energy Commission ; à cela s'ajoutaient des fonds privés plus modestes octroyés par le MGH Research Fund[61]. En dépit du net changement d'orientation que connurent les recherches, l'American Cancer Society ne vit nulle raison de suspendre ses versements. Elle

---

61 *Cf.* MGHR, Committee on Research Minutes, livres 1-4, 1947-1959. Sapolsky, 1990 propose une histoire de l'Office of Naval Research.

maintint son financement durant toute la décennie qui suivit au nom de l'affectation flexible dont elle avait fait sa philosophie. L'extrait sybillin que voici, tiré d'une discussion datant de 1952 entre un membre de l'American Cancer Society et le comité de recherche du MGH, témoigne non sans charme de cette flexibilité en matière d'attribution de fonds aux institutions de recherche :

> Le docteur Lipmann demandait quel pourcentage de la subvention pouvait être utilisé pour des recherches fondamentales sans lien direct avec les questions oncologiques. M. Runyon [de l'American Cancer Society] affirma qu'aux yeux de sa société, la recherche appliquée et la recherche fondamentale étaient tout aussi importantes l'une que l'autre, mais que cette dernière devait être menée en vue d'alimenter certains aspects spécifiquement liés à la recherche oncologique, sans quoi elle était susceptible de ne plus bénéficier de financements. M. Spike s'exprima différemment, et expliqua au docteur Lipmann qu'il lui fallait préciser ce qu'il entendait par recherche sur le cancer, sans quoi il était incapable de répondre à sa question. (MGHR, Committee on Research, livre 2 (février 1951 – décembre 1953), p. 325)

Les préoccupations oncologiques furent peu à peu remplacées par une perspective biochimique toujours plus affirmée. Celle-ci cherchait à identifier les étapes intermédiaires de la synthèse protéique qui pouvaient être définies comme des fractions du suc cellulaire. Ces fractions, manipulables par la voie de l'expérimentation, donnèrent à la pensée expérimentale des chercheurs un cadre de plus en plus spécifique. Résumons avec les termes de Robert Loftfield : « En 1950, la synthèse protéique était importante pour nous en raison du rôle qu'elle pouvait jouer dans le cancer. En 1953, le cancer était important pour nous parce qu'il fournissait des systèmes biologiques permettant d'étudier la synthèse protéique[62]. » Le cancer n'avait pas été occulté, mais son statut scientifique avait changé. Les tissus cancéreux n'étaient plus la cible immédiate de l'analyse. Ils étaient devenus le support d'un système expérimental efficace, et la croissance maligne le contexte général dont la recherche fondamentale sur la synthèse protéique pouvait tirer sa justification[63].

La même année, en 1952, Zamecnik alla passer un semestre auprès de Linus Pauling au California Institute of Technology. Il sentait qu'il lui fallait étendre ses connaissances sur les protéines et à l'époque,

---

62   Loftfield, lettre à Rheinberger du 17 mai 1993.
63   Loftfield, entretien avec Rheinberger, 1993.

Pasadena était considérée comme la Mecque des « disciples de la protéine[64] ». Mais comme il l'admit lui-même par la suite, s'il y découvrit beaucoup sur la chimie des protéines, il y apprit bien peu de choses sur la synthèse protéique[65]. Siekevitz lui aussi quitta Boston et rejoignit Van Potter, qui travaillait dans les McArdle Laboratories for Cancer Research du Wisconsin et avec lequel il entendait s'intéresser de plus près à la phosphorylation oxydative[66].

---

64 *Cf.* Kay, 1993.
65 Paul C. Zamecnik, entretien avec Rheinberger du 16 mars 1990.
66 Siekevitz, lettre à Rheinberger du 1er juillet 1994.

REPRODUCTION ET DIFFÉRENCE

Les systèmes expérimentaux, tout comme les objets épistémiques qu'ils mettent en jeu, sont des champs par nature ouverts ; ils n'en présentent pas moins des goulots d'étranglement. Tant qu'ils remplissent des fonctions de recherche, il est difficile de prévoir précisément la direction que suivra leur évolution. En règle générale, la possibilité qu'une chose épistémique se transforme en objet technique – et inversement – ne peut être anticipée, en particulier lorsqu'un dispositif expérimental est tout juste en train de prendre forme. Mais une fois qu'un résultat surprenant a émergé et s'est suffisamment stabilisé, lorsqu'il est clair qu'il ne s'agit pas d'un simple phénomène éphémère, il devient alors de plus en plus difficile, même pour ceux qui ont contribué à mettre en place l'ensemble du processus, de ne pas tomber dans l'illusion qui consiste à penser que ce résultat est le produit nécessaire d'une étude logiquement construite, voire l'aboutissement d'une téléologie du processus expérimental.

> Comment retracer une recherche ? Comment retrouver une idée fixe, une obsession de chaque instant ? Comment recréer une pensée centrée sur un tout petit fragment d'univers, sur un « système » qu'elle tourne et retourne en tous sens ? Comment surtout restituer cette impression de labyrinthe sans issue, cette quête incessante d'une solution sans se référer à ce qui, depuis, s'est révélé être *la* solution, avec son aveuglante évidence ? (Jacob, 1987, p. 306)

Un système expérimental peut aisément être comparé à un labyrinthe dont les parois guident l'expérimentateur en même temps qu'elles lui bouchent la vue. Dans le cas d'un labyrinthe bâti par étapes successives, la construction de nouveaux pans est à la fois contrainte et orientée par les murs existants. L'édification d'un labyrinthe digne de ce nom ne procède pas d'un plan, et c'est précisément la raison pour laquelle on n'en vient pas à bout en s'en tenant à un principe de progression déterminé. Il oblige à *tâtonner*[1]. Celui qui n'a pas oublié de dérouler

---

1   *Cf. ibid.*, p. 284.

un fil – l'anathème d'un plan – en pénétrant dans un labyrinthe, peut toujours retourner à son point de départ. Mais on n'a pas encore inventé le fil qui indique la direction à suivre pour trouver l'issue. Il y a là un remarquable parallèle entre le travail de l'expérimentateur et celui de l'artiste tel que l'a dépeint l'historien de l'art George Kubler : « Chaque artiste travaille dans le noir, guidé seulement par les tunnels et les galeries du travail précédent ; il s'enfonce dans le filon, espérant un riche minerai, et craignant que le sien ne soit épuisé le lendemain[2]. » Ici, la métaphore du labyrinthe rencontre celle de la mine d'or.

REPRODUCTION

La cohérence temporelle d'un système expérimental est donc établie à partir de l'existant et au moyen de la répétition, et non pas par anticipation et prévision. Toutefois, l'évolution d'un tel dispositif, s'il ne veut pas finir par tourner à vide, repose sur la recherche de différences. De l'articulation de ce tâtonnement et de la répétition résulte ce que nous pouvons appeler la *reproduction différentielle* du système. La notion de *reproduction* est protéiforme. Aussi voudrais-je ici brièvement indiquer lesquelles de ses multiples connotations doivent être prises en compte dans le cadre de mon argumentation, et dans quels sens je *ne* l'emploie *pas*. Je n'emploie pas cette expression pour souligner la continuité d'un programme expérimental par opposition à des ruptures soudaines ou à des changements fréquents. Je ne l'utilise pas non plus dans le sens du copiage – de la fabrication de duplicatas ou répliques à partir d'un original. Mon intention n'est pas davantage de dire que les bonnes expériences sont celles qui peuvent être répétées à volonté, que leurs résultats doivent être reproductibles au sens où on l'entend habituellement en sciences. L'acception décisive pour mon raisonnement s'apparente plutôt à l'utilisation qui est faite de ce concept dans le contexte des théories évolutionnistes et transmissionnistes. Le processus expérimental doit son caractère reproductif au fait qu'il constitue une chaîne d'événements ininterrompue par laquelle sont justement préservées les conditions

2   Kubler, 1962 [1973], p. 125 [p. 173] ; *cf.* également Bernard, 1965.

matérielles de sa propre poursuite. Reproduire un système expérimental impose de maintenir les conditions – objets épistémiques, dispositifs d'enregistrement, organismes-modèles, savoir incorporé, état d'expérience (*Erfahrenheit*) –, sur la base desquelles il peut continuer de proliférer.

Dans un sens fondamental, toute innovation est en fait le résultat – voire l'aléa, le résidu – d'une telle reproduction. Car la reproduction ne se contente pas de garantir de manière fiable, c'est-à-dire « reproductible », les conditions limites adéquates pour une expérience donnée : elle fait de l'activité scientifique un éminent processus matériel de production, accumulation, transformation et transmission du savoir. L'événement que constitue l'apparition d'un nouveau phénomène est toujours, et nécessairement, associé à la production simultanée de phénomènes déjà existants. En l'absence de cette coproduction, nulle comparaison ne serait possible : l'ensemble du savoir accumulé jusque-là, qui reprend corps à chaque reproduction du système, se dissiperait sans tarder. Mais parce qu'ils sont là afin de générer du savoir, les systèmes expérimentaux se trouvent liés à la préservation, localement située, de leurs propres conditions de reproduction. C'est de cet ancrage local de leur reproduction, et non de quelque cohérence logique que ce soit, qu'ils tirent leur cohésion temporelle, et donc leur historicité. Une chose épistémique prend consistance lorsque, après avoir émergé comme élément différentiel, elle peut être intégrée au cycle reproductif d'un système expérimental. La signification d'une chose épistémique dérive donc de son développement à venir, lequel n'est pas prévisible au moment de son apparition. Aussi les choses épistémiques sont-elles par nature historiques ; elles ne deviennent des choses que par cette récurrence. Avec Heidegger, on peut alors observer que :

> Le procédé qui conquiert les différents secteurs d'objectivité ne fait pas qu'amasser des résultats. Il se réorganise plutôt lui-même, à l'aide de ses résultats, pour une nouvelle investigation. Ainsi, dans l'installation matérielle qui permet à la physique la désintégration de l'atome est contenue toute la physique moderne depuis ses débuts. [...] Au cours de ces processus, le procédé de la science se fait toujours encercler par ses résultats. Il s'oriente de plus en plus sur les diverses possibilités d'investigation qu'il s'est lui-même ouvertes. Cette obligation de se réorganiser à partir de ses propres résultats, en tant que voies et moyens d'une investigation progressante, constitue l'essence du caractère d'exploitation organisée de la recherche. (Heidegger, 1977 [2004], p. 84 [p. 110])

Restons toutefois prudents. Certes, il y a dans tout dispositif expérimental quelque chose qui pousse à l'établissement d'une telle connectivité interne par récurrence. Mais d'une part cette connectivité adopte une forme qui ne satisfait pas aux impératifs habituels de consistance théorique et de commensurabilité. Et d'autre part elle reste locale, donc limitée à quelques rares arrangements expérimentaux parmi la multitude de tous ceux qui constituent à la fois les frontières fractales d'un domaine de recherche et ses débordements. J'aborderai ce problème plus avant au chapitre « Conjonctures, cultures expérimentales ».

Considérée sous un autre angle, la construction de systèmes expérimentaux peut être décrite comme un « jeu des possibles[3] ». Cette expression de Jacob, qui donne son titre à un de ses essais, fait autant référence au « bricolage » de l'évolution qu'au processus du changement scientifique. C'est de ce dernier qu'il s'agit ici. Le « possible » est à prendre dans ses deux acceptions : c'est quelque chose qui appartient au domaine du possible, comme on dit, mais qui simultanément échappe à toute manifestation contrôlée. Aussi a-t-il une présence étrange et fragile. D'un côté, il n'existe pas au sens strict ; mais de l'autre, « il faut déjà avoir décidé ce qui est possible[4] ». Avec Derrida, on pourrait également parler d'un jeu de la différence[5] ; mais j'y reviendrai. Contentons-nous dans un premier temps d'indiquer que c'est précisément le fait d'être « emporté par son propre travail[6] » qui rapproche l'activité de recherche de ce que Derrida a appelé l'entreprise de la « déconstruction ». Sur ce point, il est sans doute opportun de mentionner une remarque du physiologiste français Claude Bernard qui se trouve consignée dans son carnet de notes philosophiques, mais que l'auteur du célèbre traité de philosophie expérimentale qu'est l'*Introduction à l'étude de la médecine expérimentale* n'osa pas publier de son vivant. La physiologie, notait Bernard, est constituée « [...] de successions de faits évolutifs qui se succèdent dans le temps, mais qui ne s'engendrent pas nécessairement les uns les autres. C'est une chaîne dont chaque anneau n'a aucune relation de cause à effet ni avec celui qui le suit, ni avec celui qui le précède[7]. » Dans la reproduction différentielle telle que Bernard la comprend, et telle qu'elle est exposée

---

3   Jacob, 1981.
4   *Ibid.*, p. 29.
5   Derrida, 1967, p. 44 et *passim*.
6   *Ibid.*, p. 39.
7   Bernard, 1954, p. 14.

dans ce chapitre, il n'y a pas de lien nécessaire de causalité, ni de développement automatique dans une direction déterminée à l'avance. Mais
elle offre la possibilité d'événements inanticipables, lesquels peuvent, le
cas échéant, rétroagir sur le système sous la forme d'un enchaînement.
Dans un ouvrage tardif, Louis Althusser écrivait de son côté : « Au lieu
de penser la contingence comme modalité ou exception de la nécessité,
il faut penser la nécessité comme le devenir-nécessaire de la rencontre
de contingents[8]. »

SAVOIR TACITE

Car ce qui vient d'être dit sur la reproduction différentielle des systèmes expérimentaux a son équivalent dans la structure du comportement
expérientiel de ceux qui mènent des travaux de recherche. En tant que
chercheur, « *il faut avoir tâtonné longtemps*[9] ! », fait encore noter Bernard,
qui renchérit : « avoir été trompé mille et mille fois ! ! », pour s'exclamer
enfin : « avoir, en un mot, vieilli dans la pratique expérimentale[10]. »
Chercher son chemin à tâtons exige de l'expérimentateur un « état
d'expérience » (*Erfahrenheit*). Dans cette expression forgée par Fleck, il
ne s'agit pas de la simple expérience acquise (*Erfahrung*)[11]. Cette dernière
nous rend capable de porter une appréciation et un jugement sur une
œuvre, un objet singulier ou une situation particulière. L'état d'expérience,
quant à lui, nous permet d'incorporer ces appréciations et jugements au
cours du processus d'acquisition du savoir, de penser avec les outils et,
à la limite[12], avec les mains. L'expérience est une conquête intellectuelle,
tandis que l'état d'expérience, intuition acquise, est une forme d'activité
et une forme de vie. « Intuition acquise », cette expression enveloppe une
contradiction : l'état d'expérience *doit* être acquis – cela tient à la nature
de la chose – mais en même temps il est plus que ce qui *peut* être appris.
Il est à rapprocher de ce que Michael Polanyi a appelé la « composante

---

8   Althusser, 1994, p. 42.
9   En français dans le texte. [*N.d.T.*].
10 Bernard, 1966, p. 19.
11 Fleck, 1980 [2005], p. 126 [p. 168].
12 En français dans le texte. [*N.d.T.*].

tacite », la « dimension tacite » du savoir, bref, le « savoir tacite[13] ». La recherche scientifique repose sur une pensée sauvage, laquelle présuppose un savoir tacite, une « raison rusée[14] ». L'exubérance de la science en action se joue en deçà de toute axiomatique. Dans ce processus, on ne peut pas parler d'acteurs intelligents dont l'action serait guidée par un « plan » au sens strict. Dans les moments-clés, ce n'est pas à un schéma préétabli qu'ils ont recours, mais à une habileté incorporée[15]. Au sein du concept de « savoir personnel » proposé par Polanyi, savoirs implicite et explicite ne cohabitent pas simplement dans une relation d'harmonieuse complémentarité. Tout savoir, affirme Polanyi, prend ses racines dans le savoir tacite ; cela vaut pour les tâches quotidiennes autant que pour la recherche scientifique productive. Selon lui, l'idée d'un savoir intégralement articulé est l'une des plus grandes chimères de la philosophie analytique, une de ses illusions vouées à l'échec. Tout comme la maîtrise virtuose de « l'attention subsidiaire[16] », la capacité à s'appuyer sur le savoir tacite fait partie du répertoire gestuel indispensable à tout chercheur.

Mon interprétation épistémologique de la théorie de la connaissance développée par Polanyi consiste à admettre deux modes complémentaires d'extimité. Dans leurs matérialisations, tous deux se réfèrent l'un à l'autre. Le savoir tacite du chercheur trouve dès lors sa forme extérieure et son lieu propre dans l'appareillage technique du système expérimental, cependant que l'attention subsidiaire intègre à l'inverse cet appareillage et ses outils à l'intériorité corporelle du chercheur. J'ai nommé « œil éveillé[17] » cette structure duale d'intégration-extension. Si donc nous apprenons à nous servir d'un procédé ou d'un outil, nous pourrons dire avec Polanyi que d'une part nous les « intériorisons », et que d'autre part nous les « habitons[18] ». Le dualisme classique de la pensée et de l'être ne peut certes pas être dépassé, mais sans doute peut-il être atténué et ramené à un cas limite au sein d'une épistémologie non-cartésienne. Celle-ci autoriserait la pensée à passer dans les choses et les choses dans

---

13   Polanyi, 1958, 1969, en particulier la 3e partie.
14   Elkana, 1970.
15   *Cf.* Keller, 1983 [1999], p. 198 [p. 180] ; MacColl, 1989, p. 90 ; Elkana, 1981, p. 42-48 ; Suchman, 1990, p. 310.
16   Polanyi, 1969, p. 138-158.
17   Rheinberger, 1998b.
18   Polanyi, 1969, p. 148.

la pensée, donnant lieu entre ces deux pôles à des formations hybrides qui ne se laissent pas formaliser ni quantifier – par quoi précisément elles maintiennent la recherche en mouvement.

Malgré ses composantes tacites, le raisonnement extime, comme j'aimerais le nommer ici pour préserver la dimension matérielle du processus épistémique, ne procède donc pas pour autant au hasard et sans règle. La mise en œuvre d'une tâche nécessitant une certaine compétence, celle d'une série d'expériences biochimiques par exemple, obéit à « un ensemble de règles qui sont inconnues en tant que telles de la personne qui les suit[19] ». Il est certes possible d'expliciter ces règles ou maximes, et certaines plus que d'autres, mais chercher à le faire dans le moment de l'exécution ne favoriserait pas le déroulement de l'exercice. Cela constituerait au contraire une gêne, voire le rendrait impossible. L'efficacité de telles règles repose sur leur présence subsidiaire lors de la mise en place et de la réalisation des essais. Au regard de la pensée/recherche biochimique examinée dans cet ouvrage, on peut dégager quelques préceptes de manipulation simples. Le premier d'entre eux, que l'on pourrait nommer *principe de symétrie*, impose que l'introduction de contrôles épistémiques et techniques dans un dispositif expérimental soit guidée par des considérations de symétrie. En temps normal, cet impératif commande de tester toutes les combinaisons possibles que peuvent adopter les composantes présentes dans un essai, même lorsqu'on n'attend pas de toutes ces combinaisons qu'elles débouchent sur des résultats significatifs. Au chapitre précédent de la présente étude, on trouvera un exemple de ce procédé dans le protocole expérimental de synthèse protéique *in vitro* développé par Siekevitz. La deuxième règle pourrait être intitulée *principe d'homogénéité*. Elle se rapporte aux précautions qui doivent être prises lorsqu'on souhaite comparer des données reposant sur l'utilisation de différentes préparations ou charges d'un composé cellulaire. D'où ce précepte : ne change jamais le matériau d'étude au cours d'une même série d'expériences ; et lorsque tu testes une nouvelle préparation, répète toujours le dernier essai de la série précédente. La troisième règle est un *principe d'exhaustion*. Elle affirme qu'une série de composés ou préparations similaires devant être testés dans un même contexte expérimental doit être la plus complète possible. Sur le mode impératif : ne laisse aucune préparation de côté au prétexte que tu sais par avance qu'elle ne donnera aucun résultat.

---

19 Polanyi, 1958, p. 49. Nous n'avons pas reproduit les italiques présents dans l'original.

Ces règles, qui pour la plupart ne peuvent être apprises qu'*in actu*, ne sont pas en mesure de guider elles-mêmes la recherche. Elles peuvent seulement l'accompagner, et leur implémentation peut prendre des formes très différentes selon les situations expérimentales. Elles fournissent une charpente à cette transposition de la faculté d'imagination dans l'ordre matériel que l'on appelle dispositif expérimental. Elles constituent une sorte de toile d'araignée expérimentale. Le filet doit être tissé de telle manière que des proies inattendues puissent s'y prendre. Il doit être capable de « voir » ce que les sens nus du constructeur ne peuvent anticiper. Mais le maillage ne doit pas non plus être trop étroit. Sur ce point, Max Delbrück a parlé d'un « principe de négligence modérée[20] ». « Si tu es seulement négligent, tu ne peux reproduire aucun résultat, et ne peux rien reconnaître. Mais si en étant un peu désinvolte, tu remarques quelque chose [...] essaye alors de comprendre ce que c'est[21]. » Il n'y a pas d'entreprise expérimentale sans un certain effilochage, sans des marges un peu effrangées. Expérimenter, au fond, c'est bien davantage une attitude de laisser-advenir qu'un geste de saisissement ou une ruée vers l'avant. Si jamais il existe un principe général pour frayer des chemins expérimentaux, il consiste, comme l'a formulé François Dagognet au sujet de Claude Bernard, à « recueillir surtout les réponses qu[e la vie] donne en marge ou en dehors du discours attendu[22] ».

DIFFÉRENCE

C'est avec Gilles Deleuze, le penseur de la différence, que l'on pourrait porter vers des concepts plus généraux et sur un terrain plus proprement philosophique ce modèle subtil, dynamique et flexible de la reproduction différentielle du savoir en tant qu'elle est intégrée à des idiosyncrasies locales et enchâssée dans des techniques de représentation privilégiées :

---

20   Fischer, 1988, p. 152. Fischer cite une lettre envoyée par Max Delbrück à son ami Salvador Luria à l'automne 1948.

21   Delbrück eut ce mot lors d'un colloque qui se tint à Oak Ridge en 1949. Fischer, 1988, p. 153.

22   Dagognet, 1984, p. 18.

La différence et la répétition ont pris la place de l'identique et du négatif, de l'identité et de la contradiction. Car la différence n'implique le négatif, et ne se laisse porter jusqu'à la contradiction que dans la mesure où l'on continue à la subordonner à l'identique. Le primat de l'identité, de quelque manière que celle-ci soit conçue, définit le monde de la représentation. Mais la pensée moderne naît de la faillite de la représentation, comme de la perte des identités, et de la découverte de toutes les forces qui agissent sous la représentation de l'identique. Le monde moderne est celui des simulacres. (Deleuze, 1968, p. 1)

Au chapitre sur les « Espaces de la représentation », je reviendrai sur ce diagnostic deleuzien de la faillite de la représentation dans la pensée contemporaine. Mais dans un premier temps, ce sont les deux couples identité/contradiction et répétition/différence qui m'intéressent. Identité et contradiction sont les deux concepts-clés des grands systèmes philosophiques des XVIIIe et XIXe siècles, qui furent compris dans un sens analytique de Kant à Frege, et dans un sens dialectique de Hegel à Marx. Différence et répétition, en revanche, sont ceux d'une « philosophie du détail épistémologique », d'une « philosophie scientifique différentielle » au sens de Bachelard[23]. Ce déplacement de l'attention n'est pas sans conséquences. Il permet de « faire coexister toutes les répétitions dans un espace où se distribue la différence[24] ». Si l'identité reste muette, la répétition colporte le savoir tacite. Tandis que les contradictions n'aspirent qu'à être résolues, et par là à rejoindre l'identité, les différences peuvent coexister et, dès lors, entrer dans un jeu qui les met en avant ou les rend marginales, les déplace ou les articule, les rassemble ou les disperse. Les systèmes expérimentaux sont des noyaux de distribution de la différence, ainsi que nous l'avons vu aux chapitres introductoires. Les chercheurs répètent inlassablement leurs expériences, sans pour autant s'intéresser aux identités. Ils traquent bien plus ce qu'ils appellent des « différences spécifiques[25] ». Rien d'étonnant donc, à ce que les sociologues qui s'intéressent au fonctionnement des laboratoires constatent dans ces lieux de production du savoir une « prédilection pour la non-concordance », une stratégie implicite de la quête de « ce qui n'est pas encore apparu », et observent que les praticiens préfèrent « le principe de la variation à celui de la réplication[26] ». Résumons : la réplication vise l'identité, quand la répétition vise la variation.

23 Bachelard, 1940, p. 14.
24 Deleuze, 1968, p. 2.
25 Loftfield, entretien avec Rheinberger, 1993.
26 Amann & Knorr Cetina, 1990, p. 104, 111.

À ce point, quelques remarques supplémentaires sur la reproduction différentielle d'un système expérimental s'imposent. Premièrement, on ne sait jamais précisément comment ni dans quelle direction un dispositif se différenciera. Pareil dispositif cesse d'être un système de recherche dès lors que les agents qui travaillent à son développement savent ce qui en résultera. C'est la raison pour laquelle j'évite de parler des systèmes expérimentaux comme de simples « systèmes de production[27] », car cette expression empruntée à la langue économique est chargée d'un certain nombre de connotations telles que la directivité, l'efficience, l'automatisation et la quantification des biens produits. On le sait : « Aucune méthode n'a jamais conduit à une invention[28]. » Les systèmes expérimentaux sont conçus pour générer des résonances entre différents résultats et pour associer à des signaux stabilisés des significations exploitables. Mais dans le même temps, ils doivent créer un espace où puissent se produire des événements inanticipables. Pour accéder à des choses nouvelles, le système doit être déstabilisé – mais sans stabilisation préalable, il ne produit que du bruit. Stabilisation et déstabilisation se provoquent mutuellement. Dans le discours quotidien du laboratoire, l'unité de valeur qui sert à mesurer la dynamique d'un système expérimental est le « résultat ». En règle générale, les résultats sont autant de petites pièces qui s'intègrent, ou non, dans un puzzle en train d'apparaître. Pour les produire en quantités suffisantes, les expérimentateurs doivent bien souvent évoluer au plus près du point de rupture de leur agrégat de recherche.

À cet égard aussi, les expérimentateurs obéissent à un principe d'ordre semblable à celui qui, en art et en architecture, se trouve au fondement des « séquences formelles[29] » kubleriennes. Les pensées des inventeurs et des savants, tout comme celles des artistes, ne se concentrent pas sur la reconnaissance de ce qui existe déjà ; leurs conceptions s'orientent « davantage vers les possibilités futures [. Leurs] spéculations et combinaisons obéissent à un ordre différemment réglé », que l'on peut décrire comme un « enchaînement d'expériences [formant] une séquence formelle[30] ». Certes, de telles séquences se composent de chaînes d'événements qui

---

27   Kohler, 1991b.
28   Serres, 1980, p. 126.
29   Kubler, 1962 [1973], p. 33 *sq.* [p. 63].
30   *Ibid.*, p. 85 [p. 125].

dépendent les unes des autres, mais leur classification révèle toujours
« la nature sporadique, imprévisible et irrégulière du moment de leur
réalisation[31] ». Georges Didi-Huberman a récemment traité cette question
dans le cadre d'une heuristique de l'empreinte. « Faire une empreinte,
résume l'historien de l'art, c'est alors *émettre une hypothèse technique, pour
voir ce que cela donne*, tout simplement. Le résultat n'est avare ni en surprises, ni en attentes dépassées, ni en horizons qui s'ouvrent d'un coup.
Cette valeur *heuristique* de l'empreinte – cette valeur d'*expérimentation
ouverte* – me semble fondamentale[32]. » Le rapport entre reproduction et
différence au sein de l'expérience peut aussi être appréhendé par référence
à l'opérativité de l'empreinte, des traces épistémiques qui sont formées
et modifiées en lui.

Insistons-y encore une fois : lorsque les systèmes de recherche
deviennent trop rigides, ils se transforment en dispositifs de test, en
appareils à produire des répliques. Ils perdent leur fonction de machines
à fabriquer de l'avenir. Aussi l'historien des sciences a-t-il habituellement
affaire à un « musée des systèmes éculés ». Toutefois, de telles transformations se produisent régulièrement, et ne débouchent pas toujours sur des
impasses. En tant que sous-systèmes stabilisés, les choses épistémiques
devenues objets techniques peuvent être intégrées à d'autres systèmes
expérimentaux encore différentiels, et peuvent dès lors contribuer à
produire des événements inanticipés dans ce nouveau contexte. La transformation d'objets de recherche en sous-systèmes participant à d'autres
arrangements de recherche illustre un mécanisme d'accumulation matérielle d'informations inhérent au processus d'expérimentation. Mais par
le jeu de ce mécanisme, le processus donne également naissance à un
fardeau historique, une sorte d'effet de masse du savoir. Avec Norton
Wise, nous pouvons parler de la « résistance » ou « résilience » d'un tel
réseau, dont la « structure en tant que totalité restreint drastiquement ce
que savoir et expliquer signifient ; elle définit même ce qu'est l'existence
d'une chose[33]. » La plupart des choses épistémiques naissantes tirent ainsi
leur première forme d'outils anciens, lesquels cèdent ensuite la place à
des objets techniques qui incorporent le savoir actuel de manière plus
subtile. Le système de coupes tissulaires incubées décrit au chapitre

31 *Ibid.*, p. 36 [p. 67].
32 Didi-Huberman, 2008, p. 31.
33 Wise, 1992, p. 34.

plus haut, qui constitua le point de départ de la caractérisation de la croissance maligne comprise comme synthèse protéique accélérée, fut entièrement remplacé par un système de suc cellulaire fractionné en l'espace de quelques années. Tôt ou tard, tout ensemble expérimental probant se voit transformé en simple kit de construction, puis est remisé pour de bon. Mais ce cycle de vie a son symétrique : les outils peuvent eux aussi être déstabilisés puis transformés en instruments de recherche, et ceci le plus souvent par transplantation dans de nouveaux contextes ou par combinaison avec d'autres techniques de représentation.

DIFFÉRANCE

Pour qu'un arrangement expérimental demeure un système de recherche, il ne doit pas cesser de produire des différences, car celles-ci sont au fondement de la dynamique de son déplacement. Ceux des systèmes expérimentaux qui sont conçus de telle manière que la prolifération de différences devient le principe directeur de leur perpétuation sont traversés de cet *impetus* subversif qu'ils forgent eux-mêmes, cet *impetus* que Jacques Derrida a nommé « différance ». Par ce terme, il vise « l'absence irréductible de l'intention » propre à toute invention, et affûte la sensibilité à cette « événementialité[34] » qui caractérise les expériences scientifiques et dont sans doute rien ne dévoile mieux le sens que le jeu de langage de la « différance ». Car le mot ne se laisse distinguer de la « différence » que lorsqu'il est écrit. Veut-on dire cette distinction, elle devient inaudible dans l'acte même de l'énonciation. Avec ce sens caché, Derrida fait référence au détour par l'écriture qui s'impose inévitablement à la discursivité linguistique. Et la discursivité scientifique est tout aussi irréductiblement liée au passage par les traces matérielles des systèmes expérimentaux. « On pourrait appeler cela tactique aveugle, lit-on ailleurs chez Derrida, errance empirique[35]. » « *Différance* » est à la fois le mode et l'opérateur de toutes les « déconstructions », dont Derrida préfère parler au pluriel et qui se distinguent par

---

34   Derrida, 1972b, p. 390.
35   Derrida, 1972a, p. 7.

« une certaine dislocation métonymique se répétant régulièrement [...] dans tout "texte", au sens général [...] dans l'expérience tout court, dans la "réalité" sociale, historique, économique, technique, militaire, etc.[36] ». À cette liste, il me faut ajouter la réalité des sciences.

L'étude attentive des systèmes expérimentaux et des réseaux qu'ils forment pourrait fournir des informations essentielles à une « typologie différentielle de formes d'itération[37] » si une telle typologie venait à voir le jour. Compte tenu de la diversité de leurs formes d'itération expérimentale, l'épistémologie et l'histoire des sciences biologiques pourraient y apporter une précieuse contribution. Il est temps d'accorder plus d'attention aux dimensions synchroniques et diachroniques de ces formes de transfert, à l'organisation spatiale des systèmes expérimentaux et à leur capacité à se propager. Les premières pierres de cette démarche ont été posées par Isabelle Stengers, à la faveur de ses observations sur les « opérations de propagation » et les « opérations de passage » qui affectent le savoir[38].

Notre ouvrage traite de l'auto-amplification itérative d'un système de recherche qui s'est progressivement propagé après avoir été d'abord local. J'ai fait le choix de raconter l'histoire du système de biosynthèse protéique *in vitro* basé sur le foie de rat de manière suffisamment détaillée pour que les coups joués sur le plan micro-expérimental deviennent visibles – ceux qui réussirent autant que ceux qui échouèrent. Comme je l'évoquai au chapitre 2, le Huntington Memorial Hospital avait confié à Joseph Aub la direction d'un nouveau programme de recherche oncologique qui eut pour point de départ l'étude des processus de croissance cancéreux. Au MGH, dans un milieu de recherche orienté vers la biomédecine, l'équipe de Zamecnik avait consacré les premières années d'après-guerre à essayer de comprendre ce qui, chez le rat, distinguait la croissance dérégulée des tissus malins de celle des tissus normaux et embryonnaires. On considérait alors la synthèse protéique accélérée ou accrue comme une cible potentielle du comportement néoplasique des cellules cancéreuses. Entre 1947 et 1952 cependant, cette interprétation évolua sous l'effet d'une série d'événements expérimentaux différentiels qui détournèrent le programme de recherche. Certes, la problématique

---

36 Derrida, 1991, p. 26-27.
37 Derrida, 1972b, p. 389.
38 Stengers, 1987.

oncologique ne fut pas entièrement abandonnée du jour au lendemain, mais elle fut réorientée, redirigée, et dériva jusqu'à devenir une étude sur les conditions d'incorporation acellulaire d'acides aminés dans les protéines des tissus cellulaires normaux. À partir de 1952, l'équipe de Zamecnik disposait d'un système *in vitro*. Dans le chapitre qui vient, je retrace la reproduction différentielle que connut ce système entre 1952 et 1955.

DÉFINIR DES FRACTIONS,
1952-1955

Si le système *in vitro* basé sur le foie de rat marqua une grande avancée sur la voie d'une représentation expérimentale et opérationnelle de la synthèse protéique, il fit également apparaître de nouveaux problèmes, dont certains se révélèrent considérables. D'une part l'activité du système, c'est le moins que l'on puisse dire, frôlait la limite de résolution : la valeur de référence des échantillons s'élevait à environ 10 cpm (coups par minute). De ce fait, la radioactivité incorporée dans la protéine était inférieure d'au moins un ordre de grandeur à la valeur que l'on obtenait auparavant dans les expériences sur coupes tissulaires. D'autre part, le schéma de fractionnement établi par Siekevitz signifiait au fond que quasiment tout ce qui était contenu dans le suc cellulaire, y compris les mitochondries, était nécessaire pour obtenir le bien faible signal de cette reconstitution de l'activité. La décomposition du cytoplasme en fractions ne déboucha donc nullement sur des particules ou molécules clairement caractérisées. À cet égard, il s'agissait d'une représentation sans objets nettement délimités, un « système sans référence » si l'on veut. Cette formule rend assez bien compte de la situation à laquelle étaient confrontés les chercheurs qui travaillaient dans les laboratoires du Huntington Hospital. Ceux-ci n'étaient pas en mesure de définir les composants macromoléculaires de ces fractions qui étaient nécessaires pour la synthèse protéique. Au contraire, c'était la technique de centrifugation à basse vitesse qui déterminait les sutures selon lesquelles l'objet épistémique pouvait être isolé et reconstitué. Pour le dire avec les mots de Bachelard, il s'instaurait une tension croissante entre « l'espace de l'intuition ordinaire » et les objets qui s'offrent à elle d'une part, et d'autre part « l'espace fonctionnel » où les phénomènes de la synthèse protéique accédaient progressivement à la représentation[1].

---

1   Bachelard, 1940, p. 109.

La tentation fut sans doute grande de remplacer l'homogénat de foie de rat par un extrait bactérien métaboliquement très actif afin d'obtenir des signaux plus puissants. Dès 1951, Zamecnik et Mary Stephenson, en collaboration avec David Novelli, un chercheur du laboratoire de Lipmann, avaient entamé des essais pour fracturer des cellules d'*Escherichia coli*[2]. Ils constatèrent bien une incorporation d'acides aminés, mais Stephenson ne réussit pas à « purger » suffisamment le système des bactéries vivantes. Dès lors, on ne pouvait exclure que l'effet d'incorporation soit le seul fait de ces cellules intactes « contaminant » l'homogénat. Stephenson se souvient avoir passé d'innombrables heures à compter les bactéries au microscope : « Il n'y avait là que quelques milliers de bactéries, mais elles suffisaient pour anéantir le système[3]. » Les trois chercheurs finirent par abandonner leurs essais[4].

Au même moment, en juin 1951 exactement, le chercheur de l'Université de Cambridge Ernest Gale rendit visite aux laboratoires du MGH[5]. Gale, qui s'intéressait depuis longtemps à la biochimie microbienne, avait étudié différents aspects de la synthèse protéique sur des cellules intactes de la bactérie à Gram positif *Staphylococcus aureus* au cours des premières années d'après-guerre. À l'occasion de sa visite, il se prit d'intérêt pour les essais *in vitro* de Zamecnik ; peu après, en 1953, sa collaboratrice Joan Folkes et lui-même présentèrent au public spécialisé un système bactérien *in vitro* d'incorporation basé sur une fraction cellulaire sonifiée de staphylocoques[6]. Zamecnik et son équipe accueillirent ce système avec un certain scepticisme. Il ne fonctionnait que lorsque les membranes cellulaires, bien qu'éclatées par sonication, n'étaient pas éliminées par la centrifugation ; d'autre part, les observations au microscope ne permettaient pas de distinguer nettement et avec une totale certitude les cellules détruites de celles restées intactes. Gale adopta quant à lui une certaine réserve à l'égard des expérimentations *in vitro* menées au MGH et ailleurs, qu'avec quelque mépris il qualifiait d'« études d'incorporation » où l'on ne savait pas ce que cela voulait dire et qui à ses yeux ne pouvaient pas plus servir d'étalons que de substituts

---

2   Zamecnik, 1979, p. 296.
3   Stephenson, entretien avec Rheinberger, 1991.
4   Je reviens sur le système basé sur l'extrait d'*E. coli* aux deux derniers chapitres.
5   MGHR, Committee on Research, Executive Committee Minutes, livre 2 (janvier 1952 – décembre 1952).
6   Gale & Folkes, 1953c.

pour « la synthèse protéique dans les cellules vivantes[7] » tant qu'elles ne s'accompagnaient pas d'une nette augmentation de la masse protéique – ce qui n'était pas le cas au MGH, ni nulle part ailleurs.

HOMOGÉNÉISATION DOUCE

En effet, derrière toute cette vaste entreprise rôdait tel un spectre le problème de l'activité. Et dans cette situation délicate, ce fut d'un voisin que vint le secours – bon exemple d'une collaboration *hors de programme*[8] qui résulta de liens lâches existant entre différentes activités de recherche des laboratoires du Huntington. Nancy Bucher avait achevé ses études de médecine à la Johns Hopkins Medical School en 1943 et travaillait au MGH depuis 1945, comme praticienne et chercheuse en médecine. Vers 1952, elle développa une méthode de séparation des cellules intactes dans les tissus hépatiques[9]. Elle broyait des foies de rat à l'aide de petites boules de verre, mais la mouture mécanique des tissus semblait perforer les cellules. Ivan Frantz se souvient :

> Nancy cherchait un processus biochimique permettant de contrôler ses cellules. La synthèse du cholestérol paraissait pouvoir faire l'affaire. Jusqu'alors, elle n'avait été démontrée *in vitro* qu'avec des coupes tissulaires. Elle me demanda des conseils sur les techniques d'incubation et les méthodes d'évaluation des résultats que je venais de découvrir auprès de Gordon Gould. (Frantz, lettre à Rheinberger du 7 juillet 1994)

Et en effet, les cellules utilisées par Bucher formaient du cholestérol à partir d'acide acétique marqué au ^{14}C lorsqu'elles étaient suspendues dans la solution tampon qu'elle appelait le « bouillon de sorcière[10] ». Mais les préparations contenaient également des cellules éclatées et des débris cellulaires. Bucher renouvela alors l'expérience en y ajoutant un contrôle supplémentaire : elle fit sédimenter les cellules entières et testa

---

7   Gale & Folkes, 1953b, p. 728. On trouvera une présentation plus exhaustive des travaux de Gale dans Rheinberger, 1996.
8   En français dans le texte. [*N.d.T.*].
9   St. Aubin & Bucher, 1951.
10   Un système de tampon qui fut renforcé par divers cofacteurs et substrats métaboliques.

le surnageant. À sa grande surprise, « les débris étaient plus efficaces que les cellules entières[11] ». Un système *in vitro* de production de cholestérol était né[12]. À compter de cette date, Bucher utilisa un homogénéisateur de Potter-Elvehjem avec un piston légèrement sous-dimensionné de façon à ouvrir doucement ses cellules. Elle ne savait pas encore que grâce à cette petite astuce, elle venait d'initier une nouvelle phase de la recherche sur la synthèse protéique : Zamecnik essaya « l'homogénéisation douce » sur son système acellulaire, et celle-ci se révéla être un élégant moyen pour augmenter l'activité d'incorporation. Le taux d'incorporation fut au moins multiplié par dix[13]. Certes, on était encore loin d'une synthèse protéique soutenue dans des tissus intacts, mais le comptage des coups radioactifs avait grandement gagné en fiabilité.

Au cours de cette année-là, toute une série de composants supplémentaires fut ajoutée au mélange d'homogénéisation, qui devint de plus en plus complexe. Dès lors qu'une substance se révélait avoir une fonction stabilisatrice sur le système, elle était conservée pour les essais ultérieurs. Le saccharose, par exemple, fut présent dans toutes les expériences menées au cours de la décennie suivante. À l'origine, la solution de sucre avait été introduite pour stabiliser les suspensions de mitochondries[14]. Mais les pratiques expérimentales créent des conventions locales. Par la transmission des recettes, par le jeu des échanges, elles peuvent se diffuser et s'imposer à toute une branche de la science, et ce même lorsque bien d'autres auraient pu être retenues.

À PETITES MOLÉCULES, GRANDES MACHINES

L'absence de centrifugeuse capable de générer une force supérieure à 45000 x g limita considérablement les expériences de Philip Siekevitz. Le matériel microsomal, qui contenait la majeure partie des ribonucléoprotéines cellulaires, ne sédimentait pas intégralement dans ces conditions. Il était

---

11   Bucher, entretien avec Rheinberger, 1993.
12   Bucher, 1953 ; Frantz & Bucher, 1954.
13   Zamecnik, 1953.
14   *Cf. supra*, p. 74-84.

impossible de parvenir à une séparation quantitative des microsomes et du liquide surnageant post-mitochondrial avec cette technique. Siekevitz avait bien essayé de réaliser une précipitation acide, mais cette méthode alternative faisait également précipiter d'autres substances qui, par centrifugation, demeuraient dans le liquide surnageant[15]. Soit le surnageant contenait encore des microsomes, soit il était vidé de toute substance précipitable à l'acide. Aucune de ces deux fractions ne permettait de mieux comprendre où et avec quels composants cellulaires la synthèse protéique avait lieu.

En 1953, à la demande de Lipmann, une ultracentrifugeuse préparative réfrigérée fut installée dans les laboratoires du Huntington et mise à la disposition des équipes de Lipmann et Aub[16]. L'accès à une ultracentrifugeuse modifia radicalement la situation, même si l'instrument fit une entrée plutôt discrète sur la scène expérimentale de la synthèse protéique et fut d'abord présentée comme un nouvel équipement parmi d'autres. « Dans certaines expériences, lit-on au détour d'un article publié en 1954, le liquide surnageant à 5000 x g a été séparé dans une centrifugeuse préparative Spinco[17]. » Mais au cours de cette même année, c'est l'ensemble du procédé de fractionnement qui fut réorganisé à l'aide du nouvel instrument. Pourtant, les centrifugeuses préparatives à grande vitesse étaient déjà disponibles sur le marché depuis plus d'une dizaine d'années. Pour l'identification et la caractérisation structurelle des particules cytoplasmiques, Claude et ses collaborateurs du Rockefeller Institute utilisaient une machine de la première génération depuis le début des années quarante[18]. Mais on peut se demander si, pour l'élaboration de leur système fonctionnel de synthèse protéique *in vitro*, les chercheurs du MGH auraient vraiment gagné à disposer d'un tel appareil plus tôt, notamment avant l'existence des homogénats métaboliquement actifs. Avec l'arrivée de ces derniers cependant, ce type d'appareillage devenait décisif. L'exemple exposé montre que les systèmes expérimentaux ne sont pas formés et guidés par les instruments *per se*. C'est au contraire de la configuration du système expérimental, avec ses nombreux paramètres, qu'un procédé ou un instrument technique particulier tire son sens ou sa fonction au sein de l'ensemble.

---

15 Siekevitz, 1952.
16 MGHR, Committee on Research, Executive Committee Minutes, livre 3 (janvier 1953 – décembre 1954).
17 Zamecnik & Keller 1954, p. 338.
18 Pour une présentation détaillée, voir Rheinberger, 1995.

À peu près au même moment, une amélioration des techniques de centrifugation à basse vitesse se révéla aussi importante que le passage aux fractions obtenues par ultracentrifugation. Dès 1951, Siekevitz et Zamecnik avaient en effet constaté un effet stimulant de l'ATP sur une fraction mixte composée de mitochondries et de microsomes. À l'époque, ils n'avaient d'ailleurs pas été les seuls à observer cette stimulation. En 1950 déjà, Theodore Winnick avait rendu compte d'un tel effet de l'ATP sur l'incorporation d'acides aminés dans des coupes hépatiques d'embryon[19]. Siekevitz n'était pas parvenu à reproduire cet effet dans le système d'expérimentation tel qu'il était développé en 1952. Mais au cours de l'année suivante, Betty Keller réussit à éliminer les débris cellulaires produits par l'homogénéisation avec le procédé de centrifugation préparative qui servait également à écarter les mitochondries. L'homogénat ainsi obtenu réagissait à la présence d'ATP, ce qui signifiait du même coup que la synthèse protéique *in vitro* était indépendante des mitochondries et des mécanismes de conversion énergétique aérobie qui leur étaient associés. Compte tenu des observations formulées des années auparavant par Lipmann sur le rôle joué par les produits intermédiaires phosphorylés dans la formation de liaisons peptidiques, ce résultat n'était pas tout à fait surprenant[20]. Pourtant, l'élimination totale des mitochondries constituait une étape majeure dans les travaux de drainage du marécage biochimique de la synthèse protéique. Désormais, les expériences pouvaient être réalisées sans la machinerie respiratoire complexe, voire confuse, qui fournissait l'énergie biochimique et, partant, sans le fastidieux procédé d'incubation aérobie. La fraction « énergétique » pouvait être remplacée par une substance biochimique qu'il était aisé de se procurer sur le marché : l'ATP, un nucléoside triphosphate.

Zamecnik prit aussitôt conscience de la portée potentielle de ce résultat et déposa sans tarder une demande de financement auprès de l'American Cancer Society pour enquêter sur le rôle des « purines et pyrimidines comme sites d'activation et de transfert des produits métaboliques intermédiaires[21] ». La requête fut approuvée par le comité de recherche

---

19   Winnick, 1950. Sur les homogénats, *cf.* également Peterson & Greenberg, 1952 ; Kit & Greenberg, 1952.

20   Lipmann, 1941, 1949.

21   Pour la période qui court du 1er juillet 1954 au 30 juin 1955, la somme de 10 406,88 $ lui fut octroyée. MGHR, Committee on Research, Executive Committee Minutes, livre 2 (février 1951 – décembre 1953).

en octobre 1953. À ma connaissance, c'est à l'occasion de cette demande que, pour la première fois, Zamecnik évoqua explicitement la possibilité que les acides aminés soient activés par des nucléotides, et qu'il utilisa le terme de « transfert » pour désigner cette réaction. L'image topologique de la synthèse protéique qui était en train d'émerger déterminait des lieux de réalisation de la synthèse – les microsomes – ainsi que des véhicules servant à l'activation et au transport des acides aminés. À l'occasion de cette demande de financement, Zamecnik suggéra au directeur général du MGH, Dean Clark, d'intensifier les relations institutionnelles entre son hôpital et le MIT afin de permettre une « circulation plus libre des talents et des savoirs ». Il espérait qu'il devienne ainsi possible de « traduire en concepts moléculaires les phénomènes pathologiques issus de la médecine[22] ».

Une autre avancée fut directement liée à l'utilisation des ultracentrifugeuses à grande vitesse. Avec une centrifugation à 105 000 x g, Betty Keller obtint un « sédiment riche en microsomes » ainsi qu'une « fraction surnageante à 105 000 x g ». Pris isolément, le sédiment microsomal n'était pas en mesure d'incorporer les acides aminés dans les particules dont il était composé. Mais la combinaison des deux fractions présentait une activité sitôt que l'on y ajoutait de l'ATP et un système régénérateur d'ATP[23]. Keller et Zamecnik en conclurent que « la fraction de foie surnageante à 105 000 x g contenait une ou plusieurs protéines [solubles] essentielles à la consommation de l'ATP lors de la réaction d'incorporation[24] ». Outre les microsomes, le surnageant obtenu lors de la dernière étape de centrifugation commençait à attirer l'attention des expérimentateurs. Il n'était plus seulement réalisé pour des raisons d'exhaustivité : il commençait à sortir de l'obscurité où il avait été plongé depuis les premiers essais décisifs de Siekevitz[25].

L'intérêt scientifique s'était déplacé : si en 1952 il s'était porté sur la combinaison des mitochondries et des microsomes, il s'était tourné vers les microsomes et le surnageant de la centrifugation à grande vitesse après que les mitochondries avaient été remplacées par

---

22　Zamecnik, lettre à Dean A. Clark du 6 novembre 1953. MGHR, Committee on Research, Executive Committee Minutes, MGH, livre 3 (janvier 1953 – décembre 1954).

23　Outre l'ATP, de la phosphocréatine et de la créatine-phosphokinase (une enzyme) furent employés dans ces travaux.

24　Keller & Zamecnik, 1954, p. 240.

25　*Cf. supra*, p. 84-92.

un système régénérateur d'ATP. Cette mutation, qui peut paraître insignifiante, transforma radicalement la situation. Le déplacement de la perspective déboucha sur une composante du système assez différente du « facteur soluble » décrit par Siekevitz en 1952 et qui avait entre temps disparu du discours expérimental avec l'encombrante fraction mitochondriale. Ce nouveau facteur émergeait du surnageant post-microsomal.

Comme on le voit ici, la cohérence d'un système expérimental ne dépend pas forcément de la résolution explicite des contradictions qu'il enveloppe. Aussi longtemps que dure sa réplication différentielle, l'apparition d'un nouvel objet épistémique, ou d'une nouvelle facette d'un objet, n'implique pas nécessairement l'effacement pur et simple de ses caractéristiques antérieures. Celles-ci peuvent simplement perdre de leur importance, être marginalisées, s'évanouir dans le bruit de fond, ou même être oubliées. Dans le cas qui nous occupe, un résultat qui était encore de première importance en 1952 fit les frais d'une réinterprétation et apparut désormais comme un obstacle qu'il fallait surmonter pour accéder à des résultats plus solides. Le facteur soluble de Siekevitz s'avéra être le prix que l'on avait payé pour franchir le pas de l'expérimentation *in vitro*. Rétrospectivement, les expérimentateurs invoquèrent le faible taux d'incorporation observé lors de ces travaux, qui selon eux avait rendu « difficile l'exploration de la relation entre ce processus et les mécanismes d'approvisionnement en énergie[26] ».

Ce nouveau schéma de fractionnement provoqua donc une subversion du processus de recherche comparable à celle qui affecta la perspective médicale oncologique des expériences sur coupes histologiques décrites au chapitre sur les commencements de cette recherche.

---

26   Zamecnik & Keller, 1954, p. 337.

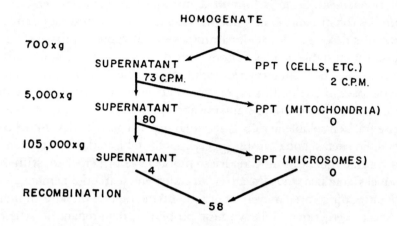

ILL. 6 – Diagramme de la reconstitution d'un homogénat actif.
Le fractionnement avait lieu avant incubation. Les valeurs figurant
sur le diagramme correspondent au nombre de coups radioactifs mesurés et
indiquent l'incorporation d'acides aminés au ^{14}C dans chacune des fractions
par milligramme de protéine. Tiré de Zamecnik & Keller, 1954, ill. 2.
© 1954, The American Society for Biochemistry and Molecular Biology.

L'illustration 6 ne donne à voir l'espace expérimentalement mesuré
que comme un espace de fractions. Paradoxalement, les besoins en énergie
du système s'en trouvent occultés. Ils sont tout à fait absents de l'image.
En quel point ces besoins intervenaient-ils biochimiquement ? Zamecnik
et ses collaborateurs avaient poussé l'identification de la source primaire
d'énergie – l'ATP – jusqu'à la résolution moléculaire ; malheureusement,
toutes les autres composantes impliquées dans le processus étaient fort
éloignées de ce plan moléculaire. Localiser la fonction de l'ATP dans la
chaîne métabolique n'était pas devenu une tâche plus aisée, loin de là.

LA DYNAMIQUE DES FRACTIONS

Toutefois, les étapes expérimentales suivantes ne découlèrent
pas de l'aspect énergétique du système, mais de la spécificité de son

fractionnement. Selon la formule alambiquée de Zamecnik et Keller, l'un des constituants était « une fraction riche en microsomes dans les protéines desquelles les acides aminés sont incorporés au moyen d'une liaison aussi stable que les liaisons peptidiques de la protéine ». L'autre constituant était « une fraction soluble, instable à la chaleur et non-dialysable qui facilite l'incorporation d'acides aminés dans la protéine microsomale[27] ». Deux ans auparavant, on avait seulement attribué à cette fraction soluble le rôle de stimulatrice de l'activité des mitochondries. En effet, si l'on examine précisément le tableau de l'illustration 5, on constate que les mitochondries en étaient le principal constituant, auquel s'ajoutaient tous les autres. Initialement, le fractionnement avait été introduit comme moyen technique permettant de prendre en main l'aspect énergétique de la synthèse protéique ; maintenant, le schéma de fractionnement, quant à lui, commençait à circonscrire et à définir les composantes possibles de cette machinerie. Cette transition se reflète dans l'illustration 6 : l'aspect énergétique du système se trouve littéralement réduit à une note de bas de page précisant que des substances assurant l'approvisionnement en énergie avaient été ajoutées à l'*ensemble* des fractions. Le point de mire se déplaça et dériva peu à peu de la question énergétique vers un espace de représentation des fractions en cours de déploiement. « On progressait à vue, étape après étape[28] » se souvient Mary Stephenson. Mais ce déplacement ne signifiait pas que l'aspect énergétique avait complètement disparu du jeu des détours et options différentiels : il devait bientôt réapparaître d'une manière pour le moins surprenante. Tout cet épisode illustre la micro-dynamique de l'expérimentation. Il est révélateur de la façon dont les potentialités d'un système expérimental sont mises en jeu, et dont ses mouvements tirent leur dynamique d'une perpétuelle déconstruction à travers un processus permanent de resignification.

D'autres questions restaient également en suspens. Malgré certaines affirmations discordantes, comme celles de David Greenberg, qui s'appuyaient sur des expériences similaires[29], le système d'incorporation du MGH ne réagissait toujours pas lorsqu'à l'acide aminé radioactif on ajoutait un assortiment complet d'acides aminés non-radioactifs. Fallait-il

27   *Ibid.*, p. 351.
28   Stephenson, entretien avec Rheinberger, 1991.
29   *Cf.* par exemple Peterson & Greenberg, 1952.

supposer que les acides aminés endogènes étaient présents en quantités suffisantes dans les différentes fractions ? Telle était du moins l'hypothèse généralement émise pour expliquer ce comportement du système qui demeurait étrange et, au fond, inexplicable[30]. Les chercheurs de la petite communauté de la synthèse protéique faisaient désormais face à un défi de taille : fabriquer *in vitro* une protéine radioactive entière. Tant qu'ils n'y seraient pas parvenus, il resterait impossible de savoir si l'incorporation de radioactivité observée dans l'éprouvette pouvait servir de modèle pour la synthèse protéique dans la cellule. Mais en quoi consistait le mécanisme de la synthèse protéique cellulaire ? C'est précisément cette question qu'il fallait élucider en priorité. Englué dans les difficultés expérimentales, et face aux inconvénients de l'incorporation *in vitro*, le chercheur de Cambridge Ernest Gale décida après de longues tergiversations de renoncer « à l'usage d'isotopes et aux études d'incorporation pour explorer la synthèse protéique[31] ». Plutôt que de se ranger à cette solution, le groupe de Zamecnik s'attacha plusieurs années durant à établir systématiquement la preuve que les produits de son système *in vitro* contenaient les acides aminés radioactifs dans une liaison α-peptidique. « À chaque nouveau système expérimental incombe la responsabilité de démontrer la liaison α-peptidique[32] », insistait encore quelque années plus tard Robert Loftfield. Qui est ce responsable ? Sur ce mode de la délégation, ce sont les systèmes d'investigation eux-mêmes qui apparaissent au fond comme les interlocuteurs du dialogue scientifique. « Nulle méthode de purification et de séparation des protéines radioactives ne peut être acceptée comme le "procédé standard" ou considérée comme dépourvue d'artefact tant que cela n'a pas été prouvé pour le système considéré[33]. » Essayons de donner une traduction de cette formule tautologique, de ce postulat circulaire émis par Loftfield : dans la construction d'un système *in vitro*, il n'existe pas de référence absolue qui nous permette de juger si le système est effectivement un « modèle » pour la « véritable » situation *in vivo*. Un modèle expérimental n'est pas plus donné d'avance que le réel lui-même : les modèles n'ont pas valeur de référents ultimes et indépassables, ils représentent des objets choisis de manière

30   *Cf.* par exemple Zamecnik & Keller, 1954, p. 347.
31   Gale, 1955, p. 183.
32   Loftfield, 1957a, p. 351.
33   *Ibid.*, p. 352.

opportuniste, parce que ceux-ci semblent particulièrement adaptés aux manipulations envisagées. Leur situation privilégiée ne découle pas des choses qu'ils doivent modeler mais de la comparaison avec d'autres systèmes-modèles. Dans une formule éloquente, Harry Collins a parlé à ce sujet de « la régression de l'expérimentateur » (*experimenter's regress*), en ajoutant que seule une « solution sociologique » permettait de régler le problème de la circularité expérimentale[34]. Mais les scientifiques ne font généralement pas grand cas du postulat de Collins. Ils ne recourent ni explicitement ni implicitement aux instances sociales pour stabiliser leurs faits, pas plus que ces instances ne les déchargent d'une quelconque décision. Au lieu de cela, ils diversifient leurs représentations-modèles, les font jouer entre elles et les ajustent les unes aux autres par le jeu de la réplication différentielle de leurs systèmes expérimentaux[35]. En somme, ils élargissent le cercle pour en faire une spirale.

La seule chose qui faisait tant soit peu consensus à propos de la synthèse protéique cellulaire, c'était son résultat : dans les protéines achevées et extraites de la cellule, les acides aminés étaient reliés entre eux par des liaisons α-peptidiques. Convenons que c'était là un indice bien maigre, et guère utile pour élucider les mécanismes à l'œuvre dans la formation de ces liaisons. La seule voie possible – qui n'en était pas moins scabreuse – consistait à confronter les produits des deux systèmes, celui de l'organisme intact d'une part et celui de l'homogénat fractionné d'autre part. La nature de la liaison pouvait être étudiée en comparant les conditions de leur *destruction*. Des résultats de ce procédé analytique on pouvait ensuite tirer des conclusions indirectes.

Dans l'espoir de découvrir un accès plus direct au problème, Robert Loftfield essaya de récupérer une protéine de foie de rat bien caractérisée et radioactivement marquée[36]. Il induisit des rats à synthétiser de la ferritine et étudia vingt heures plus tard la répartition de la protéine entre les microsomes hépatiques d'une part et la fraction sans particules du surnageant d'autre part. La distribution ainsi obtenue était, selon son expression révélatrice, « en tous points semblable » (*entirely similar*) à la distribution de la radioactivité établi pour un essai parallèle réalisé dans le système *in vitro* de Zamecnik. Dans une sorte de raisonnement

---

34   Collins, 1985, p. 83-84, 147.
35   Rheinberger, 1989.
36   Loftfield, 1954.

a contrario, il envisagea alors la possibilité que le système de Zamecnik soit lui aussi « en mesure de synthétiser une protéine naturelle, authentique et isolable[37] ». Certes, ce type d'expériences n'ouvrait pas de nouvelles perspectives sur le mécanisme de la synthèse protéique, mais il apportait de nouveaux arguments qui, fondés sur l'observation de similitudes, montraient qu'il existait une relation étroite entre les processus qui avaient lieu dans les tissus vivants et ce qui se passait dans le tube à essai. Mais l'ambiguïté de telles comparaisons est illustrée par le cas suivant : Harold Tarver avait constaté que l'éthionine, un analogue de l'acide aminé méthionine, inhibait l'incorporation de la glycine et de la méthionine dans les animaux vivants[38]. Zamecnik et Keller ajoutèrent alors de l'éthionine à leur système *in vitro*, mais ils ne détectèrent pas l'effet inhibiteur attendu. Fallait-il interpréter ce résultat comme un argument contre le système en tube à essai ? Les expérimentateurs répondirent à cette question par un non intuitif mais clair, quand bien même le résultat négatif de cette comparaison n'apportait aucune validation du système *in vitro*.

L'ARN : UNE QUESTION SANS RÉPONSE

Toutes ces recherches tournaient autour d'un problème clairement défini mais pour lequel on ne trouvait pas d'expérience adaptée. Dans le cas qui vient maintenant, il s'agissait en revanche d'une expérience clairement définie pour laquelle il n'y avait pas d'explication convaincante. L'adjonction de ribonucléase au système *in vitro* de Zamecnik faisait indiscutablement cesser l'incorporation d'acides aminés. Mais la fiabilité du système ne se trouvait ni remise en cause ni confortée par cette observation. C'est que le test de la ribonucléase avait un autre statut épistémologique : il renseignait sur l'implication de l'acide ribonucléique dans la synthèse protéique. La mise en évidence d'une participation des microsomes à l'incorporation des acides aminés avait donné une nouvelle actualité à une hypothèse émise longtemps auparavant par Brachet et

---

37   *Ibid.*, p. 465.
38   Simpson, Farber & Tarver, 1950.

Caspersson[39]. L'enjeu était désormais de savoir si la part d'ARN présente dans le sédiment microsomal jouait un rôle actif – et quel rôle – dans la synthèse des protéines. Entre temps, d'autres équipes de recherche en étaient venues à des conclusions semblables – Gale à Cambridge, sur des staphylocoques fragmentés ; Alfred Mirsky au Rockefeller Institute, sur des cellules de foie de rat fractionnées[40].

Selon toute évidence, les microsomes contenaient la majeure partie de l'acide ribonucléique cytoplasmique. En quel point de la voie métabolique menant des acides aminés aux protéines l'ARN microsomal intervenait-il ? Jusqu'alors, on n'avait pas la moindre idée du rôle que l'ARN, comme agent intermédiaire, pouvait jouer dans cette voie. Même s'ils envisageaient vaguement une « relation entre l'acide ribonucléique de la fraction microsomale et l'incorporation des acides aminés dans la protéine microsomale », Zamecnik et Keller considéraient qu'elle n'était « nullement avérée[41] ». Quand au début de l'année 1954 Zamecnik coucha cette hypothèse par écrit, l'acide ribonucléique n'avait pas encore fait son apparition dans le jeu expérimental de la reproduction différentielle de son système, ni en tant que composante, ni en tant que fraction. Certes, elle se dessinait à l'horizon, de manière fantomatique, mais toujours pas comme objet épistémique tangible dans les tubes à essais des chercheurs de l'équipe. Au lieu de cela, on considérait les proportions d'acide ribonucléique et de protéine présentes dans les fractions non microsomales du système comme une mesure de la *contamination* des différentes fractions avec des fragments microsomiques. Ce rapport était de 1 à 100 dans les mitochondries, de 2,2 à 100 pour la fraction soluble, tandis que les « bons » microsomes affichaient un rapport de 14 unités d'ARN pour 100 unités de protéine[42]. Loftfield se souvient : « Je sais que nous avions conscience du problème, mais nous n'en tenions pas compte : nous nous attendions à trouver une faille quelque part, des microsomes brisés peut-être, ou une sédimentation incomplète[43]. »

39   Brachet, 1947a et 1947b ; Caspersson, 1947. *Cf.* également *supra*, p. 74-84.
40   Gale & Folkes, 1953c, 1954 ; Allfrey, Daly & Mirsky, 1953.
41   Zamecnik & Keller, 1954, p. 352.
42   Keller, Zamecnik & Loftfield, 1954, p. 381.
43   Loftfield, lettre à Rheinberger du 17 mai 1993.

LA FRACTION SOLUBLE

Les travaux se poursuivirent d'abord dans d'autres directions. Betty Keller entreprit différentes tentatives pour purifier la fraction soluble des petites molécules, acides aminés et nucléotides qui s'y trouvaient encore. À l'aide d'une chromatographie par échange d'ions sur résine Dowex, elle essaya d'éliminer les nucléotides. Elle fit également précipiter les « composants protéiques » actifs de la fraction soluble en établissant le pH autour de 5. La préparation que l'on obtenait ensuite par centrifugation à basse vitesse puis resuspension pouvait remplacer la fraction soluble. En plus de l'ATP, un système composé des microsomes et de cette fraction soluble « purifiée » avait besoin du nucléoside diphosphate GDP pour fonctionner de manière optimale. Un dérivé de la GDP ou de la GTP était-il impliqué « dans la formation de liaisons peptidiques[44] » ? C'était là le premier résultat indiquant qu'un autre nucléotide pouvait jouer un rôle dans la synthèse protéique ; il inaugura une enquête de longue haleine sur la fonction que ce nucléotide pouvait remplir. Zamecnik s'était fait fournir de la GDP par Rao Sanadi, un chercheur de l'institut d'enzymologie de l'Université du Wisconsin à Madison avant même que l'on puisse s'en procurer auprès de la Sigma Company[45]. La stratégie expérimentale qui présida à cette quête – le principe d'exhaustion évoqué au chapitre précédent – était simple et porta ses fruits. La consigne était la suivante : lorsque le ribonucléotide ATP joue un rôle dans la régulation énergétique du système, fais un test pour savoir si les trois autres ribonucléotides sont eux aussi actifs. S'ils n'ont aucune influence à tel ou tel stade du fractionnement, ne les écarte pas immédiatement, mais teste les également dans toutes les fractions ultérieures. Tôt ou tard, un signal finira par apparaître et par produire une différence que l'on pourra examiner de plus près.

Même si le principe actif du liquide surnageant à 105 000 x g avait désormais été identifié comme un élément protéique précipitable à l'acide, et bien que la GTP eût semblé jouer un rôle dans la régulation énergétique du processus *in vitro*, le système tel qu'il était alors développé

---

44   Keller & Zamecnik, 1955, p. 234.
45   ZNR, lettres du 22 novembre et 6 décembre 1954.

ne fournissait aucune information sur les relations fonctionnelles qui se trouvaient au fondement de la reconstitution de son activité. Les schémas de représentation fractionnelle et fonctionnelle ne se trouvaient pas au même stade de développement. Certes, cette *asynchronicité* des représentations constituait en un sens un obstacle, mais elle était aussi une des principales forces motrices dans le processus de différenciation du système. Si l'analytique physique de la centrifugation était bien un prérequis pour l'analyse biochimique, ces deux approches ne se complétaient pas sans frictions, ni ne s'enchaînaient automatiquement. Les deux modes de représentation imposaient l'utilisation de différents outils sur des plans divers.

LES MICROSOMES

Parallèlement à ces études, Zamecnik et ses collaborateurs soumirent à un nouveau fractionnement le matériel sédimentant par ultracentrifugation à 105000 x g. Entre autres objectifs, le système expérimental acellulaire fut développé en vue d'obtenir des microsomes « purifiés » mais toujours actifs[46]. C'est à cette tâche que John Littlefield, un médecin diplômé d'Harvard qui avait rejoint l'équipe de Zamecnik en 1954, se consacra trois années durant jusqu'en 1957.

Littlefield utilisa du désoxycholate de sodium comme détergent. Dans le cadre de leurs travaux sur les enzymes oxydantes dans le foie de rat, Cornelius Strittmatter et Eric Ball, deux chercheurs d'un service voisin, le Department of Biological Chemistry de la Harvard Medical School, avaient par hasard constaté que le désoxycholate diminuait l'opacité d'une suspension de microsomes[47]. Manifestement, les agrégats lipoprotéiques de cette fraction se trouvaient ainsi solubilisés. Après le traitement au désoxycholate, Littlefield obtenait un sédiment légèrement tassé qui, outre la protéine, contenait la quasi-intégralité de l'acide ribonucléique ribosomal. Mais Littlefield rencontra aussi des difficultés tout à fait

---

46   Littlefield, Keller, Gross & Zamecnik, 1955a, 1955b.
47   Strittmatter & Ball, 1952. Le désoxycholate avait déjà été utilisé par Avery, MacLeod & McCarty, (1944) pour isoler leur « agent transformateur ».

inattendues, et nullement triviales, liées à sa technique de purification. Les quantités relatives d'ARN et de protéine présentes dans la « protéine ribonucléique » riche en ARN obtenue à partir du sédiment insoluble dépendaient largement de la concentration du solvant lipidique. Pour des concentrations moyennes, le rapport entre les quantités d'ARN et de protéine évoluait d'environ dix à cinquante pour cent[48]. La représentation ou « définition » de la particule était donc indissolublement liée aux procédés auxquels elle était soumise ; et dans la mesure où le solvant faisait ensuite cesser toute activité d'incorporation, si l'on disposait bien d'une splendide définition opérationnelle et préparative, son pendant biochimique faisait toujours défaut. Face à cette situation, il fallut introduire de nouveaux critères qui permirent de rendre la particule plus « solide ». Commença alors un nouveau cycle de triangulation et de calibrage, auquel prit part une communauté grandissante de cytologues, biochimistes et cancérologues.

Un de ces nouveaux critères fut largement appliqué : celui de l'homogénéité en taille et en forme de la particule. C'est par son truchement que l'énigme de la fonction des microsomes fut rattachée à un autre domaine de recherche qui connaissait à l'époque un développement foudroyant, l'étude comparée de l'ultrastructure du cytoplasme, menée *in situ* et *in vitro* à l'aide de la microscopie électronique. Elle commença au Rockefeller Institute avec les premiers travaux d'Albert Claude sur les mitochondries[49]. Au terme d'une série d'études complémentaires, la microscopie électronique déboucha sur la caractérisation d'une structure membranaire présente dans l'ensemble du cytoplasme des cellules eucaryotes, et que Keith Porter nomma « réticulum endoplasmique[50] ». Peu de temps après, George Palade, qui travaillait lui aussi au Rockefeller Institute, combina un panel de techniques préparatives de pointe et parvint à associer les particules habituellement qualifiées de microsomes à des fragments de ce réticulum endoplasmique : des particules denses aux électrons semblaient s'être fixées aux fragments membranaires[51].

---

48 Les valeurs correspondaient approximativement à celles données par Schachman, Pardee & Stanier, (1952) pour le *Pseudomonas fluorescens*, ainsi qu'à celles de Petermann, Hamilton & Mizen, (1954) pour les particules de rate et de foie de rat.
49 Claude & Fullam, 1945.
50 Porter, 1953 ; on trouvera une description plus précise de ces études dans Rheinberger, 1995.
51 Palade, 1955. *Cf.* également le très circonstancié Rasmussen, 1997.

Philip Siekevitz avait passé deux années aux côtés de Van Potter au McArdle Memorial Laboratory de l'Université du Wisconsin à Madison, puis avait rejoint Palade à New York en 1954. Il apporta son expertise biochimique sur la synthèse protéique aux travaux structurels menés au Rockefeller Institute et ouvrit de nouvelles perspectives à l'équipe. Palade et Siekevitz cherchaient à concilier la « conception cytochimique » des particules microsomales *in vitro* avec la « conception morphologique » basée sur leur minutieuse inspection *in situ* au microscope électronique[52]. C'est au cours de ces études que la fraction microsomale vint à être identifiée, ainsi qu'on l'évoquait plus haut, aux fragments du réticulum endoplasmique. Rencontrant le travail biochimique *in vitro*, la visualisation *in situ* du réticulum avec ses granules denses aux électrons produisit cette sorte de résonance caractéristique de ce que les scientifiques, dans la fabrication de leurs objets épistémiques, appellent une « mise en évidence indépendante » : la concordance de résultats fondés sur deux techniques de représentation différentes.

Le fractionnement post-microsomal, utilisé pour les petites particules denses aux électrons, devint à la mode. Pour leurs occasionnelles études au microscope à électrons, les chercheurs du MGH collaboraient avec Jerome Gross, de la Harvard Medical School. Contrairement à la fraction microsomique qui, très grossière, contenait de petits morceaux d'un matériau granuleux et irrégulier, il suffisait que les particules soit traitées au désoxycholate pour qu'elles présentent un aspect relativement homogène au microscope électronique (*cf.* illustration 7)[53].

---

52   Palade & Siekevitz, 1956, p. 171-172. *Cf.* également Siekevitz, 1988.
53   Littelfield, Keller, Gross & Zamecnik, 1955a.

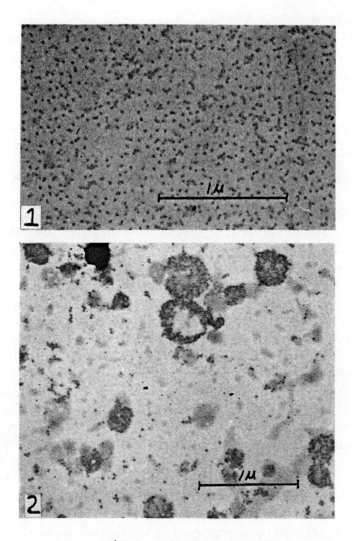

ILL. 7 – En haut : Électromicrographie de microsomes traités
au désoxycholate. Sans colorant ni ombrage. Grossissement 45900x.
En bas : Électromicrographie d'une fraction microsomale non traitée.
Sans colorant ni ombrage. Grossissement 35200x. Tiré de Littlefield, Keller,
Gross & Zamecnik, 1955a, tableau 1. © 1955, The American Society
for Biochemistry and Molecular Biology.

Mais la réalisation de préparations stables en vue d'une observation détaillée au microscope électronique ne fut pas sans poser de considérables problèmes opérationnels. Cette technique de microscopie repose sur l'interaction physique d'un rayon électronique avec l'objet à visualiser. Les échantillons biologiques se trouvaient donc doublement menacés. Ils pouvaient facilement être détruits par le rayon électronique, ou bien être déformés par l'adjonction des solutions de métaux lourds denses aux électrons qui servaient à les colorer ou à les fixer. En fonction du mode préparatoire utilisé, les particules de Littlefield et Gross mesuraient entre 19 et 33 nanomètres (nm), ce qui représentait déjà une variation considérable ; les corpuscules traités à l'osmium de Palade et Siekevitz présentaient quant à eux un diamètre de 10 à 15 nm[54]. Les particules étaient-elles donc petites et homogènes, ou grandes et hétérogènes ? Le problème semblait ne pas pouvoir être résolu dans l'espace de représentation de la seule microscopie électronique.

Une autre technique de représentation à laquelle on pouvait soumettre les microsomes était l'ultracentrifugation analytique. Pour déterminer la distribution et les coefficients de sédimentation de ses corpuscules au moyen de cette technique, Littlefield coopéra avec Karl Schmidt, également collaborateur du Huntington Hospital. Les ultracentrifugations analytiques d'homogénats de rate de souris et de foie de rat réalisées par Mary Petermann avaient déjà fourni des renseignements sur plusieurs particules discrètes de différentes tailles[55]. Petermann, qui était en poste au Sloan Kettering Institute à New York, venait, comme Zamecnik, de la cancérologie. Au début de ses travaux, elle avait cherché à faire apparaître des différences entre les fractions microsomales des tissus malins d'une part et normaux d'autre part. La différence qu'elle finit par observer n'opposait pas les cellules saines aux cellules tumorales : elle concernait la composition de la fraction microsomale elle-même et était indépendante du type de tissus étudiés. Le programme de recherche de Petermann connut alors une complète réorientation. L'enregistrement optique des particules de Littlefield formait un « pic avec une constante de sédimentation à 47S » comparable à celui du composant moléculaire principal que Petermann et ses collaboratrices Mary Hamilton et Nancy

---

54   Palade, 1955.
55   Petermann & Hamilton, 1952 ; Petermann, Mizen & Hamilton, 1953 ; Petermann, Mizen & Hamilton, 1953 ; Petermann, Hamilton & Mizen, 1954.

Mizen avaient décrit dans le cas du foie de rat. Un sommet plus évasé qui se dessinait avant les particules 47S disparaissait dès que le matériau était traité avec une solution de désoxycholate à 0,5 %. Mais derrière les particules 47S, on observait également un ressaut plus effilé qui, quant à lui, ne disparaissait pas après nettoyage (*cf.* illustration 8).

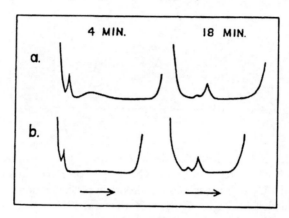

ILL. 8 – Ultracentrifugation analytique de microsomes de foie de rat sans (a) et avec (b) traitement au désoxycholate à 37020 tours par minute. Tiré de Littlefield, Keller, Gross & Zamecnik, 1955a, ill. 2. © 1955, The American Society for Biochemistry and Molecular Biology.

Fallait-il en conclure que la part ribonucléoprotéique de la fraction microsomale était elle-même hétérogène ? Une fois encore, il n'était pas possible de répondre à cette question avec la seule technique de représentation de l'ultracentrifugation analytique.

Une autre méthode d'identification des particules ribonucléoprotéiques reposait sur le changement de leur composition biochimique par modification de la concentration du solvant. Lorsqu'on augmentait la concentration du désoxycholate, la part solubilisée de protéine microsomale diminuait de manière plus ou moins régulière, tandis qu'un net seuil apparaissait pour l'ARN. Pour une concentration de désoxycholate inférieure à 0,5 %, la quasi-intégralité de l'ARN de la fraction se trouvait dans le matériau insoluble. Au-delà de cette limite, la part d'ARN diminuait de manière continue jusqu'à disparaître entièrement (*cf.* illustration 9).

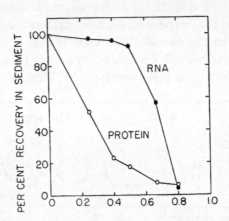

ILL. 9 – Effet de l'augmentation de la concentration de désoxycholate de sodium sur le comportement de l'ARN et de la protéine dans la fraction microsomale. L'axe des abscisses représente la concentration du solvant. Tiré de Littlefield, Keller, Gross & Zamecnik, 1955a, ill. 1. © 1955, The American Society for Biochemistry and Molecular Biology.

Ce comportement en deux temps de l'acide ribonucléique par rapport au solvant, qui se traduit sur le graphe par une assez nette inflexion de la courbe, pouvait être interprété comme le signe du fait qu'en un certain point, la cohésion des particules subissait un changement qualitatif.

Pour aucune de ces techniques de représentation il n'existait de référence *a priori* qui aurait pu servir de point de repère externe dans le façonnement de l'objet scientifique. La forme de ce dernier ne découla pas de la comparaison d'une « particule-modèle » avec une particule « réelle » ; il tira peu à peu ses contours de la corrélation et de la superposition de différentes représentations, elles-mêmes dérivées de diverses techniques biophysiques et biochimiques. Dans un merveilleux latin de cuisine, Latour a qualifié un tel processus d'« *adaequatio laboratorii et laboratorii*[56] ». Dans la mesure où les microsomes n'incorporaient plus les acides aminés après l'application des diverses méthodes de séparation, on manquait de points de repère fonctionnels pour procéder par comparaison. À certains égards, les représentations expérimentales se confirmaient mutuellement, mais sous d'autres aspects elles se contredisaient et s'invalidaient. La

---

56   Latour, 1988, p. 227.

particule traitée au désoxycholate, qui prit une place si importante dans ces études, avait fait son entrée sur la scène de la synthèse protéique *in vitro* vers 1953. Trois années plus tard, elle la quittait faute d'avoir pu être modélisée sous une forme qui préserve son activité d'incorporation et lui permette de jouer un rôle fonctionnel dans les événements expérimentaux. Néanmoins, ces microsomes avaient eu une fonction transitoire paradigmatique dans l'émergence d'un objet épistémique. Ils étaient le résultat de la tentative pour établir une « purification », et correspondaient à une étape dans la laborieuse entreprise visant à faire entrer en résonance la représentation fractionnelle du suc cellulaire avec certaines caractéristiques fonctionnelles de la synthèse protéique. Les particules ribonucléoprotéiques actives dans le tube à essai ne devinrent disponibles qu'après quelques années, au terme d'un processus qui conduisit à utiliser d'autres cellules comme matériau de base, à recomposer le milieu ionique des tampons et à trouver un autre solvant[57].

Les premiers indices relatifs au mode de fonctionnement des particules microsomales provinrent de fractionnements consécutifs à des études cinétiques sur des rats vivants[58]. Après administration et incorporation *in vivo* de leucine radioactive, Betty Keller parvint à étudier la répartition de la protéine marquée dans le matériel soluble et insoluble dans le désoxycholate. Cette diffusion répondait à un modèle pour le moins remarquable. Les particules de RNP absorbaient très vite la radioactivité puis s'approchaient d'un état stationnaire. À l'inverse, la protéine soluble dans le désoxycholate était marquée beaucoup plus lentement mais elle accumulait constamment du matériel radioactif. On pouvait ainsi calculer le renouvellement isotopique des particules RNP. Seule une petite partie des acides aminés semblait se renouveler rapidement. Que se passait-il au cours de ce processus ? S'agissait-il d'une « étape essentielle de la synthèse protéique », ou correspondait-il seulement à une « réaction d'équilibre secondaire[59] » ? Il aurait été vain de chercher une réponse à ces questions en poursuivant ces études *in vivo*. Mais tout se passait comme si les particules insolubles dans le désoxycholate étaient le site où les protéines étaient assemblées avant de passer dans le cytoplasme.

57   Je reviens sur cette question aux chapitres sur l'activation des acides aminés et sur l'ARN de transfert.
58   Keller, Zamecnik & Loftfield, 1954.
59   Littlefield, Keller, Gross & Zamecnik, 1955a, p. 121.

Un an auparavant, Zamecnik avait interprété des résultats comparables comme la preuve de l'existence d'une autre forme, cytoplasmique et non-microsomale, de synthèse protéique. Selon cette hypothèse, les microsomes étaient responsables de la fabrication des différentes protéines dédiées à des tissus particuliers, tandis qu'au cytoplasme revenait la production des protéines impliquées dans le métabolisme de base des cellules[60]. Cette réorientation autour d'une image dynamique de la synthèse était le fruit d'une représentation en cours de différenciation des composantes microsomales, mais elle résultait également de l'approche cinétique qui avait été affinée pendant plusieurs années.

UN ESPACE
DE REPRÉSENTATION COMPLEXE

L'espace expérimental dans lequel la synthèse protéique *in vitro* se trouvait représentée était devenu un dispositif assez complexe. Il comprenait désormais plusieurs techniques, parmi lesquelles l'ultracentrifugeuse préparative, l'ultracentrifugeuse analytique, le microscope électronique et le marquage radioactif, ainsi que d'autres procédés déjà routiniers d'homogénéisation des cellules, de nettoyage des fractions et de détermination des acides ribonucléiques et des protéines. Mais en dépit de ce raffinement croissant, l'intégralité du matériel biologique devait être préparé à nouveaux frais pour chaque expérience. Au grand dam des expérimentateurs, il demeurait impossible de congeler des composants afin de les conserver. D'imprévisibles variations entre les préparations étaient la fâcheuse mais inévitable conséquence de cet état de fait.

---

60   Zamecnik & Keller, 1954.

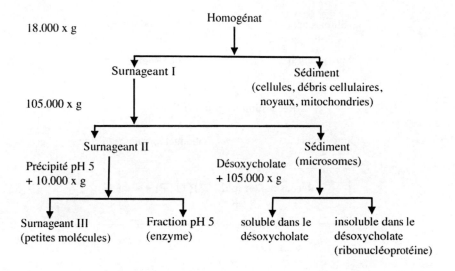

Ill. 10 – Schéma de fractionnement du suc cellulaire
du foie de rat vers 1955. Dessin de l'auteur.

L'illustration 10 résume le modèle de décomposition du suc cellulaire du foie de rat tel qu'il se présentait à ce moment-là. La représentation du fractionnement avait désormais atteint une résolution considérable, mais les essais de reconstitution fonctionnelle de la synthèse protéique ne donnaient lieu à aucune résonance (*cf.* illustration 11).

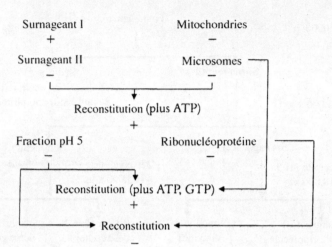

ILL. 11 – État de la reconstitution fonctionnelle de la synthèse protéique *in vitro* en 1955. + : Activité d'incorporation ; – : Pas d'activité d'incorporation. Dessin de l'auteur.

Au contraire, l'asynchronicité de ces deux modes de représentation, qui reposait pour l'essentiel sur l'inactivité des particules ribonucléoprotéiques purifiées, était tout à fait frappante.

Jusque-là, toutes les tentatives pour obtenir une incorporation d'acides aminés à partir de particules ribonucléoprotéiques purifiées s'étaient soldées par un échec. Les mécanismes qui se trouvaient au fondement de cette incorporation demeuraient assez énigmatiques. Le système ne réagissait toujours pas à l'adjonction d'un assortiment de tous les acides aminés, ce qui empêchait de comprendre le rapport entre l'incorporation observée d'un acide aminé radioactif et la néosynthèse de protéines. On ne pouvait pas même être certain qu'un tel lien existât. En outre, les fournisseurs d'énergie en jeu, l'ATP et la GTP, ne pouvaient être attribués à aucune fraction, ni donc à aucun composant fractionnel particulier. Enfin, on n'entrevoyait aucun mécanisme plausible qui aurait pu mettre en relation la fraction soluble et la fraction microsomale. Et pourtant, la *différance* tenait ensemble tout ce fatras d'inconnu et d'incohérence : c'était un générateur de distinctions. Il produisait des événements expérimentaux.

La pensée expérimentale consiste à « fragmenter [des questions selon les axes d'un système de recherche déterminé] pour les rendre accessibles à l'expérimentation[61] ». La transposition de ces questions « en effets visibles[62] » et en traces enregistrables peut aussi bien être provoquée par des stimulations extérieures que venir de l'intérieur du système. Pareilles traductions peuvent surgir tout à coup ou se développer lentement. Peu importe qu'elles naissent d'audacieuses spéculations ou de contraintes techniques ; sur la base de connaissances théoriques antérieures ou d'une habileté manuelle ; par le jeu opportuniste de la recherche de fonds ; par pure chance ou par quelque signe, étrange mais tenace, émis par le système lui-même. Dans tous les cas, les différentiels décisifs dont les événements épistémiques sont le fruit doivent un jour ou l'autre être intégrés au système comme composants techniques. Tôt ou tard, ils doivent devenir les instances de sa reproduction différentielle.

---

61 Jacob, 1987, p. 262.
62 *Ibid.*, p. 311.

ESPACES DE LA REPRÉSENTATION

Comment les systèmes expérimentaux déploient-ils leur efficace épistémique à partir de cette dynamique de la reproduction différentielle que l'on vient de décrire dans les deux chapitres précédents ? C'est à cette question qu'il s'agit de répondre maintenant. Selon Jacob, « tout se jou[e] sur la représentation qu'on [peut] se faire d'un processus invisible et sur la manière de la traduire en effets visibles[1]. » Au premier regard, cette formule semble ne pas poser de problèmes, mais à l'examiner de plus près, on constate qu'elle laisse ouvert un aspect décisif. Une représentation scientifique doit-elle « rendre visible » « l'invisible », découvrir quelque chose qui demeure caché ? Est-ce une partie de cache-cache ? Avons-nous affaire à un processus de « traduction », ce qui au sens littéral signifie transformer des signes en d'autres signes, des traces en d'autres traces ? Ces deux aspects vont-ils de pair ?

Quelle que soit l'interprétation à laquelle on se range, quand on touche au cœur de la pratique expérimentale, on bute sur le problème de la représentation. Représenter le monde tel qu'il est pour pouvoir maîtriser, ce fut là le grand projet qui guida les Lumières. Aux XVIIe et XVIIIe siècles virent le jour deux méta-récits philosophiques qui tentèrent de décrire la façon dont ce dessein devait être mené à bien : l'empirisme et le rationalisme. De manière très schématique, on peut dire que pour l'empirisme, la représentation vraie reposait sur l'observation souveraine et sa répétabilité, ce qui faisait de l'intervention sur la réalité une entreprise problématique. À l'inverse le rationalisme, parce qu'il comprenait la représentation comme actualisation de concepts, voyait dans cette intrusion son fondement même. Mais comment était-il alors possible de représenter la réalité ? Dans ses Critiques, Kant essaya à la fois de contourner les pièges conventionnalistes de l'empirisme et les écueils constructivistes du rationalisme en dégageant les conditions

---

1 Jacob, 1987, p. 311.

transcendantales de la connaissance. Pourtant, il ne parvint pas à évacuer le malaise philosophique qui était apparu avec ces deux conceptions et qui a persisté jusqu'à nos jours, de même que les distinctions dont il est né et dans lesquelles il s'incarne : observation et expérimentation, induction et déduction, convention et construction, et tant d'autres dichotomies.

SIGNIFICATIONS DE LA REPRÉSENTATION

De quoi parlons-nous quand nous employons le terme de représentation[2] ? Intuitivement, nous associons la représentation à l'existence de quelque chose à quoi elle renvoie. « En somme, la représentation d'un objet comprend la production d'un second objet qui fait intentionnellement référence au premier par une certaine convention de codage déterminant ce qui peut à juste titre être considéré comme semblable[3]. » Malgré toute sa prudence conventionnaliste, et les tournures vagues qui en découlent, – « une certaine convention de codage », « ce qui peut à juste titre être considéré comme semblable » –, cette tentative de définition proposée par Bas Van Fraassen et Jill Sigman paraît pour le moins tranchée. Mais en s'intéressant d'un peu plus près à l'usage qui en est fait, on découvre que le concept allemand de représentation, *Darstellung*, est résolument polysémique. Lorsque nous parlons de la « représentation d'un fait », il s'agit d'une représentation « de » au sens retenu par la tentative de définition citée. Quand en revanche nous évoquons tel comédien que, la veille au soir au théâtre, nous avons vu jouer tel personnage sur scène[4], la chose se complique. Dans ce cas d'une interprétation, d'une représentation « en tant que[5] », le terme *Darstellung* revêt le double sens d'une substitution et d'une incarnation.

---

2   Lynch, 1994, p. 148.
3   Van Fraassen & Sigman, 1993, p. 74.
4   Le terme allemand *Darstellung*, très fréquemment utilisé dans cet ouvrage dans son sens fort de « représentation » mais dont sont exposés ici les différentes significations, est aussi employé pour désigner l'interprétation théâtrale d'un personnage par un comédien. [*N.d.T.*].
5   Mitchell, 1987 [2009], p. 17 [p. 56].

Toute pièce de théâtre vit de cette tension, de cet « artifice paradoxal de la conscience, [cette] aptitude à voir un objet comme étant à la fois "présent" et "absent" ». Dans le cas, enfin, où un chimiste nous rapporte avoir représenté une substance déterminée dans son laboratoire[6], l'idée d'une « reproduction de quelque chose d'autre » a entièrement disparu, tandis que celle d'une incarnation, au sens de la récupération en forme pure d'une matière spécifique, est passée au premier plan. *Darstellen* désigne alors la réalisation d'une chose. Ce vocable *Darstellung* couvre donc un domaine sémantique qui s'étend de la substitution à la réalisation en passant par l'incarnation.

À chacune des trois acceptions adoptées par ce terme dans la langue quotidienne correspond un équivalent dans la pratique scientifique. Pour le dire grossièrement, et sans vouloir trop forcer le parallèle : dans le premier cas, nous avons à faire à des analogies, à des constructions hypothétiques et plus ou moins arbitraires, que l'on pourrait éventuellement rapprocher des symboles de Charles Sanders Peirce ; dans le deuxième cas, nous parlons de modèles ou simulations (les icônes de la classification peircéenne) ; dans le troisième et dernier cas, il s'agit de traces expérimentalement réalisées, quant à elles comparables aux indices du système sémiotique de Peirce[7]. Jacob n'argumente pas autrement quand il affirme que la biologie expérimentale progresse « d'analogies » en « modèles » jusqu'à des « modèles concrets[8] », même si l'on pourrait remettre en cause l'ordre hiérarchique qui articule ces formes de représentation. La priorité de telle ou telle forme sur les autres dans un contexte scientifique donné est avant tout le résultat des conditions historiques données et doit être réévaluée au cas par cas. Bien entendu, c'est à la fonction de représentation sur le plan de la pratique scientifique que nous nous intéressons, c'est-à-dire telle qu'elle est mise en œuvre dans la matérialité du travail de laboratoire. Mais le passage au plan de l'abstraction sémiologique, et donc au problème de l'enregistrement des résultats de ce travail sous la forme de symboles, n'est pas abrupt pour autant. Il s'accomplit dans la continuité, en passant par autant d'intermédiaires que l'on souhaite, et au sein desquels on reconnaîtrait

---

6 Le terme *Darstellung* désigne également le processus chimique de production, caractérisation, séparation et purification d'une substance. *Cf.* note 5 du même chapitre. [*N.d.T.*].

7 Peirce, 1955 [1976], p. 102-103 [p. 24-29].

8 Jacob, 1974, p. 203-204.

sans peine l'alternance des trois modes de la représentation indiqués. Ce qui m'importe ici, c'est de décrire l'élaboration de la science comme un processus dans lequel sont constamment produites, déplacées et superposées des représentations, comprises aussi bien comme des substitutions et des réalisations que des incarnations. Si l'on admet trop vite la coupure supposément propre entre théorie et réalité, concept et chose, on court le risque de perdre de vue la polysémie – épistémologiquement décisive – du processus de représentation à l'œuvre dans la pratique expérimentale.

Au cours des décennies qui viennent de s'écouler, le thème de la représentation dans la pratique scientifique a fait l'objet d'une attention croissante, non seulement en épistémologie, mais aussi et surtout en histoire et sociologie des sciences[9]. Il y a quelque temps, Michael Lynch a même déclaré à propos de cette notion qu'elle était « surestimée[10] ». Et sans doute faut-il souscrire à ce jugement tant qu'elle garde son sens traditionnel de référentialité, tant que ce l'on a pu appeler la « théorie mimétique de la représentation » n'est pas battue en brèche. Avec Nelson Goodman, on pourrait soutenir que cette « théorie de la représentation-copie est [...] condamnée à l'origine par son incapacité à spécifier ce qui est à copier[11] ». Pas plus sur le plan conceptuel que dans l'ordre matériel on ne trouve quelque chose comme la représentation sans faille d'un objet scientifique au sens de la copie immédiate d'une chose qui se trouverait « là, au dehors ». Attentivement examinée, toute représentation « de » s'avère être déjà une représentation « en tant que », une incarnation. Comme l'ont noté Michael Lynch et Steve Woolgar, « représentations et objets sont inextricablement liés[12] ». Au fond, cette argumentation revient à dire que tout point de référence, dès lors que nous cherchons à le retenir, à le faire sortir de l'ombre et à le tirer hors des marges de notre attention vers le centre de celle-ci,

9   Latour & Woolgar, 1986 [1996] ; Hacking, 1983 [1989] ; le recueil d'articles publié dans Lynch & Woolgar, 1990b propose différents aperçus ; Levine, 1993 ; Hart Nibbrig, 1994 ; Rheinberger, Hagner & Wahrig-Schmidt, 1997, en particulier Hagner, 1997 ; *cf.* également le numéro spécial « Les vues de l'esprit », *Culture technique*, 1985, vol. 14, ainsi que le cahier spécial « Pictorial Representation in Biology », *Biology and Philosophy*, 1991, vol. 6.
10   Lynch, 1994.
11   Goodman, 1968 [1990], p. 9 [p. 37].
12   Lynch & Woolgar, 1990a, p. 13.

doit être transformé en une représentation. Cela est lié au rapport entre savoir explicite et savoir tacite, entre attention focale et attention subsidiaire décrit par Polanyi[13]. L'acception référentielle du concept de représentation ne peut donc pas être stabilisée une fois pour toutes. Avec la production de choses épistémiques, nous sommes pris dans une suite de représentations potentiellement infinie, dans laquelle la place de référent est toujours occupée par une nouvelle représentation. Dans une approche sémiotique, la production de connaissances scientifiques présente la même texture que tous les autres systèmes symboliques : métaphoricité et métonymie y occupent une fonction décisive. C'est que l'activité scientifique consiste à produire des métaphores et des métonymies matérielles dans l'espace des représentations (employé ici dans un sens restant encore à spécifier) qui se trouvent à sa disposition. La sémiotique nous a enseigné qu'un signe ne tire pas sa signification de la chose désignée mais de la relation diacritique qu'il entretient avec les autres signes. Il nous faut ici souligner que l'activité scientifique partage cette structure avec d'autres mondes symbolico-matériels. C'est seulement sur cette base que sa particularité, son incomparabilité avec d'autres réalisations culturelles peut être mise en évidence.

Les représentations scientifiques ne prennent sens que sous la forme de *chaînes* de représentations. Pour citer encore une fois les réflexions de Claude Bernard sur la pratique physiologique, il s'agit de chaînes « dont chaque anneau n'a aucune relation de cause à effet ni avec celui qui le suit, ni avec celui qui le précède[14] ». C'est ainsi qu'aux yeux du physiologiste, la représentation scientifique apparaît comme un procès auquel il est impossible d'attribuer un « commencement » définitif. Sans se référer à Bernard, mais pourtant à l'unisson avec lui, Latour, un des auteurs du XXᵉ siècle que l'on peut citer ici, fait remarquer que dans la pratique des sciences, nous avons affaire à un « étrange objet transversal, [à un] opérateur d'alignement qui n'est véridique qu'à la condition de permettre le passage entre ce qui le précède et ce qui le suit[15] », une chaîne de transformations-objets, qui sont à la fois des choses et des signes. Aussi paradoxal que cela puisse sembler, c'est là précisément la condition de ce que nous entendons par objectivité scientifique lorsque

---

13 Polanyi, 1969.
14 Bernard, 1954, p. 14.
15 Latour, 1993, p. 213.

nous nous écartons de la théorie mimétique : de son nécessaire passage à l'étape suivante, elle tire son historicité caractéristique.

GRAPHÈMES, TRACES, INSCRIPTIONS

Un objet scientifique étudié dans le cadre d'un système expérimental est tout d'abord un agencement de traces matérielles dans un espace de représentation historiquement localisable. De tels espaces sont à la fois ouverts et limités par les caractéristiques techniques et instrumentales du système considéré. En cela, les espaces de représentation scientifique constituent une forme particulière d'itération[16]. Les espaces de représentation n'existent pas indépendamment de tels agencements de traces : c'est à eux qu'ils doivent leur déploiement. En recourant à la *Grammatologie* de Derrida, on pourrait qualifier de « graphèmes » les éléments dont ces agencements se composent, dans la mesure où, au grand effroi des logiciens, ils ne sont pas élémentaires et sont moins le fruit d'une abstraction originaire que d'une synthèse primitive. Ce n'est qu'à la faveur d'un processus de dégénération que le simple surgit d'eux. Comme Derrida le fait bien remarquer :

> Avant même d'être déterminé comme humain (avec tous les caractères distinctifs qu'on a toujours attribués à l'homme, et tout le système de significations qu'ils impliquent) ou comme an-humain, le *gramme* – ou le *graphème* – nommerait ainsi l'élément. Élément sans simplicité. Élément, qu'on l'entende comme le milieu ou l'atome irréductible, de l'archi-synthèse en général [...].
> (Derrida, 1967, p. 19-20)

À propos de la forme élémentaire de l'empreinte graphique, l'historien de l'art Georges Didi-Huberman observe que : « D'emblée le geste technique en fut complexe, et d'emblée il fut investi des puissances surdéterminées de l'imaginaire et du symbolique[17]. »

À l'intérieur des frontières d'un dispositif expérimental, le bruit produit par l'activité de recherche est canalisé en établissant des liens

---

16   Derrida, 1972b ; Gasché, 1986 [1995], en particulier p. 212-217 [p. 203-208].
17   Didi-Huberman, 2008, p. 51.

entre des traces ou graphèmes – que Ian Hacking a aussi qualifiés de
« marques[18] ». Les agencements graphématiques de ces marques sont
d'abord et avant tout des systèmes matériels de signifiants qui oscillent
entre deux pôles : la « densité » et l'« articulation ». Cette distinction
fut employée par Goodman pour appréhender, sur la base d'une grammaire de la différence, des hybrides de toutes sortes dispersés entre des
systèmes symboliques continus – systèmes d'images – et discontinus
– systèmes de textes. Entre ces deux types de systèmes se trouvent
toutes les formes possibles de transitions diagrammatiques, ainsi que la
multitude des traces qui peuvent être produites par l'expérimentation.
Perpendiculairement à cette grammaire des différences représentatives
se dresse le continuum évoqué plus haut, tendu entre les analogies d'une
part et les concrétions d'autre part. Et là encore, quelque part à mi-chemin entre les deux groupes, on trouve les modèles au sens strict. Dans
le système de coordonnées formé par ces deux continua, la ressemblance
a cessé de servir de critère d'évaluation, laissant ainsi une large place à
toutes les formes hybrides possibles qui servent de garantes pour « les
innovations, les choix et les mutations singulières[19] ».

Latour a conçu la représentation scientifique comme une activité
d'un type spécial, comme un processus d'inscription dont émerge une
catégorie particulière d'objets qu'il nomme les « mobiles immuables[20] ».
Ces mobiles ne se distinguent pas par ce qu'ils transportent, mais par la
façon dont ils fonctionnent : ils fixent des événements éphémères, qu'ils
rendent ainsi disponibles et déplaçables dans le temps et dans l'espace.
Grâce à de tels processus d'inscription, des entités peuvent être extraites
de leurs contextes locaux d'origine et introduites dans d'autres. Selon
Latour, les inscriptions ne sont donc pas de simples abstractions, mais des
re-présentations, au sens de purifications[21] durables et mobiles, capables
de rétroagir non seulement sur les agencements graphématiques dont
ils sont issus mais, plus important encore, sur d'autres agencements
éloignés dans le temps et dans l'espace.

La matérialité de ces inscriptions les rend résistantes aux interprétations
qu'on peut leur attribuer. Et c'est en vertu de cette résistance que le jeu

---

18 Hacking, 1992a, p. 44.
19 Goodman, 1968 [1990], p. 225-232 [p. 269-276] ; Mitchell, 1987 [2009], p. 71 [p. 127].
20 Latour, 1990c, p. 26-35.
21 En allemand : *Reindarstellung. Cf.* note 6 du même chapitre. [*N.d.T.*].

de la « machine à fabriquer de l'avenir » ne peut prendre fin. Que les traces produites dans une expérience se révèlent « signifiantes[22] » dépend de leur capacité à s'intégrer dans d'autres contextes expérimentaux pour y générer de nouvelles traces. Il n'est pas de travail expérimental qui échappe à cette récursivité, à ce processus itératif par lequel une référence éphémère est détachée de l'inscription à laquelle elle était associée et se voit elle-même transformée en inscription. La signifiance d'un résultat expérimental réside dans la signification qu'elle prendra. Venant toujours *ex post*, elle ne se déclare pas : elle se rattrape. La particularité de la représentation scientifique est à chercher dans cette forme spécifique d'itération différentielle. C'est à exposer son fonctionnement, dans des cas particuliers ainsi que sur des périodes plus longues, que je me suis attelé dans les chapitres traitant en détail l'exemple de l'histoire de la synthèse protéique *in vitro*.

Au fond, la production expérimentale de traces est à mettre sur le même plan que le fait de donner naissance à des objets épistémiques. Dès lors qu'ils sont stabilisés par récursion, ces derniers sont des concepts faits corps. Ils peuvent servir de « théorèmes réifiés[23] », pour reprendre l'expression de Gaston Bachelard qui qualifiait les instruments de la recherche de « théories matérialisées » et écrivait : « La science contemporaine [...] pense avec ses appareils[24]. » Ceux-ci incorporent le savoir considéré comme assuré à un certain moment de l'histoire et en supportent le poids énorme. Sous cette forme, ils n'intéressent plus les chercheurs en tant qu'objets primaires de connaissance, mais seulement comme outils, comme objets techniques utiles à la construction de nouveaux arrangements expérimentaux. Laissons encore une fois Jacob parler pour nous : « Déjà les résultats obtenus ne m'intéressaient plus. Seul comptait ce qu'on allait faire avec cet outil[25]. » Le véritable processus expérimental qui mène à la production de nouvelles traces de savoir, cette « épigraphie de la matière[26] », est empreint d'incertitude. Son principal mode de progression est le « tâtonnement[27] ». Son milieu

---

22 Il est caractéristique des scientifiques en général de parler de traces ou de découvertes « signifiantes » et non pas « vraies ».
23 Bachelard, 1933, p. 140.
24 Bachelard, 1934, p. 12 ; Bachelard, 1951, p. 84.
25 Jacob, 1987, p. 317.
26 Bachelard, 1934, p. 170 *sq.*
27 Bernard, 1966, p. 19.

est fait « [d']essais avortés, [d']expériences ratées, [de] bégaiements, [de] tentatives stupides[28] ». Cette nécessaire sous-détermination de la direction à suivre est étroitement liée à la nature des moyens mis en œuvre pour la production expérimentale de graphèmes. Les procédés épistémiques par lesquels le jeu expérimental les fabrique conduisent toujours à un surplus qui ne peut être prévu à l'avance et qui doit s'ajuster lui-même au cours du processus. Comme l'a fait remarquer Goodman, représenter ce n'est pas « refléter », c'est « saisir et fabriquer[29] ». La représentation est toujours aussi intervention, invention et création. Mais la ruse propre à cette dialectique du *factum* et de l'*arte factum*, la ruse de l'événement par excellence, consiste précisément en ceci qu'elle ne fonctionne qu'au prix d'une permanente déconstruction de son aspect constructiviste. Le nouveau ne surgit pas par les accès ménagés à son intention, mais par la fissure imprévue qui fendille le mur. Polanyi n'a pas hésité à faire de cette expérience la définition même du réel scientifique : « Si nous sommes convaincus qu'une chose que nous connaissons est réelle, c'est parce que nous sentons qu'elle a l'indépendance et la force pour se manifester elle-même selon des modes encore complètement insoupçonnés[30]. »

MODÈLES

Ce difficile problème de la représentation, nous pouvons l'aborder sous un autre angle encore. J'ai soutenu l'idée que l'espace de représentation déployé par un système expérimental permet de fixer des phénomènes par ailleurs insaisissables et d'en faire ainsi des objets de la démarche épistémique. Les systèmes expérimentaux biochimiques comme celui décrit dans cet ouvrage créent un espace extracellulaire pour la représentation des réactions qui ont lieu dans la cellule vivante. On dit qu'une telle représentation fournit un *modèle* pour l'étude d'un processus ou d'une réaction. Les « systèmes *in vitro* » biochimiques constituent donc

---

28 Jacob, 1987, p. 314.
29 Goodman, 1968 [1990], p. 8 [p. 37].
30 Polanyi, 1965, 4ᵉ leçon, p. 4-5, cité dans Grene, 1984, p. 219.

des modèles pour les « processus *in vitro* ». Le problème est donc de
nouveau celui de la référence. Que se passe-t-il à l'intérieur de la cellule ?
La seule méthode qui permette d'en apprendre davantage, et surtout
de rencontrer du nouveau, c'est de construire un modèle. Bien entendu,
on peut également recourir à des expériences *in vivo* ; mais en tant
qu'éléments appartenant à des dispositifs de recherche, celles-ci revêtent
aussi le caractère de systèmes-modèles. Le processus de modélisation
est au fond un mouvement d'aller-retour entre différentes formes de
représentation dans divers espaces de représentation. Les objets scientifiques prennent forme par comparaison, déplacement, marginalisation,
hybridation et greffe de différents modèles – les uns entre les autres, les
uns contre les autres, les uns sur les autres. Jean Baudrillard l'a un jour
formulé de manière radicale : « Les faits [...] naissent à l'intersection
des modèles[31]. » On pourrait objecter que cette manière de voir aboutit
sinon à un relativisme, du moins à un conventionnalisme qu'en fonction
de son origine on tiendra pour banal ou dangereux. Contre cet argument il faut dire que ce n'est pas la convention qui est ici en jeu, mais
la convenance, au sens de l'assemblage de modèles, de l'enchaînement
itératif de figurations épistémiques.

Les biochimistes parlent de substances-modèles, de réactions-modèles
et de systèmes-modèles, les biologistes et les biologistes moléculaires
d'organismes-modèles. Cette utilisation de la notion est assez éloignée
de son emploi en logique mathématique, où par modèle on désigne
l'interprétation sémantique d'une chaîne de caractères formelle, c'est-à-dire
définie de manière purement syntaxique[32]. Dans notre cas, l'usage
qui en est habituellement fait dans les laboratoires est plus instructif
et révèle plus précisément ce qu'est la modélisation dans la pratique
expérimentale. Dans les jeux de langage des scientifiques, « modèle »
est un terme qui s'applique à des substances, des réactions, des systèmes
ou des organismes adaptés à la fabrication d'inscriptions au sens exposé
plus haut. Un modèle représente une « généralité matérielle ». Il peut
se diffuser dans le réseau d'une culture expérimentale ou, plus précisément, c'est la propagation de ces modèles qui crée de tels réseaux.
Pour employer encore une fois le jargon de laboratoire, les modèles
sont des objets scientifiques « idéaux » au double sens du terme. À

---

31   Baudrillard, 1981, p. 32.
32   *Cf.* par exemple Tarski, 1946 [1960].

certains égards, ils s'adaptent particulièrement bien à la manipulation expérimentale : c'est la signification pratique d'« idéal » ; et ce sont des objets idéalisés dans le sens où il s'agit d'entités standardisées, purifiées, isolées, condensées et réduites dans leurs fonctions. Ainsi les modèles donnent-ils une matérialité « accessible au laboratoire[33] » à ces questions scientifiques. Ils sont transportables et peuvent être soumis à des modifications locales. Que la bactérie *Escherichia coli*, par exemple, serve de modèle pour la réplication du matériel génétique, pour le mode d'action des antibiotiques ou pour le déclenchement de certaines infections, a des conséquences immédiates et radicales sur sa structure matérielle au cours de son existence d'organisme-modèle. Le très grand nombre de souches différentes de *E. coli* conservées dans les collections de références pour assurer la comparabilité des résultats en témoigne de manière saisissante.

La nature en tant que telle ne fournit donc pas à l'expérimentation des points de repère immuables. Souvent, les chercheurs y voient même un danger qui pourrait faire échouer une entreprise scientifique. Le risque n'est jamais exclu qu'elle fasse irruption dans un système expérimental. Lors d'un fractionnement cellulaire, les cellules non-fractionnées doivent être écartées de l'espace de représentation. C'est que dans un système *in vitro*, elles se comportent comme des « artefacts de cellules entières » selon la très juste expression de Paul Zamecnik[34]. Une expérience *in vitro* ne doit en aucun cas être contaminée par des cellules vivantes. Nous en arrivons ainsi à cet étrange constat que quelque chose que nous qualifions habituellement de « naturel » devient artificiel précisément parce qu'il reste « naturel ». L'ancrage référentiel d'un système expérimentalement contrôlé conduit à un autre système également soumis au contrôle expérimental. La référence utilisée pour un modèle doit être reprise par un autre modèle. La règle fondamentale à laquelle obéit toute production scientifique de traces est donc la suivante : ce qui produit les traces ne peut être arrêté qu'à l'aide de nouvelles traces. Il est impossible de contourner cette batterie de traces. Ce ne sont pas de simples techniques d'enregistrement qui fabriquent les inscriptions des objets scientifiques. Ceux-ci sont en eux-mêmes des configurations de traces.

---

33 Jacob, 1987, p. 277.
34 Lamborg & Zamecnik, 1960, p. 210.

Entre les choses épistémiques et les conditions techniques, ce que nous appelons ordinairement un modèle occupe une position intermédiaire. En tant qu'objet épistémique, un modèle est généralement suffisamment établi pour exercer un effet attracteur sur la recherche. Mais par ailleurs, il n'est en règle générale pas encore assez établi et standardisé pour être exploité comme une simple sous-routine dans la reproduction différentielle d'autres systèmes expérimentaux. Un système-modèle expérimental a donc toujours quelque chose d'un supplément dans le sens que Derrida a donné à cette notion, c'est-à-dire d'une entité tirant son efficacité de son absence même[35]. Un modèle fait fonction de modèle précisément dans la mesure où il fait référence à une réalité qu'il vise mais n'atteint pas.

Il n'est pas rare que, d'eux-mêmes, les objets de savoir fixés dans les expérimentations soient des machines à générer des signes et qu'ils laissent des traces lisibles, comme par exemple lorsqu'ils contiennent des pigments ou absorbent des rayonnements. Quand cela n'est toutefois pas le cas, on leur injecte des générateurs de signes. Ces traceurs peuvent être des marquages radioactifs, des inscripteurs dont il est possible de suivre le parcours à travers le métabolisme. L'histoire de la biologie moléculaire est impensable sans l'introduction de traceurs radioactifs à rayonnements faibles ni le développement de la machinerie qui permet de mesurer cette radioactivité[36]. Et il est donc inutile de distinguer, comme le font Latour et Woolgar, entre les machines qui « ne font que transformer un état de la matière dans un autre » et les « appareils d'inscription [...] qui transforment de la matière en écrit[37] ». Prenons l'exemple du fractionnement des composants du suc cellulaire des bactéries ou de tout type de tissu à l'aide d'une ultracentrifugeuse. Pareil fractionnement transforme la matière – elle sépare les molécules – en même temps qu'elle produit une inscription. Celle-ci peut par exemple consister en un motif à raies dans le tube de la centrifugeuse. Mais il faut alors reculer d'un pas et regarder l'ensemble de l'arrangement expérimental – en incluant les deux types d'appareils – comme une configuration de traces. Les tableaux de relevés, les courbes imprimées et les diagrammes ne sont que les transformations

35 *Cf.* Derrida, 1967, en particulier le chap. 2 de la deuxième partie : « Ce dangereux supplément ».
36 Rheinberger, 2001.
37 Latour & Woolgar, 1986 [1996], p. 51 [p. 42].

supplémentaires subies par une disposition graphématique de fragments de matière, laquelle est déjà le résultat d'une incorporation dans le dispositif expérimental. Les particules sédimentées et les surnageants forment une partition du cytoplasme en même temps qu'ils sont manipulés comme des inscriptions. Ce ne sont donc pas seulement les appareils de mesure qui produisent les inscriptions. Les choses épistémiques elles-mêmes en sont toutes entières tissées, et présentent précisément ce qui peut être manipulé comme un dispositif de traces. Elles fonctionnent selon le principe du graphisme – d'après Derrida, la production d'une marque ou d'un signe – « qui constituera une sorte de machine à son tour productrice, que ma disparition future n'empêchera pas principiellement de fonctionner et de donner, de se donner à lire et à réécrire[38] ».

Examinons un autre exemple. Dans un laboratoire de biologie moléculaire, un gel d'agarose est à la fois un outil analytique de séparation des fragments d'acide nucléique et un motif constitué de divers composants qui peuvent être rendus visibles sous la forme de taches colorées, fluorescentes, absorbantes ou radioactives – un dispositif graphématique. Ces inscriptions sont ensuite comparées entre elles, pour savoir si une représentation est renforcée, marginalisée ou refoulée par une autre. Dans l'activité expérimentale, la différence entre représentation et référence, modèle et nature, est continuellement désamorcée. La représentation n'est pas la condition de possibilité de toute connaissance des choses, elle est la condition requise pour que les choses puissent devenir des choses épistémiques, et par là être soumises au processus de transformation en quoi consiste l'attribution de signification par la voie expérimentale. Ainsi, pour ne rappeler que quelques-unes des mutations qui furent exposées dans les derniers chapitres, la question initiale de savoir comment l'énergie entre dans le processus de la synthèse protéique, après avoir successivement été celle de la dépendance à l'oxygène du système, de son inhibition par le DNP, puis de sa stimulation par un sédiment mitochondrial, déboucha sur la quête d'un facteur mitochondrial et aboutit finalement à l'adjonction d'ATP.

La production d'inscriptions n'est pas pour autant arbitraire. Si les scientifiques « se trouvent toujours déjà dans le théâtre de la représentation », ils n'en sont pas moins soumis à des « contraintes[39] ». Pour le dire avec les mots de Latour :

---

38 Derrida, 1972b, p. 376.
39 Hayles, 1993, p. 28, 33.

Aussi artificiel que soit le dispositif, il faut qu'il en sorte quelque chose de nouveau et d'indépendant, sans quoi tous les efforts sont vains. C'est à cause de cette « dialectique » du fait et de l'artefact, ainsi que Bachelard l'a appelée, que même si aucun philosophe ne défend une théorie de la vérité comme correspondance, il est absolument impossible de se laisser convaincre par un argument constructiviste pendant plus de trois minutes. Bon, disons une heure, pour être gentil. (Latour, 1990b, p. 64)

Car dans la pratique expérimentale, les représentations ne comptent durablement qu'à condition, d'une part, d'être cohérentes entre elles, d'être accordées, ou du moins de pouvoir être considérées comme complémentaires et, d'autre part, de pouvoir devenir les conditions de possibilité d'une pratique plus étendue. Heureusement, tout le processus n'est pas entièrement déterminé par des conditions techniques et les instruments sur lesquels reposent ces conditions. Si c'était le cas, il aurait tôt fait de s'enliser. Dans la production expérimentale de traces se joue un jeu constant de présence-absence, d'apparition-disparition, dans la mesure où la venue d'un graphème correspond toujours à la suppression d'un autre. Pour donner de l'importance à une trace, il faut en effacer une autre. Au cours d'un processus de recherche, on ne sait généralement pas lequel des signaux potentiels doit être renforcé et lequel doit être réprimé. Il faut dès lors préserver la réversibilité du jeu de présence-absence, du moins pendant un certain temps : les choses épistémiques doivent pouvoir osciller entre différentes assignations.

UNE PRAGMATOGONIE DU RÉEL

Le problème de la représentation prend un autre aspect quand on le considère sous l'angle d'une pragmatogonie, d'une genèse des représentations enracinées dans la pratique scientifique. « *Les êtres humains sont des représentateurs* » écrit Ian Hacking, avant de poursuivre : « Non pas *homo faber*, dis-je, mais *homo depictor*. Les humains produisent des représentations[40]. » Mais Hacking le dit explicitement, par représentations il

---

40   Hacking, 1983 [1989], p. 132 [p. 221]. Pour une perspective paléontologiste, voir Leroi-Gourhan, 1980.

n'entend pas au premier chef des images visuelles ou mentales. Comme le montre l'association de la représentation et de l'intervention dans le titre de son ouvrage – *Representing and Intervening* –, il ne vise justement pas une « théorie du savoir comme spectacle[41] ». Ce qui pour lui est premier, c'est le processus d'élaboration d'objets physiques qui doivent leur « ressemblance » au processus de leur propre réplication. Ensuite seulement entre en jeu le concept de la réalité comme un « concept de second ordre », comme conséquence de la pratique du représenter, comme réflexion sur le statut de la réplique : « On a fait du réel un attribut de la représentation[42]. » Le réel est, selon la formule de Baudrillard, « *ce dont il est possible de donner une reproduction équivalente*[43]. » Cela signifie que le concept de réalité n'a de sens que dans le contexte de la réplication, et qu'il ne pose problème qu'à partir du moment où des systèmes alternatifs de représentation sont mis en jeu. Mais ce qui vaut pour le concept de réalité s'applique également à celui de la représentation. « Le problème de la représentation surgit avec les tentatives analytiques pour attribuer un sens stable et une valeur aux structures de l'action pratique préalablement détachées, en vue de l'analyse, des contextes particuliers dans lesquels elles sont utilisées[44]. »

Pour les sciences, il est essentiel de produire des systèmes et des espaces de représentation alternatifs. Edmund Husserl, déjà, avait entrepris de définir les sciences dans leur relation à la praxis, entendue « en un sens universel », à partir de « l'idée d'une infinité de tâches », d'un « horizon infini de tâches[45] ». Dans la conférence qu'il donna en 1935 au Kulturbund de Vienne, il approfondit cette question avant de demander, non sans quelque provocation : « Où voit-on se soumettre à la critique et à l'élucidation ce puissant acquis méthodologique qui conduit de l'environnement intuitif à l'idéalisation mathématique et à l'interprétation du monde comme être objectif[46] ? » Les développements de ce chapitre sur la dynamique des formes de représentation dans la pratique scientifique sont à comprendre comme une contribution, sous l'angle épistémologique, à la critique et à l'élucidation de cette faille

---

41   Hacking, 1983 [1989], p. 129 [p. 217].
42   Hacking, 1983 [1989], p. 136 [p. 227].
43   Baudrillard, 1976, p. 114.
44   Lynch, 1994, p. 146.
45   Husserl, 1976a [1987], p. 323-324 et p. 329 [p. 41-43 et p. 53].
46   Husserl, 1976a [1987], p. 343 [p. 85-87].

prodigieuse. Dans son court traité posthume sur l'*Origine de la géométrie*, Husserl esquisse les contours d'une pragmatogonie historique dédiée à ce vaste projet. Ce qui chez lui se présentait encore comme une extension récursive aux gestes de l'origine, comme « *a priori* historique » dans le cadre d'une « téléologie universelle de la Raison[47] » a ensuite subi avec Derrida un tournant anti-téléologique, purement itératif, vers le geste de l'écriture. Au fond, la singulière historicité des objets idéaux de la science est due au processus de leur écriture et réécriture[48].

---

47   Husserl, 1976b [2010], p. 386 [p. 214-215].
48   Derrida, 1999.

L'ACTIVATION DES ACIDES AMINÉS,
1954-1956

« De cette vie inquiète, agitée, ne persiste le plus souvent qu'une histoire froide et triste, une séquence de résultats soigneusement agencés pour rendre logique ce qui ne l'était guère. [...] Ce qui guide l'esprit alors, ce n'est pas la logique. C'est l'instinct, l'intuition[1]. » Quelle inquiétude guida les expériences relatives à la synthèse protéique ? Par quels revirements en vint-on à concentrer toute l'attention sur l'étude des produits intermédiaires de cette synthèse ? Dans ce chapitre, nous verrons comment, sur la question de l'apport énergétique dans la forma-tion de liaisons peptidiques, une solution étonnamment évidente permit de sortir du labyrinthe des homogénats de foie de rat et, après-coup, de donner une apparence logique à leur émergence.

Trois composants s'étaient révélés indispensables à la synthèse pro-téique *in vitro* : premièrement, l'ATP et la GTP comme fournisseurs d'énergie ; deuxièmement, une fraction protéique soluble du suc cellulaire qui apparaissait principalement constituée d'enzymes ; et troisièmement, une particule qui paraissait composée pour l'essentiel de protéines et d'ARN. Tout se passait comme si cette particule était le « site où avait lieu l'incorporation initiale des acides aminés libres aux protéines », et l'ARN semblait jouer un rôle crucial dans ce phénomène[2]. Mais la représentation des fractions cellulaires qui avait accaparé la plus grande partie des efforts des trois années précédentes n'avait guère fourni d'informations sur les mécanismes d'interaction entre les fractions.

Cependant, l'hypothèse de Lipmann était restée en suspens : que les acides aminés libres devaient être activés pour pouvoir servir de substrat dans la formation de liaisons peptidiques, et qu'il était possible que l'énergie des liaisons phosphates de l'ATP intervienne dans ce processus.

---

1   Jacob, 1987, p. 306-307, 330.
2   Littlefield, Keller, Gross & Zamecnik, 1955a, p. 121.

Mais de quelle manière ? À cette époque, deux collaborateurs de Lipmann, Werner Maas et David Novelli, s'intéressaient justement au mécanisme de la synthèse de l'acide pantothénique[3], et Lipmann pensait à réaliser ce qu'il appelait une « traduction » de ce mécanisme afin d'en tirer un « modèle pour la synthèse polypeptidique[4] ».

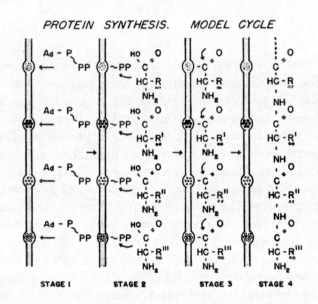

ILL. 12 – Cycle-modèle de la synthèse protéique envisagé par Lipmann.
Ad-P~PP : Adénosine triphosphate ; R : chaîne latérale
d'un acide aminé spécifique. Tiré de Lipmann, 1954, ill. 2.

D'après ce modèle, représenté dans l'illustration 12, une matrice (*template*) enzymatique était phosphorylée par l'ATP. Dans un second temps, les liaisons phosphates était attaquées par les groupes carboxyles d'acides aminés spécifiques. Dans l'alignement qui en résulte, l'extrémité C-terminale d'un acide aminé réagissait avec l'extrémité N-terminale de l'acide aminé adjacent, formant ainsi une chaîne polypeptidique. Se

---

3   Maas & Novelli, 1953.
4   Lipmann, 1954, p. 602. Le modèle était basé sur des observations relatives à l'activation liée à la coenzyme A de l'acétate et de la pantoate lors de la formation d'une liaison peptidique.

souvenant de cet épisode, Lipmann expliqua plus tard avoir « naïvement pensé que la synthèse protéique pouvait plus ou moins être décryptée si l'on parvenait à comprendre le mécanisme d'activation des acides aminés ». Il lui fallut « longtemps pour réaliser que, contrairement à la plupart des autres biosynthèses impliquées dans la fabrication d'une protéine, ce n'était en fait là qu'une condition préalable[5] ». Mais le lauréat du prix Nobel de l'année 1953 ne parvint pas même à élucider cette question préliminaire comme il l'avait souhaité.

Une chose était claire : qui voulait se frotter à ce problème devait savoir manipuler les liaisons riches en énergie et connaître sa biochimie sur le bout des doigts ; mais de toute évidence, cela n'était pas suffisant. Pour se lancer dans cette entreprise, il fallait disposer d'un système fractionné de synthèse protéique *in vitro*, ainsi que d'ATP radioactive afin de suivre les étapes intermédiaires de la réaction. Toutes ces conditions étaient réunies au MGH. Zamecnik et Lipmann travaillaient dans des laboratoires voisins et se rencontraient régulièrement lors des réunions du comité de recherche de l'hôpital. Et pourtant, ils n'essayèrent pas de mettre leurs forces en commun pour résoudre ce problème. Lipmann « ne mélangeait jamais science et amitié[6] », expliqua un jour Zamecnik avec diplomatie. L'histoire qui va suivre est donc un exemple de ce que l'on pourrait appeler une « collaboration par inadvertance ».

Après avoir obtenu son doctorat à la Harvard Medical School en 1948, Mahlon Hoagland rejoignit les laboratoires du Huntington avec une bourse d'études post-doctorales. Là, il commença par étudier les phosphatases, le renouvellement du phosphate et les effets du béryllium sur la croissance[7]. Au cours de cette période, il fit également la connaissance de Zamecnik et du groupe de recherche sur la synthèse protéique. À l'invitation de Zamecnik, il entreprit de compléter sa formation et de mettre à jour son « outillage[8] » en chimie des protéines et en énergétique biochimique. Comme son mentor, il passa alors une année dans les laboratoires de Kaj Linderstrøm-Lang à Copenhague,

---

5   Fritz Lipmann, premiers travaux en vue de la rédaction des mémoires, p. 60. Library of Congress, section des manuscrits, n° 80-498171 (*cf.* Lipmann, 1971, p. 80). Sur les pérégrinations de Lipmann « du ~P au CoA à la biosynthèse protéique », *cf.* également Novelli, 1966.
6   Zamecnik, entretien avec Rheinberger, 1991.
7   Grier, Hood & Hoagland, 1949 ; Hoagland, 1952.
8   Hoagland, 1990, p. 58.

suivie d'une autre année auprès de Fritz Lipmann, au sixième étage du MGH. Fin 1953, il rejoignit l'équipe de Zamecnik[9]. Tout au long de son année avec le groupe de Lipmann, il avait collaboré à un grand projet : la synthèse de la coenzyme A et l'activation de l'acétate par l'ATP. Auprès de Werner Maas et David Novelli, il apprit à manipuler l'ATP et les produits de sa décomposition[10]. À l'époque, se souvient Lipmann, « la synthèse protéique nous occupait beaucoup l'esprit, mais notre intérêt pour la coenzyme A et l'activation de l'acétate n'avait pas diminué ; il y avait une sorte de blocage qui nous empêchait d'y prendre une part active. Werner Maas travaillait dans notre laboratoire, de même que Mahlon Hoagland, et Dave Novelli bien entendu. Mais ils étaient accaparés par certains aspects de l'acétylation et de la synthèse de la coenzyme A[11]. » Rétrospectivement, Hoagland considéra que ce fut par un « caprice de la fortune scientifique » que lui vint l'idée de faire de « l'échange ATP-phosphate » un outil au service du projet de Zamecnik sur « les purines et pyrimidines comme sites d'activation et de transfert des produits intermédiaires métaboliques[12] ». La technique utilisée pour ces études sur les échanges isotopiques avait été développée à la fin des années quarante, et Maas s'en était servi pour analyser une réaction conduisant à la formation d'une liaison peptidique[13]. Hoagland la greffa sur le système fractionné de synthèse protéique et en décembre 1954, moins d'un an après sa rentrée dans l'équipe de Zamecnik, il soumettait à la revue *Biochimica et Biophysica Acta* une communication portant sur un « mécanisme enzymatique d'activation des acides aminés dans les tissus animaux[14] ». Un texte de deux pages seulement, mais qui allait faire date.

---

9   Hoagland, 1990, p. 59-80.

10   Hoagland & Novelli, 1954.

11   Fritz Lipmann, premiers travaux en vue de la rédaction des mémoires, p. 63. Library of Congress, section des manuscrits, n° 80-498171 (*cf.* Lipmann, 1971, p. 83-84).

12   Hoagland, 1990, p. 71. Sur le projet de Zamecnik, *cf. supra*, p. 114-119.

13   Doudoroff, Barker & Hassid, 1947 ; Maas & Novelli, 1953 ; *cf.* également Lipmann, 1954.

14   Hoagland, 1955a. L'article fut reçu par la rédaction le 4 décembre 1954 et parut dans le numéro de février 1955.

RÉACTIONS-MODÈLES

Tout commença par un problème de symétrie. S'il y avait une sorte d'activation des acides aminés dans le système de synthèse protéique *in vitro*, elle pouvait avoir lieu dans le surnageant autant que dans les microsomes. Et en effet, du pyrophosphate radioactif (^{32}PP) était aussi bien incorporé à l'ATP dans le surnageant à 100 000 x g que dans la fraction microsomale. Mais contrairement à ce qui avait lieu dans celle-ci, l'incorporation qui se produisait dans celui-là était stimulée par l'ajout d'un complément d'acides aminés non-radioactifs. C'était le signal différentiel que le groupe de Zamecnik attendait depuis si longtemps. Il indiquait que le renouvellement de l'ATP dans la fraction soluble était dépendant de la présence d'acides aminés. Le signal fut d'abord très diffus : la stimulation était faible, et se distinguait à peine parmi la massive activité d'échange de phosphate inhérente au système. Rien n'était donc joué, d'autant moins que l'effet d'un unique acide aminé se situait sous le seuil de détection[15].

Mais Hoagland fit une autre observation intrigante. Depuis ses travaux sur les phosphatases, il connaissait bien les effets du fluorure de potassium (KF) et savait que celui-ci inhibait l'hydrolyse du pyrophosphate. Il ajouta donc du fluorure de potassium dans ses échantillons. À sa grande surprise, il ne releva pourtant aucune accumulation de pyrophosphate. Un équilibre d'échange parfait paraissait s'être installé. *Si* les acides aminés intervenaient comme produits intermédiaires dans la réaction, il fallait qu'ils restent attachés aux enzymes qui les activaient. La fraction soluble dialysée ne semblait donc contenir aucun accepteur cellulaire pour les acides aminés supposément activés. Bien sûr, Hoagland aurait pu faire l'hypothèse que les microsomes servaient d'accepteurs. Mais une adjonction de microsomes au mélange aurait anéanti le signal recherché. L'astuce de Hoagland consista simplement à introduire une substance-modèle qui se substituait à l'accepteur présumé. Il n'eut qu'à se servir en hydroxylamine (NH_2OH) dans les rayonnages du laboratoire, la chimie fit le reste. Le composé devait être dépourvu de sel et n'agissait qu'en présence de fluorure de potassium. Les manipulations

---

15   Loftfield, lettre à Rheinberger du 17 mai 1993.

s'en trouvaient quelque peu compliquées, mais lorsqu'elles étaient correctement exécutées, la réaction-modèle délivrait deux résultats. D'une part, le système complet, avec l'hydroxylamine, produisait des quantités mesurables d'hydroxamates, indiquant par là la présence d'acides aminés activés jouant un rôle de donneurs dans la réaction. D'autre part, la formation d'hydroxamate dépendait de l'ajout d'acides aminés, était corrélée à la décomposition d'ATP, et s'accompagnait de la formation d'une quantité équivalente de phosphate anorganique (P_i). C'était là les fruits d'un subtil réseau de contrôles, qui seul avait permis de donner une signification aux phénomènes observés.

Addition	Hydroxamate formed	ATP lost	Pi formed
—	0	2.31	4.64
NH$_2$OH	0.34	1.39	2.78
AA	0	2.25	4.51
AA + NH$_2$OH	0.69	2.25	4.51
△ due to AA alone	0	0	0
△ due to AA in presence of NH$_2$OH	0.35	0.86	1.73

ILL. 13 – Consommation d'ATP et formation d'hydroxamate en présence d'acides aminés et d'hydroxylamine. Toutes les valeurs sont données en mMol/ml. Tiré de Mahlon B. Hoagland, « An enzymic mechanism of amino acid activation in animal tissues », *Biochimica et Biophysica Acta*, vol. 16, page 289, tableau 2, 1955a.
Reproduit avec l'autorisation de Elsevier.

Ainsi qu'il ressort de l'illustration 13, le système présentait une importante perte spontanée d'ATP (deuxième colonne), à laquelle correspondait la formation d'une quantité proportionnelle de phosphate anorganique (troisième colonne). L'adjonction d'acides aminés (AA dans le tableau) ne modifiait pas ces paramètres (comme on peut le voir aux troisième et quatrième lignes). Nul signal ne pouvait donc être dégagé de ces seuls chiffres, et c'est l'injection d'hydroxylamine qui fit apparaître un différentiel (deuxième ligne). Pour des raisons inconnues, l'activité endogène d'hydrolyse de l'ATP dans le mélange réactif chutait lorsqu'on ajoutait du NH_2OH. C'était seulement en introduisant des acides aminés dans des mélanges contenant cette substance que leur effet stimulant sur la décomposition de l'ATP devenait perceptible (deuxième et quatrième lignes). La différence indiquant une activation des acides aminés était donc entièrement dissimulée dans la trame du système et de son fonctionnement endogène. Sans son réseau de contrôles symétriques et exhaustifs, Hoagland n'aurait pas mesuré la moindre différence. Seule cette « machine pensante » extériorisée fournit ce qui put être interprété comme la preuve d'une activation des acides aminés. Et seule l'habile mise en regard des quantités mesurables, la définition d'un « paysage de contrôles » auquel chacune des expériences était intégrée, permit aux traces expérimentales de prendre sens les unes par rapport aux autres. Considérées isolément, elles étaient toutes dépourvues de signification. Mais même lorsque les valeurs étaient disposées de façon à devenir signifiantes, un des paramètres détonnait. Comme le montre la dernière ligne du tableau, la « formation d'hydroxamate » n'était pas corrélée à la « perte d'ATP » puisque la consommation d'ATP était deux fois plus élevée que la formation d'hydroxamate. Ainsi, la structuration du réseau de traces expérimentales n'attribuait pas seulement un sens aux résultats : la divergence qu'elle faisait apparaître indiquait également ce à quoi il fallait désormais s'atteler.

Bien qu'aucun acide aminé activé ne fusse encore apparu dans le système – jusque-là, personne n'avait encore représenté isolément un tel composé chimique –, ce résultat éloigna les efforts expérimentaux des considérations énergétiques générales qui les animaient jusque-là et les déplaça vers la recherche d'un produit intermédiaire métabolique spécifique à la synthèse protéique. Dans l'image qui commençait ainsi à se dessiner de cette synthèse, enzymes et produits intermédiaires s'ordonnaient dans une chaîne de réactions.

Attardons-nous un instant sur la représentation qui était liée à cette expérience. Elle consistait en deux réactions-modèles *in vitro* dont chacune aurait fait cesser la synthèse protéique si elle avait été prise séparément. La première, l'incorporation du pyrophosphate dans l'ATP, était exactement la réaction inverse de celle que l'on supposait se produire dans la synthèse protéique, la libération de pyrophosphate par l'ATP. Mais compte tenu des conditions expérimentales d'alors, c'était là l'unique façon d'obtenir un signal mesurable. L'ATP radioactive pouvait en effet être décelée par fixation sur charbon actif. La seconde réaction décisive dans la visualisation de l'activation *in vitro* des acides aminés reposait sur une substance-modèle. Puisque selon toute vraisemblance, la fraction enzymatique soluble ne contenait pas d'accepteurs d'acides aminés, l'hydroxylamine servait à « capturer » les acides aminés activés. Ce substitut chimique présentait l'avantage de favoriser le passage des réactifs aux produits et permettait ainsi de mesurer la réaction dans son ensemble, mais avait l'inconvénient d'inhiber toutes les réactions ultérieures. Associées l'une à l'autre, les deux réactions formaient un modèle expérimental en un sens bien particulier : un objet épistémique constitué par substitution et inversion. Hoagland en déduisit la « formule provisoire » d'une chaîne de réactions (*cf.* illustration 14) qui reposait pour une part sur des résultats expérimentaux et pour une autre sur des interpolations[16].

$$(1) \qquad E_1 \underline{\qquad} + ATP \;\rightleftharpoons\; E_1 - \overline{AMP - PP}\underline{\quad}$$

$$(2) \qquad E_1 - \overline{AMP - PP}\underline{\quad} + AA_1 \;\rightleftharpoons\; E_1 \underline{\overline{AMP - AA_1}}\underline{\quad} + PP$$

$$(3) \qquad E_1 \underline{\overline{AMP - AA_1}}\underline{\quad} + NH_2OH \;\rightarrow\; E_1 + AA_1 - NHOH + AMP$$

ILL. 14 – Schéma de la réaction d'activation des acides aminés.
Tiré de Mahlon B. Hoagland, « An enzymic mechanism of amino acid activation in animal tissues », *Biochimica et Biophysica Acta*, vol. 16, page 289, 1955a. Reproduit avec l'autorisation de Elsevier.

Comme nous l'avons déjà évoqué, Hoagland n'avait pas identifié le composé chimique activé que le schéma de l'illustration 14 désigne par les lettres AMP-AA$_1$. Il reliait les deux réactions-test en recourant à un autre système : la chaîne de réactions caractérisant la synthèse de l'acide pantothénique, dont il a déjà été question plus haut[17]. Ses résultats biochimiques étaient fragmentaires mais, « à titre provisoire », il combla les vides au moyen d'une analogie expérimentale que Lipmann avait déjà

---

16   Hoagland, 1955a ; *cf.* également Hoagland, 1955b.
17   Maas & Novelli, 1953.

utilisée sans grand bonheur un an auparavant. Remarquons en outre que l'ensemble du raisonnement s'appuyait sur l'hypothèse selon laquelle le NH_2OH remplaçait « l'équivalent intracellulaire naturel » des acides aminés. Il supposait que l'accepteur dont il postulait l'existence était, dans les microsomes, « le groupe amine des chaînes peptidiques [...] sur lequel les séquences d'acides aminés étaient formées et les chaînes peptidiques condensées[18] ».

Ce modèle mécaniste et partiel de la synthèse protéique fut à l'origine d'un important tournant dans la représentation fraction-nelle du système. Ce qui jusque-là avait été la « fraction soluble », le « surnageant à 105 000 x g » ou le « précipité pH 5 » était désormais traduit en un ensemble d'enzymes activateurs d'acides aminés. Les « facteurs solubles instables à la chaleur » furent reconfigurés comme une classe d'enzymes dotés d'une fonction spécifique alors même qu'ils n'étaient encore qu'un mélange cytoplasmique de composition tout à fait inconnue. Une image nouvelle et cohérente commençait à se dessiner, qui devait maintenant être consolidée par des expériences complémentaires.

Hoagland consacra six mois à ajuster son système dans les moindres détails. Des changements minimes mais significatifs intervinrent durant cette période[19]. Il remplaça le surnageant par un précipité acide, les enzymes pH 5. Si leur activité fluctuait d'un jour sur l'autre, ils étaient toutefois considérablement plus actifs que le surnageant protéique qui servait de référence. L'avantage du précipité résidait dans le fait qu'il réduisait la formation d'hydroxamate endogène au système. Lorsqu'on l'utilisait, l'incrément d'hydroxamate lié aux acides aminés correspondait exactement à la quantité de phosphate libérée par l'ATP[20]. Très hétérogènes, les effets respectifs des acides aminés sur les réactions d'échange d'ATP et de formation d'hydroxamate étaient cependant cumulatifs et semblaient ne s'accompagner d'aucune réaction concurrente, et la GTP ne pouvait pas remplacer l'ATP dans la réaction d'activation. En précipitant la fraction protéique soluble au sulfate d'ammonium, Hoagland parvint en outre à une purification

---

18   Hoagland, 1955a.
19   Hoagland, Keller & Zamecnik, 1956. L'article avait été reçu par la rédaction du *Journal of Biological Chemistry* dès juin 1955.
20   Hoagland, Keller & Zamecnik, 1956.

partielle des activités enzymatiques spécifiques de la méthionine, de la leucine, du tryptophane et de l'alanine. Du point de vue biochimique, cela représentait une tâche « fastidieuse[21] » et un défi colossal, dans la mesure où il fallait s'attendre à ce qu'à chacun des 20 acides aminés soit associé un enzyme spécifique parmi les enzymes pH 5. C'est surtout Earl Davie, du laboratoire de Lipmann, qui se chargea de réaliser la purification de l'enzyme activateur du tryptophane[22]. Hoagland se souvient :

> Quand j'ai découvert l'activation des acides aminés, je me suis rué à l'étage supérieur et, tout euphorique, j'ai fait part de mes résultats à Fritz Lipmann. Avant même que j'aie eu le temps de réaliser ce qui m'arrivait, il avait confié à un jeune assistant la tâche qui s'imposait d'elle-même : isoler et purifier un des nombreux enzymes activateurs d'acides aminés que nous supposions être dans la fraction soluble de la cellule. (Hoagland, 1990, p. 83)

Peu après la publication de la note provisoire de Hoagland, d'autres chercheurs relatèrent des observations similaires. Parmi eux, David Novelli, qui venait tout juste de quitter l'équipe de Lipmann pour rejoindre le département de microbiologie de l'Université de Case Western Reserve à Cleveland. Dès septembre 1955, John DeMoss et Novelli observèrent dans des extraits bactériens une réaction d'échange PP/ATP dépendante de la présence d'acides aminés[23]. Paul Berg avait jeté son dévolu sur les cultures de levures. Il avait commencé par l'étude de l'activation de l'acétate à la School of Medicine de l'Université de Washington à Saint Louis, où il avait travaillé de 1952 à 1954 comme assistant de recherche pour l'American Cancer Society. Par la suite, il garda un lien avec la recherche oncologique jusqu'en 1959. Tout comme Zamecnik, il bénéficia au début des années cinquante de financements attribués dans le cadre de programmes de lutte contre le cancer même si ses recherches biochimiques n'entretenaient qu'un rapport ténu avec la cancérologie. Ses premières expériences sur la réaction d'échange PP/ATP datent de novembre 1953. Fin mars 1955, nous le trouvons en train de chercher un enzyme activateur de la méthionine dans ses extraits de levures[24], puis en avril 1955 occupé à préparer du « NH_2OH sans sel

---

21   Zamecnik, 1979, p. 275.
22   Davie, Koningsberger & Lipmann, 1956.
23   DeMoss & Novelli, 1955 ; reçu le 28 septembre 1955, publié en décembre 1955.
24   Green Library, Stanford University (GLS), documents de Berg, boîte 11, carnet de note 6.

selon la méthode de Hoagland ». En prenant pour échantillons-témoins des hydrolysats d'acides aminés réalisés à partir d'extraits de levures, il réussit en mai 1955 ce qui fut l'expérience décisive sur l'activation de la méthionine[25]. Fin avril, il avait d'ores et déjà glissé une remarque provisoire dans une communication sur l'adénylation de l'acétate qu'il avait adressée au *Journal of the American Chemical Society*[26]. Six mois plus tard, le « caractère assez général » du mécanisme d'activation du carboxyle pouvait déjà être considéré comme « établi[27] ». Sa stabilisation nécessitait d'affiner le système d'essais et d'insérer ce résultat dans un champ plus vaste de systèmes réactifs apparentés mais basés sur des extraits d'organismes différents et étudiés par d'autres confrères « engagés sur la même piste[28] ».

Pour obtenir des indications plus nettes de la formation d'un aminoacyl-adénylate ainsi que davantage d'informations sur la nature de la liaison impliquée dans la réaction, Hoagland et Zamecnik finirent par engager une collaboration avec le laboratoire de Lipmann, à laquelle furent associés Paul Boyer et Melvin Stulberg de l'Université du Minnesota. Lipmann apporta un enzyme purifié, tandis que Boyer réalisait les mesures nécessaires du L-tryptophane marqué à l'isotope de l'oxygène ^{18}O[29]. C'était là un travail *a posteriori*, une sorte de confirmation croisée après que les terrains respectifs des deux rivaux du MGH eurent été bien délimités ; et qui faisait entrer en jeu une tierce partie indépendante des deux premières. Mais cet échange de matériaux, et la combinaison de sous-routines expérimentales – parmi lesquelles des outils biochimiques, enzymologiques et biophysiques – apportèrent un poids supplémentaire au modèle et à ses partisans.

Évoquant les autres chaînes de réactions dont on ignorait encore tout, Hoagland, Keller et Zamecnik eurent cette phrase qui sonna comme une annonce, suffisamment vague pour ne pas attirer l'attention, mais assez précise pour pouvoir être interprétée rétrospectivement comme une intuition prophétique :

> Le composé AMP ~ acide aminé lié à l'enzyme réagirait donc avec un accepteur cellulaire naturel : soit avec un autre porteur de nucléotide, soit avec l'acide nucléique

---

25   *Ibid.*, carnet de note 4.
26   Berg, 1955 ; *cf.* également Berg, 1956.
27   Hoagland, Keller & Zamecnik, 1956, p. 356.
28   Hoagland, 1990, p. 79.
29   Hoagland, Zamecnik, Sharon, Lipmann, Stullberg & Boyer, 1957.

du microsome. L'étape de travail suivante serait donc l'étude de la condensation du polypeptide qui semble avoir lieu dans les particules ribonucléoprotéiques de la fraction microsomale. (Hoagland, Keller & Zamecnik, 1956, p. 355-356)

Nous reviendrons sur cette hypothèse au chapitre sur l'émergence d'un ARN soluble.

LE CONTEXTE

L'activation des acides aminés polarisait un certain nombre de travaux : les uns confortaient l'assise de cette idée, d'autres cherchaient à la remettre en question. Comme nous l'avons évoqué aux chapitres sur l'établissement du système *in vitro* et sur la définition des fractions, le début des années cinquante avait été marqué par un continuel débat sur la question de savoir si les protéines d'une cellule étaient exclusivement composées d'acides aminés libres ou si elles naissaient d'un réagencement de fragments peptidiques. Vers 1955, les travaux sur l'induction enzymatique bactérienne conduits par Jacques Monod et ses collègues de l'Institut Pasteur d'une part, et par Sol Spiegelman et son équipe à Urbana d'autre part, avaient accrédité la thèse selon laquelle, dans les cellules bactériennes, les protéines étaient produites à partir d'acides aminés libres disponibles[30]. En ce qui concernait les organismes supérieurs, en revanche, les résultats n'étaient pas concordants. Les études menées dans différents laboratoires sur des muscles de lapin, sur du lait de chèvre ou encore sur la synthèse de l'amylase allaient plutôt dans le sens de la thèse des acides aminés libres[31]. Mais d'autres expériences réalisées sur des placentas et divers tissus de rats plaidaient en faveur de la conception opposée[32]. Ces difficultés étaient liées aux systèmes choisis : chez les organismes simples, les expérimentations combinant une analyse pulse-chase et l'induction d'enzymes spécifiques émettaient

---

30   Monod, Pappenheimer & Cohen-Bazire, 1952 ; Halvorson & Spiegelman, 1952 ; Rotman & Spiegelman, 1954.

31   Simpson & Velick, 1954 ; Askonas, Campbell & Work, 1954 ; Straub, Ullmann & Acs, 1955.

32   Francis & Winnick, 1953 ; Friedberg & Walter, 1955.

des signaux *in vivo* relativement fiables. Chez les animaux complexes, la situation était autrement compliquée. Cela tenait à la décomposition des protéines, au transport des acides aminés et à l'absence de mécanismes d'induction enzymatique comparables à ceux présents chez les bactéries. Ces difficultés furent l'une des raisons qui poussèrent les chercheurs étudiant la synthèse protéique animale à mettre sur pied des systèmes *in vitro* bien avant les spécialistes des bactéries, qui n'en avaient nul besoin immédiat.

Au MGH, Loftfield et sa collaboratrice Anne Harris lancèrent une série d'expériences associant l'induction de l'enzyme ferritine dans le foie de rats vivants et la détermination par chromatographie de l'activité intracellulaire spécifique des acides aminés marqués[33]. Ces expériences pouvaient certes être interprétées comme une confirmation de la thèse selon laquelle la synthèse protéique résultait d'acides aminés libres, mais les résultats étaient bien trop flous pour trancher définitivement le débat. Une des questions fondamentales de la synthèse des protéines restait donc ouverte. Avec son procédé, Loftfield s'était également penché sur le problème de la vitesse de formation des liaisons peptidiques. Les estimations les plus variables avaient été émises quant à la durée de la synthèse d'une protéine chez les vertébrés qui, selon les publications existantes, pouvait aller de deux secondes à cent minutes[34]. Il était donc souhaitable d'obtenir des données plus fiables dans des conditions permettant d'évaluer le temps de production d'une protéine bien définie. Cela aurait également été crucial pour s'assurer de la qualité du système *in vitro* utilisé par le groupe du MGH. À partir de sa cinétique, Loftfield calcula que la synthèse de la ferritine nécessitait deux à six minutes[35]. Ces durées étaient naturellement bien inférieures à tout ce qui avait pu être observé en éprouvette, et les expériences ne parvinrent donc pas à évacuer le soupçon dont elles étaient nées : que le processus d'incorporation *in vitro* puisse être purement artificiel.

---

33   Loftfield, 1954 ; Loftfield, 1955 ; Loftfield & Harris, 1956.
34   Haurowitz, 1956 ; Borsook, 1956b.
35   Loftfield, 1957b ; Loftfield & Eigner, 1958.

LA QUESTION DES MICROSOMES

La question de la structure et de la composition des microsomes restait d'actualité. Leur analyse, désormais basée sur les dernières techniques de microscopie électronique et d'ultracentrifugation analytique, était étroitement liée au projet de partitionnement de cette *black box* que demeurait la synthèse protéique. Entre temps, Philip Siekevitz, dont les travaux au laboratoire de Zamecnik furent décrits plus tôt, avait joint ses forces à celles de George Palade, le pionnier de la microscopie électronique du Rockefeller Institute, et se consacrait à la visualisation des microsomes[36].

Un bref rappel s'impose ici. Au début des années quarante, dans le cadre de l'étude d'homogénats cellulaires par centrifugation, Albert Claude avait identifié des particules cytoplasmiques présentant un taux élevé de protéines, de phospholipides et d'ARN, qu'il avait dans un premier temps qualifiées de « particules submicroscopiques », avant de les nommer « microsomes[37] ». À peu près au même moment, Caspersson et Brachet avaient tous deux émis l'hypothèse d'un lien étroit entre ARN cytoplasmique et synthèse protéique. Pourtant, c'est seulement au début des années cinquante, et dans un tout autre contexte que celui de leur caractérisation initiale, que les microsomes furent expérimentalement reliés à la synthèse protéique *in vivo* et *in vitro*. Et il fallut encore presque dix années pour que la définition de ces particules, d'abord purement opérationnelle et réduite aux questions de leur fractionnement, de leur visualisation et de l'analyse chimique de leur composition[38], en vienne à décrire leurs rapports fonctionnels avec la synthèse protéique.

Au fil des études comparatives de cellules intactes et de matériel cellulaire fractionné à l'aide de la technique de microscopie électronique, les microsomes étaient peu à peu devenus partie intégrante de la

---

36 Palade, 1955 ; Palade & Siekevitz, 1956.
37 Claude, 1941 ; Claude, 1943a.
38 Sur la synthèse protéique *in vivo*, *cf.* Borsook, Deasy, Haagen-Smit, Keighley & Lowy, 1950a ; Hultin, 1950 ; Keller, 1951 ; Lee, Anderson, Miller & Williams, 1951 ; Tyner, Heidelberger & Le Page, 1953 ; Smellie, McIndoe & Davidson, 1953 ; Allfrey, Daly & Mirsky, 1953. Sur la synthèse protéique *in vitro*, *cf.* Lee, Anderson, Miller & Williams, 1951 ; Siekevitz, 1952 ; Allfrey, Daly & Mirsky, 1953 ; Zamecnik & Keller, 1954.

morphologie subcellulaire. Ces travaux furent rendus possibles – en même temps qu'ils stimulèrent ces avancées – par l'introduction de nouvelles méthodes pour monter les échantillons et par le perfectionnement du microtome, en particulier au Rockefeller Institute, qui permit de réaliser des coupes d'une épaisseur comprise entre 20 et 50 nm[39]. La distinction *in situ* entre les « petites particules denses » et le « réticulum endoplasmique » sur lesquelles elles étaient attachées, ainsi que l'identification de la fraction microsomale au réticulum fragmenté, eurent d'intéressantes implications méthodologiques et quelques conséquences de première importance. Palade et Siekevitz décrivirent les enjeux méthodologiques de la manière suivante : les petites particules denses aux électrons, dès lors qu'elles étaient identifiées *in situ*, pouvaient être utilisées comme une sorte de marquage, comme des traceurs internes permettant de « suivre le devenir du réticulum endoplasmique tout au long des différentes étapes du protocole d'homogénéisation et de fractionnement[40] ». Elles étaient donc simultanément objet et outil de la recherche. Par conséquent, on s'efforça de séparer les particules du reste de la fraction microsomale, et avant tout des fragments de réticulum endoplasmique. Plusieurs procédés furent mis en œuvre dans l'espoir d'obtenir ce qu'on appelait la « fraction post-microsomale[41] ». Outre la microscopie électronique, les équipes de scientifiques qui travaillaient au calibrage de cette « macromolécule », au premier rang desquelles le groupe constitué autour de Mary Petermann au Sloan Kettering Institute, eurent recours à deux autres méthodes : la sédimentation de vitesse et les études de mobilité électrophorétique[42]. Cette batterie de tests physico-techniques entraîna à son tour une reconfiguration cytochimique inscrite dans le vocabulaire : vers 1955, des voix de plus en plus nombreuses affirmaient que ce qu'on appelait désormais les « particules ribonucléoprotéiques » pouvaient être le site cytoplasmique de la synthèse protéique[43]. Particules et ARN cytoplasmique devinrent dès lors quasi-synonymes, en dépit du fait que le surnageant post-microsomal contenait toujours de l'ARN – environ

---

39 Porter, 1953 ; Palade & Porter, 1954 ; Porter & Blum, 1953. *Cf.* également Rasmussen, 1997.
40 Palade & Siekevitz, 1956, p. 189-190.
41 Sur cette question, *cf. supra*, p. 126-134.
42 Petermann & Hamilton, 1952, 1955 ; Petermann, Mizen & Hamilton, 1953 ; Petermann, Hamilton & Mizen, 1954.
43 Littlefield, Keller, Gross & Zamecnik, 1955a.

10 % de la totalité de l'ARN cellulaire[44]. Par ce déplacement dont nous exposerons les conséquences au chapitre sur l'ARN soluble, l'ARN des particules ribonucléoprotéiques attira de nouveau l'attention.

Sur ce terrain de transformations et de restructurations épistémiques, un rôle majeur fut joué par les procédés préparatifs, dont la terminologie reflétait avec fidélité le caractère technique. Les différents moyens et modes de représentation s'influencèrent mutuellement : choix du matériel, instruments d'étude, méthode physique de séparation, traitement chimique. Après de longs détours, ils aboutirent à des concepts opérationnels qui pouvaient s'appliquer aussi bien à la morphologie subcellulaire qu'aux fonctions biologiques sans que ces deux aspects ne s'en trouvent confondus en un seul pour autant. Palade et Siekevitz furent donc en mesure de distinguer, dans les cellules intactes, c'est-à-dire *in situ*, entre particules attachées à la membrane et particules libres denses aux électrons. Mais ils ne parvinrent pas à préparer un homogénat préservant cette distinction sous la forme de fractions différentes. La déception n'en fut que plus grande, car cette distinction avait conduit à de vastes spéculations sur les diverses fonctions possibles de ces deux sortes de granules : celles qui étaient attachées à la membrane étaient tenues pour responsables de la production de protéines spécialisées, tandis que les particules libres devaient assurer le métabolisme protéique général. À l'inverse, le traitement au désoxycholate était devenu parfaitement routinier, mais les particules obtenues était biologiquement inactives. Les différentes représentations ne se recouvraient que partiellement, et aucune méthode ne permettait de circonscrire l'incertitude dont s'accompagnait chaque nouvel essai.

SYSTÈMES VÉGÉTAUX

De 1954 à 1956, Mary Stephenson travailla à un nouveau projet de recherche. Avec l'aide d'Ivan Frantz, Zamecnik était enfin parvenu à convaincre son ancienne assistante technique de préparer un doctorat. Elle essaya de mettre au point un système de synthèse protéique acellulaire à partir de feuilles de tabac. Un des inconvénients présentés par

---

44   Palade & Siekevitz, 1956.

le système de foie de rat était le fait qu'il ne réagissait pas à l'ajout d'un assortiment complet d'acides aminés. Par ailleurs, on ne parvenait pas à tirer de l'homogénat synthétiseur une protéine unique et spécifique. Résoudre ce second problème était le principal objectif du projet de Mary Stephenson[45]. Dans la mesure où les feuilles de tabac produisaient le virus de la mosaïque du tabac (TMV) en grande quantité lorsqu'elles en étaient porteuses, Stephenson eut l'idée de synthétiser *in vitro* la protéine du TMV à partir d'homogénats de feuilles de tabac infectées. De petits disques de feuilles, comparables aux coupes de tissus hépatiques utilisées pour le système animal, incorporaient des acides aminés radioactifs dans leur protéine. Mais les fractions d'homogénat produites selon la méthode ordinaire n'affichaient pas la radioactivité différentielle habituelle. Étonnamment, on repérait une certaine activité dans les fractions chloroplastiques. Stephenson constata également que l'incorporation d'acides aminés dans les chloroplastes pouvait être stimulée par la lumière et la présence d'oxygène, et interrompue par l'augmentation de la température ou l'adjonction d'hydroxylamine. Mais de très nombreux autres inhibiteurs métaboliques n'avaient aucun effet sur l'activité d'incorporation[46]. L'impressionnante liste des composés « inefficaces » n'était guère encourageante : pas d'effet du dinitrophénol, ni de la ribonucléase ? Au regard des résultats antérieurs, voilà qui était pour le moins surprenant, voire déconcertant. En essayant finalement d'obtenir une protéine de TMV radioactive à partir d'un homogénat infecté par le virus, Mary Stephenson en vint à ce constat : « Pas d'activité dans le virus ». Au terme de deux années bien remplies, elle conclut que « la cellule intacte ou une préparation de cellules moins éclatées est nécessaire à l'incorporation d'acides aminés marqués dans la protéine du virus[47] ». « Ma thèse n'était pas époustouflante, dit-elle par la suite, parce que je n'ai pas réussi à réaliser une synthèse acellulaire de protéine virale ; ce n'était pas un projet génial, mais il avait le mérite d'exister. Et d'être passionnant[48]. »

Pourquoi insister de la sorte sur un échec ? Parce qu'il nous dit quelque chose de l'heuristique propre à l'expérimentation. La stratégie

---

45 Stephenson, Thimann & Zamecnik, 1956.
46 Sur la liste de Stephenson figuraient : les agents bactéricides, l'iodoacetate, le dinitro-phénol, l'o-phénanthroline, l'azoture, le fluoride, le cyanide, l'arseniate, le malonate, le versène, l'éthionine, le dicoumarol, l'antimycine A et la ribonucléase pancréatique !
47 Stephenson, Thimann & Zamecnik, 1956, p. 207.
48 Stephenson, entretien avec Rheinberger, 1991.

de « répétition[49] » visant à reproduire tel quel le système de foie de rat avec des tissus végétaux, loin d'aboutir à une répétition, tendit au contraire à subvertir l'ensemble du projet. La fraction des chloroplastes était celle qui émettait le plus fort signal d'incorporation, et ces organites cellulaires végétaux, par un enchaînement de petits événements expérimentaux, se retrouvèrent ainsi au cœur des études menées par Stephenson avec son système végétal. Que la synthèse protéique avait lieu dans un organite cellulaire délimité par une membrane jouant un rôle actif dans la photosynthèse, le chloroplaste, était la conclusion à laquelle Norair Sissakian, de l'Institut Bach de biochimie à Moscou, était parvenu la même année 1955[50]. Pendant quelque temps, Stephenson envisagea même la possibilité que la photosynthèse et la synthèse protéique soient deux processus interdépendants. Au cours de ses expériences, elle avait observé un résultat sans rapport avec ce qu'elle cherchait. Mais le signal chloroplastique avait beau être fascinant, il ne semblait pas fournir directement la clé de la synthèse protéique et de ses mécanismes, dont l'élucidation demeurait l'objectif prioritaire du groupe. Il fallait donc prendre une décision, et l'on résolut de ne pas poursuivre les recherches sur les chloroplastes. Après avoir soutenu sa thèse en biochimie au Radcliffe College, Stephenson revint au système de foie de rat. Entre temps, elle avait appris une chose importante : un système végétal d'incorporation équivalent au système des vertébrés ne pouvait résulter de la simple application d'un protocole de centrifugation déjà existant. Le mode de fractionnement devait au contraire être entièrement repensé. Et le virus de la mosaïque du tabac ? C'était une idée audacieuse que de vouloir fabriquer une protéine virale *in vitro*. Mais le métabolisme de la multiplication du virus était encore une *black box*, et les essais de Stephenson étaient très éloignés des recherches virologiques précédentes en général, et des travaux sur le TMV en particulier. Si l'entreprise avait réussi, l'événement aurait été comparable à la reconstitution *in vitro* du TMV à partir ses composants[51], et ce malgré le fait que sa motivation initiale était tout autre, puisqu'il s'agissait de montrer que les systèmes *in vitro* étaient bien adaptés à l'étude de la synthèse des protéines.

---

49 *Cf. supra*, p. 98-101.
50 Sissakian, 1956. Mirsky la localisa également dans des noyaux isolés, *cf.* Allfrey, Mirksy & Osawa, 1957.
51 Fraenkel-Conrat & Williams, 1955.

La plus grande partie de ce labeur quotidien de laboratoire, l'immense majorité de tout ce *tâtonnement*[52] qui parfois mène à des événements inanticipables de grande ampleur se solde le plus souvent par des listes de substances « sans effet ». Il s'engage dans telle ou telle direction, diverge, et les résultats auxquels il aboutit finissent dans les archives du laboratoire. Pourtant, ces opérations de reconnaissance et d'exploration des espaces expérimentaux sont indispensables, et aussi importantes que les coups d'éclat qui accèdent à la postérité. Dans l'arpentage d'un espace expérimental, il n'est pas moins crucial de savoir ce qui ne fonctionne pas que ce qui fonctionne. Les mentions « Sans résultat » font partie intégrante de l'histoire d'un laboratoire, même si aucune place ne leur est faite dans les histoires qui sont racontées au public.

LE NUCLÉOTIDE G

Pendant ce temps-là, Betty Keller s'était penchée sur une autre question : le rôle joué par le nucléotide G dans la synthèse protéique[53]. Son intérêt pour la guanosine diphosphate (GDP) et la guanosine triphosphate (GTP) remontait à une observation de Rao Sanadi, un chercheur de Madison qui avait identifié la GTP comme un cofacteur dans la phosphorylation de l'ADP[54]. Sanadi avait envoyé de la GDP et sa transphosphorylase purifiée à Zamecnik, qui lui répondit ceci : « La GDP semble stimuler notre système mais nous n'avons pas encore réussi à déterminer les conditions garantissant un effet constant[55]. » Pour pouvoir étudier les besoins en nucléotides du système, il était impératif d'éliminer préalablement les composés chimiques de faible masse moléculaire présents dans les différentes fractions. On pouvait aisément soutirer les fractions solubles au moyen d'une précipitation acide, mais la fraction microsomale était plus difficile à manipuler. Le désoxycholate désactivait les particules et le traitement des microsomes

---

52   En français dans le texte. [*N.d.T.*].
53   Keller & Zamecnik, 1955, 1956.
54   Sanadi, Gibson & Ayengar, 1954.
55   ZNR, lettre du 22 novembre 1954.

par échangeur d'ions n'aboutissait à aucun résultat. Finalement, ce fut un procédé très doux qui ouvrit la voie à de nouvelles analyses. Keller fit sédimenter dans du saccharose les microsomes d'un surnageant dilué. En présence d'ATP, les microsomes ainsi lavés au sucre émettaient un faible signal d'incorporation ; ce signal retrouvait sa pleine puissance si l'on ajoutait de la GTP au système.

Quel rôle la GDP et la GTP jouaient-elles donc ? Le nucléotide servait-il d'accepteur pour les acides aminés activés avant de se comporter en « donneur du groupe amino-acyl dans l'allongement de la chaîne polypeptidique[56] » ? Était-il le pendant cellulaire de l'hydroxylamine, l'accepteur-modèle des travaux de Hoagland sur l'activation des acides aminés ? Une chose était sûre – bien que l'on ignorât encore tout des raisons qui expliquaient cette dépendance –, la GTP et la GDP n'étaient actives qu'en présence d'ARN microsomal intact[57]. Dans le labyrinthe expérimental, le nucléotide G venait dresser un nouveau pan de mur qui bouchait la vue en même temps qu'il orientait le regard.

RETOUR AUX CELLULES CANCÉREUSES

Toutes ces tentatives pour faire la lumière sur les mystères fonctionnels étaient liées aux microsomes. Dès que les fragments du réticulum endoplasmique étaient détachés des particules, ils devenaient inactifs. Fallait-il en conclure que le réticulum endoplasmique était essentiel à la synthèse protéique ? Cherchant des particules pouvant servir de contre-exemple, John Littlefield fit retour à une ressource oubliée de l'arsenal oncologique[58]. Les tissus cancéreux se retrouvaient donc dans un contexte radicalement nouveau : anciennement objets d'étude, ils étaient désormais utilisés comme des sources de microsomes. Lors de sa réunion de décembre 1955, le comité de conseil scientifique du MGH fit l'éloge de cette conception étendue de la recherche sur le cancer :

---

56   Keller & Zamecnik, 1956, p. 57.
57   À cet égard, le système ne se comportait pas comme le système basé sur le staphylocoque de Gale et Folkes (1955b).
58   Littlefield & Keller, 1956, 1957.

Le Comité de conseil scientifique encourage vivement à préserver et à développer l'esprit dans lequel les recherches sur le cancer ont été menées au
Massachusetts General Hospital. Il est donc notamment attendu qu'une partie
importante de la recherche ne soit pas trop étroitement liée à l'oncologie,
voire même soit sans rapport avec elle si ce n'est dans l'esprit des chercheurs.
(MGHR, Recommendations of the Scientific Advisory Committe, 16 et
17 décembre 1955, p. 1-2)

Zamecnik avait carte blanche.

Une tumeur ascitique d'Ehrlich avait été introduite en 1950 au
Huntington Hospital et était depuis cultivée dans des souris de laboratoire.
Ces cellules étaient relativement pauvres en réticulum endoplasmique[59].
Il y avait donc lieu d'espérer que les particules ribonucléoprotéiques
puissent être plus facilement séparées des fragments réticulaires des
microsomes. Pour isoler les particules ascitiques, Littlefield et Keller
réactivèrent une technique ancienne datant de la fin des années quarante[60]. À la place du désoxycholate, ils utilisèrent du chlorure de sodium
pour nettoyer les microsomes. La part d'ARN dans les particules ainsi
obtenues était comparable à celle contenue dans les particules traitées au
désoxycholate. Il restait environ 20 pour cent de l'ARN cytoplasmique
dans la fraction soluble, et 5 à 10 autres pour cent furent détachés des
microsomes avec du sel. Les collaborateurs du MGH prirent soigneusement note de cette élimination progressive de l'ARN cytoplasmique
au cours de la procédure de purification, qu'ils interprétèrent cependant
non pas comme la répartition fonctionnelle de différents composants
de l'ARN, mais comme une perte croissante libérée par une unique
source : les microsomes. Si les proportions respectives d'ARN et de
protéines dans les particules traitées au désoxycholate et au NaCl étaient
presque identiques, les coefficients de sédimentation, contre toute attente,
divergeaient désastreusement. Littlefield et Keller ne trouvèrent aucune
explication à ce phénomène. Une partie, mais une partie seulement, des
pics que l'on pouvait faire apparaître par ultracentrifugation analytique
étaient comparables à ceux que Petermann et ses collaborateurs avaient
déjà identifiés[61]. La courbe de sédimentation était instable, et tout bon-
nement déroutant.

59   Selby, Biesele & Grey, 1956.
60   Jeener, 1948 ; cf. également Simkin & Work, 1957.
61   Petermann, Hamilton & Mizen, 1954 ; Petermann & Hamilton, 1955.

Malgré cette confusion, les particules nettoyées avec une solution saline étaient pour la première fois actives dans la réaction d'incorporation d'acides aminés. À cet égard, il s'agissait donc de « bonnes » particules, en tout cas suffisamment bonnes pour qu'on passe outre toutes les incohérences qu'elles produisaient. L'homogénat ascitique présentait l'avantage supplémentaire d'une faible activité de dégradation de l'ATP, ce qui permettait d'utiliser l'ATP sans devoir ajouter un système régénérateur d'énergie. Les enzymes pH 5, les microsomes hépatiques et les particules de souris ascitiques étaient même interchangeables. D'après ces expériences, la composante membranaire des microsomes semblait donc n'être pas nécessaire pour la synthèse protéique. C'était là une purification décisive pour le système fractionné.

Ces mutations n'étaient certes pas grandes, mais elles n'en provoquèrent pas moins un nouveau déplacement de la perspective. Cinq années auparavant, le groupe avait renoncé à l'analyse des tissus tumoraux après qu'elle avait abouti à une impasse expérimentale. Bien loin de leur contexte d'étude initial, ces mêmes cellules cancéreuses étaient maintenant utilisées pour fournir des particules ribonucléoprotéiques actives. Une nouvelle perspective expérimentale fut ouverte par un effet secondaire de cette réintroduction : des systèmes hybrides actifs composés de fractions de différents types cellulaires. Les systèmes hybrides permirent alors aux chercheurs d'aborder des questions relatives au comportement des tissus néoplasiques qui étaient restées en suspens. Le travail quotidien du laboratoire, ce jeu de dissolution et de formation de nouveaux attracteurs expérimentaux, restait toujours aussi imprévisible.

LES DÉBUTS D'UN RÉCIT

La résolution atteinte par le système d'incorporation basé sur le foie de rat, encore considérablement affinée par l'activation des acides aminés, commençait à attirer l'attention d'une communauté scientifique grandissante. Le système du MGH devenait une sorte de référence pour la recherche sur la synthèse protéique. Son apparition, puis les étapes marquantes du processus de sa reproduction différentielle, déroulaient peu à peu le fil d'un récit. Dans les articles de synthèse, les auteurs tiraient désormais une ligne droite logique entre les premières « prophéties » de Lipmann sur les produits intermédiaires, riches en énergie, de la synthèse protéique, et l'hypothèse « raisonnable » selon laquelle « les microsomes, ou les acides aminés eux-mêmes, étaient activés par l'adénosine triphosphate[62] », en passant par la mise au point progressive du système *in vitro* de foie de rat. D'après ce récit, on purifia le système jusqu'à atteindre le point où l'ATP seule n'assurait plus la synthèse. Il fallut alors faire intervenir un autre nucléotide, qui se révéla être la GTP. Comprendre quels mécanismes se cachaient derrière le phénomène d'« incorporation » des acides aminés avait été un élément central du projet ; dans le récit qui en fut donné après-coup, il ne s'agissait plus que de déjouer certains pièges liés à l'identification des liaisons peptidiques. Désormais, tout se passait comme si l'on avait d'emblée disposé d'une sorte de liste énumérant les écueils à éviter pour pouvoir aboutir à la « véritable » synthèse protéique. Le déroulement contingent de ce long tâtonnement empirique dans le marécage biochimique des homogénats prit la forme d'alternatives logiques examinées et tranchées à l'aide d'expériences clairement délimitées. Le principe heuristique de l'impureté contrôlée qui avait guidé le processus expérimental fut réinterprété comme une logique de la purification.

La représentation du système avait jusque-là été fractionnelle. Avec l'activation des acides aminés par Hoagland, un concept énergétique s'était peu à peu superposé à ce modèle fractionnel. La nouvelle représentation qui en résulta était une mosaïque de fractions centrifugées, de réactions-modèles du transfert d'énergie, et de produits intermédiaires entre les acides aminés libres et les protéines achevées qui décrivaient une possible séquence de réactions catalysées par des enzymes. Cette mosaïque contenait des éléments aussi bien morphologico-topologiques qu'énergético-biochimiques.

Absents des représentations précédentes[63], les besoins énergétiques se virent attribuer une place dans la structure fractionnelle : ils furent situés dans la fraction soluble et associés à une réaction d'activation spécifique. On supposa que, soit directement soit par un autre porteur de nucléotides, les acides aminés activés étaient transférés vers

---

62 Zamecnik, Keller, Littlefield, Hoagland & Loftfield, 1956, p. 82.
63 *Cf.* par exemple l'illustration 6 *supra*.

les particules ribonucléoprotéiques, où ils étaient alors incorporés à la partie protéique de la protéine ribonucléique. L'illustration 15 montre que Zamecnik avait parfaitement conscience que « l'acide ribonucléique (ARN) était impliqué dans la synthèse protéique[64] ». Mais le phénomène, qui attirait depuis longtemps l'attention d'autres biochimistes, et commençait à éveiller la curiosité de généticiens moléculaires dont les modèles expérimentaux s'appuyaient sur des bactéries et des virus[65], apparaissait toujours impénétrable. Était-il possible que l'acide ribonucléique de la particule joue un rôle dans la « séquentialisation des acides aminés activés[66] » ?

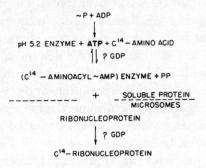

ILL. 15 – Schéma de synthèse du mécanisme d'incorporation des acides aminés dans les protéines tel qu'on se le représentait en 1955.
Tiré de Paul C. Zamecnik et al., « Mechanism of incorporation of labeled amino acids into protein », *Journal of Cellular and Comparative Physiology*, vol. 47, page 91, ill. 5, 1955. Reproduit avec l'autorisation de WILEY.

MATRICES-MODÈLES

Au cours des années précédentes, de nombreux modèles moléculaires conçus sous la forme de matrices ou « *templates* » avaient été discutés entre biochimistes. Vers la fin des années quarante, Felix

---

64   Zamecnik, Keller, Littlefield, Hoagland & Loftfield, 1956, p. 87.
65   Hoagland, 1990, p. 82.
66   Zamecnik, Keller, Hoagland, Littlefield & Loftfield, 1956, p. 166-167.

Haurowitz privilégiait toujours les protéines comme matrices de la synthèse protéique autocatalytique[67]. Peu de temps après, Alexander Dounce proposa les grandes lignes d'un mécanisme qui prévoyait la phosphorylation d'une matrice d'ARN, laquelle donnait ensuite lieu à la formation d'un produit intermédiaire composé d'ARN associé à un acide aminé (par liaison covalente avec le groupe amine de ce dernier), et dont résulterait finalement une chaîne polypeptidique[68]. Comme nous l'avons déjà vu avec l'illustration 12 au début de ce chapitre, Lipmann envisageait les choses encore autrement. Plutôt qu'une phosphorylation simple, il proposait une pyrophosphorylation ; ses liaisons covalentes intermédiaires impliquaient le groupe carboxyle des acides aminés et non leur groupe amine ; enfin, il se gardait bien de préciser l'identité moléculaire de la matrice[69]. Suivant une suggestion de Hubert Chantrenne, le modèle établi par Victor Koningsberger[70] – de même que celui du spécialiste des acides nucléiques Alexander Todd[71] – partait d'une liaison carboxyl-phosphate entre l'acide aminé et la matrice. Toutes ces matrices-modèles d'ARN faisaient l'hypothèse d'un produit intermédiaire formé par liaison covalente, et aucun ne parvenait à déduire la spécificité séquentielle des protéines à partir des mécanismes chimiques sur lesquels reposaient les modèles. Il fallait pour cela postuler que des enzymes servaient de médiateurs entre les différents acides aminés et l'environnement spécifique des nucléotides auquel ils étaient fixés. Inspiré par le modèle de la double hélice proposé par James Watson et Francis Crick pour l'ADN, George Gamow soumit en 1954 un modèle basé sur une affinité géométrique entre l'ADN et les acides aminés[72]. Comme l'a montré Lily Kay, cette proposition déclencha parmi les biologistes moléculaires un vaste débat opposant des considérations formelles et combinatoires relatives à un possible « code » nucléotidique[73]. Se détachant des évolutions décrites dans le présent ouvrage, ce débat se poursuivit encore pendant quelques années.

---

67 Haurowitz, 1949, 1950, en particulier le chap. 17 sur la « Protein Synthesis ».
68 Dounce, 1952.
69 Lipmann, 1954.
70 Chantrenne, 1951 ; Koningsberger & Overbeek, 1953.
71 Todd, 1955.
72 Ganow, 1954.
73 Kay, 2000.

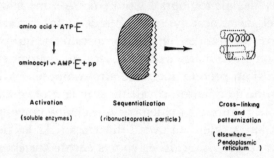

ILL. 16 – Séquentialisation des acides aminés
telle qu'on se la représentait en 1956. « Crosslinking and patternization »
(constitution de liaisons croisées et conformation) correspond au repliement
tridimensionnel de la protéine. Tiré de Paul C. Zamecnik *et al.*, « Studies
on the mechanism of protein synthesis », *CIBA Foundation Symposium on
Ionizing Radiations and Cell Metabolism*, page 167, ill. 2, 1956.
Reproduit avec l'autorisation de WILEY.

Zamecnik et ses collègues concevaient la « séquentialisation » présentée
dans l'illustration 16 comme un processus au cours duquel « les complexes
activés de nucléotides aminoacylés s'alignent le long d'une matrice ribonucléoprotéique. Les groupes des chaînes latérales R déterminent ensuite
la séquence par leur capacité à s'insérer dans certaines cavités de la surface
de la ribonucléoprotéine[74] ». C'est donc de « ribonucléoprotéine » qu'ils
parlaient quand pour la première fois en 1955 ils utilisèrent les notions
de « matrice » et de « séquentialisation ». Mais aucune définition plus
précise ne vint par la suite expliciter ce terme. Contrairement à Dounce
et Koningsberger, le groupe de Zamecnik supposait l'existence d'une
matrice complexe formée de protéines et d'ARN et capable de reconnaître
les chaînes latérales spécifiques des différents acides aminés selon le modèle
« clé-serrure ». Ces conceptions étaient donc loin de simples déductions
directement établies à partir des expériences relatées par l'équipe de
Boston. C'est d'ailleurs pourquoi elles figuraient seulement dans la section
« discussion », et le plus souvent dans les articles de synthèse, même si le
rôle de l'ARN dans l'expression des gènes et dans la synthèse protéique
faisait l'objet de réflexions de plus en plus sérieuses.

---

74   Zamecnik, Keller, Hoagland, Littlefield & Loftfield, 1956, p. 167.

Comme je l'exposerai en détail au chapitre sur l'ARN soluble, un débat houleux opposa les généticiens moléculaires aux biochimistes pendant plusieurs congrès de l'année 1955 et des premiers mois de 1956. Les généticiens moléculaires « ne cachèrent pas dans quel mépris ils tenaient les biochimistes qui se concentraient sur la dissection de la machinerie cellulaire ». Les biochimistes, quant à eux, « considéraient volontiers les biologistes moléculaires comme des rabat-joie dont les nouvelles applications qu'ils faisaient de la physique et de la génétique reléguaient dans l'ombre les approches biochimiques plus traditionnelles[75] ». Mais au fond, le problème n'était pas tant lié à un conflit entre des identités disciplinaires et corporatives concurrentes qu'à un problème de compréhension : les deux parties ne parlaient pas la même langue, et appartenaient à des mondes scientifiques différents. L'issue dépendait de ce que l'on parvienne à trouver un objet expérimental et des enjeux théoriques communs.

---

75   Hoagland, 1990, p. 82.

CONJONCTURES,
CULTURES EXPÉRIMENTALES

Si « l'activité expérimentale a une vie propre[1] », les systèmes expérimentaux ne mènent pas une existence solitaire et isolée pour autant. Au contraire, on les trouve le plus souvent regroupés en populations composées de variations plus ou moins nombreuses ; ils peuplent des domaines de recherche qui se chevauchent, et le développement de chacun d'entre eux peut mener à des conjonctures, à des intersections. Se souvenant des événements relatés au dernier chapitre de cet ouvrage, Zamecnik parla en 1959 d'une « *juncture*[2] », au sens d'une articulation décisive. Ce terme fait référence à l'émergence d'une configuration extraordinaire. Une conjoncture ne doit pas être confondue avec une « anomalie » ou un « changement de paradigme[3] » dans le sens défini par Kuhn. Elle ne désigne ni une irrégularité troublante au sein d'un schéma de pensée établi et accepté, ni le remplacement d'une théorie globale par une nouvelle théorie, mais une direction imprévue qui s'ouvre au cours d'un processus expérimental.

CONJONCTURES

Les conjonctures sont le résultat d'événements inanticipables, et elles peuvent conduire à d'importantes réorganisations ou recombinaisons des espaces de représentation des systèmes expérimentaux. Nous connaissons la notion de conjoncture dans le contexte économique, où elle désigne les variations du volume de production provoquées par les reconfigurations

---

1   Hacking, 1983 [1989], p. 150 [p. 270].
2   Zamecnik, 1960, p. 263.
3   Kuhn, 1962 [1982].

des facteurs économiques. Althusser a nommé « conjonctions » les conjonctures historiques en général, « c'est-à-dire des rencontres aléatoires d'éléments, en partie existants mais aussi imprévisibles » qui lui semblent nécessaires « pour penser l'ouverture du monde vers l'événement[4] ». Le développement de systèmes expérimentaux débouche toujours sur des combinaisons de phénomènes et d'événements qui, s'ils ne sont pas liés entre eux par des rapports de cause à effet, peuvent entrer dans une sorte d'articulation structurelle dès lors qu'ils sont apparus et ont été observés par les expérimentateurs. Ces configurations reposent donc sur la casualité, et non pas sur la causalité.

Je préfère la notion « d'événement inanticipable » à celle, souvent employée dans ce contexte, de « découverte[5] ». Cette dernière relève du vocabulaire positiviste que je me suis constamment efforcé d'éviter dans le présent ouvrage. Et pour préciser un autre concept fréquemment employé à ce sujet, la « sérendipité[6] », citons une remarque de Royston Roberts qui me paraît très utile :

> Par opposition à la (véritable) sérendipité, qui décrit la découverte fortuite de choses que l'on avait nullement recherchées, j'ai forgé le terme de pseudo-sérendipité pour qualifier la découverte fortuite d'une manière de parvenir à un objectif déterminé. (Roberts, 1989, p. x)

Les événements inanticipables désignent précisément l'apparition de choses et de relations qui n'ont pas constitué le but immédiat des recherches. Leur émergence est surprenante, mais pas spontanée pour autant. C'est la configuration interne des machines expérimentales à fabriquer de l'avenir qui les fait advenir. Mais ils peuvent inciter un expérimentateur à donner une orientation radicalement nouvelle à ses travaux de recherche. Les conjonctures peuvent prendre des formes diverses, et c'est la tâche des études de cas historiques que d'établir une typologie de ces formes.

L'émergence d'un petit acide ribonucléique soluble dans le système de synthèse protéique acellulaire – que je décrirai en détail au chapitre suivant – remplit tous les critères d'une conjoncture majeure. Son apparition fut

---

4   Althusser, 1994, p. 45-46.
5   *Cf.* par exemple Root-Bernstein, 1989, Bechtel & Richardson, 1993 ; ainsi que l'analyse critique développée dans Schaffer, 1994.
6   *Cf.* par exemple Remer, 1964.

bien un événement inanticipable puisque cette molécule *n'avait pas* été recherchée. Le caractère du système expérimental s'en trouva tout entier déplacé : de représentation des produits intermédiaires du métabolisme, il devint représentation de ce que l'on commençait à considérer comme un transfert d'information génétique, de l'ADN à l'ARN et de l'ARN aux protéines. En termes plus généraux : un point de cristallisation s'était formé qui permettait de faire la jonction, ou *juncture*, entre la biochimie classique et la biologie moléculaire, et faisait ainsi glisser le système de synthèse protéique vers cette dernière. Parce que de tels événements sont *per se* imprévisibles, il n'existe aucune procédure logique, aucun algorithme que l'expérimentateur pourrait se contenter d'appliquer afin de les provoquer. C'est de « l'extimité » du processus de recherche, exposée au début du premier chapitre, que dépend leur émergence. Dans l'étude d'une chose épistémique particulière, ce qui apparaît d'abord comme un bruit de fond peut prendre une signification inattendue au fil des transformations que connaîtra cette chose. Ainsi que je l'esquissai au chapitre « Reproduction et différence », la capacité à entendre de tels bruits de fond – et le cas échéant à les interpréter comme des signaux – dépend autant de l'intuition acquise, c'est-à-dire de ce que l'on « suive son instinct sans savoir exactement où il nous mènera[7] », que de la conception du processus expérimental lui-même. Le jeu expérimental de la recherche de traces obéit à ses propres règles heuristiques, qui n'ont pas pour seule fonction d'écarter le risque d'erreur et d'éliminer les « artefacts[8] » : elles structurent le tâtonnement expérimental et servent de machines à imagination extériorisée, apprivoisée – avec Johannes Müller, j'ai décrit un cas du XIXe siècle[9] –, de génératrices de surprise.

Les systèmes expérimentaux tels qu'introduits au chapitre premier sont ces formations matérielles, ou dispositifs de la pratique épistémique, au sein desquelles les scientifiques fabriquent les produits épistémiques qu'ils définissent comme les « résultats » de leur travail. Un résultat – positif – se caractérise par le fait qu'il peut normalement être réinséré dans le système comme composant, et par là contribuer à son extension et à son développement. À la suite de Bachelard, j'utilise le concept de récurrence pour désigner ces couplages, appropriations ou annexions

---

7 Lipmann, 1971, p. v.
8 *Cf. supra*, p. 103-104.
9 *Cf.* Rheinberger, 1998a.

rétroactifs. Puisqu'elles représentent des innovations, ces récurrences ne sont pas les conséquences logiques de l'agencement d'un système. Malgré leur cohérence reproductive, les systèmes expérimentaux ne sont pas des constructions mécanistes. Bien au contraire : ils ne sont des systèmes de recherche proprement dit que pour autant qu'ils opèrent à la limite de la rupture. Dispositifs aux marges effrangées, leur sens reste ouvert à des points de vue divergents, y compris opérationnels. Ils tirent donc leur dynamique non pas d'un terme anticipable mais de leurs fluctuations internes d'une part, et d'autre part de leur caractère de niches inscrites dans un réseau quasi-écologique, autrement dit du jeu d'interaction et de différenciation avec les systèmes expérimentaux qui les environnent. De même que l'articulation de traces expérimentales isolées confère à ces traces une micro-signifiance au sein du système considéré, de même la macro-signifiance de chacun des systèmes expérimentaux est déterminée par leur position dans un champ expérimental. Examinons brièvement quelles relations ces systèmes peuvent avoir entre eux.

HYBRIDES

Il existe une sorte d'événements étroitement dépendants de l'effrangement – voire de la fractalité – des marges, du caractère habituellement flou des contours des systèmes expérimentaux. Ces événements conduisent à la constitution de liens durables entre des systèmes d'abord sans relation entre eux, et par là à des formations hybrides. Il peut en résulter des zones de contact entre deux ou plusieurs dispositifs expérimentaux. L'histoire de la biologie moléculaire regorge d'événements d'hybridation de cette nature. Dans le domaine de recherche qui nous occupe ici, on en trouve un bon exemple dans la fusion de deux systèmes développés à l'Institut Pasteur : le système de conjugaison bactérienne et de réplication des phages établi par François Jacob et Elie Wollman d'une part, et le système d'induction de ß-galactosidase dans *Escherichia coli* mis au point par Jacques Monod d'autre part. Cette fusion conduisit à l'émergence de l'ARN messager – que je décrirai plus avant au chapitre 12 – et à un modèle puissant de la régulation génétique[10]. De telles rencontres fortuites peuvent fondre des systèmes expérimentaux isolés en unités plus grandes. Les dispositifs de recherche qui naissent ainsi de l'hybridation de différents systèmes expérimentaux initialement indépendants affichent souvent des propriétés nouvelles et tout à fait inattendues. Si j'ai emprunté l'expression de « systèmes hybrides » à Latour, j'emploie cette notion dans un sens différent. Latour définit les « hybrides » comme des amalgames de facteurs sociaux et naturels dont les entreprises scientifiques sont des exemples particuliers[11]. Par le concept d'hybridation, je tiens quant à moi à faire apparaître que des choses peuvent se rapprocher dont on n'aurait pas soupçonné qu'elles puissent être articulées, amalgamées ou mélangées de la sorte. De telles hybridations sont une condition préalable aux « connections interchamps » décrites par Lindley Darden, et peuvent déboucher sur des « théories interchamps[12] ».

RAMIFICATIONS

Il existe un autre type d'événements, complémentaires au phénomène de la formation d'hybrides, qui conduisent à la ramification d'un système expérimental et, par là, à la production de systèmes dérivés. Ces dérivés tendent à former des ensembles, lesquels donnent naissance à des espaces expérimentaux plus vastes qui ne sont plus peuplés par un groupe isolé et localement ancré de chercheurs mais par des communautés scientifiques élargies. Dans le chapitre suivant, je présenterai quelques exemples de ramification d'un système expérimental. Pour un groupe dont le rayon d'action est limité, pareille ramification peut se présenter comme un point de bifurcation où il faut décider de la nouvelle direction de recherche à prendre. La ramification de l'étude de l'ARN soluble conduisit à plusieurs dérivés du système de recherche sur la synthèse des protéines *in vitro* qui, tout en restant liés à celui-ci, adoptèrent des approches nouvelles. Pour parler en termes plus généraux, disons que des

---

10 Grmek & Fantini, 1982 ; *cf.* également Gaudillière, 1992, 1996.
11 Latour, 1991.
12 Darden & Maull, 1977 ; Darden, 1991.

ramifications affectent un système expérimental lorsque celui-ci permet de suivre des pistes épistémiques suffisamment divergentes les unes par rapport aux autres pour mener à des résultats significativement différents. Typiquement, les ramifications issues de ce type de systèmes demeurent liées entre elles pendant quelque temps sous la forme de clusters. En effet, partageant un ou plusieurs éléments matériels, elles permettent aux chercheurs impliqués dans leur développement de s'entraider et d'intégrer les éventuelles innovations réalisées par leurs pairs. Mais rien n'impose que cette situation perdure. Les systèmes dérivés peuvent tout à fait se dissocier du système-mère pour suivre une évolution propre ou être intégrés à d'autres ensembles à même de les accueillir.

Pour appréhender correctement ces différents types d'articulation expérimentale des choses épistémiques, des procédés et des dispositifs, il nous faut distinguer entre trois modes de liaison, trois opérations que j'aimerais nommer « intériorisation », « greffe » et « écartement ». Elles sont aux objets épistémiques ce que la conjoncture, l'hybridation et la ramification sont aux événements systémiques. Mais nous pouvons également recourir à la distinction établie par Isabelle Stengers pour décrire l'organisation d'un ensemble de phénomènes au sein d'un domaine de recherche particulier d'une part, et par-delà les frontières disciplinaires traditionnelles d'autre part : les choses épistémiques peuvent être respectivement malléabilisées ou reconfigurées selon ce que la philosophe appelle des « opérations de propagation » ou des « opérations de passage[13] ».

CULTURES EXPÉRIMENTALES

Les concepts de conjoncture, d'hybridation et de ramification nous permettent donc de prendre en considération un plus grand nombre de systèmes expérimentaux et leurs interactions complexes, et ainsi d'imaginer un réseau expérimental d'objets et de pratiques dont la structure, de même que dans le cas des systèmes expérimentaux isolés, relève toujours un peu du bricolage, du rafistolage. Sa cohésion est

---

13   Stengers, 1987.

collatérale : cela signifie que le réseau n'est pas maintenu par sa relation verticale à une référence cachée, mais par sa concaténation horizontale. La circulation et l'échange des choses épistémiques, des modèles, des sous-routines techniques et du savoir tacite forment la base de sa cohérence en même temps qu'ils définissent son envergure. Conjonctures, hybridations et ramifications décrivent les types fondamentaux de déplacements, articulations et dérivations qui accompagnent et entretiennent la dynamique de réorientation, de fusion et de prolifération des systèmes expérimentaux. Étudier ces processus permet de passer de la micro-dynamique des systèmes locaux et situés, à la macro-dynamique de champs expérimentaux plus vastes.

Conjonctures, hybridations et ramifications sont des événements qui structurent des ensembles de systèmes expérimentaux. Au sein de tels ensembles, c'est l'échange de méthodes suffisamment stabilisées et d'objets épistémologiquement intéressants qui garantit la connexion et l'interaction des systèmes. Mais ceux-ci peuvent également finir par se détacher les uns des autres. De la biologie de l'évolution nous connaissons les processus de transformation des espèces, de spéciation et de bâtardisation. Aussi attirante que soit l'analogie avec les phénomènes biologiques, la prudence s'impose : les systèmes expérimentaux ne sont pas des organismes. Et pourtant, ces deux types de réalités ont en commun quelque chose de fondamental, sur quoi peuvent se fonder des conceptualisations qui, si elles divergent dans le détail, n'en autorisent pas moins des comparaisons de nature épistémique – sinon ontologique – lorsqu'elles sont prises dans une perspective éco-historique élargie. En tant qu'arrangements cohérents de pratiques dans le temps et dans l'espace, les systèmes expérimentaux sont des entités qui transmettent matériellement l'information justement accumulée et transformée par ce processus de transmission. À la faveur de développements relatifs à un argument esquissé dans *La Structure des révolutions scientifiques*, Kuhn a parlé à ce sujet de « processus de prolifération » et « d'extinction » des spécialités scientifiques, qu'il comparait à une « multiplicité de niches au sein desquelles les praticiens de ces diverses spécialités pratiquent leur métier ». Ces niches s'influencent mutuellement, mais « elles ne forment pas un tout unique et cohérent[14] ».

---

14   Kuhn, 1992, p. 19-20.

En somme, nous pouvons considérer les ensembles de systèmes expérimentaux comme des clusters de matériaux et de pratiques qui se développent par dérive (conjonctures), fusion (hybridations) et division (ramifications). Mais nous pouvons aller encore un peu plus loin et chercher à repérer des relations entre ensembles de systèmes expérimentaux, et atteindre ainsi le niveau de ce qu'il serait possible d'appeler une culture expérimentale[15]. Les cultures expérimentales sont des clusters de groupes de systèmes expérimentaux où prédomine un certain style matériel de recherche. Plutôt que la notion de « style de pensée[16] » proposée par Fleck, je préfère parler ici de « formes de raisonnement expérimental ». Les cultures expérimentales sont caractérisées par des formes spécifiques de ce que Hacking a nommé le « style de laboratoire[17] ». La notion de culture expérimentale ne coïncide nullement avec le concept classique de discipline. Au contraire, les cultures expérimentales sont des champs de recherche en mouvement qui tendent constamment à déplacer, effacer, dissoudre et redessiner les contours et frontières des disciplines établies et leurs normes d'apprentissage, leurs cursus universitaires et leurs structures de communication institutionnellement ancrées et figées. Ce sont les cultures expérimentales et non les disciplines qui définissent jusqu'où s'étendent, à tel moment de l'histoire, la concurrence, la coopération matériellement médiatisée et la marge de manœuvre laissée aux négociations épistémiques. Ce sont elles qui déterminent les canaux de circulation envisageables pour les choses épistémiques. Elles encore qui délimitent les frontières fluctuantes de ces communautés scientifiques spontanées et informelles qui maintiennent le flux informationnel du savoir en deçà du plan des organisations et corporations scientifiques. Par conséquent, ce que j'appelle culture expérimentale est avant tout un concept épistémologique, et non sociologique.

Choses épistémiques, systèmes expérimentaux et cultures expérimentales sont donc les entités à l'aide desquelles j'essaye de jalonner le cadre d'une histoire et d'une épistémologie de l'expérimentation susceptibles de défaire la hiérarchie traditionnelle entre « contexte de justification » et « contexte de découverte », et d'arracher l'expérience au rôle subalterne qui lui revient dans les représentations rationalistes du développement et

---

15   À propos de concept, *cf.* également Klein, 2003.
16   Fleck, 1980 [2005], chap. 4.
17   Hacking, 1992b, p. 6.

du changement théoriques. Mon récit n'est en aucun cas celui de l'histoire des institutions et des disciplines scientifiques[18]. Il n'est pas davantage organisé autour des catégories propres à la sociologie des sciences avec ses acteurs, ses intérêts, sa politique, son pouvoir et son autorité[19]. Il constitue une tentative pour comprendre la dynamique épistémique des sciences empiriques depuis la structure particulière des pratiques dans lesquelles ces sciences s'enracinent et dont elles se nourrissent[20]. Pas plus que les systèmes expérimentaux dont elles se composent, les cultures expérimentales ne sont des espaces homogènes. Celles-ci sont tout aussi rapiécées et bricolées que ceux-là. Elles ne doivent leur tenue qu'à un ciment bien particulier : une interaction matérielle et non pas institutionnellement formalisée ; une compatibilité épistémique, et non théorique au sens restreint de ce terme.

La teneur biologique des concepts évolutionnistes et écologiques ne présente pas d'intérêt particulier pour l'historien des sciences, et elle devrait dès lors être écartée des représentations qu'il peut élaborer. Ce qui l'intéresse en revanche, c'est leur capacité à saisir des systèmes en reproduction qui accumulent, transmettent et modifient du savoir sur de longues périodes de temps, et qui sont au surplus fortement interconnectés. On a dit que l'activité expérimentale a une vie propre : les deux éléments de cette expression appellent une explication. Que faut-il en effet comprendre lorsqu'on affirme d'un système de pratiques qu'il a une « vie » ? Et que signifie que cette vie soit « propre » ? Prendre au sérieux cette formule de Hacking impose de faire apparaître dans quel sens précis la pratique scientifique produit du savoir fragment par fragment. Kuhn a très bien exprimé ce qu'il me semble important de retenir de la métaphore évolutionniste : « Le développement scientifique, comme l'évolution darwinienne, est un processus propulsé par derrière plutôt que tiré vers l'avant par un objectif établi dont il ne cesserait de se rapprocher[21]. »

L'histoire des sciences est un processus « propulsé par derrière », mais leur historiographie l'est également. Les concepts utilisés par le récit historique sont formés et transformés par immersion dans un « laboratoire

---

18 Lenoir, 1993, 1997.
19 *Cf.* les textes-clefs du programme fort que s'est donné la sociologie du savoir : Barnes, 1974 ; Bloor, 1976 [1983] ; Barnes, 1977 ; Collins, 1985.
20 Pickering, 1995 ; Rouse, 1996.
21 Kuhn, 1992, p. 14.

épistémologique ». L'étude de la pensée expérimentale a elle-même un caractère expérimental. Comme l'a un jour fait remarquer Eduard Dijksterhuis, « l'histoire des sciences ne façonne pas seulement la mémoire de la science, mais également son laboratoire épistémologique[22] ». Ce laboratoire est le fruit de l'ensemble du développement historique des sciences, il en inclut les moindres détails et les plus menues vétilles. Dans son *Introduction à l'étude de la médecine expérimentale*, Bernard a souligné l'importance d'une telle épistémologie du détail : « Dans l'investigation scientifique, les moindres procédés sont de la plus haute importance. Le choix heureux d'un animal, un instrument construit d'une certaine façon, l'emploi d'un réactif au lieu d'un autre, suffisent souvent pour résoudre les questions générales les plus élevées. » Avant de poursuivre : « Il faut avoir été élevé et avoir vécu dans les laboratoires pour bien sentir toute l'importance de tous ces détails de procédés d'investigation, qui sont si souvent ignorés et méprisés […]. » Pour finir, il compare la science de la vie avec « un salon superbe […], dans lequel on ne peut parvenir qu'en passant par une longue et affreuse cuisine[23]. » De manière comparable, Bachelard a plaidé en faveur d'une « philosophie distribuée[24] » qui serait à même d'appréhender les sciences dans toute la complexité de leur processus d'élaboration. Pareille épistémologie du détail doit non seulement résister à la tentation de l'homogène et de l'hégémonique mais aussi aux charmes de tous les grands récits, quelle que soit la position qu'ils adoptent à l'égard de leur objet d'étude. À l'inverse, une épistémologie du détail s'intéressera à l'hétérogène et au régional, à ce qui s'oppose à une confortable classification et qui, pour cette raison même, est par trop souvent escamoté.

Longtemps, les historiens des sciences ont préféré les « salons superbes » et se sont abandonnés à certaines aspirations imaginaires du récit historique telles que la cohérence, l'intégrité, la totalité et la délimitation[25], c'est-à-dire à une vie aveugle à « l'affreuse cuisine » encombrée de recettes, d'annales et de chroniques. Cette prédilection, cependant, est aujourd'hui critiquée. Depuis la parution de l'ouvrage *Science as Practice and Culture*[26],

---

22   Dijksterhuis, 1969, p. 182.
23   Bernard, 1984, p. 43-44.
24   Bachelard, 1940, p. 12.
25   White, 1980, p. 23.
26   Pickering, 1992.

nous assistons à un vif débat sur le caractère contingent, contaminé, local et situé de la production du savoir. La notion de culture renvoie ici à la totalité des multiples ressources épistémiques, techniques, institutionnelles et sociales qui donnent forme à la pratique expérimentale ; la notion de pratique se rapporte à l'ensemble des activités qui reposent sur ces ressources[27]. La caractérisation des cultures expérimentales n'est pas une histoire sociale ni une critique idéologique, elle ne vise pas à donner une représentation des facteurs qui exercent une influence sur la science, entravent ses efforts ou favorisent ses avancées. Au contraire, il s'agit de regarder les sciences comme des systèmes culturels qui façonnent à leur tour nos sociétés, et il faut pour ce faire trouver le fragile équilibre qui permet d'appréhender les sciences dans la spécificité de leur mouvement et de les distinguer des autres systèmes culturels sans pour autant leur accorder une quelconque primauté.

Comment décrire un tel projet ? Dans sa leçon inaugurale au Collège de France en 1970, Michel Foucault a proposé une série de concepts. Nous pouvons aujourd'hui préciser cette série en considérant les tâches qui s'imposent naturellement à une histoire des sciences comme histoire de l'élaboration du savoir :

> Les notions fondamentales qui s'imposent maintenant ne sont plus celles de la conscience et de la continuité (avec les problèmes qui leur sont corrélatifs de la liberté et de la causalité), ce ne sont pas celles non plus du signe et de la structure. Ce sont celles de l'événement et de la série, avec le jeu des notions qui leur sont liées ; régularité, aléa, discontinuité, dépendance, transformation ; c'est par un tel ensemble que cette analyse des discours à laquelle je songe s'articule non point certes sur la thématique traditionnelle que les philosophes d'hier prennent encore pour l'histoire "vivante" mais sur le travail effectif des historiens. (Foucault, 1971, p. 58-59)

Foucault a nommé « archéologie du savoir[28] » une telle épistémologie attentive à l'historicité. Ce n'est pas sans raison qu'il parle de savoir et non de sciences. L'archéologue s'attelle d'abord à reconstituer les conditions dans lesquelles le savoir peut être mis en scène comme science et devenir efficace. Il dégage les sédiments matériels, les dépôts et résidus qui renferment le savoir d'une époque.

---

27   Pickering, 1992, 1995 ; Rouse, 1996.
28   Foucault, 1969, en particulier la 4e partie.

En parlant des choses épistémiques, des systèmes expérimentaux et des cultures expérimentales, j'essaye de penser l'histoire des sciences à partir de ces sédiments. Mon ambition ici est d'accorder autant d'importance aux formes de vie pratiques et instrumentales propres aux sciences que leur dynamique théorique en a recueilli depuis des décennies. Mais il me faut faire encore un pas de plus et soutenir que l'on ne peut concevoir adéquatement le développement d'un horizon particulier de problèmes scientifiques sans tenir compte de la texture expérimentale qui supporte les concepts et théorèmes ainsi développés et leur donne sens. Aussi voudrais-je une nouvelle fois insister sur l'irréductible pluralité des formes que peut prendre le savoir – une pluralité que cache notre emploi de *la* science au singulier.

Toute expérimentation est de nature technique. Loin donc de penser que la technique moderne, avec toutes ses machineries et machinations, est fille du pouvoir conceptuel des sciences conçues comme pensée systématique, je reprends sans hésiter l'affirmation de Heidegger selon laquelle la dynamique des sciences modernes est la conséquence d'une conquête techno-culturelle unique dans l'histoire. Je fais mienne cette affirmation à cette même réserve près qui m'avait poussé à opérer une distinction fonctionnelle entre les aspects techniques et les aspects épistémiques des systèmes expérimentaux. Les choses épistémiques qui se trouvent au fondement des sciences expérimentales sont issues de l'arsenal technique et de l'ensemble des bricolages qu'il rend possible. Cette configuration est précisément ce que Heidegger a appelé le « dispositif » (*das Gestell*) de la science et de la technique modernes[29]. Le moteur des sciences est la recherche, et la recherche quant à elle consiste « en ce que la connaissance s'installe elle-même, en tant qu'investigation, dans un domaine de l'étant [...][30] ».

---

29 Heidegger, 2000 [1980].
30 Heidegger, 1977 [2004], p. 77 [p. 102] ; *cf* également *supra*, p. 21-25.

SYNTHÈSE PROTÉIQUE
ET DISCOURS DE L'INFORMATION

Le chapitre qui suit relate une conjoncture historique particulière qui vit s'instaurer un lien entre la recherche biochimique sur la synthèse protéique et le discours de la génétique moléculaire[31]. Je m'intéresserai tout particulièrement à la façon dont les conditions nécessaires à cette conjoncture furent mises en place sur le plan de l'expérimentation, et je montrerai comment le discours sur le « code » et l'« information » qui surgit à ce point d'intersection prit d'abord la forme d'un supplément. L'ARN soluble de Zamecnik eut beau ouvrir le champ sur lequel se déploya ensuite la représentation de la synthèse protéique comme processus de traduction de l'information génétique, il semble que le discours sur le code et l'information n'ait joué aucun rôle heuristique dans la caractérisation de la molécule qui émergea du système de synthèse protéique *in vitro* et que nous appelons aujourd'hui ARN de transfert. Mais il devint en revanche décisif dans le choix entre les options qui résultèrent de l'apparition de l'ARN de transfert, et qui menèrent les différentes équipes dans des directions opposées. Au MGH, les initiateurs du discours biochimique sur la synthèse protéique ne développèrent une conception informationnelle de leurs résultats qu'une fois parvenus à l'étape suivante de leurs recherches. Ils ne furent donc pas les sujets agissants – au sens classique de la philosophie rationaliste – du processus ; au contraire, ils étaient assujettis à ses conséquences. C'est à de telles situations que Lacan fait allusion quand il dit que dans la science moderne, le sujet est suturé avec son objet, un objet à la fois réfracteur et protracteur. Je montrerai que cette conjoncture fut le théâtre d'un processus émaillé de frictions entre la retenue biochimique et l'impulsivité de la biologie moléculaire. Dans le quotidien de la pratique expérimentale, cela ne conduisit pas au remplacement soudain de la pensée biochimique, attentive aux questions énergétiques et enzymologiques, par une pensée de la transmission de l'information génétique. On assiste bien plutôt à un phénomène de supplémentation qui déboucha sur une sorte de mélange des discours.

---

31 Les plus récentes analyses du discours de l'information en biologie moléculaire se trouvent dans Keller, 1994, Kay, 1994 et 2000, Sarkar, 1996 ainsi que Doyle, 1997.

Ce mélange reflétait le statut hybride qui fut donné au système expérimental à l'occasion du débat sur l'hypothèse de l'adaptateur émise par
Francis Crick. Le mouvement de supplémentation, que j'illustrerai en
relatant l'émergence de l'ARN soluble au chapitre qui suit, semble être
une caractéristique générale des différents discours qui se formèrent au
point de contact entre la biochimie et la génétique moléculaire dans la
seconde moitié des années cinquante. Et pour autant que je sache, cela
ne changea guère au cours de la décennie qui suivit.

Les historiens devraient renoncer à leur désir de voir des tournants
épochaux à toute occasion, et ne pas chercher à rendre leurs reconstitutions
plus propres que ne l'est le patchwork expérimental et rhétorique de leur
objet. Ses va-et-vient révèlent l'effet des conjonctures transdisciplinaires
au cours desquelles les marges de négociation et de dissensus jusque-là
acceptées sont remises en cause et définies à nouveaux frais. Les langues
– y compris scientifiques – deviennent actives en s'inscrivant dans des
pratiques. De là leur force, leur puissance séductrice, et l'imbroglio des
fécondations croisées qui en sont issues. La science ne fonctionne pas *malgré*
le fait qu'il existe différentes langues sur différents plans opérationnels ;
elle fonctionne *parce que* ces langues sont si nombreuses, et *parce que* leur
grand nombre rend possibles des contextes différentiels, des hybridations
inattendues et toutes sortes d'effets d'interférences et d'intercalations
sans lesquels ce que nous appelons recherche n'existerait pas.

L'ÉMERGENCE D'UN ARN SOLUBLE,
1955-1958

Interrogé par l'historien Robert Olby lors d'un entretien en 1979, Zamecnik eut cette réponse :

> Quand nous avons compris que le ribosome jouait un rôle important dans la synthèse protéique, je suis allé trouver Paul Doty, qui à l'époque était le grand prêtre de la communauté de l'ARN dans la région de Boston, et lui ai demandé : « À votre avis, comment se déroule l'étape de séquençage dans la synthèse protéique, et quelle est sa relation à l'ADN ? » Il m'a répondu : « Je l'ignore, mais il y a un jeune homme nommé Watson qui est de passage ici en ce moment. Je lui demanderai s'il peut passer vous voir. Son collègue Crick et lui ont récemment mis au point un modèle en double hélice ». On était en 1954, et je n'avais encore jamais entendu parler d'un tel modèle.

Et Zamecnik poursuivit :

> Watson est donc venu me rendre visite et je lui ai dit : « Il me semble que dès les travaux de Brachet et Caspersson, on trouve des éléments indiquant que l'ARN joue un rôle dans la synthèse des protéines. Ils ont au moins montré que des organes tels que le pancréas, dans lequel la synthèse de protéines sécrétoires est importante, affiche une concentration élevée de ce qu'ils appellent l'acide nucléique cytoplasmique. » C'est alors que Watson m'a montré son modèle. « Voici un modèle de l'ADN ; quelle serait la place de l'ARN ? Si Brachet et Caspersson ont raison et que l'ADN est bien le générateur du code de la synthèse protéique, comment son message serait-il transmis ? » Nous avons examiné ensemble le modèle et je lui ai dit : « L'ARN ne pourrait-il pas passer dans un des creux qu'il y a là ? » Watson a eu un frémissement, puis il a haussé les épaules, levé les mains au ciel et il est sorti observer les oiseaux. (Zamecnik, 1979, p. 299-300)

Cette restitution tardive – 1979 – de propos tenus en 1954 autorise quelques observations intéressantes. Un an après sa publication en 1953, le modèle en double hélice semble n'avoir eu aucune répercussion immédiate sur les spéculations de Zamecnik relatives à la synthèse protéique. Inversement, la possibilité d'étudier la synthèse protéique *in vitro* n'eut visiblement aucune influence directe sur les réflexions de Watson quant à la façon dont l'information génétique pouvait parvenir aux protéines. Enfin, le discours sur les messages et les codes avait connu une telle diffusion au cours des vingt-cinq années qui s'étaient écoulées depuis 1954 que Zamecnik, sans même s'en rendre compte, raconte l'épisode en employant des notions qui à l'époque étaient entièrement absentes de son lexique de la synthèse protéique.

Dans ce chapitre, j'essaye d'exposer le développement que connut le contexte expérimental de la synthèse protéique entre 1955 et 1958 et, ce faisant, de retracer les déplacements d'objets épistémiques, de métaphores et de rhétorique provoqués par l'événement majeur de ce tournant : l'émergence de l'ARN soluble, par l'intermédiaire duquel le système de synthèse protéique s'est progressivement associé à la génétique moléculaire.

L'ARN REVISITÉ

Indéniablement, quelque chose avait été mis en mouvement dans la relation entre l'ARN et la synthèse protéique. En 1955, ainsi que nous l'évoquions à la fin du chapitre sur l'activation des acides aminés, on en était venu à penser que l'ARN des microsomes contrôlait l'assemblage des acides aminés à la façon d'une matrice qui, d'une manière encore inconnue, garantissait la spécificité de la protéine en cours de composition[1]. Ce n'était pourtant pas là l'enjeu essentiel du débat naissant. Au cours des années précédentes, de nombreux laboratoires avaient rassemblé des indices attestant indirectement d'un lien entre la synthèse protéique et la *synthèse de novo* de l'ARN – et non pas l'ARN déjà synthétisé. En 1952, Jacques Monod avait observé que l'induction de la ß-galactosidase chez *Escherichia coli* dépendait de la présence d'uracile, une base caractéristique de l'ARN, et avait fait l'hypothèse d'un « organisateur » contrôlant la

---

1   Brachet, 1952 constitue l'une des premières références ; pour des éléments plus récents, *cf.* Davidson, 1957.

synthèse induite de l'enzyme[2]. D'autres indicateurs furent collectés à la faveur d'études sur la formation d'enzymes dans les levures[3], sur la synthèse protéique dans des protoplastes et des cellules énucléées[4], sur des systèmes de synthèse protéique *in vivo* comme *in vitro*[5], ainsi que sur la réplication des phages[6]. Au cours d'expériences menées en 1953 à Cold Spring Harbor, Alfred Hershey avait observé que des bactéries infectées par des phages produisaient une petite quantité d'acide ribonucléique très rapidement après leur infection. Selon Hoagland, Hershey « ne savait pas bien quoi faire de ce résultat; il le publia et l'oublia aussitôt[7] ». Quoi qu'il en soit, au milieu de la décennie, le problème de l'ARN occupait les esprits de tous ceux qui travaillaient sur la synthèse protéique. Pour Ernest Gale, chercheur à Cambridge en 1955, il ne faisait alors aucun doute qu'« au moins dans les systèmes inductibles, la synthèse protéique allait de pair avec la synthèse de l'ARN, s'il elle n'en était pas même dépendante[8] ».

Lorsqu'en 1954 Zamecnik se demanda « si les conditions acellulaires dont nous avons constaté il y a un an qu'elles permettent la synthèse protéique acellulaire peuvent également s'appliquer à la synthèse d'ARN[9] », il repensa sans nul doute aux mesures de renouvellement de l'ARN dans les cellules de foie de rat que son ancien collègue du Huntington Hospital Waldo Cohn avait réalisées pendant la guerre[10]. Il demanda à son nouveau collaborateur John Littlefield s'il voulait bien se charger de cette étude. Littlefield se souvient : « J'ai accepté de mener des expériences pour m'assurer de la possibilité de synthétiser l'ARN avec le système de synthèse protéique. Malheureusement, [les] quelques essais que je fis sur la synthèse de l'ARN se révélèrent plutôt décevants, tandis que le travail sur les ribosomes [qu'à l'époque on appelait encore

---

2 Monod, Pappenheimer & Cohen-Bazire, 1952, p. 659; *cf.* également Brachet, 1952; Monod & Cohn, 1953, p. 58; Cohen & Barner, 1954; Pardee, 1954; Spiegelman, Halvorson & Ben-Ishai, 1955. Gaudillière, 1992 offre un aperçu historique.

3 On trouvera une présentation d'ensemble des études sur la formation des enzymes dans Spiegelman, 1956a.

4 Sur la synthèse protéique dans les protoplastes, *cf.* Spiegelman, 1956b, à propos de la synthèse protéique dans les cellules énucléées, *cf.* Malkin, 1954.

5 *Cf.* Gale & Folkes, 1953a et c; Allfrey, Daly & Mirsky, 1953; Kruh & Borsook, 1955; Gale, 1955; on trouvera un aperçu par exemple dans Borsook, 1956a et 1956b.

6 *Cf.* Hershey, 1953.

7 Hoagland, 1990, p. 112.

8 Gale & Folkes, 1955a, p. 683.

9 Zamecnik, lettre à Rheinberger du 5 novembre 1990.

10 Brues, Tracy & Cohn, 1944.

microsomes] avançait bien. C'est pourquoi j'ai abandonné ces expérimentations et me suis concentré sur les ribosomes[11]. » Lors d'une réunion à Oak Ridge, Tennessee, au printemps 1955, Erwin Chargaff avait posé la question suivante : « Dr. Zamecnik, votre fraction soluble du surnageant à 100 000 x g contient-elle de l'acide ribonucléique ? Si c'est le cas, ne pourrait-on pas imaginer qu'outre les particules microsomales, il joue lui aussi un rôle dans ce que vous considérez être la preuve de la synthèse protéique ? » Zamecnik avait alors répondu par une double négation aussi prudente que la question : « On ne peut pas dire que l'ARN qui se trouve dans la fraction du surnageant protéique à 100 000 x g ne joue pas un rôle particulier dans le processus d'incorporation. » Puis il avait évoqué la faible concentration d'ARN dans cette fraction et l'éventualité d'une contamination microsomale résiduelle. Et avait poursuivi avec ces mots : « Mais comme vous le faites remarquer, Dr. Chargaff, il demeure possible que quelques acides nucléiques cruciaux soient présents dans le surnageant à 100 000 x g[12]. » À plusieurs reprises, Zamecnik et ses collaborateurs avaient observé que leur surnageant enzymatique contenait de petites quantités d'ARN, dans lesquelles ils voyaient les signes d'une *contamination* résiduelle de la fraction soluble par des fragments d'ARN microsomal[13]. Certes, cette contamination était difficile à éliminer, mais on ne lui attribuait aucune importance fonctionnelle. C'est ce qui explique pourquoi Zamecnik répondit de la sorte et n'accorda pas plus d'attention à la suggestion de Chargaff[14].

Au cours de la discussion qui eut lieu lors de cette réunion, Sol Spiegelman, de l'Université de l'Illinois à Urbana, rendit compte de ses expériences sur l'induction des enzymes dans les cultures de levures et affirma qu'il était impossible que l'ARN remplisse sur un « mode passif » la fonction matricielle qu'on lui prêtait. Selon lui, la matrice devait au contraire être considérée comme un matériau actif de courte durée de vie. D'où sa conclusion : « Soit la synthèse protéique est obligatoirement couplée à la synthèse de nouvelles molécules d'ARN, soit la destruction d'une molécule d'ARN est nécessairement liée à sa

11   Littlefield, lettre à Rheinberger du 9 novembre 1993. *Cf.* également Littlefield, Keller, Gross & Zamecnik, 1955a, 1955b ; Zamecnik, lettre à Rheinberger du 5 novembre 1990 ; Hoagland, 1990, p. 86.

12   Zamecnik, Keller, Littlefield, Hoagland & Loftfield, 1956, discussion p. 92-93.

13   Keller, Zamecnik & Loftfield, 1954, p. 381.

14   Zamecnik, entretien avec Rheinberger, 1991.

fonction de machine à synthétiser des protéines. » Richard Roberts, de la Carnegie Institution de Washington, avait réalisé différentes expériences sur des bactéries indiquant que les acides aminés étaient piégés sur une matrice avant d'être incorporées dans la protéine. Peut-être s'agissait-il d'une matrice comparable à celle imaginée par Gamow ? Et Walter Vincent, de l'Université de l'État de New York à Syracuse, fit observer :

> Les études sur les nucléoles d'ovocytes de l'étoile de mer que je mène en ce moment laissent fortement penser que cet organite contient deux familles d'ARN. L'une d'entre elles semble être une fraction soluble et métaboliquement très active. L'autre est moins active et fortement liée. On pourrait dès lors envisager, et cela ne manque pas d'intérêt, que la forme active – ou instable – participe au transfert "d'information" du noyau vers les centres de synthèse présents dans le cytoplasme. (Zamecnik, Keller, Littlefield, Hoagland & Loftfield, 1956, p. 93-98)

L'expression de « transfert de l'information » était sur le point de faire son entrée dans le monde de la biochimie, où prédominaient encore, solidement ancrées, les notions de spécificité enzymatique, de circuit métabolique et de synthèse macromoléculaire comme phénomène de croissance.

En 1955 également, Marianne Grunberg-Manago, qui travaillait dans le laboratoire de Severo Ochoa au College of Medicine de l'Université de New York, identifia une enzyme qu'elle nomma «polynucléotide phosphorylase», et qui était capable de former des chaînes d'acides ribonucléiques en assemblant des nucléotides. Elle publia une courte note sur cette enzyme au mois de juin[15], mais Zamecnik n'en prit connaissance qu'à la fin de l'année[16]. La synthèse enzymatique d'ARN en éprouvette devint un champ d'expérimentation très prometteur.

Lors du *Symposium sur les radiations ionisantes et le métabolisme cellulaire* organisé par la CIBA Foundation en mars 1956 à Londres, il fut de nouveau beaucoup question de l'ARN, notamment au cours du débat qui suivit la communication de Zamecnik. Thomas Work, du National Institute for Medical Research de Londres, était parvenu à séparer deux fractions de ribonucléoprotéines, mais il ne retrouvait

---

15 Grunberg-Manago & Ochoa, 1955 ; *cf.* également Grunberg-Manago, Ortiz & Ochoa, 1955.
16 *Cf.* Zamecnik, 1979, p. 279.

son marquage radioactif nucléotidique que dans une seule d'entre elles. Ce résultat laissa tous les chercheurs perplexes. George Popjak, du Hammersmith Hospital, envisagea la possibilité qu'interviennent d'autres étapes intermédiaires après l'activation des acides aminés, mais personne n'avait encore observé des composés qui auraient pu confirmer cette hypothèse. Jean Brachet, de Bruxelles, s'enquit des effets de la ribonucléase. Il semble qu'elle décompose la particule, lui répondit Zamecnik, avant d'ajouter qu'on tenait peut-être là un moyen de déterminer l'endroit où la radioactivité était fixée. Et en effet, il avait déjà entrepris quelques essais de décomposition de la fraction particulaire, mais ceux-ci étaient jusque-là restés infructueux. Barbara Holmes, chercheuse à Cambridge, demanda si le système synthétisait bel et bien de l'ARN. Zamecnik glissa alors que tout se passait comme si l'ATP marquée était incorporée à l'ARN. « Nous n'avons encore réalisé aucune expérience irréfutable, dit-il, mais sur la modeste base de celles que nous avons déjà menées, je soupçonne que de l'ARN est effectivement produit, puisqu'au cours de [la synthèse protéique], l'ATP marquée au ^{14}C migre dans l'ARN[17]. »

1er DÉPLACEMENT :
D'UNE CONTAMINATION DE LA FRACTION SOLUBLE
À UN INTERMÉDIAIRE DE LA SYNTHÈSE PROTÉIQUE

À quoi la remarque de Zamecnik sur la synthèse de l'ARN faisait-elle référence ? Vers la fin de l'année 1955, Zamecnik avait commencé à s'intéresser lui-même à l'activité de synthèse d'ARN après que Littlefield avait abandonné cet axe de recherche pour s'engager dans une autre direction. Les chercheurs du MGH avaient toujours décidé très librement des travaux qu'ils menaient, et cette tradition perdurait. Zamecnik s'était senti conforté dans cette nouvelle orientation par des expériences que lui avait relatées Van Potter, du McArdle Laboratory de Madison. Potter étudiait le métabolisme des nucléotides et leur incorporation à l'ARN dans des conditions très comparables à celles du système de

---

17   Zamecnik, Keller, Hoagland, Littlefield & Loftfield, 1956, p. 172.

synthèse protéique *in vitro* mis au point par Zamecnik[18]. Voici comment Hoagland résuma rétrospectivement la situation :

> Alors qu'il se creusait la cervelle sur le problème de la réaction d'activation, Zamecnik s'était demandé si les enzymes impliquées ne concouraient pas également à la synthèse de l'ARN. Les acides aminés adénylés ne pouvaient-ils pas jouer un double rôle – soit en cédant leurs acides aminés à la machinerie de polymérisation des protéines, soit en donnant leur groupe adényl à un système de polymérisation des nucléotides ? (Hoagland, 1989, p. 104)

CHERCHER LES INDES, TROUVER L'AMÉRIQUE

L'expérience qui marqua le début de la partie était simple et directe : Zamecnik ajouta de l'ATP marquée radioactivement dans un mélange composé de son surnageant enzymatique et de la fraction microsomale. À sa grande surprise, le nucléotide sembla effectivement être incorporé dans une composante ARN du système. Mais le chercheur du MGH resta sur ses gardes et se posa la question suivante : « La radioactivité observée dans l'extrait "d'acide trichloracétique chaud" est-elle vraiment attachée à l'ARN ? » Il notait également : « Ne serait-il pas avisé de répéter ce type d'expériences en accordant un plus grand soin à la procédure de lavage[19] ? »

Mais il y avait un autre résultat, plus intrigant encore. Les expériences de Hoagland avaient montré que la fraction « enzyme pH 5 » était capable d'activer les acides aminés. Il s'agissait donc de savoir si l'aminoacyl-AMP servait de donneur dans la réaction observée de fixation de l'ATP sur l'ARN. Si tel était le cas, les acides aminés radioactifs devaient ensuite être libérés. Dans une expérience parallèle, Zamecnik incuba donc de l'ATP non radioactive et de la leucine marquées au ^{14}C en lieu et place de l'ATP marquée au ^{14}C et de la leucine non radioactive utilisés dans l'essai précédent. Ce qui devint finalement « la véritable expérience[20] » était tout de même plus qu'un simple contrôle spécifique, contrairement à ce qu'en dit Judson. Gardons-nous donc, à la lecture de certaines déclarations ultérieures de Zamecnik et Hoagland, de croire que la chance eût été

---

18   Hurlbert & Potter, 1954 ; Potter, Hecht & Herbert, 1956 ; une présentation complète est fournie par Herbert, Potter & Hecht, 1957.

19   Zamecnik, carnets de laboratoire (ZCL), 31 octobre 1955, « Expérience pour déterminer si, dans notre système, le ^{14}C-orotate et le C^{14}-ATP sont incorporés dans des acides nucléiques et certains nucléotides solubles dans l'acide ».

20   Judson, 1980, p. 226.

seule à l'œuvre dans cette opération[21]. Au contraire, Zamecnik avait suivi le principe de symétrie que nous avons exposé au plus haut (p. 101-104). Il ne lui serait pas venu à l'esprit d'ajouter des *acides aminés* à un système de synthèse d'*ARN* s'il ne s'était pas « creusé la cervelle » sur la réaction d'adénylation. Pour autant, le résultat obtenu fut tout à fait surprenant.

ILL. 17 – Compte rendu d'un des premiers essais en date du mois de novembre 1955 laissant penser à une combinaison entre acides aminés et ARN. Tiré des carnets de laboratoires de Zamecnik. Autorisation de reproduction accordée par les héritiers de Paul Zamecnik.

---

21 Zamecnik, 1979, p. 279 ; Hoagland, 1990, p. 86-87.

L'expérience du 3 novembre 1955, dont le compte rendu est reproduit dans l'illustration 17, suggérait une conclusion opposée aux attentes de Zamecnik. La leucine radioactive restait elle aussi attachée à l'ARN. Le 10 novembre 1955, on mesura le nombre de coups radioactifs. C'est l'expérience numéro 3 qui attira alors l'attention (troisième colonne de l'illustration 17). Un tiers du mélange – c'est-à-dire 182 des 550 désinté-grations radioactives enregistrées – qui avait été précipité à l'acide chaud fut soumis à une réaction à la ninhydrine. Dans une note, Zamecnik concluait : « Ce résultat indique que seuls 44 des 182 cpm calculés sont libérés par le traitement au ninhydrine-CO_2. Si cela est confirmé, alors la leucine au C^{14} est fermement fixée sur l'ARN. » Et de commenter : « Il semble peu probable que la radioactivité observée dans 1N [la fraction d'acide nucléique] soit due à la contamination par la protéine (en tout cas, ce ne peut être l'unique explication), puisque l'activité spécifique de 1N est supérieure à celle de 1 [la fraction protéique][22]. » Le même jour, un essai de précipitation fut réalisé afin d'obtenir l'ARN « auquel était associé de l'ATP au C^{14} et de la leucine au C^{14}, pour qu'une décomposition partielle et une électrophorèse sur papier puissent par la suite être effectuées. » Au verso de son compte rendu d'expérience, Zamecnik résuma la situation par cette remarque : « Si cette leucine au C^{14} établit une liaison covalente avec l'ARN avant d'être incorporée dans la protéine », on pouvait faire l'hypothèse d'une réaction en deux temps, dans laquelle « la réaction 2 se déroule beaucoup plus lentement que la réaction 1[23] ». Il conçut alors une nouvelle expérience afin de déterminer si cette hypothèse pouvait être vérifiée et ajouta l'esquisse qui figure dans l'illustration 18.

---

22 ZCL, remarque sur l'expérience du 3 novembre 1955, « Expérience pour reproduire les conditions de base du 31.10.55 tout en 1) améliorant la procédure de nettoyage et 2) introduisant divers contrôles et variations ».

23 ZCL, expérience du 10 novembre 1955.

ILL. 18 – Première esquisse d'une combinaison entre acides aminés
et ARN, novembre 1955. Tiré des carnets de laboratoire de Zamecnik.
Autorisation de reproduction accordée par les héritiers de Paul Zamecnik.

DIVERSIONS

Assisté de Meredith Hannon et Marion Horton, Zamecnik parvint
au terme de cette série d'essais vers la fin de l'année 1955[24]. Il fut
entièrement accaparé par ses obligations cliniques au cours des mois
qui suivirent, puis se consacra au travail administratif pour l'hôpital en
janvier et février 1956 avant de partir pour Londres en mars pour assister
au symposium de la CIBA Foundation. À son retour, il fut appelé à
prendre la succession de Joseph Aub et nommé professeur de médecine
oncologique au Collis P. Huntington ainsi que directeur des John Collins
Warren Laboratories du Huntington Memorial Hospital à Harvard. Il

---

24   Stephenson, entretien avec Rheinberger, 1991 ; mentionnée dans Hoagland, Zamecnik
     & Stephenson, 1957.

avait désormais la charge de l'ensemble des laboratoires, où travaillait une soixantaine de chercheurs, et attendait en outre l'aide de Liselotte (Lisa) Hecht, une étudiante du laboratoire de Van Potter dont il avait été convenu qu'elle rejoindrait son équipe après avoir soutenu sa thèse de doctorat. Auprès de Potter, elle avait acquis une grande connaissance des acides nucléiques, ce qui un jour fit dire à Zamecnik qu'il avait « plus confiance en elle qu'en nous[25] ». Zamecnik s'était risqué sur un nouveau terrain en introduisant les acides aminés dans son système, et comme lors des précédentes mutations de son objet d'étude, il tenait à compter dans son groupe de collaborateurs une personne disposant d'une expertise spécifique, en l'occurrence de la biochimie de l'ARN. Mais Potter voulut garder Hecht auprès de lui jusqu'à la fin de l'année, si bien que l'arrivée de la jeune chercheuse fut repoussée jusqu'au début de l'année 1957[26].

Entre novembre 1955 et juillet 1956, les carnets de laboratoire du groupe du MGH font état de plus de 25 préparations et tests, parmi lesquels des fractions pH 5 de toutes sortes de tissus. Ces essais étaient apparemment sans rapport direct avec les expériences sur le nouveau composé ARN-acides aminés[27]. Ils étaient liés aux travaux de caractérisation des fractions microsomale et enzymatique soluble. En juin, Zamecnik testa la capacité du système de foie de rat à incorporer un acide aminé radioactif, le tryptophane, lorsqu'on ajoutait au système des microsomes lavés et l'enzyme d'activation du tryptophane purifiée qu'Earl Davie et Victor Koningsberger avaient produite[28]. Koningsberger avait débuté sa carrière auprès de Lipmann après avoir terminé son doctorat dans l'équipe de Theo Overbeek à Utrecht[29]. Au grand regret, pour ne pas dire colère, de Hoagland et Zamecnik, Lipmann avait réorienté la quasi-totalité des activités de son laboratoire vers l'étude de la synthèse des protéines, et était ainsi devenu un concurrent direct. Certes, on continuait de s'échanger des informations, mais de préférence sur des choses ou des expériences d'ores et déjà corroborées. Les expériences au tryptophane n'aboutirent pas et ne firent donc l'objet d'aucune

25 Zamecnik, entretien avec Rheinberger, 1991.
26 ZNR, Potter à Zamecnik, le 30 avril 1956 ; Zamecnik à Potter, le 12 mai 1956.
27 ZCL, expériences réalisées de novembre 1955 à juillet 1956.
28 ZCL, expériences réalisées les 12, 15 et 19 juin 1956. Davie, Koningsberger & Lipmann, 1956.
29 Overbeek, lettre à Rheinberger du 2 février 1995.

publication[30]. Mais elles furent instructives en raison même de leur échec, dans la mesure où celui-ci indiquait qu'un élément essentiel, peut-être composé d'ARN, était absent de ce système « sur-purifié ». Les choses commençaient peu à peu à se mettre en place.

RECRUTEMENTS

Entre temps, Mary Stephenson avait elle aussi achevé son doctorat et prenait part, depuis juillet 1956, aux travaux de marquage de l'ARN avec de l'ATP radioactive[31]. L'expérience du 12 juillet 1956 est un exemple supplémentaire de ce que le surplus de contrôles joue un rôle moteur dans la recherche. Ainsi Stephenson se souvient-elle : « Je pense que nous avons mené des expériences extrêmement bien contrôlées. Chaque étape indiquait quelle devait être la suivante[32]. » Loftfield était lui aussi de cet avis : « C'était là la clé[33]. » L'expérience avait pour but « de tester l'effet sur l'incorporation d'ATP marquée au C^{14} dans l'ARN (1) du pyrophosphate et (2) d'un mélange d'acides aminés[34]. » Pour multiplier les contrôles, Stephenson réalisa une série de tests parallèles en utilisant de la leucine radioactive à la place de l'ATP radioactive, et dans chacune des deux séries d'essais, elle réalisa le mélange sans introduire la fraction soluble. Aucun effet notable ne fut décelé, ni avec le pyrophosphate ni avec le mélange d'acides aminés, autour desquels l'expérience avait pourtant été conçue. En revanche, l'expérience révélait que l'incorporation d'ATP (et de leucine) dans l'ARN dépendait entièrement de la fraction soluble – une observation due au contrôle "en surplus". « La présence de l'enzyme pH 5 semble nécessaire pour les deux systèmes », conclut Stephenson prudemment. Lorsqu'au mois de septembre elle interrogea plus avant ce résultat[35], elle comprit que contrairement à ce qui avait été implicitement présupposé lors de la conception de l'expérience, l'ATP et la leucine n'étaient pas absorbés par l'ARN microsomal, mais par l'ARN « contaminateur »

---

30   *Cf.* également Zamecnik, 1979, p. 278 ; à en juger d'après les carnets de laboratoire, les essais furent davantage réalisés en 1956 qu'en 1955, ainsi que Zamecnik le rapporte dans ses mémoires.

31   *Cf. supra*, p. 170-173.

32   Stephenson, entretien avec Rheinberger, 1991.

33   Loftfield, entretien avec Rheinberger, 1993.

34   ZCL, 12 juillet 1956.

35   ZCL, expérience du 19 septembre 1956.

de la solution « enzyme pH 5 » ! C'est ainsi que cet ARN fut nommé ARN soluble, abrévié en ARNs[36].

Au même moment, Hoagland s'était associé au projet collectif de mesurage de l'ARN soluble. Dans ses mémoires, il se souvient : « C'est seulement en juin, avec sa retenue habituelle, d'un ton perplexe et réprobateur à la fois, que Paul m'a parlé des découvertes qui avaient été réalisées cinq mois auparavant. [...] Il était heureux de savoir que je continuais d'explorer la piste[37]. » Au cours des mois qui suivirent, Hoagland s'assura que le marquage à la leucine de l'ARNs était bien stimulé par l'ATP et qu'il était cumulatif quand plusieurs acides aminés différents étaient administrés en même temps. Par ailleurs, la molécule marquée, une fois attachée, ne pouvait plus être éliminée par dialyse ni échangée. Elle était stable à l'acide mais instable aux alcalis, ce qui contrastait de manière remarquable avec les complexes stables aux alcalis que Joseph Potter et Alexander Dounce venaient tout juste d'isoler et dans lesquels ils voyaient de possibles « composés intermédiaires » de la synthèse protéique[38]. Mais surtout, Hoagland constata que les acides aminés pouvaient être transférés de l'ARNs vers les microsomes, et que cette réaction était renforcée par la GTP. En somme, un nouvel objet épistémique était en train d'émerger qui, comme c'est souvent le cas, prit d'abord la forme d'une « liste » répertoriant ce que cet objet faisait et ne faisait pas : chaque nouvelle action ajoutée en modifiait les contours[39].

Les mesures quantitatives furent compliquées par le fait que l'ARN devait être extrait de la précipitation au moyen d'une solution chaude de sel[40]. Le procédé fonctionnait, mais uniquement parce que le degré d'acidité de la solution n'était pas contrôlé ni corrigé. L'heureuse conséquence de cette négligence apparut clairement quand Mary Stephenson entreprit de tester la méthode « améliorée » d'extraction de l'acide nucléique mise au point par Lisa Hecht, la nouvelle experte de l'ARN. À pH neutre, le rendement en ARN était en effet plus élevé, mais la radioactivité incorporée sous la forme d'acides aminés était perdue. Si elle avait été appliquée de manière systématique, cette méthode que l'on considérait

36 Zamecnik, Stephenson, Scott & Hoagland, 1957.
37 Hoagland, 1990, p. 88.
38 Potter & Dounce, 1956.
39 Latour, 1987 [2005], p. 88 [p. 212].
40 Hoagland, Zamecnik & Stephenson, 1957.

comme la plus efficace aurait fait disparaître le nouveau signal ou l'aurait rendu imperceptible !

Du point de vue stœchiométrique, la situation était pour le moins troublante. Dans la mesure où personne ne connaissait exactement la taille de l'ARN, les données d'incorporation restaient pour ainsi dire muettes. Zamecnik avait calculé qu'environ 5 % des résidus d'adénosine monophosphate présents dans la fraction ARN étaient remplacés, mais il hésitait à en tirer quelque conclusion que ce soit. « Nous ne savons ni si l'incorporation d'ATP marquée au C^{14} se poursuivrait à cette vitesse, ni s'il s'agit bien d'ARN, ni même si l'ATP marquée au C^{14} se trouve effectivement dans la structure de cet "ARN"[41]. » Une première estimation relative à la leucine montra qu'environ un nucléotide d'ARN sur 300 absorbait le marquage. Il était donc possible, en déduisit Zamecnik, « que seul le nucléotide terminal d'une chaîne soit impliqué : ou bien au niveau d'un résidu 5'- ou 3'-terminal, ou bien au niveau d'un résidu 2'3'-cyclique[42] ». Pourtant, on ne tarda pas à relever des valeurs plus élevées. Cela signifiait – comme le fait observer une note de laboratoire – que « la leucine [prise pour elle-même] pouvait tout à fait être une terminaison, mais que ce n'était pas le cas de l'ensemble des vingt acides aminés. Environ un tiers des résidus mononucléotidiques de l'ARNs aurait alors dû être occupé[43]. » L'ARN soluble pouvait-il porter plusieurs acides aminés en même temps ? Lorsqu'en janvier 1957, Zamecnik, Hoagland et Stephenson envoyèrent leur « note préliminaire » à la revue *Biochimica et Biophysica Acta*, cette question restait parfaitement obscure[44]. Mais malgré toutes ces incertitudes, les expériences permettaient de conclure que l'activation initiale des acides aminés était suivie d'une « transacylation vers l'ARNs », à l'issue de laquelle la GTP, par le jeu d'un « mécanisme encore inconnu[45] », assurait le « transfert » vers les microsomes. Une nouvelle « réaction intermédiaire » de la biosynthèse protéique avait accédé à une première représentation en éprouvette.

---

41   ZCL, remarque sur l'expérience du 27 septembre 1956.
42   ZCL, calculs du 2 octobre 1956.
43   ZCL, non daté, octobre 1956 ou janvier 1957.
44   Hoagland, Zamecnik & Stephenson, 1957. L'article parut dans le tome 24, n° 1 de la revue *Biochimica et Biophysica Acta*, avril 1957.
45   Hoagland & Zamecnik, 1957 ; Hoagland, Zamecnik & Stephenson, 1957.

CONCURRENCE

Dès 1955, Eugene Goldwasser de l'Université de Chicago était parvenu à incorporer de l'AMP dans l'ARN d'un homogénat acellulaire de foie de pigeon[46]. Au cours de l'année 1956, des chercheurs de l'Université du Wisconsin avaient recueilli des éléments accréditant l'hypothèse d'une incorporation *in vitro* de nucléotides dans l'ARN[47]. En attendant l'arrivée de Lisa Hecht, le groupe de travail du MGH entretenait des liens étroits avec Van Potter de l'Université du Wisconsin. À la fin de l'été 1956, Hoagland fut sollicité pour évaluer un article de Robert Holley qui retint son attention[48]. Holley, qui venait de l'Université de Cornell et travaillait à l'époque à la Division of Biology du California Institute of Technology avec une bourse Guggenheim, avait identifié une étape sensible à la ribonucléase qui intervenait probablement après le processus d'activation des acides aminés mais qui semblait ne fonctionner que pour l'alanine[49]. Il ne fait aucun doute que cette information incita le groupe du Huntington Hospital à accroître ses efforts afin de publier au plus vite ses résultats. Après des mois de tâtonnement flegmatique sur les paillasses du laboratoire, les chercheurs commençaient à « sentir dans leur cou le souffle chaud de leur "concurrents" », pour reprendre l'expression employée par Hoagland[50].

Sur cette question, une autre tentative mérite d'être mentionnée qui, comparable à celle de Holley, se solda quant à elle par un échec. Paul Berg, de la School of Medicine de l'Université de Washington à Saint Louis, avait commencé à étudier l'activation d'un acide aminé, la méthionine, peu après que Hoagland avait achevé ses travaux bouleversants sur l'activation des acides aminés. En novembre 1955, Berg avait déjà griffonné cette question dans son carnet de notes : « Quelque chose est-il

---

46 Goldwasser, 1955.
47 Potter, Hecht & Herbert, 1956 ; Heidelberger, Harbers, Leibman, Takagi & Potter, 1956 ; Herbert, Potter & Hecht, 1957.
48 Le manuscrit fut reçu par la rédaction du *Journal of the American Chemical Society* le 3 août 1956. Hoagland doit l'avoir eu entre les mains en septembre. Bien que les indices d'une implication de l'ARN dans l'activation des acides aminés n'eussent été qu'indirects, Hoagland en recommanda la publication (Hoagland, lettre à Rheinberger du 24 mai 1990). L'article parut le 5 février 1957. Une étude rapide révèle que, contrairement à certaines rumeurs qui circulent, l'article de Holley parut sans délai, en même temps que la majorité des articles de recherche soumis en septembre 1956.
49 Holley, 1957. On trouve une communication préliminaire dans Holley, 1956.
50 Hoagland, 1990, p. 92.

formé à partir de la combinaison ATP + Méthionine ? » En mars 1956, il s'intéressa donc à « l'influence de l'utilisation d'ARNase et d'ADNase sur l'échange PP-ATP catalysé par la méthionine. » Le résultat fut négatif : « Utilisation d'ARNase et d'ADNase sans effet », lit-on dans son carnet de laboratoire. Déçu, Berg délaissa cette question pendant les mois qui suivirent, et ce n'est qu'en mai 1957, un mois après la publication de la note préliminaire de Hoagland, Zamecnik et Stephenson, qu'il entama les recherches qui devaient plus tard être couronnées de succès[51].

À l'aide d'études cinétiques portant sur l'incorporation d'acides aminés dans l'ARN soluble issus d'extraits bactériens et basées sur la technique de dilution isotopique – études indépendantes des recherches que l'on vient d'évoquer –, Tore Hultin, du Wenner-Gren Institute de Stockholm, avait obtenu des résultats suggérant l'existence d'une étape intermédiaire dans la synthèse protéique[52]. Un an auparavant, il avait déjà envisagé qu'il puisse exister un lien entre le degré élevé de marquage des « nucléoprotéines cytoplasmiques » dans l'ARN d'une part et celui des microsomes dans les protéines d'autre part. Pourtant, il considéra qu'il était « prématuré, à ce stade, de spéculer sur les possibles explications de ce comportement inversé[53] », c'est-à-dire sur une possible fonction de l'ARN cytoplasmique, autrement dit l'ARN non-microsomique.

Entre temps, Kikuo Ogata et Hiroyoshi Nohara, de la faculté de médecine de l'Université de Niigata au Japon, avaient également trouvé des indices attestant l'existence d'un intermédiaire composé d'ARN et d'acides aminés dans la synthèse protéique. Ogata avait étudié l'incorporation *in vitro* de glycine radioactive dans des anticorps de lapins immunisés[54] et s'intéressait pour cette raison aux systèmes acellulaires. Début 1956, il commença donc à mettre au point un système fractionné de foie de rat avec son collaborateur Nohara. Suivant les traces des travaux de Hoagland sur l'activation des acides aminés, les deux chercheurs observèrent que l'alanine radioactive se liait à l'ARN de leur fraction soluble. Ogata se souvient :

> Comme je savais que la fraction des extraits de chlorure de sodium précipitée à pH 5 contenait des ribonucléoprotéines[55], et qu'en outre je partais du principe

---

51   GLS, documents de Berg, boîte 11, carnets de laboratoire 1953-1959.
52   Hultin, 1956 ; Hultin & Beskow, 1956.
53   Hultin, 1955, p. 216.
54   Ogata, Ogata, Mochizuki & Nishiyama, 1956.
55   Sur ce point, il renvoyait à Griffin, Nye, Noda & Luck, 1948.

que l'ARN était important pour la biosynthèse protéique, j'ai supposé que l'ARN contenu dans la fraction pH 5 constituait le produit intermédiaire de la synthèse protéique dans les microsomes de foie de rat[56]. (Ogata, lettre à Rheinberger du 16 novembre 1993)

Si les chercheurs du MGH avaient certainement déjà pris connaissance des expériences de Hultin[57], ils n'eurent vent de ces travaux menés au Japon qu'à leur parution en 1957. À l'inverse, les scientifiques japonais ne furent informés de la communication de Hoagland, Zamecnik et Stephenson dans la revue *Biochimica et Biophysica Acta* qu'après avoir remis leur propre publication[58]. C'était là une remarquable convergence : réalisés sur des systèmes identiques, des travaux guidés par des motivations divergentes conduisaient à des résultats comparables.

OBSTACLES ÉPISTÉMOLOGIQUES

Pendant trois années environ, l'ARN de la fraction soluble avait été considéré comme un « contaminateur ». Pourquoi ne s'était-il trouvé aucun chercheur au MGH pour remarquer plus tôt que cette fraction absorbait des acides aminés d'aminoacyl-AMP activé ? Pourquoi, suite aux premiers indices qu'il avait obtenus, Zamecnik ne s'était-il pas davantage interrogé sur son résultat ? Pour tenter de tirer cette question au clair, j'aimerais convoquer ici une réflexion de Bachelard : en ce qui concerne leur potentiel productif, les systèmes expérimentaux sont généralement, voire constitutivement, ambigus. Ils ouvrent des possibilités en même temps qu'ils dressent des obstacles. Quand on parle d'obstacles épistémiques, il ne s'agit pas tant

> [...] de considérer des obstacles externes, comme la complexité et la fugacité des phénomènes, ni d'incriminer la faiblesse des sens et de l'esprit humain : c'est dans l'acte même de connaître, intimement, qu'apparaissent, par une sorte de nécessité fonctionnelle, des lenteurs et des troubles. [...] La pensée empirique est claire, *après coup*, quand l'appareil des raisons a été mis au point. (Bachelard, 1938, p. 13. Nous soulignons)

---

56 Les résultats furent présentés pour la première fois lors du symposium « Biosynthesis of Protein and Enzymes » qui se tint dans le cadre des 29e rencontres annuelles de la société japonaise de biochimie à Fukuoka le 31 octobre 1956. *Cf.* Ogata & Nohara, 1957 ; Ogata, Nohara & Morita, 1957.

57 Le premier article parut en août, le second en décembre 1956. Tous deux sont longuement cités dans Loftfield, 1957a, p. 369.

58 Ogata & Nohara, 1957, *cf.* les notes de bas de page ajoutées après coup.

Nous pouvons considérer cette citation comme une description adéquate de ce qui se passait alors avec le système de synthèse protéique. Pour mémoire : Hoagland avait rendu visible l'activation des acides aminés grâce à une réaction-modèle qui était le processus métabolique inverse de celui que l'on s'imaginait avoir lieu dans la cellule. Il mesurait la fixation de pyrophosphate radioactif sur l'AMP, et non pas la décomposition de l'ATP pendant sa liaison à un acide aminé. Il avait étudié la réaction subséquente à l'aide d'une substance-modèle qui rendait son équivalent naturel invisible : l'hydroxylamine n'absorbait pas seulement les acides aminés de l'aminoacyl-adénylate, mais aussi de l'ARNs aminoacylé – ce qui n'apparut que plus tard[59].

Une nouvelle fois, les conditions qui permettaient d'identifier une réaction partielle – du point de vue biochimique, une adénylation – empêchaient l'identification d'une autre réaction partielle encore inconnue. Représenter la première, c'était absenter la seconde. Mais une chose fut plus décisive encore : le fait que Zamecnik, depuis le début des travaux, se soit toujours davantage attaché à montrer que les acides aminés étaient incorporées dans la protéine par des liaisons α-peptidiques. C'est seulement après coup que l'on constata que cela imposait de respecter des conditions très strictes afin d'éliminer les autres liaisons possibles, au nombre desquelles la liaison des acides aminés à l'ARN. Zamecnik ne s'écarta de ces rigoureuses procédures d'identification et de purification qu'au moment où il entreprit de réaliser des essais parallèles avec des acides aminés et des nucléotides : l'incorporation de ces derniers nécessitait des méthodes de purification plus douces, et la symétrie expérimentale lui imposait de mettre en place des conditions d'évaluation identiques.

Un certain style de recherche jouait également ici : Zamecnik était un homme prudent[60]. Bien conscient de la concurrence à l'œuvre dans son domaine de recherche, et très habile à s'y adapter[61], il ne pratiquait pas pour autant la recherche comme une constante course à la première place. Il laissait volontiers ses collaborateurs choisir eux-mêmes l'objet de recherche sur lequel ils souhaitaient travailler. C'est cette méthode qui lui permit de couvrir un large spectre de problématiques, d'explorer

59 Mentionné dans Hoagland, Zamecnik & Stephenson, 1957.
60 Stephenson, entretien avec Rheinberger, 1991.
61 Hoagland, 1990, p. 117-119.

plusieurs pistes conjointement, d'articuler différentes compétences expérimentales de manière efficace et de créer un environnement où des choses inanticipables pouvaient émerger. Mais ce style donnait également lieu à toutes sortes de distractions, d'éparpillements et d'hésitations.

De contamination de la fraction du surnageant à produit intermédiaire aminoacylé de la synthèse protéique, l'ARNs connut un déplacement qui constitue un exemple type de sérendipité. Zamecnik avait cherché à identifier une activité de synthèse d'ARN dans son système fractionné de foie de rat et avait supposé qu'il la trouverait dans les microsomes. Il observa alors une petite molécule d'ARN déjà synthétisée à laquelle étaient attachés de l'ATP et des acides aminés – et ce non pas dans les microsomes, mais dans la fraction enzymatique complémentaire. Un nouvel objet doté de propriétés surprenantes s'était manifesté. Du point de vue opérationnel, il fut d'abord simplement caractérisé comme « soluble ». Sur le plan fonctionnel, il fut considéré comme une étape intermédiaire de la synthèse protéique. La manière dont les choses épistémiques surgissent détermine le regard porté sur elles. Cet objet expérimental était apparu comme le pendant cellulaire de la substance-modèle, l'hydroxylamine, qui avait jusque-là été utilisée pour extraire des acides aminés activés hors du suc cellulaire, autrement dit comme un produit intermédiaire biochimique dans le métabolisme protéique. Mais c'est tout d'abord comme molécule d'ARN capable de fixer l'ATP qu'il avait émergé.

L'ARN du système de synthèse protéique était désormais représenté sous deux formes. Zamecnik envisagea la possibilité que l'ARN microsomal d'une part, et l'ARN soluble d'autre part remplissent des fonctions différentes. Une nouvelle phase de la représentation fractionnelle du système s'était ouverte. Les chercheurs du MGH entrevirent bientôt que le nouveau signal apparu dans le système pouvait permettre de répondre à des questions qui n'avaient pas encore été posées. C'est ainsi qu'en quelques mois seulement, avant même la fin de l'année 1956, une nouvelle chaîne de réactions intermédiaires du métabolisme protéique se dessina. L'ultime pierre angulaire – l'expérience qui confirmait le transfert des acides aminés liés à l'ARN vers les microsomes – fut posée en quelques heures. Celles-ci n'en furent pas moins pour Hoagland « les heures les plus passionnantes et enivrantes de [sa] vie professionnelle[62] ».

---

62 Hoagland, 1989, p. 104.

2ᵈ DÉPLACEMENT :
DE LA BIOCHIMIE À LA BIOLOGIE MOLÉCULAIRE

En 1955, Francis Crick avait rédigé une note intitulée « Sur les matrices dégénérées et l'hypothèse de l'adaptateur » à l'intention du « Club des Cravates ARN[63] » fondé par George Gamow. Cet article, expliqua Crick, « ne fut jamais publié dans une revue scientifique. [...] Mais je finis par faire paraître un jour une brève note qui en restituait l'idée directrice et suggérait que l'adaptateur pouvait être un petit fragment d'acide nucléique[64] ». L'hypothèse de Crick reposait pour l'essentiel sur le fait que l'assemblage des acides aminés en protéines pouvait être guidé par des oligonucléotides : ceux-ci étaient censés d'une part transporter les acides aminés et d'autre part reconnaître les unités codantes de la matrice d'ARN par appariement de bases complémentaires. Le manuscrit ne circula qu'entre les membres du « Club des Cravates ARN » qui se considéraient alors comme l'avant-garde de la biologie moléculaire et, partant, s'estimaient appelés à résoudre l'énigme du code génétique. Il ne parvint pas aux spécialistes qui travaillaient sur la synthèse protéique à Harvard puisqu'ils ne faisaient pas partie du club[65]. Aujourd'hui, il est impossible de déterminer si Lipmann, qui en était membre, en avait eu connaissance. Mais si tel fut le cas, cela n'eut en tout cas aucune influence immédiate sur ses travaux relatifs à la synthèse protéique.

QUEL CHAMP ÉPISTÉMIQUE ?
QUELLE CULTURE EXPÉRIMENTALE ?

Comme nous l'avons déjà évoqué, la communication de Zamecnik, Hoagland et Stephenson présentait l'ARN soluble comme « l'indice attestant de l'existence d'une étape supplémentaire dans la chaîne de réactions, intervenant entre l'activation des acides aminés et la formation

---

63   Kay, 2000.

64   Crick, 1988 [1989], p. 96 [p. 133] [Traduction modifiée (*N.d.T.*)] ; Crick, 1995 ; sur la brève note publiée, *cf.* Crick, 1957.

65   Zamecnik, lettre à Rheinberger du 5 novembre 1990 ; *cf.* également Judson, 1980, p. 237 et Hoagland, 1990, p. 94-96.

d'une liaison peptidique[66] ». Du transfert d'information moléculaire il n'était fait nulle mention. À cette époque pourtant, les biochimistes commençaient peu à peu à sortir de leur innocence. Hoagland se souvient :

> Vers la fin de l'année 1956, je reçus pour la première fois la visite d'un « biologiste moléculaire » pur jus (au Huntington, nous nous considérions comme des biochimistes). Jim Watson venait tout juste d'être nommé professeur de biologie à Harvard et étudiait la structure des ribosomes [qu'à ce moment-là on appelait encore microsomes]. Il avait entendu certaines rumeurs sur notre découverte de l'ARN de transfert [l'ARN soluble] et je l'informai donc avec jubilation de ce que nous avions trouvé. Il m'écouta avec une grande attention jusqu'à ce que j'aie terminé et me dit alors que Francis Crick avait prévu l'existence de molécules comparables à l'ARN de transfert ! N'avais-je donc jamais entendu parler de *l'hypothèse d'adaptateur*? Surpris, j'avouai mon ignorance. J'étais stupéfait de l'ingéniosité et de la beauté de l'idée, et sentis que ce devait être là l'explication de nos découvertes expérimentales. (Hoagland, 1989, p. 105)

Judson rapporte les propos, nettement moins exaltés, que tint Hoagland lors d'un entretien :

> En effet, je me revois encore précisément dans le laboratoire, me pencher sur une centrifugeuse, en parler avec Jim, et l'entendre répondre : « Voilà l'interprétation de vos résultats. » [...] Encore aujourd'hui, je ressens l'énervement qui m'envahit quand Jim m'expliqua la façon dont je devais interpréter mes résultats – mais aussi le sentiment que ce bougre avait bien raison. Vous savez : c'était tout simplement... tout simplement juste ! (Judson, 1980, p. 237)

Dans les remarques dont Hoagland accompagna en 1990 la réimpression de l'article décisif de 1957, on peut également lire ceci :

> Une image m'apparut : je nous vis nous, les explorateurs biochimiques, en train de nous frayer une voie à travers une jungle luxuriante à la recherche d'un temple splendide, tandis que Francis Crick, planant gracieusement au-dessus de nos têtes sur les douces ailes de la théorie, attendait que nous apercevions le but qu'il avait déjà en vue depuis longtemps ! (Hoagland, 1989, p. 105)

---

66 Hoagland, Zamecnik & Stephenson, 1957, p. 215. Cet article (Hoagland, Zamecnik & Stephenson, 1957) et celui de Hoagland sur l'activation des acides aminés (Hoagland, 1955a) furent cités au total plus de 500 fois entre 1955 et 1964. À titre de comparaison : l'article de Watson et Crick sur la structure de l'ADN qui parut dans *Nature* (Crick & Watson, 1953) atteint le même nombre de citations au cours de la période 1953-1964. Mais tandis que les mentions de ce dernier article demeurèrent nombreuses (un peu moins de 400 citations entre 1980 et 1989, par exemple), celles du premier déclinèrent ensuite (20 références entre 1980 et 1989). Ces données sont basées sur le Citation Index.

Voilà comment Hoagland se représentait la rencontre avec une bonne trentaine d'années de recul, c'est-à-dire à un moment où une solution qui a largement prospéré depuis lors apparaît rétrospectivement inéluctable. Mais dans les derniers mois de l'année 1956, le problème n'était ni l'absence d'explication permettant de rendre compte d'un résultat inattendu, ni un blocage psychologique empêchant d'accepter l'élégante explication proposée par un concurrent. Le « résultat » obtenu par Hoagland, Zamecnik et Stephenson *était* d'une autre nature. Il ne représentait pas un « adaptateur ». L'ARN issu du système expérimental était un maillon de la chaîne de réactions intermédiaires qui constituaient la synthèse protéique : de part en part, c'était une chose biochimique. On ne changeait pas son identité en apportant une « explication » au « résultat expérimental » ou en lui donnant un nouveau nom ; cela imposait de s'engager dans un tout autre projet de recherche. Se pencher sur une centrifugeuse et écouter James Watson n'était pas suffisant. L'ensemble du processus devait être reconfiguré dans un nouveau système de représentation. Faire fonctionner l'ARNs comme l'adaptateur d'un hypothétique code génétique n'imposait pas seulement de modifier le cadre d'interprétation, mais également de réaliser de nouvelles expériences dans un contexte expérimental redéfini. Et dans la mesure où ce code demeurait une vaste énigme, cela signifiait qu'il fallait faire de l'ARN soluble un instrument permettant de le déchiffrer. Autrement dit, que l'on ne concevrait plus seulement les particules ribonucléoprotéiques comme un cadre servant à disposer les acides aminés, mais qu'elles seraient transformées en une matrice active. Et ainsi de suite.

Une possibilité alternative consistait à étudier le nouvel objet d'après le schéma sur la base duquel il avait accédé à l'existence expérimentale, c'est-à-dire comme une molécule sur laquelle se fixaient des nucléotides supplémentaires puis des acides aminés, avant d'être assemblés en protéines. D'un côté, le système avait produit une situation dans laquelle « les données se conjugu[ai]ent pour esquisser une direction nouvelle et imprévue[67] », et promettait ainsi de faire entrer dans le champ expérimental l'un des problèmes les plus pressants de la biologie moléculaire, le code génétique. De l'autre, le système *in vitro* opposait une sorte d'inertie de masse et résistait à l'hypothèse d'adaptateur. Comme Hoagland le fait justement observer, « dans un tel cas, une grande théorie ne peut

---

67   Jacob, 1987, p. 327.

ni remplacer ni même guider la décomposition analytique réussie d'une machinerie comme la synthèse protéique[68]. » La pensée biochimique qui raisonnait en termes de produits intermédiaires métaboliques se trouvait confrontée à une pensée appuyée sur la notion de transfert d'information génétique. Cela n'apparaît nulle part plus clairement que dans la représentation schématique du mécanisme de la biosynthèse proposée par l'illustration 19, tirée d'un article de synthèse rédigé par Robert Loftfield durant cette période de transition.

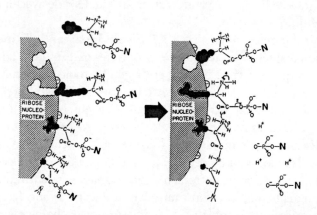

ILL. 19 – Représentation schématique du mécanisme de la synthèse protéique. N (en gras) représente un résidu nucléotidique.
Le schéma fut publié dans un article de Robert B. Loftfield,
« The biosynthesis of protein », *Progress in Biophysics and Biophysical Chemistry*, vol. 8, page 380, 1956. © Elsevier.

Dans cette illustration, différents anhydrides – peu de temps après, on s'accorda pour reconnaître en fait une liaison ester – pris entre des acides aminés et des nucléotides (représentés ici par un N composé en gras) s'alignent à la surface de la particule ribonucléoprotéique en fonction des chaînes latérales spécifiques qui pénètrent dans cette surface selon un principe de correspondance « clé-serrure[69] ». Un acide aminé activé et associé à un nucléotide se fixe sur la serrure qui jouxte le peptide déjà assemblé et forme une liaison peptidique avec

68   Hoagland, 1990, p. 96.
69   *Cf.* Hoagland, Stephenson, Scott, Hecht & Zamecnik, 1958.

le brin déjà synthétisé. Dans ce schéma, le nucléotide a pour unique fonction de garantir l'activation des acides aminés en vue de la liaison peptidique à venir. Le microsome assure la fonction matricielle, et chacune des chaînes latérales d'acides aminés sert de signe de reconnaissance spécifique. Comment cela s'accordait-il avec « l'intrigante proposition [jamais publiée] de Crick, Griffith et Orgel[70] » exposée par Loftfield dans le texte d'accompagnement et selon laquelle la matrice d'ARN pouvait être composée de triplets auxquels les trinucléotides adaptateurs « se fixaient par interaction du nucléotide avec la protéine ribonucléique[71] » ?

Plus problématique encore, l'ARNs de Hoagland, Zamecnik et Stephenson ne présentait aucune des propriétés exigées par l'adaptateur trinucléotidique de Crick, Griffith et Orgel. La molécule semblait bien trop grande pour pouvoir assurer cette fonction. Un calcul préliminaire de Zamecnik fit apparaître que la chaîne devait compter 60 monomères « si toutes les molécules d'AMP incorporées était terminales[72] ». Les « réflexions sur le mécanisme » émises par Loftfield consistaient à juxtaposer les pièces du puzzle qui jusque-là ne s'étaient pas accordées entre elles[73]. Un échange entre deux communautés scientifiques s'était instauré, mais la monnaie commune faisait encore défaut. La molécule des biochimistes qui comblait le vide laissé dans la chaîne métabolique entre les acides aminés libres et la protéine correspondante n'était pas nécessairement la même chose que ce que les biologistes moléculaires poursuivaient désespérément pour faire la soudure entre le code génétique et le code protéique. Les biochimistes considéraient le discours informationnel comme supplémentaire. Les biologistes moléculaires avaient le plus grand mal à comprendre la logique expérimentale d'un système biochimique *in vitro*, les contraintes liées à sa stabilisation, et le caractère opérationnel de sa terminologie. Des pratiques de laboratoire divergentes s'incorporaient dans des langages différents. Tout dépendait de la façon dont ces deux lectures pouvaient être traduites en une démarche « différantielle » efficace.

---

70 Loftfield, 1957a, p. 379. L'article encore inédit qui est mentionné dans la citation est Crick, Griffith & Orgel, 1957.
71 Loftfield, 1957a, p. 380.
72 ZCL, notes de laboratoire de Zamecnik, 1er avril 1957.
73 Loftfield, 1957a, p. 377-382.

Au MGH, on consacra la première moitié de l'année 1957 à établir une représentation biochimique détaillée de l'ARN soluble dont la publication fut plusieurs fois repoussée[74]. Suffisamment pour faire une place à l'hypothèse d'adaptateur de Crick ? Hoagland et Crick s'étaient rencontrés dans les premiers jours de l'année, et celui-ci avait invité celui-là à venir passer un trimestre à Cambridge[75]. En attendant ce séjour, ils s'échangèrent des lettres. Dans un courrier de janvier 1957, Crick prit position contre l'idée de Watson selon laquelle l'ARNs « pénétrait intact dans la particule microsomique ». Il soutenait à l'inverse que les trinucléotides chargés d'un acide aminé se diffusaient dans la particule, à laquelle se combinait l'acide aminé. Les trinucléotides, poursuivait-il, se liaient à l'ARN de la particule par appariement de bases et s'associaient quant à elles à l'ARN complémentaire en exposition.

Dans cette même lettre, Crick pose la question suivante : « Comment pouvons-nous intégrer vos résultats dans ce schéma ? L'idée est que vos "enzymes activatrices" décomposent ce nouvel ARN en trinucléotides en même temps qu'elles fixent un acide aminé sur chacun de ces trinucléotides. Il suffit d'énoncer cette idée pour qu'elle paraisse presque évidente. » L'illustration 20 montre comment il se figurait ce processus[76]. Dans les laboratoires du Huntington, les choses n'avançaient qu'à petits pas. Zamecnik conservait son attitude hésitante, de même que Hoagland, qui donnait pourtant l'impression d'être davantage acquis aux conceptions de Crick que ses collègues.

---

74 Cette présentation parut en 1958. *Cf.* Hoagland, Stephenson, Scott, Hecht & Zamecnik, 1958.
75 Hoagland, 1990, p. 97-98.
76 ZCL, lettre de Francis Crick à Mahlon Hoagland, jointe aux carnets de laboratoire de Zamecnik, rédigée à Cambridge, Cavendish Laboratory, le 20 janvier 1957.

ILL. 20 – Schéma de la décomposition de l'ARNs en trinucléotides.
Tiré de Crick, lettre à Hoagland datée de janvier 1957.
Autorisation de reproduction accordée par les héritiers de Paul Zamecnik.

L'ARN soluble ouvrait une multitude d'options expérimentales : purification en fonction de la spécificité des acides aminés, analyse des paramètres physiques et chimiques, séquençage, élucidation de la structure secondaire, cristallisation, diffractométrie de rayons X, interaction fonctionnelle avec les microsomes, interaction avec les enzymes activatrices, et bien d'autres encore. Mais personne n'était en mesure de prévoir l'importance de ces options et la portée potentielle de leurs répercussions. Les chercheurs ne disposaient alors d'aucune stratégie préétablie qu'ils auraient pu adopter pour l'étude de cette nouvelle molécule qu'était l'ARN soluble. Les différentes trajectoires de recherche n'étaient pas encore suffisamment délimitées. Au contraire, elles devaient être inventées au cours du processus d'expérimentation et adaptées au coup par coup à tout ce qui pouvait survenir en chemin. Dans la mesure où l'exploration simultanée d'options de recherche divergentes dépassait les capacités d'un unique laboratoire, les différents groupes devaient choisir leur orientation. Ils s'exposaient ainsi au risque de déboucher dans une impasse et de laisser passer en tête une autre équipe ayant suivi une voie alternative. L'équilibre entre mise en œuvre de questionnements relativement précis et production d'événements inanticipables, cet équilibre qui est une condition fondamentale d'exploitabilité d'un système expérimental, devait être réinstauré à chaque nouvelle étape.

Le problème primordial était de se décider pour un champ épistémique particulier et, ainsi, d'opter pour une des deux cultures expérimentales : celle du « métabolisme » ou celle de « l'information ». De cette première décision découlait que l'on étudie la synthèse protéique comme une chaîne enzymatique de réactions biochimiques ou comme un phénomène de traduction dans le processus encore obscur de transfert d'information génétique. À long terme, cette décision déterminerait l'espace de représentation, le style d'expérimentation, le caractère du système d'essais et même l'identité de ses différents composants.

UN SUPPLÉMENT

James Watson et Francis Crick furent parmi les premiers à reconnaître l'importance potentielle de l'ARNs comme adaptateur de l'hypothétique code : celui-ci pouvait combler la lacune qui demeurait entre les gènes et leur expression sous la forme de protéines biologiquement fonctionnelles. Les biochimistes du MGH, de leur côté, prirent peu à peu conscience du fait qu'il leur fallait se mettre en rapport avec les biologistes moléculaires. Traduire leurs résultats dans le langage de la biologie moléculaire devenait pour eux une nécessité s'ils voulaient occuper l'espace de la spécificité séquentielle qui avait été laissé en friche aussi bien par la biochimie traditionnelle des protéines que par les approches génétiques qui avaient été menées jusqu'alors. Cela ne pouvait avoir lieu sans accrocs. Le système biochimique qui s'était établi au MGH en l'espace d'une décennie était lui-même issu de la cancérologie. Avec l'ARNs, un nouveau déplacement était devenu possible, de la biochimie vers la biologie moléculaire. Mais ce déplacement fut impulsé de l'extérieur, par le débat sur le codage qui se déroulait en parallèle. C'est là ce qui donna sa forme spécifique à cette conjoncture. Les choses surprenantes qui était apparues comme produits intermédiaires biochimiques du métabolisme protéique étaient maintenant assimilées dans un autre contexte, celui du transfert de l'information génétique, où elles étaient peu à peu énoncées à nouveaux frais. Cette transposition apparut d'abord, une fois de plus, comme un supplément. Ce caractère supplémentaire est nettement lisible dans un des premiers articles de synthèse qui, pourtant publié deux années après la venue au monde expérimental de l'ARNs, s'intitulait encore « Réactions intermédiaires dans l'incorporation d'acides aminés[77] ». C'est seulement dans la dernière phrase du résumé final que la synthèse protéique est envisagée comme un processus génétiquement informé : « Il est *également* possible que la détermination de la séquence d'acides aminés soit un processus en deux temps impliquant l'ARNs[78] ». Cet *également* est la promesse d'une alternative à l'explication du processus comme chaîne métabolique guidée par les enzymes. Examinons l'illustration 21 :

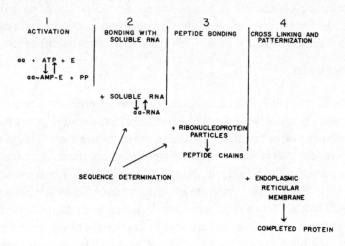

Ill. 21 – Étapes supposées de l'incorporation des acides aminés dans les protéines. Tiré de Zamecnik, Stephenson & Hecht, 1958, ill. 1. Autorisation de reproduction accordée par les héritiers de Paul Zamecnik.

Ce diagramme ne représente ni une voie métabolique pilotée par la dissipation d'énergie et la médiation enzymatique, ni le flux d'information génétique. Il divise le processus observé dans le système en plusieurs

---

77   Zamecnik, Stephenson & Hecht, 1958.
78   *Ibid.*, p. 77, nous soulignons.

compartiments qu'occupent des composants expérimentalement différentiables et les réactions qui leur sont associées. C'est donc un exemple de ce qu'on pourrait appeler un schéma modulaire. Concrètement, le supplément prend ici la forme des deux flèches que l'on voit en bas à gauche de la figure. Elles partent de l'expression *sequence determination* et pointent les composants dont on suppose qu'ils jouent un rôle dans la « détermination de la séquence ». Il s'agit d'un supplément au sens précis que Derrida a donné à ce concept[79]. Il se présente comme un simple ajout mais a cependant le potentiel nécessaire pour réorienter l'ensemble du système, pour guider le mouvement de sa *différance*. Derrida développe « l'économie du supplément » dans le cadre d'une analyse de la théorie rousseauiste de l'écriture comme supplément de la parole. La comparaison avec le processus expérimental que j'avance ici est structurelle. La subversion du système de synthèse protéique par le supplément du codage présente les deux aspects caractéristiques du processus de supplémentation : il tend à modifier l'identité des composants du système, et échoue précisément en raison du fait qu'il est présent comme simple supplément.

LE PROBLÈME DE CODAGE

Une chose était claire : l'ARN soluble était une composante indispensable au déroulement de la synthèse protéique. Mais quelle était sa fonction précise ? Constituait-elle une « matrice primaire[80] » qui entrait en interaction avec une « matrice secondaire », l'ARN de la particule ribonucléoprotéique, par appariement de bases complémentaires ? À l'automne 1956, Jesse Scott, un médecin de l'Université de Vanderbilt particulièrement doué en biophysique vint prêter main forte à l'équipe du MGH pour des essais visant à caractériser l'ARNs. En parfait accord avec les idées de Crick[81], Scott avait proposé au début de l'année 1957 le schéma suivant : « Supposons que l'ARN de l'enzyme pH 5 soit une double hélice, intacte dans la période qui sépare deux synthèses, et attachée à la protéine. »

---

79   Derrida, 1967, p. 203 et *passim*.
80   Hoagland, 1958, p. 630.
81   Crick, lettre à Hoagland du 20 janvier 1957 ; *cf.* la note 83 de ce chapitre.

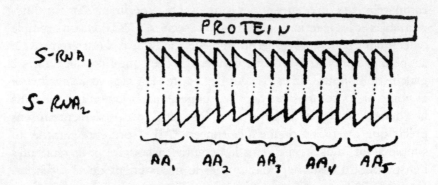

ILL. 22a – Possible mécanisme de génération des molécules adaptatrices.
Février 1957. Tiré des carnets de laboratoire de Zamecnik.
Dessin de Jesse Scott. Autorisation de reproduction accordée
par les héritiers de Paul Zamecnik.

« ARNs$_2$ (S-ARN$_2$ sur le schéma) est le brin codant qui spécifie
les acides aminés 1, 2 et 3. [...] ARNs$_1$ (S-ARN$_1$ sur le schéma) est le
complément du brin codant. L'ATP et l'acide aminé (AA) réagissent
entre eux pour former l'AMP-AA. À son tour, l'AMP-AA réagit sur le
site d'ARN$_2$, lequel est spécifié par le code pour donner... »

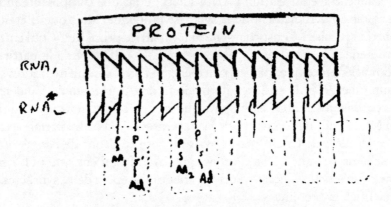

ILL. 22b – Possible mécanisme de spécification de la séquence
polypeptidique. Février 1957. Tiré des carnets de laboratoire de Zamecnik.
Dessin de Jesse Scott. Autorisation de reproduction accordée
par les héritiers de Paul Zamecnik.

« [...] Mais comment l'ARN-AA accède-t-il à la protéine microsomique ? Une hypothèse consisterait à dire que, sur le microsome spécifique à une protéine, il y a un ARN identique à $ARNs_1$ – $M\text{-}ARNs_1$. Les trinucléotides dont $ARNs_2^*$ est constitué sont transférés vers $M\text{-}ARNs_1$ sans entrer dans le réservoir d'acide soluble de la cellule. Sur le microsome, les conditions sont telles qu'en présence de GTP, les AA de $ARNs_2^*$ sont polymérisés en polypeptides, de l'AMP est libéré et $ARNs_2$ retrouve sa forme de haut polymère[82]. »

Dans cette approche empreinte de biologie moléculaire, l'interaction entre l'ARN aminoacylé et la particule ribonucléoprotéique devient décisive, ainsi qu'il ressort des illustrations 22a et 22b. À l'été 1957, Hoagland quitta Boston pour passer une année auprès de Crick à Cambridge[83]. Il se rendit en Angleterre avec l'espoir « que l'ARN de transfert [ARNs] pourrait contribuer à la découverte du code génétique[84] ». Il avait l'intention « d'isoler les espèces individuelles d'ARN de transfert et d'identifier les séquences de nucléotides responsables de la formation d'un acide aminé particulier[85] ». La collaboration n'aboutit cependant à aucun résultat tangible : la conception qu'avait Crick des adaptateurs trinucléotidiques ne permettait pas de donner à ce dessein une implémentation expérimentale exploitable[86].

ARNs : LES SIGNES CARACTÉRISTIQUES D'UNE MOLÉCULE

Il y avait encore loin de l'idée « d'une substance *chimique* composée d'ARN et d'acides aminés » à celle d'une possible « *complémentarité* » entre l'ARNs et l'ARN microsomal[87]. Entre ces deux points de vue extrêmes, l'ARN soluble prenait forme. Un détail technique important

---

82 ZCL, citation de Jesse Scott, notes de laboratoire, 18 février 1957. Il convient de signaler que M-ARN signifie ici ARN microsomal et non pas ARN messager.
83 Hoagland, 1990, p. 99-116.
84 *Ibid.*, p. 114.
85 *Ibid.*, p. 103.
86 Sur le sort que connut ensuite « l'adaptateur trinucléotidique », *cf.* les p. 262-263 *infra*.
87 Sur la « substance chimique », *cf.* Hoagland, Stephenson, Scott, Hecht & Zamecnik, 1958, introduction, p. 241. Sur la « complémentarité », *cf. ibid.*, conclusion, p. 256. C'est nous qui soulignons dans les deux cas.

doit être ici mentionné. À la lecture des comptes rendus d'expérience de K. S. Kirby ainsi que d'Alfred Gierer et de Georg Schramm, il apparaît que l'on savait depuis peu séparer par extraction au phénol l'ARNs des protéines du surnageant[88]. Gierer et Schramm avaient adopté le procédé mis au point par Heinz Schuster et Wolfram Zillig[89]. Cette procédure allait bientôt supplanter la délicate solubilisation de l'ARN précipité par une solution chaude de sel. Les articles publiés par le groupe du MGH retracent les différentes étapes de l'introduction de cette innovation technique. Pendant quelque temps, l'extraction au phénol ne fut utilisée que pour préparer de grandes quantités d'ARNs, et on avait encore recours à la méthode au chlorure de sodium pour les essais analytiques. L'utilisation parallèle des deux procédés restait nécessaire pour garantir la comparabilité des résultats. Le premier ARNs marqué à l'ATP-^{14}C qui fut isolé par extraction au phénol affichait ainsi « un nombre de coups bien trop supérieur » à la valeur obtenue après traitement au chlorure de sodium[90] : la différence était en effet d'un ordre de grandeur. Après toutes sortes de tentatives pour percer à jour les raisons de cet écart, on constata que, contrairement à ce à quoi on s'était peut-être attendu, il ne s'agissait pas d'une « amélioration », mais seulement d'une contamination – certes considérable – par de l'ATP radioactive libre qui avait traversé l'ensemble de la procédure d'extraction.

Les premières expériences qui cherchèrent à déterminer par quel mécanisme les acides aminés se fixaient à l'ARNs remontent au mois de juillet 1956[91]. Elles aboutirent au schéma réactionnel réversible que voici :

$$\text{ATP} + \text{Leucine-}^{14}\text{C} + \text{E} <-> \text{E(AMP}\sim\text{Leucine-}^{14}\text{C)} + \text{PP}$$
$$\text{E(AMP}\sim\text{Leucine-}^{14}\text{C)} + \text{ARN} <-> \text{ARN}\sim\text{Leucine-}^{14}\text{C} + \text{E} + \text{(AMP)}$$

Vers la fin de l'année 1956, Zamecnik envisagea plusieurs hypothèses pour expliquer la liaison chimique entre l'acide aminé et l'ARN[92].

> Il semblait y avoir trois explications possibles : l'anneau, le phosphate internucléoside ou bien le ribose. Mais nous ne pouvions nous appuyer sur aucun élément, à l'exception de cette déclaration de Dan Brown, un ancien

---

88   *Cf.* Gierer & Schramm, 1956 ; Kirby, 1956.
89   Werner Schäfer, entretien avec Rheinberger du 3 décembre 1998.
90   ZCL, résumé des expériences réalisées du 7 au 25 février 1957.
91   ZCL, expériences réalisées du 12 au 20 juillet 1956.
92   ZCL, note de laboratoire du 2 octobre 1956.

collaborateur de Todd : « Non, je ne crois pas que le phosphate internucléoside soit suffisamment stable. Je pense que l'acide aminé ne resterait pas en place, il serait trop instable par rapport à ce que vous avez trouvé. » Seuls demeuraient donc l'anneau et le ribose[93]. (Zamecnik, entretien avec Rheinberger, 1991)

Dans le premier article de synthèse sur l'ARNs, dont la rédaction fut achevée le 27 septembre 1957, nous lisons simplement ceci : « Nous ne pouvons encore attribuer aucune structure spécifique à la liaison acide aminé – ARN[94]. »

Le schéma de l'illustration 23 donne à voir la représentation fraction-nelle de la capacité de marquage de l'ARN par la leucine. On y constate clairement qu'après chaque étape de centrifugation, une des deux fractions conserve l'essentiel de l'activité. La représentation de l'ARNs marqué concordait donc avec celle des fractions du système telle qu'elle avait été développée jusque-là. Mais à l'époque, il n'existait aucun moyen de pous-ser plus avant la représentation fractionnelle. L'ARN pH 5 actif pouvait certes être séparé des enzymes par extraction au phénol, mais l'opération inverse – séparer les enzymes actives de l'ARN – demeurait impossible.

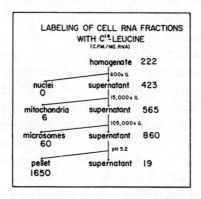

ILL. 23 – Schéma de fractionnement de l'homogénat de foie de rat dans une représentation de la fin de l'année 1957. Tiré de Hoagland, Stephenson, Scott, Hecht & Zamecnik, 1958, ill. 1. © 1958, The American Society for Biochemistry and Molecular Biology.

---

93 À Cambridge, Alexander Todd était à l'époque *la* référence en matière de chimie des acides nucléiques. *Cf.* par exemple Todd, 1956, où est discutée la nature des liaisons inter-nucléotidiques.

94 Hoagland, Stephenson, Scott, Hecht & Zamecnik, 1958, p. 255.

Le marquage à la leucine avait également été soumis à des contrôles cinétiques. Alors que les protéines absorbaient continuellement de la radioactivité, le marquage qui sédimentait avec les particules atteignait rapidement un plateau. L'ARNs semblait donc être renouvelé et céder ses acides aminés à la protéine soluble. Avec ces expériences, les chercheurs du MGH atteignirent un sommet de virtuosité dans la manipulation collaborative de leur système. Ils complétèrent des études sur des animaux vivants par des observations *in vitro* et utilisèrent alternativement les deux sortes de cellules disponibles – cellules de rat et cellules ascitiques de souris – pour les faire correspondre au mieux à leurs besoins. C'est également au cours de ces expériences que l'on parvint à cerner le point d'intervention de la GTP, qui était jusque-là demeuré inconnu. Son « site actif » fut « circonscrit au domaine de l'interaction entre l'ARN pH 5 chargé d'acides aminés et les microsomes ». Cela laissait penser qu'une « nouvelle enzyme de transfert[95] » était impliquée dans cette interaction. On commença alors à différencier la fraction enzyme pH 5 en plusieurs composantes.

Lorsque Zamecnik avait commencé, à l'automne 1955, à s'intéresser à l'acide ribonucléique présent dans ses fractions, il s'était attendu à observer une activité de synthèse d'ARN dans le système de synthèse protéique. En fait de quoi ses collègues et lui trouvèrent une molécule d'ARN qui était en mesure de fixer les acides aminés. C'est un bestiaire complet de nouvelles enzymes qui apparaissait alors, et toutes semblaient se trouver dans le précipité à pH 5. Cette fraction volait en éclats. La reproduction différentielle du système souleva alors tant de questions qu'elle occupa bientôt toute une petite industrie de la synthèse protéique. On atteignit rapidement le point où l'approfondissement du système acellulaire imposait la formation de groupes de recherche différenciés. Fin 1957 déjà, au moins six autres équipes travaillaient sur divers aspects des substances composées d'acides aminés et d'oligonucléotides. Citons rapidement les noms de leurs directeurs respectifs : Kikuo Ogata, de l'Université de Niigata au Japon ; Victor Koningsberger, qui avait quitté le groupe de Lipmann pour regagner le Van't Hoff Laboratorium à Utrecht ; Paul Berg, de l'Université de Washington à Saint Louis ; Richard Schweet, du département de biologie du California Institute of Technology de

---

95 *Ibid.*, p. 256.

Pasadena ; Fritz Lipmann, qui était passé du MGH au Rockefeller Institute de New York ; et Robert Holley, de l'Université de Cornell[96]. Tous venus d'horizons de recherche différents, ils se retrouvaient désormais sur un même terrain, engagés dans une course pour compléter la liste de ce que ces molécules d'ARN et leurs enzymes associées faisaient et ne faisaient pas. Leurs rapports remplirent bientôt les pages du prestigieux *Proceedings of the National Academy of Sciences*. C'était là un nœud important dans la ramification du système de synthèse protéique, et un de ces moments « où le rêve de découverte prend soudain quelque consistance sans être pleinement assuré de devenir réalité[97] ».

SUR LES TRACES DE L'INCORPORATION DES NUCLÉOTIDES DANS L'ARN

Début 1957, Lisa Hecht arriva enfin à Boston. L'une des grandes énigmes qui attendait toujours d'être résolue portait sur la nature de la liaison chimique entre l'ATP et l'ARN, et sur la possible relation de cette réaction avec la fixation des acides aminés. Zamecnik avait entièrement conscience du fait que l'étude de ces processus exigeait une connaissance poussée de la biochimie de l'ARN. Comme dans le cas de l'activation des acides aminés[98], il avait donc cherché à recruter une personne qualifiée. Il se souvient : « Selon moi, il s'agissait là d'un domaine nouveau sur lequel il fallait mettre quelqu'un à temps plein[99]. »

Contrairement à l'hypothèse initiale de Zamecnik, l'incorporation d'ATP ne semblait pas correspondre à une synthèse d'ARN *de novo*, mais plutôt à une réaction de transformation. Était-elle spécifique ? En février 1957, Mary Stephenson compara l'absorption d'ATP radioactive avec l'incorporation d'UTP. La différence observée était de facteur 100[100]. Une

---

96 Ogata & Nohara, 1957 ; Koningsberger, Van der Grinten & Overbeek, 1957 ; Berg & Ofengand, 1958 ; Schweet, Bovard, Allen & Glassman, 1958 ; Weiss, Acs & Lipmann, 1958 ; Holley & Prock, 1958.
97 Jacob, 1987, p. 327.
98 *Cf. supra*, p. 157-158.
99 Zamecnik, entretien avec Rheinberger, 1991.
100 ZCL, 2 mars 1957.

nouvelle fois, l'exploration expérimentale était guidée par des principes systématiques de symétrie. Lisa Hecht se chargea de soumettre tous les autres nucléotides aux mêmes tests : l'uridine triphosphate (UTP), la cytidine triphosphate (CTP) et la guanosine triphosphate (GTP). Elle partagea d'abord sa place de laboratoire avec Jesse Scott, et entra rapidement en étroite collaboration avec Mary Stephenson[101]. Hecht ne tarda pas à comprendre que la CTP servait également de précurseur pour la modification de l'ARN[102]. En outre, la CTP stimulait l'incorporation d'ATP, et l'absorption de leucine radioactive dépendait visiblement de l'incorporation préalable de ces deux nucléotides.

Le problème était devenu relativement complexe. Dans quel ordre et quelles proportions ces réactions avaient-elles lieu ? De façon tout à fait fortuite, Hecht avait constaté que dans « des préparations de fractions pH 5 vieillies[103] », l'incorporation d'ATP dépendait de la présence de CTP. Elle précipita donc un surnageant à 105000 x g de cellules ascitiques, le fit « vieillir » quelque temps à 37°C et le précipita une nouvelle fois avant la réaction d'incorporation[104]. Finalement, on observa « qu'en ajoutant uniquement de l'ATP à cette préparation purifiée, on n'obtenait aucun acide aminé. Le résultat était le même avec la cytosine seule. Mais si l'on ajoutait de la cytosine et de l'adénosine, des acides aminés étaient bien attachés[105]. » La chaîne de réactions était donc déterminée : d'abord la CTP, puis l'ATP, et enfin les acides aminés. Dès lors, il était évident qu'un « groupe terminal contenant des nucléotides de cytosine et d'adénine fournissait un groupe fonctionnel nécessaire à la liaison des acides aminés activés à l'ARN[106] ».

Un petit événement était ainsi devenu crucial et s'était transformé en outil de recherche : l'utilisation fortuite d'une préparation quelque peu datée. Une pré-incubation légèrement différente suivie d'une nouvelle précipitation de la fraction pH 5 dans un contexte expérimental à peine modifié – sa reproduction différentielle – suffit pour faire sensiblement progresser le processus visant à déterminer la séquence des diverses réactions d'incorporation. Ce nouvel exemple de style

---

101 Hecht-Fessler, entretien avec Rheinberger du 11 juillet 1994.
102 Hecht, Stephenson & Zamecnik, 1958a.
103 Zamecnik, 1960, p. 264.
104 Hecht, Stephenson & Zamecnik, 1958b.
105 Zamecnik, entretien avec Rheinberger, 1991.
106 Hecht, Stephenson & Zamecnik, 1958b.

d'exploration expérimentale peut paraître quelque peu sommaire, mais Hecht voyait justement dans la recherche d'«approches simples» la force de Zamecnik[107].

Pour ces expériences, Lisa Hecht utilisa des cellules ascitiques. Introduites comme cellules-modèles pour la croissance maligne, celles-ci avaient ensuite été abandonnées. Ainsi que nous l'avons vu au chapitre sur l'activation des acides animés, elles servirent plus tard à préparer des particules ribonucléoprotéiques sans membranes. Le surnageant obtenu par centrifugation d'un homogénat s'avérait maintenant être une utile source d'ARNs, dans la mesure où il affichait un faible bruit de fond lors de la mesure de l'échange d'ATP et devait donc être pauvre en enzymes dégradant l'ATP. Les cellules ascitiques acquirent ainsi le statut d'instrument de recherche générique aux multiples applications.

Dans le même temps, l'interaction ARN-nucléotide – tout comme dans le cas de la réaction d'incorporation des acides aminés – était devenue l'objet d'une compétition opposant toute une série de chercheurs, dont la plupart était passés par Madison. Parmi eux figuraient Gerald LePage du McArdle Memorial Laboratory qu'abritait la Medical School de l'Université du Wisconsin, ses collaborateurs Alan Paterson et Mary Edmonds, laquelle avait quitté Madison pour Pittsburgh, ainsi que Edward Herbert, un collègue de Potter qui travaillait maintenant au MIT, et Evangelo Canellakis, en poste à Yale[108].

Vers la fin de l'année 1957, Lisa Hecht et ses collègues firent l'hypothèse que l'ARN soluble était le siège de trois réactions d'incorporation de nucléotides[109] :

1. CTP + ARN <–> CMP-ARN + PP
2. ATP + CMP-ARN <–> AMP-CMP-ARN + PP
3. UTP + ARN <–> UMP-ARN + PP

Pourtant, la situation était bien moins limpide que ces formules ne le suggèrent. Que pouvait-on considérer comme un signal d'incorporation ? Que fallait-il rejeter au titre de bruit de fond ? L'absorption d'UTP était-elle significative ? Ne correspondant qu'à 10 % de l'incorporation

---

107 Hecht-Fessler, entretien avec Rheinberger, 1994.
108 Je remercie Van R. Potter pour cette information. *Cf.* également Canellakis, 1957 ;
     Paterson & LePage, 1957 ; Edmonds & Abrams, 1957 ; Herbert, 1958.
109 Hecht, Zamecnik, Stephenson & Scott, 1958.

d'ATP, elle pouvait cependant être mesurée sans ambiguïté. On observait
en outre un effet stimulant de la GTP sur l'incorporation d'ATP, mais
son rôle demeurait parfaitement obscur : « À ce jour, nous ne disposons
d'aucune explication pour ce phénomène[110]. » Hecht compléta la batterie
de tests par une hydrolyse alcaline douce des produits. Le modèle de
dégradation suggérait que le groupe terminal de l'ARN était un ARN-U
lorsqu'on introduisait de l'UTP ; un ARN-CC en présence de CTP, et
un ARN-CCA en cas d'adjonction simultanée de CTP et d'ATP. Un
acide aminé pouvait alors se fixer sur le groupe terminal – CCA, d'où
résultait finalement le complexe ARN-CCA-acide aminé. Mais quant à
la question de savoir si les deux processus enzymatiques – la fixation des
nucléotides d'une part, et celle des acides aminés d'autre part – étaient
liés par leur fonction biologique, l'énigme demeurait entière.

Il y avait désormais de bonnes raisons de penser que l'ARN soluble
se différenciait qualitativement de l'ARN microsomal et ne se composait
pas de fragments aléatoires de celui-ci, c'est-à-dire d'artefacts de préparation. On constata non sans intérêt que l'ARN soluble de rat utilisé dans le système à base de foie de rat pouvait être remplacé par de
l'ARN de souris et, dans une certaine mesure, de levure de boulanger.
La spécificité à l'œuvre semblait donc être avant tout fonctionnelle, et
relativement indépendante de l'espèce. Les représentations fractionnelles
de ces ARNs, et en particulier celle des enzymes qui les modifient,
exigeaient cependant des méthodes plus raffinées que celles qui avaient
été employées jusque-là. Selon toute évidence, il allait falloir mettre
en jeu de nombreuses connaissances et savoir-faire issus de la chimie
analytique des protéines. La représentation des fractions du système
avait été produite par centrifugation et précipitation acide, et ces deux
techniques avaient jusque-là permis de l'affiner sans difficultés. Mais
c'en était désormais terminé. De nouvelles technologies devaient être
testées et développées.

---

110 *Ibid.*, p. 962.

REPRÉSENTATIONS ALTERNATIVES

Tout gravitait désormais autour de l'ARNs. Celui-ci servait d'intermédiaire dans le transfert des acides aminés vers la protéine ribonucléique, et l'on supposait qu'il assurait également le transfert de l'information génétique. Mais il ne fallait pas exclure qu'il soit également impliqué dans un autre processus : la régulation de la synthèse des protéines. Il y avait l'ARN-U, l'ARN-C, ainsi que l'ARN-CC et l'ARN-CCA, et les réactions d'incorporation pouvaient être inversées. Ces propriétés laissaient penser que « l'ARN soluble pouvait servir de réserve pour des coenzymes nucléotidiques libérables, lesquelles jouent un rôle directeur dans la régulation du métabolisme[111] ». L'hypothèse d'une telle fonction relevait pleinement de ces « objectifs ultimes » des recherches du MGH que Zamecnik rappela non sans raison lors d'un congrès de l'International Union Against Cancer, savoir : « Faire la lumière sur le phénomène de régulation de la synthèse protéique dans le processus normal de croissance et ses possibles aberrations dans l'état néoplasique[112]. » Au regard des évolutions ultérieures, qui seront brièvement exposées aux chapitres 11 et 12, la référence au problème de régulation n'était pas qu'un boniment destiné à amadouer les participants à ce congrès sur le cancer. Il correspondait à une troisième option.

La résolution du système fractionné relativement aux enzymes impliquées dans le processus en une série de paquets (figurée par l'illustration 24) faisait également débat. Ces enzymes pouvaient maintenant être reliées entre elles sous la forme d'une cascade qui embrassait au moins quatre espèces ou systèmes pour lesquels on disposait d'indications plus ou moins précises.

111 Zamecnik, Stephenson & Hecht, 1958, p. 74.
112 Zamecnik, Hoagland, Stephenson & Scott, 1958, p. 63.

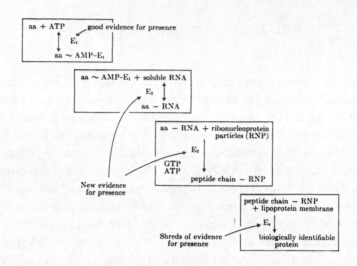

ILL. 24 – Cascade des enzymes pouvant jouer un rôle dans la synthèse protéique. Tiré de Zamecnik, Stephenson & Hecht, 1958, ill. 3.

Cette chaîne enzymatique ne résultait pas directement de la représentation fractionnelle elle-même, mais de l'articulation d'indices pour la plupart indirects : aucun des enzymes ou systèmes enzymatiques supposés n'était pur ; au contraire, toutes les fractions étaient « sales », dans le sens où elles ne représentaient pas des enzymes isolées. La première activité enzymatique (E_1) était établie par « trois éléments de preuve ». L'un d'entre eux était l'insensibilité de cette activité à la ribonucléase. À l'inverse, la sensibilité à la ribonucléase caractérisait la seconde activité (E_2), laquelle chargeait l'ARN soluble en acides aminés. Du fait que les particules ribonucléoprotéiques étaient incapables d'absorber des acides aminés en l'absence de GTP on tira « des signes supplémentaires » attestant d'une troisième activité enzymatique (E_3). Seules « des bribes d'indices » laissaient penser à une quatrième activité (E_4) (*cf.* illustration 24).

La représentation du système comme somme de fractions – la forme matérielle de sa représentation – ne distinguait pas entre les différentes enzymes postulées. Les fractions contenaient l'ensemble des enzymes dans un mélange de combinaisons qui se chevauchaient, ainsi qu'il ressort de la figure 25.

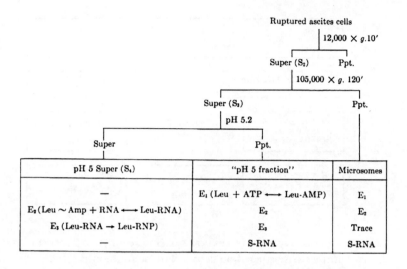

ILL. 25 – Localisation des composants enzymatiques de l'incorporation des acides aminés. Tiré de Zamecnik, Stephenson & Hecht, 1958, ill. 4.

L'enzyme 1 se trouvait aussi bien dans le précipité pH 5 du surnageant à 105 000 x g que dans les microsomes. On trouvait l'enzyme 2 dans ces deux fractions ainsi que dans le surnageant de la précipitation acide. L'enzyme 3 était principalement présente dans le surnageant à pH 5 et dans le précipité correspondant. Enfin, on supposait que l'enzyme 4 était associée aux microsomes. La représentation en fractions ne reflétait donc nullement la partition du processus catalytique. Aussi les enzymes restèrent-elles d'abord dans l'espace expérimental sans qu'aucune existence définie ne leur soit attribuée.

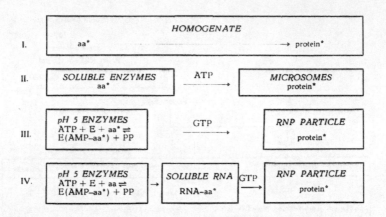

ILL. 26 – Stades de la décomposition du système acellulaire d'incorporation d'acides aminés basé sur le foie de rat. Tiré de Mahlon B. Hoagland, « On an enzymatic reaction between amino acids and nucleic acid and its possible role in protein synthesis », *Recueil des Travaux Chimiques des Pays-Bas et de la Belgique*, 1958, vol. 77, page 624, ill. 1. © Wiley-VCH Verlag GmbH & Co. KGaA. Reproduit avec l'autorisation de l'ayant-droit.

Dans un article de synthèse de 1958 qui revenait sur l'ensemble du travail accompli au cours de la décennie, Hoagland dégagea quatre stades dans la décomposition du système de synthèse protéique basé sur l'homogénat de foie de rat, dont l'illustration 26 donne une représentation. Dans ce tableau, Hoagland superpose le schéma de fractionnement et les étapes intermédiaires de la chaîne de réactions biochimiques. Le passage de l'état II à l'état III avait été permis par l'introduction du procédé d'échange ATP-phosphate. La caractéristique distinctive de l'état III, la transformation des microsomes en particules ribonucléoprotéiques fonctionnellement actives, fut rendue possible d'une part par l'adoption d'une nouvelle sorte de tissus, les cellules ascitiques d'Ehrlich, et d'autre part par l'utilisation de solutions salines concentrées pour la procédure de purification[113].

---

113 Simkin & Work, 1957 ; Littlefield & Keller, 1957.

UNE MACHINE À GÉNÉRER DES QUESTIONS

L'identification de l'ARN soluble – état IV dans l'illustration 26 – était un événement significatif dans la décomposition du processus en étapes. Mais malgré les efforts de Novelli et Berg[114], l'existence des aminoacyl-adénylates comme composés manipulables n'avait encore été établie dans aucun système biologique. En outre, les particules ribonucléoprotéiques que l'on obtenait alors étaient instables. Le système de l'équipe du MGH ne réagissait toujours pas positivement à l'ajout d'un jeu complet d'acides aminés non marqués. Y avait-il une enzyme de chargement propre pour chaque acide aminé ? La précipitation simultanée de l'ARNs et des enzymes pH 5 était-elle fortuite ? Quelle était la taille de la molécule d'ARNs ? Par quel type de liaison chimique les acides aminés étaient-ils fixés à l'ARN ? Était-il possible que plusieurs acides aminés soient simultanément attachés à une unique molécule d'ARNs ? Une enzyme de transfert spécifique était-elle impliquée dans le transport de l'aminoacyl-ARN vers les particules ribonucléoprotéiques ? La GTP était-elle attachée à une telle enzyme ? Quelle était la nature de l'interaction entre les ARNs et les particules ribonucléoprotéiques ?

Les questions foisonnaient. Le système de synthèse protéique était en train de devenir un puissant attracteur de recherche, une sorte de machine ultra-rapide à fabriquer de l'avenir. De vagues contours mis à part, tout restait à explorer. Mais dans le même temps, la poursuite de la fragmentation et de la purification du système promettait d'apporter rapidement des réponses à toutes les questions qui pouvaient se poser. Plus encore : le système permettait de *produire* des interrogations. Aussi Hoagland pouvait-il constater que « le fait que nous ayons soulevé davantage de questions que nous ne pouvons en résoudre nous renforce dans l'idée que nos études mèneront à une meilleure compréhension de la synthèse des protéines[115] ». Dans une note de bas de page ajoutée lors de la correction des épreuves de son article de synthèse, il n'énumère pas moins de sept « nouveaux développements » survenus en à peine six mois, entre la remise du manuscrit en janvier 1958 et la révision

---

114 DeMoss, Genuth & Novelli, 1956 ; Berg, 1957.
115 Hoagland, 1958, p. 632.

des épreuves[116]. L'article parut dans la livraison de juin du *Recueil des Travaux Chimiques des Pays-Bas et de la Belgique.*

Dans les laboratoires du Huntington, le « problème du codage » demeurait une possibilité parmi d'autres. La situation s'apparentait à une bataille sur plusieurs fronts. La question de savoir quelle relation existait entre la fixation des nucléotides et l'accrochage final des acides aminés sur l'ARNs attendait une réponse. Il fallait encore identifier les enzymes catalysant les différentes réactions. On n'était toujours pas parvenu à isoler un ARNs spécifique à un acide aminé particulier. Aux yeux de Zamecnik, seule l'exploration simultanée de toutes ces pistes pouvait permettre des avancées expérimentales.

Jusqu'alors, le « transfert » d'acides aminés radioactifs de l'ARN soluble vers les microsomes avait été défini en termes purement opérationnels : on le mesurait à la quantité de radioactivité sédimentée avec les microsomes[117]. Mais cette méthode ne permettait pas de différencier plus avant l'interaction entre les microsomes et l'ARNs. On observait seulement une co-sédimentation, que l'on nomma transfert.

En ce qui concernait la molécule d'ARNs elle-même, quelques propriétés intéressantes se firent jour. Loftfield avait commencé à étudier la spécificité de la liaison acide aminé-ARN[118]. La fixation d'un acide aminé particulier sur l'ARNs représentait une étape sélective dans le passage des acides aminés libres à la protéine. En ce qui concernait par ailleurs la nature de la liaison entre l'ARNs et l'acide aminé, on avait trois années durant dressé une liste de « ses actions » et de « ses comportements ». Toutes ces observations étaient compatibles avec une liaison entre les acides aminés et le groupe 2' – ou 3' – hydroxyle du ribose terminal de l'ARN, mais on ne pouvait pas en déduire pour autant que cette liaison était la seule possible. Sur la question de la nature chimique de cette liaison, c'est le laboratoire de Lipmann qui remporta la course, du moins en ce qui concerne la publication des résultats[119]. En janvier 1958, Zamecnik s'entretint avec Crick et Lipmann lors d'une réception donnée au Waldorf Astoria à New York à l'occasion

---

116 *Ibid.*, p. 633.
117 Hoagland, 1958.
118 Loftfield, Hecht & Eigner, 1959.
119 Zachau, Acs & Lipmann, 1958. L'article fut envoyé par le très légitime lauréat du prix Nobel Fritz Lipmann à la rédaction de *Proceedings of the National Academy of Sciences* le 30 juillet 1958. Il fut publié dans la livraison de septembre de la publication.

du soixante-sixième anniversaire de Basil O'Connor. Durant le petit-déjeuner, « Lipmann se montra tout à coup très curieux et me demanda où je pensais que la liaison covalente pouvait se trouver. Je lui répondis qu'il y avait trois sites possibles sur le résidu adénylique 3'-terminal : (1) la position 2' ou 3' du groupe ribosyle, (2) quelque part sur l'anneau adénine et (3) la première position phosphate entre les nucléotides, puis je lui expliquai que nous étions sur le point de pouvoir trancher entre ces possibilités. Sans m'en informer, il mit aussitôt son laboratoire sur cette question. Nous parvînmes à la même conclusion : la position 2' ou 3' du groupe ribosyle[120]. » Les deux équipes avaient opté pour des méthodes différentes. Hans Zachau et Lipmann avaient utilisé la ribonucléase pour couper le groupement terminal aminoacyl-adénosine, tandis que Zamecnik et ses collègues avaient eu recours à du périodate pour distinguer entre les groupes 2' – ou 3' – hydroxyle protégés et non protégés du ribose terminal[121]. Au même moment, à la faveur d'essais de purification d'une enzyme activatrice de la méthionine, Paul Berg et James Ofengand constataient que l'activation des acides aminés et leur fixation subséquente sur leur ARNs spécifique étaient catalysées par une seule et même enzyme[122].

CODE OU MATRICE ?

Qu'était devenu l'ARN soluble fin 1958, après trois années de recherches toujours plus frénétiques dans un contexte de concurrence accrue ? L'ensemble des ARNs semblaient présenter la même séquence nucléotidique terminale : -CCA. Il paraissait évident que cette séquence était une caractéristique générale, soit structurelle soit fonctionnelle, mais pas spécifiante – en somme, tout sauf un code. D'autre part, chacun des quelques vingt acides aminés semblait avoir son propre porteur d'ARNs. Zamecnik postula donc que « chaque molécule d'ARN est d'une certaine manière *codée* pour un acide aminé spécifique, et peut-être également

120 Zamecnik, lettre à Rheinberger du 5 novembre 1990.
121 Hecht, Stephenson & Zamecnik, 1959.
122 Berg & Ofengand, 1958.

pour un site spécifique complémentaire sur l'acide ribonucléique de la particule ribonucléoprotéique servant de matrice pour la synthèse protéique[123]. » Deux terminologies s'affrontaient : celle du code et celle de la matrice. « Codage » désignait désormais deux processus distincts. Zamecnik supposa que l'ARNs codait pour les acides aminés d'une part, et l'ARN de la particule ribonucléoprotéique pour les ARNs chargés d'autre part. Dans cette hypothèse, l'ARN soluble portait le signal de reconnaissance d'un acide aminé spécifique ; et l'acide ribonucléique du microsome – comme code ou comme matrice, la question n'était toujours pas tranchée – servait à déterminer la séquence de la protéine. La langue du transfert d'information moléculaire commença de s'inscrire dans la représentation métabolique de la synthèse protéique, mais elle ne supplanta pas le discours biochimique du jour au lendemain. C'est qu'elle n'en avait pas les moyens : elle avait dessiné les contours d'un nouvel espace de représentation, mais celui-ci n'avait pas encore pris corps dans une matérialité expérimentale propre, notamment parce que sur le plan expérimental, le code-matrice se confondait avec l'ARN de la particule ribonucléoprotéique. Manipuler la matrice, c'était manipuler la particule microsomale, qui était justement la composante du système sur laquelle il était le plus difficile d'intervenir. Je reviendrai sur la distinction opérée entre le code-matrice et le microsome, ainsi que sur la transformation du premier en un objet épistémique autonome – l'ARN messager – au chapitre dernier. On y verra que cette différenciation fut une condition préalable à l'approche expérimentale du code génétique.

---

123 Hecht, Stephenson & Zamecnik, 1959, p. 517.

HISTORIALITÉ, NARRATION, RÉFLEXION

Les remarques de ce chapitre portent sur une épistémologie du temps, à laquelle j'ai déjà parfois fait allusion au fil du présent ouvrage. Au-delà des termes d'histoire et d'historicité, je préfère parler ici d'« historialité ». Ce néologisme est emprunté à la *Grammatologie* de Derrida. La question qui se trouve ainsi posée est la suivante : comment pouvons-nous parler d'histoire sans faire appel aux « origines » et aux « fondements » ? Cela nous mène à « une pensée discrète et difficile qui, à travers tant de médiations inaperçues, devrait porter tout le poids de notre question, d'une question que nous appelons encore provisoirement *historiale*[1] ».

ÉPISTÉMOLOGIE DU TEMPS

À quoi l'historien a-t-il affaire ? Le passé qu'il observe est-il lui-même le résultat d'un passé encore plus ancien, et ainsi de suite jusqu'au commencement de toutes choses ? Ou bien ce passé est-il le résultat d'une « *différance* », toujours déjà repoussé et déplacé, auquel on accède dans l'ordre du futur antérieur ?

Bien souvent, le nouveau ne se manifeste que par une gêne à l'endroit où il apparaîtra pour la première fois – et on ne peut dès lors l'approcher que sur le mode du futur antérieur. Évidemment, on peut essayer de dégager les conditions de son émergence. Mais ces conditions, tout comme le nouveau lui-même, ne semblent accessibles que par une sorte de récurrence qui requiert l'existence d'un produit pour pouvoir contrôler les conditions de son élaboration. Cela vaut en particulier pour « toutes

---

1   Derrida, 1967, p. 38.

les formes nouvelles de la pensée scientifique qui viennent après coup projeter une lumière récurrente sur les obscurités des connaissances incomplètes[2] ». Selon Georges Canguilhem, c'est précisément à ce point que divergent les voies de l'historien d'influence classique et de l'épistémologue au sens de Bachelard :

> L'historien procède des origines vers le présent en sorte que la science d'aujourd'hui est toujours à quelque degré annoncée dans le passé. L'épistémologue procède de l'actuel vers ses commencements en sorte qu'une partie seulement de ce qui se donnait hier pour science se trouve à quelque degré fondée par le présent. Or, en même temps qu'elle fonde – jamais, bien entendu, pour toujours mais incessamment à nouveau – la science d'aujourd'hui détruit aussi, et pour toujours. (Canguilhem, 1968, p. 178-179)

Il n'est pas inutile de s'attarder un moment sur cette remarque. Dans l'histoire des sciences, ce que Canguilhem décrit ici comme la démarche de l'historien a très souvent pris la forme d'une quête des précurseurs[3]. Cette quête contribue sans nul doute à fonder des traditions et aide à atténuer le caractère inouï du nouveau. En un mot, elle linéarise. Mais au fond, elle présuppose l'existence d'un passé resté intact « là-bas derrière » et qui se donnerait à voir à l'observateur de l'histoire comme un milieu neutre. Le mouvement de l'épistémologue, en revanche, exige et implique une courbure de la pensée que l'historien critique quant à lui comme une forme de projection rétrospective, c'est-à-dire une sorte de téléologie négative, ce qui est un plein malentendu.

Dans le cadre de ses remarques sur l'histoire des choses, l'historien de l'art George Kubler a longuement insisté sur le phénomène que nous explorons ici sous l'angle de la récurrence épistémologique et qu'André Malraux a nommé « Effet Eliot » : « T.S. Eliot a peut-être été le premier à remarquer ce rapport, lorsqu'il fit observer que toute œuvre d'art importante oblige à une réévaluation des œuvres précédentes[4]. » Qu'il en va de même en sciences, c'est ce que Goethe avait déjà souligné à plusieurs reprises, tantôt en parlant de la « nécessité occasionnelle d'un réaménagement provisoire », tantôt même du fait qu'à la suite d'événements révolutionnaires, c'est parfois « toute l'histoire mondiale » qui doit être réécrite[5]. Le récit

---

2   Bachelard, 1934, p. 12.
3   *Ibid.*, en particulier le chapitre « L'objet de l'histoire des sciences ».
4   Kubler, 1962 [1973], p. 35 [p. 66].
5   Goethe, 1982, p. 424, n° 426 ; Goethe, 1957 [2003], p. 149 [p. 187].

historique se trouve ainsi rivé au temps, il devient lui-même un phénomène de l'histoire[6]. L'histoire des sciences a donc elle aussi « son temps propre[7] ».

Dans une perspective historiale, il ne nous faut pas seulement partir du principe que la récursivité est inhérente à toute rétrospection, et par là à toute interprétation historique, c'est-à-dire à l'activité itérative de l'historien. Nous devons également considérer que le réaménagement et la réécriture, le réarrangement et la réorientation sont à l'œuvre à l'intérieur même du mouvement différentiel qui anime la matérialité des systèmes expérimentaux, autrement dit qu'elles participent à la définition de leur structure temporelle. L'histoire de tels systèmes se caractérise par une singulière postériorité. Un retard constitutif, un « emmêlement du temps », s'inscrit au caractère d'une trace : c'est qu'il doit se redoubler jusqu'au point d'être méconnaissable pour devenir ce qu'il aura été. Dans cette sorte de temporalité, « "l'après" devient constitutif de "l'avant"[8] ». Pour le formuler avec un paradoxe, on pourrait dire que le présent est toujours le résultat de quelque chose qui ne s'est pas produit ainsi, et que le passé devient la trace de quelque chose qui n'a pas (encore) eu lieu. Telle est la structure temporelle de la trace en général : « La trace n'est pas seulement la disparition de l'origine, elle veut dire ici – dans le discours que nous tenons et selon le parcours que nous suivons – que l'origine n'a même pas disparu, qu'elle n'a jamais été constituée qu'en retour par une non-origine, la trace, qui devient ainsi l'origine de l'origine[9]. »

L'historiographie des sciences connaît une longue tradition qui considère la science moderne comme une entreprise unifiée, continue et cumulative. Au siècle dernier, cette respectable manière de voir fut régulièrement mise au défi par des projets qui concevaient au contraire le cours des sciences comme une suite d'états d'équilibre séparés les uns des autres par des ruptures plus ou moins importantes. Pourtant, ces conceptions présupposent toutes deux que le changement scientifique – évolutionnaire ou révolutionnaire, continu ou discontinu – possède une structure épistémique globale que l'on appelle « La Science », laquelle se développerait comme un tout – de manière tantôt plus exponentielle, tantôt plus asymptotique – et se verrait périodiquement restructurée

---

6   Pour une présentation critique de l'émergence de la narrativité historique, *cf.* White, 1980. *Cf.* également Carrard, 1998 et Berkhofer, 1995.
7   Canguilhem, 1968, p. 20.
8   Nägele, 1987, p. 1.
9   Derrida, 1967, p. 90.

sur la base de nouveaux paradigmes. Bien qu'emprunt d'une bonne pincée de relativisme historique, le second point de vue vit encore de l'idée qu'un paradigme peut, à un moment précis, disposer d'une force suffisante pour coordonner l'activité de toute une – et potentiellement de toute *la* – communauté scientifique, et forme un tout cohérent sur la base de cette activité.

Plus notre compréhension de la micro-dynamique de l'activité scientifique s'affine, plus ces conceptions paraissent problématiques. Kuhn lui aussi, à la suite de ses analyses sur l'histoire de la physique, a souligné non pas seulement l'incommensurabilité diachronique des paradigmes, mais également l'incommensurabilité synchronique des fragments et parties qui composent l'atelier toujours plus fragmenté et compartimenté de la science. Dès lors, Kuhn lui aussi put caractériser toute l'entreprise scientifique comme un processus reposant sur la divergence[10]. Lorsque, comme c'est le cas ici, on aborde le processus de recherche scientifique sous l'angle de ses unités fonctionnelles – c'est-à-dire des systèmes expérimentaux –, il apparaît encore plus clairement que l'image de la science *comme projet monolithique* doit être profondément et durablement remise en question[11].

Il y a quelques temps déjà que la fragmentation de « la » science en domaines éparpillés est prise en compte par l'épistémologie[12]. Cet ouvrage propose une approche microscopique de la clusterisation et de la dispersion des systèmes expérimentaux avec leurs caractéristiques temporelles respectives. J'aimerais évoquer ici une résonance née des évolutions récemment survenues dans le champ de la thermodynamique des processus irréversibles. Parmi bien d'autres choses, Ilya Prigogine a montré que la modélisation de structures dissipatives fait surgir de nouvelles manières de concevoir ce qu'on pourrait appeler des temps locaux ou situés. Il a proposé de ne pas définir le temps comme un simple paramètre (le petit *t* employé en physique de Newton à Einstein), mais d'introduire dans la modélisation de processus irréversibles un temps « opérationnel », autrement dit d'en faire un opérateur (grand T)[13]. Du point de vue formel, un opérateur est une instruction prescrivant la manipulation d'une fonction, c'est-à-dire sa reproduction, dans laquelle

---

10   Kuhn, 1992, p. 19.
11   Rouse, 1991.
12   Sur « la fragmentation de la science », *cf.* par exemple Dupré, 1993 ; Rosenberg, 1994 ; Galison & Stump, 1996 ; Clarke, 1998.
13   Prigogine & Stengers, 1991, p. 334-343.

la fonction survit à l'opération mais voit sa valeur modifiée par un ou plusieurs facteurs. Les enjeux plus proprement thermodynamiques ne sont pas déterminants pour notre propos. Plus décisive en revanche est l'idée d'un « temps-opérateur » ou temps « interne », avec toute la dimension métaphorique que ces expressions enveloppent. Supposons que dans l'étude de la transformation de systèmes matériels, de systèmes de choses, voire d'actions, le temps puisse être considéré comme un opérateur et non pas seulement comme l'axe chronologique d'un système de coordonnées. Le temps serait alors une caractéristique structurelle, locale et interne des systèmes de recherche se stabilisant lors de phases stationnaires mais que des turbulences menacent toujours de faire bifurquer. À ce sujet, Canguilhem a parlé d'une « liquidité ou viscosité » variable du « temps de la véri-fication[14] » dans les différents champs de la science, aussi et surtout, à une même période de l'histoire.

Comme nous l'avons exposé au chapitre sur la reproduction et la différence, les systèmes de recherche productifs se caractérisent par un certain type de reproduction différentielle qui fait de la fabrication d'événements inanticipables la force motrice de toute la machinerie. Tant que cela persiste, on peut parler d'un système « jeune ». L'âge du système ne dépend donc pas de sa distance à l'origine de l'axe temporel : il est une fonction – s'il l'on peut s'exprimer ainsi – du fonctionnement de ce système, et se mesure à son degré de capacité à produire des différences constituant des événements inanticipables et susceptibles de maintenir la machinerie en mouvement par leur rétroaction sur le système. C'est en des termes comparables que Kubler a décrit l'activité artistique comme « un enchaînement d'expériences » dont les « espaces et périodes caractéristiques » ne peuvent être appréhendés dans leur particularité selon le seul « temps calendaire[15] ».

Nous pouvons donc considérer un domaine de recherche comme une accumulation, ou plutôt un réseau, de systèmes expérimentaux d'âges divers présentant des impératifs temporels propres. Certains d'entre eux sont suffisamment proches les uns des autres pour que leurs cycles reproductifs puissent être rapprochés et associés par l'échange de sous-routines, d'entités épistémiques ou de savoirs implicites incorporés à leur fonctionnement. D'autres à l'inverse sont assez éloignés pour réaliser leurs transformations opérationnelles indépendamment

14 Canguilhem, 1968, p. 19.
15 Kubler, 1962 [1973], p. 83-85 [p. 123-126].

des autres, même si cela reste fonction des mutations plus ou moins rapides qui interviennent dans les autres systèmes. Nous ne sommes donc pas seulement en présence d'un domaine complexe de systèmes, mais également d'une structure ou forme temporelle elle-même relativement complexe. Les séries reproductives singulières conservent leur « âge » propre, qui dépend de leur réplication différentielle, et chacun des champs épistémiques s'arrache à l'emprise de la chronotopie. En cela, un ensemble de systèmes expérimentaux est comparable aux champs de pratiques discursives décrits par Foucault, à ceci près que l'intensité des associations discursives entre les différents systèmes expérimentaux varie constamment. Nous pouvons considérer ces systèmes comme « des séries régulières et distinctes d'événements […] qui [nous permettent] d'introduire à la racine même de la pensée, le *hasard*, le *discontinu* et la *matérialité*[16]. » Dès lors, il n'existe plus aucun cadre théorique d'ensemble, nul programme politique supérieur ni contexte social homogénéisant suffisamment puissant pour discipliner et coordonner durablement cet univers de systèmes et leurs dérives, leurs fusions et leurs ramifications. Les systèmes ne se relient pas entre eux par des connexions stables mais davantage par des surfaces de contact transitoires qui résultent de la reproduction différentielle de chacun des systèmes et de la répartition de leurs âges respectifs. Il n'existe aucun fondement commun ultime, aucune source, aucun principe unitaire de développement dont tous proviendraient, aucune hiérarchie qui les inclurait tous. La totalité regroupant cet ensemble de systèmes expérimentaux d'âges divers est u-topique et a-chronique. C'est un entrelacs sans centre et de structure rhizomatique dans lequel de nouveaux capillaires sont constamment formés, d'anciens anastomoses sans cesse dissous et les attracteurs toujours en mouvement.

La multiplicité des systèmes expérimentaux qui dérivent face à un horizon ouvert, s'avancent vers lui et ce faisant l'étendent et le modifient, cette multiplicité constitue un véritable ensemble historial. Chacun de ces systèmes obéit à son propre régime temporel[17], lequel est lié aux temps propres de ses objets épistémiques. De tels ensembles se dérobent aux concepts simples de la causalité linéaire, de l'influence, de la dominance et de la subordination. Mais ils échappent également à

---

16   Foucault, 1971, p. 61.
17   Griesemer & Yamashita, 1999.

la notion de processus purement contingent ou stochastique. Le concept d'histoire a été mis en relation avec ces deux pôles extrêmes : au nom d'un déroulement conforme à la loi pour le premier, de la singularité de chacune des micro-configurations pour le second. Dans un cas comme dans l'autre, on passe à côté de la dynamique des champs épistémiques. Celle-ci résulte de conjonctures de moyenne portée, qui ont toujours des conséquences inouïes. C'est peut-être le concept de scandale qui nous permet de rendre compte au mieux des effets de cette dynamique temporelle et de ses événements inanticipables. De ce point de vue, les sciences elles-mêmes peuvent être considérées comme des tentatives isolés et vaines pour empêcher le scandale en le provoquant toujours de nouveau. C'est ce que François Jacob, dans le chapitre sur « Le temps et l'invention de l'avenir » qui clôt son essai intitulé *Le jeu des possibles*, a exposé sans ambages :

> Ce que nous devinons aujourd'hui ne se réalisera pas. De toute manière, des changements doivent arriver, mais l'avenir sera différent de ce que nous croyons. Cela s'applique tout particulièrement à la science. La recherche est un processus sans fin dont on ne peut jamais dire comment il évoluera. L'imprévisible est dans la nature même de l'entreprise scientifique. Si ce qu'on va trouver est vraiment nouveau, alors c'est par définition quelque chose d'inconnu à l'avance. Il n'y a aucun moyen de dire où va mener un domaine de recherche donné. (Jacob, 1981, p. 130-131)

Avec l'idée d'une « temporalité différentielle », nous sommes plus éloignés que jamais de l'illusion romantique de l'Histoire comme totalité s'imposant à toutes choses et dominée par des relations de mimesis, de métamorphose ou d'expressivité des parties au sein d'un ensemble[18]. La figure de la reproduction différentielle de lignes sérielles s'activant dans un paysage de recherche génère une tout autre cohérence, plus fragile mais aussi plus productive. Elle n'est plus fondée sur la simultanéité ni la succession ordonnée de toutes les mutations possibles d'une forme primitive ou d'un paradigme. La structure de cette cohérence ne repose pas sur l'expression, la transformation ou le miroitement, mais sur les tensions et les relâchements locaux d'un réseau, sur les résonances et les dissonances pouvant surgir dans un assemblage fait d'actions prématurées et différées qui, avec leurs affaiblissements et leurs intensifications,

---

18   Althusser & Balibar, 1968, p. 115, 117 et 124.

leurs interférences et leurs intercalations, résistent à un temps historique grossièrement uniformisant. Prendre au sérieux les propos de Jacob, c'est accepter l'impossibilité de tout algorithme ou logique du développement scientifique dont le cours historique serait fondé causalement.

Il ne reste alors plus guère de place pour une représentation de l'histoire des sciences comme processus « influencé », « dirigé », « freiné » ou « favorisé » par des instances externes ou internes. Il n'y a désormais plus de dehors ni de dedans localisés une fois pour toutes : l'extérieur et l'intérieur sont partout. Topologiquement, nous avons affaire à un ruban de Mœbius ; géométriquement, à une composition fractale. Nous pouvons peut-être qualifier de lamarckienne l'histoire des sciences organisée autour du partage intérieur-extérieur, et il est étonnant de voir avec quelle longévité elle a survécu, tandis que son alternative, la représentation de l'évolution selon un modèle que nous avons l'habitude d'appeler « darwiniste », l'a largement emporté en biologie. Si l'épistémologue, dans le domaine d'investigation empirique qui lui est propre, suit ce modèle, il doit alors faire face à des événements contingents qui déploient un champ de variantes largement éparpillées. La confrontation de ces variations dans un espace offrant des possibilités d'extension limitées fait émerger des mécanismes de filtrage qui finissent, toujours *ex post* et jamais de manière prospective, par fixer des significations.

DÉPLACEMENTS ET RETARDEMENTS

Appliquons, au moins de façon métonymique, le concept derridien de *différance* à la dynamique de ce type de champs d'investigation. Derrida conçoit la *différance* comme un « concept économique désignant la production du différer, au double sens de ce mot[19]. » Dans un des articles qu'il a consacrés à cette notion, il explique que :

> Tout dans le tracé de la différance est stratégique et aventureux. Stratégique parce qu'aucune vérité transcendante et présente hors du champ de l'écriture ne peut commander théologiquement la totalité du champ. Aventureux parce

---

19   Derrida, 1967, p. 38.

que cette stratégie n'est pas une simple stratégie au sens où l'on dit que la stratégie oriente la tactique depuis une visée finale, un *telos* ou le thème d'une domination, d'une maîtrise et d'une réappropriation ultime du mouvement ou du champ. Stratégie finalement sans finalité, on pourrait appeler cela tactique aveugle, errance empirique, si la valeur d'empirisme ne prenait elle-même tout son sens de son opposition à la responsabilité philosophique. S'il y a une certaine errance dans le tracement de la différance, elle ne suit pas plus la ligne du discours philosophico-logique que celle de son envers symétrique et solidaire, le discours empirico-logique. Le concept de *jeu* se tient au-delà de cette opposition, il annonce, à la veille et au-delà de la philosophie, l'unité du hasard et de la nécessité dans un calcul sans fin. (Derrida, 1972a, p. 7)

Au premier regard, une stratégie sans finalité apparaît comme une *contradictio in adiecto*. Peut-être nous faut-il choisir un autre terme pour décrire un mouvement qui est tout sauf chaotique même s'il n'est pas dirigé vers un but. Dans un aphorisme, Goethe a formulé le principe d'un tel déplacement : « On ne va jamais aussi loin que lorsqu'on ne sait pas où l'on va[20]. » Ce mouvement est intimement lié à la nature des moyens utilisés pour l'écriture et toutes les sur-écritures successives du texte expérimental. Parce qu'ils sont des hybrides de concept et de matière, les graphèmes, ces traces de la quête scientifique, renferment toujours en eux la possibilité d'un surplus, et transcendent ce qui leur est attribué. Le surplus est l'incarnation du mouvement de la trace. D'une part, la trace enfreint les limites dans lesquelles le jeu semble être enfermé ; et en tant que surplus, elle se dérobe justement à la puissance de définition du système. D'autre part, elle ne fait apparaître ces limites qu'en les brisant. Elle définit cela même qu'elle fait voler en éclats. Le mouvement de la trace est historial.

Ce point est crucial dès lors que l'on dit d'un champ de systèmes expérimentaux qu'il est de part en part traversé par la *différance*. Il révèle clairement le fait que les systèmes sont soumis à un jeu de différences et de déplacements définis par leur temps-opérateur, et qu'ils décalent constamment leurs limites – ou ce qui apparaît transitoirement comme tel. Ces décalages provoquent la rencontre de divers systèmes expérimentaux, d'où résultent des déplacements de signification. Le concept de « greffe », que Derrida – une fois de plus – rattache lui-même au travail sur les textes, peut nous être utile : « Il faudrait explorer systématiquement

---

20   Goethe, 1982, p. 547.

ce qui se donne comme simple unité étymologique de la greffe et du graphe (du *graphion* : poinçon à écrire), mais aussi l'analogie entre les formes de greffe textuelle et les greffes dites végétales ou, de plus en plus, animales[21]. » Il n'est pas sans intérêt, ni tout à fait fortuit, que ce soit un modèle biologique qui entre ici en jeu. Dans cette opération, le greffon n'affecte pas l'identité du porte-greffe. Mais dans le même temps, il induit le support à produire ses propres graines et fruits. D'un côté, la relation entre le greffon et le support correspond à une insertion intime, une soudure forte. De l'autre, elle est l'exemple vivant d'une séparation durablement manifeste. Dans le chapitre qui suit, je reviendrai sur cette structure en exposant le cas d'une représentation de l'ARN soluble à mi-chemin entre la biochimie et la biologie moléculaire. Peut-être peut-on dire que le greffon est un surplus inversé, une intrusion. Mais son fonctionnement en tant que greffon étranger atteste précisément de l'aptitude du support à accueillir l'intrusion. Ce phénomène vit donc d'une complicité profonde, et empêche dès lors de répondre de manière sensée à la question de savoir ce qui est au dehors et ce qui est au dedans. L'aventure de la greffe, comme forme spéciale d'itération, ne réside donc pas dans la pro-gression (*Fortschritt*), mais dans la pro-scription (*Fortschrift*).

Comme nous l'avons exposé au chapitre sur les cultures expérimentales, les conjonctures, bifurcations et hybridations entre systèmes expérimentaux sont des conditions nécessaires à la production d'événements inanticipables. Si l'expérimentation est une machine à générer des événements, elle œuvre également à les canaliser, dans la mesure où sa signification prospective dépend au fond du fait qu'elle puisse par la suite devenir partie intégrante des conditions techniques du système. En définitive, c'est donc l'intégration ultérieure dans le domaine du technique qui décide si un objet de connaissance s'est vu attribuer une juste place dans l'histoire du savoir. Pour le dire avec les mots de Hoagland, qu'il faut ici prendre au pied de la lettre : « En sciences, une idée ne peut gagner en substance qu'à la condition de s'insérer dans un corpus de savoir animé d'une croissance dynamique[22]. » La masse dynamique du savoir, ce réseau de pratiques structuré par les laboratoires, les instruments et les arrangements expérimentaux, est une machine à penser *sui generis*.

---

21   Derrida, 1972c, p. 249-250.
22   Hoagland, 1990, p. xx.

D'un point de vue historiographique, cela signifie qu'aucune histoire des sciences ne peut échapper à ce mouvement régressif en faisant appel à l'immédiateté historique. Car la récursion est inhérente aux choses épistémiques elles-mêmes, et donc aux objets de la science par excellence. Une historiographie qui exécute aveuglément ce mouvement – qu'il ne faut pas confondre avec une téléologie – s'est vue taxée de « whiggish[23] ». Je n'ai pas ici l'intention d'exposer plus précisément les arguments soulevés contre une telle histoire des vainqueurs, ni la critique qui a été faite de cette notion[24]. Une historiographie des sciences attentive au processus épistémique ne peut pas échapper à une certaine position que l'on pourrait appeler anachronicité réflexive. Ainsi, dans un geste aussi hallucinatoire qu'inévitable, la démarche historiographique qui vise à conquérir en même temps qu'à s'assurer de l'origine demeure liée à la trace laissée par celle-ci. L'idée d'une histoire canonique et définitivement établie est donc tout aussi chimérique que celle d'une prévision totale.

Évidemment, cela n'est pas sans conséquence pour le mouvement de la narration. Lorsque l'historien veut savoir ce qu'était une chose épistémique à tel moment du passé, le jeu expérimental l'a déjà transformée en quelque chose qui ne peut pas avoir existé à cette époque. Canguilhem a donc raison d'avertir l'historien en ces termes : « Le passé d'une science d'aujourd'hui ne se confond pas avec la même science dans son passé[25]. » Et il souligne qu'un travail sur le seul passé d'une science fait de celle-ci un simple objet de documentation historique, laquelle est incapable de se ressaisir des « déplacements régressifs[26] » et des mutations épistémologiques d'une science dans son histoire. On en revient encore une fois au rapport entre histoire et épistémologie. Être « dans le vrai » d'une science à un moment donné et obéir alors « aux règles d'une "police" discursive », cela signifie toute autre chose, ainsi que l'a rappelé Foucault en faisant allusion à Canguilhem, que de se trouver « dans l'espace d'une extériorité sauvage[27] ».

Les scientifiques eux-mêmes ont tendance à présenter leurs avancées dans le cadre de ce qu'on pourrait appeler une « histoire spontanée des

23 Butterfield, 1957.
24 *Cf.* par exemple Mayr, 1990. Sur les problèmes que pose une « whig history », *cf.* également Clark, 1995.
25 Canguilhem, 1977, p. 15.
26 *Ibid.*, p. 14.
27 Foucault, 1971, p. 37.

savants[28] ». « Malheur à nous, s'exclame William Clark – et je ne peux que m'associer à son appel –, si les historiens des sciences se mettent à écrire les mêmes fictions que les scientifiques[29]. » Dans l'histoire spontanée des savants, il n'est pas rare que le nouveau devienne ce qui, dès le début des recherches, et même s'il demeurait encore caché, constituait *la* fin de tous les efforts. Il devient un point de fuite, un *terminus ad quem*. Mais comme nous l'avons vu, le nouveau, là où il apparaît pour la première fois, n'est pas le nouveau. Cela ne signifie pas que nous devrions considérer les souvenirs des scientifiques comme de simples idéalisations ou rectifications d'un sinueux cheminement, voire pire, sa déformation malveillante. Le regard rétrospectif du scientifique s'improvisant historien ne se contente pas de dissimuler nombre de choses, il en met en lumière beaucoup d'autres. Il nous rappelle que les systèmes expérimentaux productifs regorgent d'histoires parmi lesquelles une seule peut être racontée par l'expérimentateur. Ce n'est pas seulement qu'ils contiennent des récits enfouis, les sédiments et décombres des projets épistémiques passés ; pour autant qu'ils sont des systèmes de recherche, ils n'ont pas encore mis en jeu leurs surplus potentiels, extrusions comme intrusions. Plus ou moins profondément engagés dans leurs routines techniques, les systèmes expérimentaux emportent avec eux les restes d'anciens récits qui peuvent être réactualisés. Et les choses épistémiques, au façonnage desquelles ils travaillent, présentent toujours des anfractuosités où d'autres récits peuvent se cristalliser même si personne n'y prête d'abord attention. Saisir l'inconnu est un processus de bricolage qui n'écarte jamais entièrement l'ancien ni n'introduit le nouveau *ex nihilo*. Au contraire, les éléments disponibles sont en règle générale déplacés et modifiés par un enchaînement inanticipable du possible. Quand dans l'histoire spontanée du savant le récit le plus récent semble être celui que l'on a toujours raconté, ou que l'on a toujours voulu raconter, cela n'est pas le résultat d'une volonté délibérée, mais le reflet d'une marginalisation continue d'anciennes ambitions et d'intentions inhérentes au mouvement de la recherche. La transformation de la déconstruction initiale, des errements chaotiques de la recherche, en un chef-d'œuvre soigneusement exécuté n'est pas soumise à ce mouvement : elle en fait partie. Il entretient cette

---

28   Sur la notion d'une « philosophie spontanée du savant », à laquelle s'adosse cette formule, *cf.* Althusser, 1974.
29   Clark, 1995, p. 67.

illusion démiurgique sur laquelle repose également le constructivisme philosophique. Dans l'histoire spontanée du savant, le présent semble être le fruit direct d'un passé toujours déjà gros de ce qui devait advenir. Inévitablement, dans une sorte d'inversion inhérente, le nouveau devient donc le résultat d'une préhistoire qui ne s'est nullement déroulée comme elle est racontée. Le récit historique spontané reste donc soumis à la signature de l'historial en même temps qu'elle le trahit.

Les chapitres qui suivent se débattent avec cette inévitabilité. « ARN de transfert », « ribosomes » et « ARN messager » : ces entités ne vinrent que tardivement façonner le cadre discursif de la biosynthèse protéique. Mais sitôt qu'elles furent établies, elles modifièrent tant la pratique expérimentale et intellectuelle de la synthèse protéique *in vitro* qu'à peine quelques années plus tard, un nouveau venu dans le domaine aurait eu bien du mal à comprendre de quoi parlaient ceux qui l'avaient précédé moins d'une génération auparavant. Quant à ceux qui avaient contribué au revirement du système vers la biologie moléculaire, ils ne se souvinrent bientôt plus de ce qu'ils avaient pratiqué quelques années en arrière qu'à travers le médium des avancées ultérieures. Dans le même temps, « l'ARN de transfert », les « ribosomes » et « l'ARN messager » firent de « l'ARN soluble », des « microsomes » et des « *templates* » leurs ascendants directs, les plaçant ainsi dans une chaîne de transformations qui conféra aussitôt à ces nouvelles entités le statut d'objets longtemps cherchés et enfin trouvés.

ARN DE TRANSFERT
ET RIBOSOMES, 1958-1961

À la faveur de l'émergence d'un petit ARN soluble, la « machine [expérimentale] à fabriquer de l'avenir » de l'équipe du Massachusetts General Hospital et la « machine intellectuelle[1] » de Francis Crick à Cambridge étaient entrées en relation, mais la collaboration entre les deux partenaires était pour le moins compliquée. Nombre des propositions de Crick se soldèrent par des échecs expérimentaux ; quant aux chercheurs de Boston, ainsi que nous l'avons vu, de considérables résistances les empêchaient de se rallier aux vues d'un biologiste moléculaire sur l'ARN soluble. L'ARN de Hoagland et Zamecnik était prisonnier d'un programme de recherche influencé par des considérations relatives aux flux énergétiques biochimiques et organisé de manière à permettre la recherche de produits intermédiaires dans les chaînes métaboliques. Aussi de simples spéculations sur un transfert d'information moléculaire ne pouvaient-elles insuffler au système un style entièrement neuf, du moins pas du jour au lendemain. Au contraire, elles ne pénétrèrent que localement et partiellement l'espace expérimental existant. Elles ne furent tout d'abord qu'une simple possibilité de reformuler l'agenda de recherche après coup, au mieux une « théorie » au sens opérationnel et très pratique que les expérimentateurs donnent à cette notion, celui d'une hypothèse en somme, mobilisée pour combler les lacunes entre les « faits ». Mais au début, même ce dernier mode échouait. Aussi longtemps que la perspective informationnelle demeurait sans enveloppe expérimentale, ces considérations ne servirent que de supplément aux représentations biochimiques établies. Peut-être plus important encore : de nombreuses questions restaient en suspens au sein du cadre proposé. La supplémentation locale de schèmes biochimiques par le vocabulaire de la transmission d'information moléculaire était donc caractéristique de la situation qui

---

1   Jacob, 1987, p. 320.

régnait au MGH lorsque l'ARN soluble commença à accéder au statut d'attracteur de recherche. Il est dans la nature du supplément d'être rattaché à un système tout en lui restant étranger : un greffon.

En mai 1959, c'est à Zamecnik que revint l'honneur de donner la traditionnelle conférence de Harvey sous les auspices de la Harvey Society of New York. Il choisit de parler des « aspects historiques et actuels de la synthèse protéique », et retraça quant à lui les trajectoires suivies par « des études patientes et minutieuses » sur plus d'un demi-siècle[2].

Il commença par Franz Hofmeister et Emil Fischer qui firent la lumière sur la liaison peptidique des protéines ; poursuivit avec Henry Borsook, qui prit conscience du caractère endergonique des liaisons peptidiques ; puis évoqua Fritz Lipmann, qui postula la participation d'une liaison phosphate riche en énergie comme intermédiaire dans la synthèse protéique ; Max Bergmann, qui détermina la spécificité des enzymes protéolytiques ; Rudolf Schoenheimer et David Rittenberg, qui introduisirent les techniques de marquage radioactif dans l'étude des phénomènes métaboliques ; Jean Brachet et Torbjörn Caspersson, qui pressentirent que l'ARN pouvait jouer un rôle dans la synthèse protéique ; Frederick Sanger, qui élucida la structure primaire de l'insuline et put ainsi établir la spécificité et l'unicité de la composition en acides aminés des protéines ; et enfin George Palade, qui visualisa les particules cytoplasmiques qui étaient le site cellulaire de la synthèse protéique[3]. Ce fut une impressionnante énumération de pionniers dont Zamecnik affirma qu'ils avaient tous contribué à « frayer la route qui conduisit jusqu'à la situation d'aujourd'hui » et qui, à l'occasion de cette rétrospective, prenait subrepticement le caractère d'une voie royale ayant mené tout droit au savoir de 1959. Et c'est seulement à la toute fin de sa conférence que Zamecnik dévoila brièvement son jeu : « D'un point de vue historique, on a par le passé porté un regard bien trop simple et mécaniste sur [la synthèse protéique]. [...] Les détails des mécanismes qui se dessinent aujourd'hui étaient *largement imprévus*. » Comment cet imprévu a-t-il surgi ? La réponse apportée par Zamecnik peut être lue comme un hommage au soldat inconnu : « Par l'attaque frontale menée par l'infanterie sur le champ expérimental[4]. » Mais cela ne remet-il pas

---

2   Zamecnik, 1960, p. 256.
3   Hofmeister, 1902 ; Fischer, 1906 ; Lipmann, 1941 ; Bergmann, 1942 ; Borsook & Dubnoff, 1940 ; Borsook, 1953 ; Schoenheimer, 1942 ; Rittenberg, 1941, 1950 ; Brachet, 1942 ; Caspersson, 1941 ; Sanger & Tuppy, 1951 ; Palade, 1955.
4   Zamecnik, 1960, p. 278, nous soulignons.

précisément en question le rapport du maréchal lui-même sur la question de savoir comment ses généraux ont remporté la victoire ? Selon l'exposé qu'il fit au quartier général, ceux-ci progressèrent pas à pas et s'assurèrent à chaque nouveau déplacement du soutien de leurs alliés. L'histoire faite de ruptures et de retournements soudains que j'essaie ici de raconter disparaît presque entre les lignes. Ce qui fait la dynamique entièrement ouverte du processus expérimental se trouve ramassé en une remarque conclusive : les plans contrariés, le chaos sur la ligne de front, les poussées, déplacements et retraits, les intensifications, les opérations de rescousse, les percées et les attaques surprises, bref, tout ce qui constitue le travail sur le champ de bataille. Après coup, le scientifique raconte son histoire à partir des rares fulgurances qui furent couronnées de succès[5].

Deux nouveaux concepts s'imposèrent peu à peu dans le récit de Zamecnik. Tous deux furent forgés par d'autres chercheurs et commencèrent à s'infiltrer dans le discours sur la synthèse protéique. L'ARN muni d'acides aminés activés fut d'abord nommé « ARN pH 5 » ou « ARN soluble » d'après la fraction du système de synthèse protéique dans laquelle il était apparu pour la première fois : la fraction soluble du surnageant et son précipité à pH 5. Comme Hoagland dans un article de synthèse publié à l'époque[6], nous inclinons à donner à ces termes une signification plus « opérationnelle » que « fonctionnelle ». Étonnamment, Zamecnik y voyait à l'inverse le reflet d'une « propriété clairement biologique[7] ». Ce qu'il appelait « biologique » du système correspondait visiblement à sa partition en fractions, lesquelles en représentaient simultanément les composantes et assuraient son fonctionnement. Compte tenu de cette identité de la représentation fractionnelle et de la signification biologique, il n'est pas surprenant que Zamecnik n'ait alors vu aucune urgence à introduire un concept supplémentaire. Pourtant, lorsqu'en 1959 Richard Schweet proposa de parler d'« ARN de transfert[8] » pour rendre compte de la fonction de porteur d'acides aminés de la molécule aussi bien que de son rôle dans la transmission de l'information génétique, ce terme s'imposa rapidement et devint bientôt d'usage courant. En dépit du fait qu'il ne voyait pas de « preuves écrasantes » en faveur

---

5   *Cf.* Yearley, 1990.
6   Hoagland, 1960, p. 373.
7   Zamecnik, 1960, p. 263.
8   Smith, Cordes & Schweet, 1959.

de ce qu'il appela une « interprétation », Zamecnik s'habitua à cette
« expression pertinente » et commença à l'employer lui-même[9]. Pourquoi
tous ces détails philologiques ? Parce qu'ils illustrent l'attitude réservée
de Zamecnik à l'égard d'un vocabulaire qui commençait à agir sur le
cadre de représentation de la synthèse protéique. Et parce qu'ils montrent
que la plupart du temps, une dénomination n'a rien de neutre. Le nom
exerce un effet rétroactif sur l'entité qu'il vient désigner, et de fil en
aiguille sur l'ensemble du réseau auquel cette entité appartient. Plutôt
qu'une « interaction » entre « ARN microsomal » et « acides aminés-
ARN soluble », nous avons désormais affaire à un « ARN de transfert »
qui transporte les acides aminés jusqu'à un « site accepteur » sur l'ARN
de la particule ribonucléoprotéique, où il cède ses acides aminés à la
chaîne peptidique en formation[10]. Bien qu'illustré par le même dessin
qu'un an auparavant, le processus représenté sur l'illustration 27 nous
apparaît dès lors sous un jour remarquablement nouveau[11].

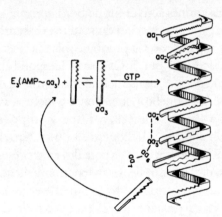

ILL. 27 – Schéma de l'interaction entre l'ARN microsomal
et l'ARN soluble chargé d'acides aminés. Tiré de Mahlon B. Hoagland,
Paul C. Zamecnik et Mary L. Stephenson, « A hypothesis concerning
the roles of particulate and soluble ribonucleic acids in protein synthesis »,
in Raymond E. Zirkle (dir.), *A Symposium on Molecular Biology*,
1959, p. 110, ill. 2. © University of Chicago Press.
Reproduit avec l'autorisation de l'ayant-droit.

---

9   Zamecnik, 1960, p. 268.
10   Hoagland, Zamecnik & Stephenson, 1959, p. 110 ; Zamecnik, 1960, p. 268.
11   Hoagland, Zamecnik & Stephenson, 1959, illustration 2 ; Zamecnik, 1960, illustration 5.

La seconde expression qui se fit une place dans le récit de Zamecnik concernait la particule synthétisant les protéines. À l'époque, cette particule avait déjà une remarquable carrière derrière elle : d'abord caractérisée comme entité sédimentable invisible au microscope optique – le « microsome » –, elle devint ensuite un composant granulaire du cytoplasme « non soluble dans le désoxycholate » ou « non soluble dans le sel », avant de muter en une « particule ribonucléoprotéique » composée d'une part de protéine et de l'autre d'ARN, et révélant une consistance dense et grenue au microscope électronique[12]. Ces dénominations reflètent les conditions limites des techniques de représentation très variées avec lesquelles on avait cherché, pendant plus d'une décennie, à mettre la main sur cet élément subcellulaire. La part d'ARN présente dans cette particule avait fait l'objet d'une attention croissante, et vers la fin des années cinquante, les chercheurs considéraient que l'ARN microsomal correspondait à la matrice sur laquelle les acides aminés étaient assemblés en brins protéiques. Vers 1958, Howard Dintzis et Richard Roberts forgèrent le terme « ribosome » qui commença rapidement à s'imposer dans la langue quotidienne des laboratoires et la littérature spécialisée. En effet, c'était là un vocable pratique pour désigner les particules ribonucléoprotéiques purifiées qui ne contenaient plus de fragments de réticulum : les préparations plus grossières furent appelées microsomes jusqu'à ce que ce terme devienne obsolète avec la prolifération des systèmes bactériens de synthèse protéique[13]. Bien que les raisons biologiques qui présidèrent à cette requalification de la particule ribonucléoprotéique demeurent quelque peu obscures, il est clair du moins que le nouveau terme ne correspondait pas seulement à un procédé de représentation, mais à une fonction biologique étroitement liée à sa composante ARN. Comme « l'ARN de transfert », le « ribosome » commença de s'infiltrer dans le système de synthèse protéique jusque-là fondé sur des concepts biochimiques et à l'orienter vers le « dogme central » de la biologie moléculaire (Crick). D'après ce dogme, le flux d'information génétique

---

12 Sur le concept de microsome, *cf.* Claude, 1943a ; sur les particules ribonucléoprotéiques, *cf.* Petermann, Hamilton & Mizen, 1954 ; Littlefield, Keller, Gross & Zamecnik, 1955a, 1955b ; sur la microscopie électronique, *cf.* l'aperçu proposé par Palade, 1958 ; on trouvera une vue d'ensemble plus générale dans Zamecnik, 1958.

13 Roberts, 1958. Le terme « ribosome » fut proposé pour la première fois en 1957 par Howard M. Dintzis (Wim Möller, communication personnelle et Howard Dintzis, lettre à Wim Möller du 22 août 1989). *Cf.* également Roberts, 1964, p. 148.

s'écoulait de l'ADN vers l'ARN, puis de là vers les protéines, dont la synthèse était conçue comme la dernière étape du vaste processus de l'expression génétique[14]. En sciences, aucun nom n'est anodin.

L'IMPASSE DE L'ADAPTATEUR

Lors de sa conférence de Harvey, Zamecnik s'exprima sur le « problème du codage » et de « l'hypothèse de l'adaptateur[15] » dans les termes suivants :

> Depuis tout récemment, nous nous intéressons à la possibilité qu'une partie au moins de la molécule d'ARN soluble à laquelle les acides aminés sont attachés soit transférée avec ces acides aminés vers la particule ribonucléoprotéique et s'aligne par appariement de bases avec l'ARN microsomal pour former une chaîne peptidique. Cette conception est en accord avec l'idée de Crick selon laquelle la molécule d'ARN soluble est susceptible de servir d'adaptateur dans le mécanisme d'appariement de bases qui détermine la séquence d'acides aminés. (Zamecnik, 1960, p. 274)

Ce qui était apparu dans les laboratoires du Huntington sous la forme de l'ARN soluble ne ressemblait pas exactement à l'adaptateur de Crick, qui avait conçu cet adaptateur comme un trinucléotide, correspondant au type de code qu'il avait proposé pour expliquer comment un brin d'ARN déterminait la séquence d'une protéine. Le capteur bostonien d'acides aminés était bien plus grand et comptait, selon les estimations, entre 45 à 60 nucléotides. En outre, les compositions en bases semblaient se distinguer nettement les uns des autres selon qu'il s'agissait d'ARN microsomal ou d'ARN soluble. Surtout, l'ARN soluble présentait une proportion élevée de bases non standards, c'est-à-dire de nucléotides modifiés[16]. Il était envisageable d'« adapter » l'adaptateur de Crick aux propriétés de l'ARN soluble en divisant ou en décomposant ce dernier en un ou plusieurs petits fragments activés d'acides aminés avant qu'ils ne se fixent sur la matrice ribosomale. Mais le résultat observé par Lisa

---

14   Crick, 1958, p. 153.
15   Crick, 1957, 1958 ; Crick, Griffith & Orgel, 1957.
16   Dunn, 1959 ; Spahr & Tissières, 1959 ; Dunn, Smith & Spahr, 1960.

Hecht selon lequel tous les ARN solubles présentaient invariablement une terminaison CCA ne plaidait pas exactement en faveur d'un code de reconnaissance[17] ! Si donc la molécule comportait une partie codante, celle-ci devait « se trouver sur un emplacement plus central que l'une des trois (ou deux) positions terminales communes à l'ensemble de la famille des molécules d'ARN de transfert[18] ». Pourquoi la molécule d'ARNs était-elle si volumineuse ? Zamecnik attira l'attention sur une autre explication possible : la molécule devait être reconnue par une enzyme qui la chargeait avec l'acide aminé adéquat, et on pouvait supposer qu'un « assez grand nombre de mononucléotides[19] » était nécessaire pour cette dernière étape d'identification. En tout cas, la taille des ARNs excluait qu'ils soient des adaptateurs à la Crick, c'est-à-dire pouvant s'aligner sur des triplets adjacents.

Hoagland et Zamecnik supposaient que le processus d'adaptation se déroulait le long d'un des brins d'oligonucléotides d'une hélice d'ARN et que les acides aminés se condensaient verticalement sur l'axe de la matrice hélicoïdale, comme le suggère l'illustration 27. Lorsque Hoagland proposa pour la première fois ce schéma à l'occasion d'un congrès en 1957, il choisit une hélice aplatie afin qu'elle puisse s'accommoder d'un adaptateur encombrant. À l'époque, c'était le processus de reconnaissance entre l'enzyme et l'ARNs qu'il concevait comme un système de triplet : « Ainsi la séquence AGU, par exemple, ne réagit-elle qu'avec l'enzyme activatrice 1 ; GAC avec l'enzyme 2 ; etc…, jusqu'à 20[20]. » Quand en 1959, lors de sa conférence Harvey, Zamecnik présenta une nouvelle fois ce schéma, il ne considérait plus le « choix de l'hélice » comme « particulièrement important pour la représentation graphique du site accepteur ». À l'inverse, il supposait désormais que c'étaient les unités codantes qui étaient plus petites, des triplets précisément, et que les unités de reconnaissance enzymatique étaient de plus grande taille. Mais le problème du sur-dimensionnement de la molécule adaptatrice se posait toujours : « Selon l'hypothèse de Crick, et d'après nos conceptions également, la molécule d'ARN soluble prise dans son intégralité paraît trop longue et trop complexe pour pouvoir servir d'agent de transfert adéquat[21]. »

---

17 Hecht, Zamecnik, Stephenson & Scott, 1958.
18 Zamecnik, 1960, p. 275.
19 *Ibid.*, p. 275, note de bas de page.
20 Hoagland, Zamecnik & Stephenson, 1959, p. 110.
21 Zamecnik, 1960, p. 275.

Pour l'hypothèse d'adaptateur émise par Crick, de petits fragments d'ARN porteurs d'acides aminés activés auraient fourni la solution idéale. À l'occasion du symposium de biologie moléculaire qui se tint à l'Université de Chicago en mars 1957, Hoagland avait déjà annoncé avoir observé le transfert d'un fragment actif : « Des expériences préliminaires laissent penser à un transfert restreint[22]. » Induits en erreur par l'hypothèse d'adaptateur de Crick, Hoagland et Zamecnik dilapidèrent près de deux précieuses années à vainement chercher un petit fragment d'ARNs et débouchèrent sur une impasse. Une conjoncture ne surgit pas plus à la demande qu'on ne construit un objet épistémique en un tournemain.

MATRICE, PREMIER CODE ET SECOND CODE

Attardons-nous encore un instant sur l'idée de matrice. Comme nous l'avons vu au chapitre sur l'activation des acides aminés, toutes les tentatives antérieures visant à expliquer la spécificité séquentielle des protéines reposaient sur l'hypothèse d'une interaction physico-chimique directe entre les acides aminés et une matrice encore indéfinie – pas nécessairement l'ARN, du moins pas seul[23]. Compte tenu de l'état de développement auquel l'hypothèse d'adaptateur était parvenue en 1959, pareille solution n'était plus plausible. L'interaction était désormais divisée en deux parties : d'une part une *réaction chimique* entre un acide aminé et un petit oligonucléotide dans laquelle un enzyme servait d'intermédiaire, d'autre part une *interaction d'appariement de bases* entre l'oligonucléotide adaptateur et la matrice d'ARN[24]. Mais qu'entendait-on au fond par matrice ? Dix années durant, on avait conçu le *template* comme une matrice rigide sur laquelle les acides aminés pouvaient se positionner les uns à la suite des autres. Comme le montre l'illustration 28, on imaginait que les acides aminés se fixaient le long des matrices d'ARN.

---

22 Hoagland, Zamecnik & Stephenson, 1959, p. 111.
23 *Cf.* entre autres Chantrenne, 1948 ; Haurowitz, 1949 ; Dounce, 1952 ; Koningsberger & Overbeek, 1953 ; Ganow, 1954.
24 Hoagland, 1959a, p. 41.

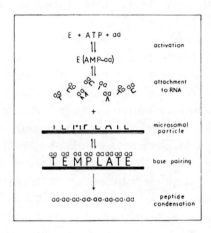

ILL. 28 – Modèle matriciel de la condensation
des acides aminés dirigée par l'adaptateur.
Tiré de Hoagland, 1959a, ill. 1.

Dans le diagramme de l'illustration 28, la fonction matricielle est très explicitement figurée par le fait que les lettres coupées à mi-hauteur qui représentent le code sont restaurées sur toute la longueur du brin de la matrice. Pourtant, les expériences menées alors présentaient davantage l'aspect « d'un phénomène de *steady state* », ce qui laissait penser à un processus séquentiel[25] : une part faible mais constante de l'ARN de transfert aminoacylé restait associée à l'ARN microsomal, tandis que l'incorporation d'acides aminés dans la protéine se poursuivait sans interruption. Cela suggérait que la réaction de transfert obéissait à un schéma beaucoup plus dynamique[26]. Une nouvelle fois, la représentation expérimentale du processus ne coïncidait pas avec sa représentation graphique, sans même parler de sa conceptualisation. L'image globalement dominante de la matrice troublait davantage les expériences qu'elle ne permettait de les élucider ou de les guider. Celles-ci laissaient penser à une grande molécule d'ARN chargée d'acides aminés et à un renouvellement rapide, cependant que l'hypothèse faisait appel à de petits adaptateurs s'acheminant par diffusion jusqu'à la matrice

---

25 *Ibid.*, p. 44.
26 Zamecnik, 1960, p. 276.

sur laquelle ils se fixaient. L'adaptateur demeurait un supplément. Il ne convenait pas bien.

Le langage du transfert d'information moléculaire s'opposait claire-ment à sa traduction directe en opérations expérimentales ; et inversement, nulle forme adéquate de représentation ne se dégageait des expériences. Ainsi s'explique que Zamecnik ait été si prudent dans le choix des termes qu'il employait. S'adressant à un très large public dans un article publié en 1959 par le *Scientific American*, Hoagland pour sa part ne doutait alors plus du fait que les protéines soient le résultat de la « traduction » d'un « plan » déposé dans l'ADN et activé par l'ARN[27]. Ni lui ni Zamecnik n'avaient jusque-là fait usage de métaphores linguistiques et scripturales. Certes, quelques étapes du processus de codage demeuraient « encore hypothétiques », mais ces lacunes pouvaient selon Hoagland être comblées par des « idées », et même si quelques-unes devaient se révéler fausses par la suite, « leur rôle de guide pour la poursuite de la recherche aurait été d'une valeur inestimable ». Comme il ressort des illustrations 28 et 29, les ARN de transfert représentaient les mots du code. Ils promettaient de devenir « la pierre de Rosette qui déchiffrerait le langage des gènes[28] ».

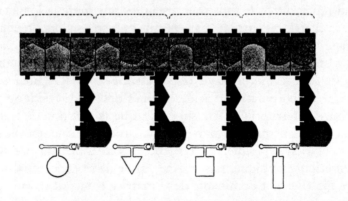

ILL. 29 – Dernière étape de l'assemblage d'une protéine :
attachement de l'ARN de transfert sur une matrice-ARN.
Tiré de Hoagland, 1959b.

27   Hoagland, 1959b p. 55.
28   *Ibid.*, p. 56, p. 61.

La stratégie semblait toute tracée : on devait isoler des « types purs » d'ARN de transfert puis les décomposer « nucléotide par nucléotide ». Puisque les enzymes de chargement montaient un acide aminé spécifique sur une espèce d'ARN de transfert déterminée, on pouvait supposer que les enzymes de chargement « étaient capables de reconnaître la séquence correcte de bases sur l'ARN de transfert ». Mais si l'on admettait ce raisonnement, « l'argument *a priori* en faveur de l'hypothèse d'adaptateur perdait un peu de sa puissance », comme Hoagland le fit remarquer à juste titre[29]. Si en effet le codage était réalisé par les enzymes de chargement, le décodage qui avait ensuite lieu sur la matrice ribosomale était programmé à l'avance. Il semblait donc « absolument crucial de déterminer les conditions structurelles minimales requises par un ARN de transfert pour réagir avec un acide aminé spécifique[30] ». Zamecnik était particulièrement fasciné par ce qu'il appelait ce « second code[31] ». Mais il apparut bientôt que ce « code » consistait en un schéma combinatoire hautement complexe qui différait pour chacun des couples enzyme – ARN de transfert. Son élucidation devait prendre deux décennies et mobiliser des dizaines d'équipes dans le monde entier.

Pourquoi n'était-il pas possible, plutôt que d'isoler des « types purs » d'ARN de transfert, d'introduire des « types purs » de matrices dans le système d'essais ? Zamecnik et Hoagland connaissaient les travaux de Lazarus Astrachan et Elliot Volkin sur une forme intermédiaire d'ARN dans la synthèse des phages, ainsi que les études de Gales sur la synthèse d'ARN dans l'induction d'enzymes chez les staphylocoques[32]. Mais ces observations ne correspondaient pas à l'image que l'on se faisait des cellules hépatiques : les cellules hépatiques différenciées produisaient les mêmes protéines en continu[33]. Il y avait donc de bonnes raisons de penser que dans l'homogénat de cellules hépatiques, les matrices faisaient partie intégrante d'une particule ribosomale stable. « On devrait s'attendre, expliquait Hoagland, à ce qu'une matrice soit de forme particulière afin qu'elle puisse assurer un agencement spatial de l'ARN suffisamment stable. » Il lui semblait donc « très probable que

29   Hoagland, 1960, p. 401-402.
30   *Ibid.*, p. 406-407.
31   Zamecnik, entretien avec Rheinberger, 1990.
32   Gale, 1955 ; Astrachan & Volkin, 1958 ; Zamecnik, entretien avec Rheinberger, 1990.
33   Zamecnik, entretien avec Rheinberger, 1990.

l'ARN des ribosomes constitue la matrice cytoplasmique de la synthèse protéique[34]. » Par conséquent, travailler avec des matrices-modèles aurait imposé de construire des ribosomes-modèles. Quelques percées avaient bien été tentées dans cette direction, notamment avec les ribosomes réticulocytes producteurs d'hémoglobine[35]. Mais comparée à la modélisation des ribosomes, la purification de l'ARN de transfert apparut comme une opération beaucoup plus aisée.

LES RIBOSOMES PRENNENT FORME

Les propriétés physiques attribuées aux particules synthétisant les protéines évoluaient peu à peu. Dès 1956, Fu-Chuan Chao et Howard Schachman, du laboratoire virologique de Wendell Stanley à Berkeley, avaient isolé des microsomes de levure qui sédimentaient à une vitesse constante de 80 Svedberg (S), mais pouvaient être décomposés en deux parties inégales à 60 S et 40 S[36]. De manière comparable, Mary Petermann et ses collaborateurs séparèrent des particules ribonucléoprotéiques de foie en deux composantes : 62 S et 46 S[37]. À l'Université de Harvard, Alfred Tissières et James Watson avaient entrepris de travailler avec des extraits d'*Escherichia coli*, et obtenaient un sédiment ribosomal à 70 S. Ces particules bactériennes pouvaient être séparées de façon réversible en une partie à 50 S et une à 30 S[38]. Plusieurs années de fastidieuses tentatives d'isolement furent nécessaires pour que commence à se dissiper la confusion qui régnait sur la taille de la particule ribonucléoprotéique[39] : le secret de la stabilisation et de la déstabilisation des complexes ribonucléoprotéiques résidait dans la concentration d'ions Mg^{2+} bivalents. Des travaux portant sur toute une série de particules d'origines diverses faisaient apparaître deux caractéristiques majeures : les ribosomes des bactéries étaient tous plus petits (environ 70 S) que

34   Hoagland, 1960, p. 403.
35   Schweet, Lamfrom & Allen, 1958.
36   Chao & Schachman, 1956.
37   Petermann, Hamilton, Balis, Samarth & Pecora, 1958.
38   Tissières & Watson, 1958 ; Tissières, Watson, Schlessinger & Hollingworth, 1959.
39   *Cf.* p. 126-134 et 168-170 *supra*.

ceux des eucaryotes (environ 80 S), mais les premiers comme les seconds pouvaient être décomposés en deux sous-unités de tailles différentes. Des essais parallèles, réalisés sur de l'ARN isolé prélevé dans des semis de petits pois et des réticulocytes de lapin aboutissaient à des valeurs de 28 S et 18 S[40]. Peu de temps après, il fut confirmé que pour les ribosomes bactériens également, deux pics correspondaient à deux grandes molécules d'ARN respectivement présentes dans les deux sous-unités : dans le cas des bactéries, les vitesses de sédimentation observées étaient de 23 S et 16 S[41]. Toutefois, on ignorait encore si la part protéique de la particule, comme dans le cas du virus de la mosaïque du tabac par exemple, était composée d'un ou plusieurs constituants protéiques, et si tous les ribosomes présentaient la même composition peptidique.

Les choses se mettaient également en branle du côté de l'incorporation d'acides aminés *in vitro*. Après des années de tentatives infructueuses, c'est finalement Richard Schweet qui, en utilisant des ribosomes réticulocytes, parvint à obtenir dans l'éprouvette une protéine semblable à l'hémoglobine. « Incorporation d'acides aminés » et « synthèse protéique » devenaient finalement synonymes. Par ailleurs, les expériences sur l'hémoglobine constituaient un fort argument en faveur de l'existence de ribosomes différenciés en fonction des tissus et munis d'une matrice interne[42]. Les particules extraites de semis de petits pois utilisées par George Webster permirent elles aussi d'obtenir une synthèse nette de protéines[43]. La controverse sur la question de savoir si l'incorporation d'acides aminés lors de la synthèse protéique acellulaire était réversible ou non avait elle aussi connu un étonnant dénouement. L'« absorption » réversible d'acides aminés observée par Gale dans la fraction protéique de cellules éclatées de staphylocoques pouvait désormais être attribuée à la fixation de ces acides aminés sur l'ARN de transfert. Lors du Quatrième Congrès International de Biochimie qui se tint à Vienne en septembre 1958, Gale rapporta qu'une « préparation de "PRN [polyribonucléotide] soluble" de foie réalisée par le docteur Hoagland avait le même effet stimulateur sur l'incorporation de glycine dans les cellules éclatées de staphylocoques que l'acide nucléique indigène des staphylocoques ».

---

40 Ts'o & Squires, 1959.
41 Kurland, 1960.
42 Schweet, Lamfrom & Allen, 1958.
43 Webster, 1959.

Peu de temps après, Gale cessa entièrement de développer son système bactérien : comme il l'expliqua par la suite, il s'était alors rendu compte « que le système pour lequel [il avait] opté était complexe et difficile à analyser[44] ». Le caractère réversible de l'incorporation de la radioactivité dans son système l'avait déjà poussé à abandonner la technique de traçage ; il délaissait cette fois-ci le domaine tout entier. Dans le système de Zamecnik et Hoagland, à l'inverse, un signal semblable avait déclenché une avalanche de différenciations supplémentaires et conduit à l'identification de l'ARN de transfert.

Le complexe composé d'enzymes de la fraction soluble et d'ARN de transfert avait désormais acquis le statut de système expérimental autonome. S'écartant du système d'incorporation proprement dit, il donna lieu à des travaux intensifs sur l'ARN de la fraction soluble, qui fut décomposée en plusieurs sortes de molécules. Parmi elles se trouvait un matériau que l'on qualifia d'« ARN contaminateur ». Waldo Cohn, du Oak Ridge National Laboratory, eut un jour cette remarque sarcastique : « C'est Gulland, me semble-t-il, qui affirmait que "les acides nucléiques ne sont pas des substances, mais des méthodes de préparation"[45]. » Pour autant que l'on puisse en juger, aucun expert ne pensa à attribuer une fonction à cette nouvelle contamination. On y vit un « déchet », de la même manière que quelques années auparavant on avait considéré comme une contamination du surnageant enzymatique ce qui devint plus tard l'ARN de transfert[46]. Les choses épistémiques émergentes connaissent souvent de telles catégorisations : c'est qu'elles tirent davantage leur signification d'un tâtonnement déconstructif que d'un processus de construction rectiligne ou d'une intervention précise et ciblée. Tout système expérimental suffisamment complexe et se trouvant en phase de reproduction différentielle est le théâtre d'une incessante alternance entre la présence et l'absence. Représenter une de ses composantes impose d'en escamoter une autre. Dans ce cas, on écartait de l'ARN de transfert pur ce qu'on tenait pour une contamination. Tout se passait comme si on travaillait avec plusieurs coins en même temps :

---

44   Gale, 1959a et 1959b, p. 164. Gale, lettre à Rheinberger du 17 janvier 1994.

45   Waldo Cohn cita John Mason Gulland dans le débat qui suivit une conférence donnée par Gale. *Cf.* Gale, 1956, p. 183.

46   Sur les « déchets », *cf.* Hoagland, 1960, p. 375 ; et pour un point de vue plus général, Hoffmann, 2001.

essaie-t-on d'en enfoncer un plus profondément, tel autre s'en trouve libéré et tombe hors de son logement. Dans le cours d'un processus de recherche, les acteurs ne savent généralement pas quelle fente ils doivent élargir et quel interstice ils peuvent laisser se refermer. Les choses épistémiques oscillent entre différentes possibilités de représentation. Dans l'état actuel des connaissances, l'historien des sciences peut interpréter la contamination dont il est ici question comme l'annonce du futur ARN messager. Mais cela ne signifie pas qu'elle ait effectivement joué ce rôle, sinon dans l'imagination rétrospective de l'historien ou des acteurs.

Vers la fin des années cinquante, personne n'était plus en mesure de dire de quel laboratoire viendrait la prochaine surprise. De nouvelles équipes se formaient ; d'autres, déjà établies, s'engageaient sur des voies expérimentales encore inexplorées ; de la concurrence qui régnait résultaient chevauchements et redondances[47]. En 1959 et 1960, les deux premières années d'existence du *Journal of Molecular Biology*, presque un tiers des articles ordinaires publiés provenait du milieu de la recherche sur la synthèse protéique et les ribosomes. Trois orientations expérimentales principales commencèrent à se dessiner dans le réseau d'activités de recherche qui s'était confusément tissé autour de l'ARN de transfert : le perfectionnement des systèmes de synthèse protéique existants basés sur les cellules eucaryotes et le développement de systèmes bactériens alternatifs ; le fractionnement, la purification et le séquençage des ARN de transfert présentant une spécificité aux acides aminés particulière ; et enfin l'étude du transfert des acides aminés vers les ribosomes.

DU FOIE DE RAT AU *ESCHERICHIA COLI*

Durant les années cinquante, la bactérie *Escherichia coli* était devenue l'organisme-modèle le plus répandu dans les analyses génétiques[48]. Mais

---

47 Pour ne mentionner que quelques articles de l'année 1959 : Preiss, Berg, Ofengand, Bergmann & Dieckmann, 1959 ; Lipmann, Hülsmann, Hartmann, Boman & Acs, 1959 ; Lacks & Gros, 1959 ; Tissières, 1959 ; Dunn, 1959 ; Spahr & Tissières, 1959 ; Yu & Allen, 1959 ; Smith, Cordes & Schweet, 1959 ; Holley & Merrill, 1959.

48 Spiegelman, 1959 propose un aperçu de cette question. Sur l'histoire de la génétique bactérienne, *cf.* Brock, 1990.

en dépit du fait que Tissières et Watson avaient commencé par l'étude des ribosomes d'*E. coli*, et que Berg et Ofengand s'étaient concentrés sur l'amino-acylation de ses ARN de transfert, il n'existait encore aucun système de synthèse protéique fractionné basé sur les composants de l'*E. coli*[49]. En 1958, Marvin Lamborg, un biologiste formé à l'Université Johns Hopkins, vint travailler comme post-doctorant auprès de Zamecnik. Dès 1951, ce dernier avait essayé d'obtenir un extrait de cellules éclatées d'*E. coli*, mais le délaissa après avoir échoué à purger suffisamment l'homogénat de ses bactéries intactes[50]. Lamborg se lança alors dans une nouvelle tentative pour mettre au point un système bactérien comparable au système basé sur des cellules de mammifères, lequel était d'ores et déjà utilisé de manière routinière par les chercheurs. Cela lui prit deux années[51]. Avec les tissus animaux, il avait été relativement facile d'éviter que des cellules ne restent intactes d'une part, et d'éliminer les fragments membranaires d'autre part. Les cellules bactériennes posèrent en revanche davantage de problèmes. Il était beaucoup plus difficile de rompre les parois cellulaires bactériennes, et les cellules restées intactes se multipliaient à grande vitesse lors de l'incubation des extraits contaminés. L'activité de la plupart des systèmes bactériens décrits jusqu'ici était tributaire de la présence de protoplastes ou de fractions membranaires[52]. Pour réduire le « risque d'artefacts de cellules entières », Lamborg et Zamecnik décidèrent de réaliser des préparations affichant une concentration inférieure à 10^5 cellules aptes à la survie par millilitre d'extrait d'incubation[53]. Comme nous l'avons évoqué plus haut, l'expression « artefact de cellules entières » ne manque pas d'intérêt. Elle signifie qu'une entité puisse être considérée comme « naturelle »

---

49   Tissières & Watson, 1958 ; Berg & Ofengand, 1958 ; Preiss, Berg, Ofengand, Bergmann & Dieckmann, 1959. Sur l'absence d'un système adapté de synthèse protéique fractionnée, *cf.* Simkin, 1959.

50   Je renvoie à la p. 112 *supra*.

51   Lamborg, 1960. Le premier rapport décrivant un système acellulaire basé sur l'extrait d'*Eschericia coli* fut rédigé par Dietrich Schachtschabel et Wolfram Zillig du Max-Planck-Institut für Biochemie de Munich. Il fut présenté lors du 4e congrès international de biochimie à Vienne en 1958. L'article parut en allemand et échappa à l'attention de la plupart des groupes de recherche américains, britanniques et français. Il ne fut que rarement cité. *Cf.* Schachtschabel & Zillig, 1959.

52   Parmi de nombreux autres, *cf.* Gale & Folkes, 1955a ; Beljanski & Ochoa, 1958a et 1958b ; Spiegelman, 1959 ; Hunter, Brookes, Crathorn & Butler, 1959 ; Rogers & Novelli, 1959 ; Connell, Lengyel & Warner, 1959 ; Nisman, 1959.

53   Lamborg & Zamecnik, 1960, p. 210.

ou « artificielle » dépend de ce que l'on compte faire avec elle. Si l'on travaille avec un système *in vitro*, les cellules intactes se comportent alors comme des artefacts. C'est le contexte qui décide.

Lamborg cultivait des cellules *E. coli*, les récoltait au début de la phase de croissance logarithmique, les lavait et les broyait avec de l'alumine. En trois étapes de centrifugation, il éliminait cette dernière et les débris cellulaires. L'incorporation de leucine radioactive dans le surnageant à 30 000 x g dépendait alors de la présence de GTP, d'ATP, d'un système régénérateur d'énergie et d'acides aminés. Le suc cellulaire de ce surnageant pouvait encore être séparé en deux fractions : le surnageant enzymatique d'une part et la particule ribosomale d'autre part. L'activité d'incorporation était nulle dans le surnageant à 100 000 x g et dans les ribosomes pris isolément, mais elle était rétablie lorsqu'on mélangeait de nouveau les deux fractions obtenues par ultracentrifugation. Celles-ci contenaient donc des composants fonctionnels.

À la grande satisfaction de Zamecnik, on observait enfin dans ce système que l'incorporation de leucine était stimulée par l'ajout d'un mélange contenant tous les autres acides aminés non radioactivement marqués. Ni lui ni ses collègues n'avaient jamais constaté une telle dépendance dans le système de foie de rat, et ils s'en étaient troublés pendant presque dix années. L'absence d'effet catalyseur pouvait maintenant être imputée à une difficulté expérimentale propre aux eucaryotes. Il ne s'agissait pas d'une particularité des systèmes de synthèse protéique *in vitro* en tant que tels, qui aurait fait la preuve de leur manque de fiabilité ou de leur fragilité. Désormais, les deux systèmes-modèles se renforçaient l'un l'autre : ils se ressemblaient suffisamment pour être comparables, tout en étant assez différents pour être dignes d'intérêt en eux-mêmes. Ils compensaient mutuellement leurs points faibles et étendaient ainsi l'espace de représentation commun.

Mais plus important encore : le système d'*E. coli* fournissait la base matérielle d'une fulgurante expansion de la recherche sur la synthèse protéique. En très peu de temps, il était devenu un outil *quasi* universel de la biologie moléculaire. Nul besoin, pour le mettre en œuvre, de la lourde infrastructure des laboratoires de médecine, seuls endroits où l'on pouvait élever des animaux et transmettre des tumeurs. Il pouvait être installé aisément dans n'importe quel laboratoire de biochimie. L'avant-garde de la recherche fonctionnelle sur la biosynthèse protéique s'en trouvait reliée à la pointe avancée de la recherche structurelle sur les ribosomes. À cette époque, Watson travaillait déjà à Harvard. Avec Alfred Tissières, il rendait fréquemment visite à Zamecnik dans son laboratoire du MGH. « Si vous réussissez à mettre au point un bon système bactérien, ça va vraiment exploser[54] » s'y serait-il exclamé un jour. Tissières se procura le manuscrit de l'article de Lamborg avant sa publication[55], et de concert avec David Schlessinger et François Gros, il entreprit d'optimiser le système. Un contrôle minutieux de la concentration en magnésium se révéla décisif[56]. Le système d'*E. coli* fut bientôt d'usage courant dans la communauté scientifique toujours grandissante des biologistes moléculaires. Le système de foie de rat, quant à lui, perdit de son importance. Systèmes-modèles et organismes-modèles ont tous un temps et un lieu historiquement déterminé. Ils peuvent vieillir, tomber en désuétude, et être remplacés[57].

Les bactéries, et en particulier *E. coli*, sont souvent considérés comme *les* organismes-modèles des premières décennies de la biologie moléculaire. Dans le cas de la synthèse protéique *in vitro*, leurs énormes capacités métaboliques, dont on avait très tôt compris qu'elles les disposaient idéalement à être manipulées *in vivo*, empêchèrent de distinguer aisément les grandes lignes du processus parmi toutes les ramifications du réseau métabolique. Mais sitôt qu'une certaine structure fut mise à jour, les extraits bactériens supplantèrent le système de foie de rat. Leur machinerie à synthétiser les protéines était plus robuste, il était plus facile de les manipuler de manière routinière, et ils pouvaient être transmis d'un lieu à l'autre sans difficultés majeures. C'est ainsi qu'ils s'imposèrent sans tarder dans de nombreux laboratoires, parfois dépourvus de culture bactériologique, et surtout d'expérience particulière en matière d'élevage animal. Toutes ces compétences n'était plus nécessaires pour travailler avec le nouveau système.

---

54 Zamecnik, 1979, p. 297.
55 Zamecnik, entretien avec Rheinberger, 1990.
56 Tissières, Schlessinger & Gros, 1960. Mary Stephenson se souvient : « Nous aimions tous Alfred [Tissières]. Et dans son travail, Alfred s'appuyait sur Marv. » Mais « le travail de Marv ne fut jamais cité après que Alfred eut publié son expérience. Vous savez, la personne la plus impliquée n'est pas citée. » (Stephenson, entretien avec Rheinberger, 1991).
57 *Cf.* les p. 139-154 et 243-265 *supra*.

L'ISOLEMENT DES ARN DE TRANSFERT SINGULIERS

Une autre orientation de la recherche visait à caractériser des ARN de transfert (ARNt) spécifiques individuels. Les trier et en déterminer la structure moléculaire devait permettre d'obtenir des informations sur les signes caractéristiques de traduction de ces molécules, puis finalement sur le code. Mais pour cela, il fallait encore venir à bout de quelques laborieux travaux préparatoires, et notamment isoler de grandes quantités d'ARN brut, ainsi que développer des méthodes de séparation des molécules acceptrices d'acides aminés spécifiques.

Robert Monier avait obtenu une bourse de recherche de la Rockefeller Foundation pour l'année universitaire 1958-1959 et profita de cette occasion pour travailler avec Zamecnik. Il essaya de déterminer dans quelles conditions il était possible de préparer de l'ARN de transfert à grande échelle à partir de levure de boulanger. Celle-ci était une « source facilement disponible[58] ». Si les techniques conventionnelles qu'étaient la centrifugation et la précipitation acide présentaient l'avantage de pré-fractionner l'ensemble de l'ARN cellulaire, elles étaient très chronophages et de faible rendement. Une fois encore, le hasard vint sauver la mise.

> Un jour qu'il ne se passait pas grand chose, nous avons versé une solution aqueuse de phénol à 50 % sur des cellules de levure intactes et non pas écla-tées comme c'était habituellement le cas. Ce traitement rendit perméables les parois des cellules, qui laissèrent filtrer une partie du suc cellulaire contenant de l'ARNt mais retinrent les ribosomes et l'ARN ribosomal. (Zamecnik, 1979, p. 287)

Le matériel obtenu par ce procédé simple et direct déboucha sur un ARNs comparable à celui que l'on pouvait recueillir à l'aide des autres méthodes plus sophistiquées. Avec 100 grammes de levure de boulanger fraîchement pressée, on pouvait obtenir 70 à 80 milligrammes d'ARN.

Après que Monier eut montré que l'ARN de faible masse molécu-laire ainsi obtenu était équivalent à l'ARNs préparé avec les méthodes conventionnelles, et qu'il pouvait être produit en grandes quantités, l'ARN soluble de levure fut rapidement intégré à l'arsenal standard du

---

58 Monier, Stephenson & Zamecnik, 1960, p. 1.

biologiste moléculaire, et son utilisation dépassa largement le cadre d'un système de levure particulier. Cet ARN pouvait également être chargé en acides aminés par des enzymes issues d'autres organismes, et assurer le transfert d'acides aminés vers les microsomes de foie de rat[59]. Ainsi s'ouvrait la perspective de combiner aisément des composants provenant de différentes origines, et plus particulièrement la possibilité d'associer des systèmes hétérologues en vue de la caractérisation différentielle de composants homologues.

Zamecnik avait l'intention de développer une méthode générale permettant d'isoler chacun des ARN de transfert. Sa stratégie consistait à charger l'ARN choisi de l'acide aminé correspondant puis à modifier les ARN non chargés en fixant un colorant sur leur extrémité 3', avant d'éliminer ce matériel modifié par des méthodes physiques de séparation. L'efficacité de la méthode dépendait du degré d'achèvement de la réaction à chaque étape de la procédure. Les premières tentatives de fractionnement aboutirent à une multiplication par dix de la concentration en ARN chargé par rapport au mélange initial[60]. C'était là un début prometteur, mais le matériel obtenu était encore loin d'avoir atteint la « pureté ».

Compte tenu du nombre d'ARN de transfert différents, une vingtaine, qu'il allait falloir isoler, cette stratégie retenue par Zamecnik était sans nul doute économique à long terme, mais certainement pas prometteuse à court terme. Le procédé reposait sur un ensemble de techniques expérimentales à peine introduites, parmi lesquelles la modification chimique, la chromatographie, ainsi que d'autres procédés de séparation. Il fallait du temps et de l'expérience pour parvenir à les manipuler efficacement et trouver le meilleur enchaînement. En outre, ces techniques commençaient à développer leur dynamique propre. Un seul exemple : Zamecnik et Stephenson avaient initialement utilisé le procédé d'oxydation au périodate afin de mettre en évidence une liaison ester entre les acides aminés et le ribose terminal de l'ARNt. Ils avaient ensuite eu recours à cette même réaction pour séparer l'ARN chargé de l'ARN non chargé. Combinant encore différemment les opérations, ils essayèrent enfin de l'utiliser comme outil de dégradation séquentielle, c'est-à-dire pour déterminer la séquence de l'ARNt.

---

59   Monier, Stephenson & Zamecnik, 1960 ; Zamecnik, 1960.
60   Zamecnik & Stephenson, 1960 ; Zamecnik, Stephenson & Scott, 1960.

Le problème était d'obtenir à la fois un haut degré de purification et un rendement élevé. Plusieurs laboratoires, parmi lesquels ceux de Lipmann, Holley et Schweet, avaient tenté de mettre au point des procédés de séparation à partir des propriétés physiques distinctives des différents ARN de transfert[61]. Holley recourut pour ce faire à la procédure d'extraction des levures de Monier ; puis il sépara les ARNt individuels par distribution à contre-courant, fragmenta les molécules en les soumettant à une dégradation partielle par la ribonucléase, et remporta ainsi en 1965 la course au séquençage de la première molécule d'ARN de transfert[62]. Bien plus tard, Zamecnik reconnut laconiquement qu'il avait misé sur le mauvais cheval[63]. Trois années de travail avaient été investies, pour ne pas dire gaspillées. Et bien que l'arrivée du Sephadex sur le marché marquait une petite révolution de la chromatographie sur colonne, il semblait impossible de trouver une méthode simple et unique pour fractionner l'ensemble des différents ARN de transfert. L'intention qui avait initialement présidé aux essais de purification était de mettre au jour les « signatures de traduction » de l'ARN de transfert, et par là de trouver la clé du code génétique. Au fil des ans, ces essais se transformèrent en un exercice de chimie organique toujours plus scabreux et dont les résultats restaient globalement décevants. En 1961, Zamecnik gardait toujours espoir de parvenir à quelque avancée. Il prit alors une année de disponibilité qu'il passa auprès d'Alexander Todd, le spécialiste des acides nucléiques de Cambridge en Angleterre, pour en apprendre davantage sur la chimie de l'ARN.

LA FONCTION DES RIBOSOMES

La troisième option expérimentale consistait à élucider l'interaction fonctionnelle entre l'ARN de transfert et les ribosomes. C'est dans

---

61 Lipmann, Hülsmann, Hartmann, Boman & Acs, 1959 ; Holley & Merrill, 1959 ; Smith, Cordes & Schweet, 1959.
62 Holley, Apgar, Doctor, Farrow, Marini & Merrill, 1961 ; Holley, Apgar, Everett, Madison, Marquisee, Merrill, Penswick & Zamir, 1965.
63 Zamecnik, 1979, p. 298. *Cf.* Von Portatius, Doty & Stephenson, 1961 ; Stephenson & Zamecnik, 1961.

cette voie elle aussi en rapide expansion que Hoagland, au retour de son séjour à Cambridge auprès de Crick, résolut de continuer ses travaux[64]. Certains signes suggéraient que l'ARNs se fixait sur le microsome puis s'en dégageait aussitôt, tandis que l'incorporation des acides aminés se déroulait sans interruption[65]. Hoagland et Lucy Comly abordèrent le problème avec une élégante expérience de marquage double, l'une des premières dans ce domaine[66]. Ils marquaient l'ARN *in vivo* avec du ^{32}P et ajoutaient des acides aminés marqués au ^{14}C après la séparation *in vitro*. Le système expérimental était composé d'éléments prélevés à trois sources différentes : l'ARN de transfert provenait de levures, les microsomes de foies de rat, et la fraction enzymatique de cellules ascitiques de souris. La radioactivité due au ^{32}P de la composante ARN atteignait un plateau, tandis que celle liée au ^{14}C des acides aminés fixés sur les microsomes augmentait de manière continue. Les données cinétiques laissaient effectivement penser à un renouvellement dynamique de l'ARNt.

Au cours de ces expériences, Hoagland observa un « phénomène d'arrière-plan » qui s'avéra « difficile à réduire[67] ». La « liaison » de l'ARN de transfert aux ribosomes se produisait au « temps zéro », elle paraissait instantanée – sa durée était inférieure à la résolution temporelle du système – et précédait l'incorporation des acides aminés. Hoagland considérait ce résultat comme un artefact « dû aux centrifugations prolongées à 4°C[68] ». Mais une simple expérience de contrôle révéla que même l'ARNt non chargé, et donc inactif dans la synthèse protéique, se fixait sur les particules. Dans un premier temps, ces observations laissèrent Hoagland perplexe.

À plusieurs égards, la situation rappelait l'incertitude relative à la « réaction d'incorporation » qui avait marqué les premiers temps du système *in vitro* fractionné. On observait bien une activité, mais l'on demeurait incapable d'en déterminer la nature. Le comportement de l'ARNt était-il vraiment lié à la synthèse protéique ? Peut-être n'était-ce là qu'un signal quelconque qui résultait de la puissante résolution offerte

---

64   *Cf.* notamment von der Decken & Hultin, 1958 ; Hultin & von der Decken, 1959 ; Bosch, Bloemendal & Sluyser, 1959, 1960.

65   Zamecnik, 1960, p. 276.

66   Hoagland & Comly, 1960.

67   *Ibid.*, p. 1560.

68   *Ibid.*

par le marquage isotopique. La technique de double marquage fournissait plus de détails que le cadre de représentation n'en pouvait accueillir, et produisait plus de différences qu'on n'en pouvait traiter. Elle générait un surplus expérimental. À ce point, il était encore impossible de décider si ces différences étaient des signaux émis par la synthèse protéique ou un simple bruit de fond devenu audible. L'appareil graphématique était en avance sur l'interprétation de ses traces. En très peu de temps, il allait donner naissance à une nouvelle catégorie d'expériences sur la fixation de l'ARNt : le *transfer RNA binding assay*. Une chose en tout cas était claire : l'ARNs n'était pas décomposé en petits fragments adaptateurs avant d'être attaché aux microsomes. Contrairement au surplus productif généré par le système, la recherche d'un petit adaptateur restait un supplément venu de l'extérieur. L'ensemble des résultats recueillis suggérait qu'il s'agissait d'une liaison stable mais seulement temporaire de la grande molécule d'ARNt aminoacylé intacte.

Toute l'année 1960 fut consacrée à ces essais, qui marquèrent une importante transition. Le système de synthèse protéique *in vitro* était en train de devenir un système-modèle pour la liaison de l'ARNt sur les ribosomes. Une fois encore, cette transition avait l'aspect classique d'une subversion : la dissociation de la réaction d'incorporation et de la liaison de l'ARNt était le fruit d'une expérience de contrôle accessoire, laquelle ne visait elle-même qu'à réduire une irrégularité : un puissant et tenace signal d'arrière-plan. Le résultat de l'expérience de contrôle resta indéfini. Ce dont il s'agissait pouvait n'avoir rien à voir avec la synthèse protéique, et pouvait également prendre sens dans un espace de représentation encore à venir. De nouveau était apparu un signal différentiel qui – s'il pouvait être stabilisé – allait mener le système expérimental dans une direction nouvelle et imprévue.

VERS L'ARN MESSAGER
ET LE CODE GÉNÉTIQUE

Dans ce dernier chapitre, je décrirai brièvement deux événements expérimentaux qui permirent le déchiffrement du code génétique et préparèrent les évolutions de la recherche sur la synthèse protéique entre 1960 et 1965[1]. Ces événements marquèrent également la fin du rôle historique du système de foie de rat dans le champ en formation qu'était alors la biologie moléculaire. C'est par ce bref tableau de l'émergence expérimentale de l'ARN messager et du code génétique que s'achèvera mon étude de cas.

UN MESSAGER CYTOPLASMIQUE

Outre l'ARN de transfert, un autre objet épistémique commença à s'introduire dans le discours expérimental de la biologie moléculaire à la fin des années cinquante. Si l'ARN messager n'était certes pas issu du système de foie de rat, il avait lui aussi ses racines dans les travaux sur la synthèse protéique. Un des systèmes expérimentaux dédié à l'étude de la synthèse protéique se concentrait sur la régulation de l'induction enzymatique dans les bactéries[2]. Avec Arthur Pardee du laboratoire virologique de Wendell Stanley de Berkeley, Jacques Monod et François Jacob de l'Institut Pasteur de Paris lancèrent à l'automne 1957 une collaboration expérimentale sur l'induction de la ß-galactosidase dans les cellules d'*E. coli*, la fameuse série d'expériences PaJaMo[3]. À la lumière de ces expériences, l'équipe parisienne en vint à postuler que

---

1 Pour de plus amples détails sur les événements relatés ici, *cf.* Judson, 1980 ; Morange, 1994, en particulier les chap. 12, 13 et 14 ; Gaudillière, 1996 ; Kay, 2000.

2 *Cf.* Grmek & Fantini, 1982 ; Morange, 1990 ; Burian, 1990 ; Gaudillière, 1992.

3 *Cf.* Judson, 1980, p. 300-332 ; Burian, 1993a.

le « facteur génétique i » du système de galactosidase, connu depuis les analyses mutationnelles de Monod, était responsable de la production d'une substance cytoplasmique agissant sur le gène structural de la ß-galactosidase. Dans une publication de 1959, Pardee, Jacod et Monod utilisèrent pour la première fois l'expression de *cytoplasmic messenger* pour désigner cette substance régulatrice particulière[4]. Rien d'étonnant, dans cette histoire de déplacements expérimentaux, à ce que le concept de « messager » ait initialement servi à décrire un phénomène de régulation précisément circonscrit. Dans les pages qui suivent, mon exposé montrera qu'il fallut encore une année pour que cette notion soit durablement associée à une forme transitoire d'ARN dans le flux informationnel allant de l'ADN vers les protéines.

Une autre observation éveilla la curiosité des chercheurs qui, à Paris comme à Berkeley, avaient poursuivi ces recherches sur la régulation des enzymes : la ß-galactosidase apparaissait immédiatement après l'induction, et la synthèse de l'enzyme était interrompue tout aussi soudainement par l'inactivation du gène. Monod, Pardee et ses collègues avancèrent l'hypothèse d'un autre « intermédiaire fonctionnellement instable » qui serait responsable de l'expression du gène structural. « L'expérience ne permet pas d'exclure la possibilité, constataient-ils prudemment, qu'un ARN porteur d'information et étroitement associé à l'ADN du gène puisse être transféré en tant que partie de l'unité génétique[5]. » Le système *in vivo* de l'Institut Pasteur ne fournissant aucune caractérisation chimique ou moléculaire, Jacob désigna d'abord ce composant par la lettre X. Lorsqu'il l'évoqua pour la première fois en public lors d'un colloque à Copenhague en 1959, l'accueil des biologistes moléculaires présents fut selon lui pour le moins mitigé. Nul ne se montra intéressé par l'hypothèse, ni disposé à engager la discussion : « Personne ne réagit. Personne ne cilla. Personne ne posa la moindre question. Jim [continua] de lire son journal[6]. »

À Pâques 1960, Jacob se rendit brièvement à Cambridge pour assister à une réunion informelle avec Francis Crick, Sidney Brenner, Leslie

---

4   Pardee, Jacob & Monod, 1959, p. 175.
5   Riley, Pardee, Jacob & Monod, 1960, p. 225.
6   Jacob, 1987, p. 347. Le cercle restreint de l'avant-garde de la biologie moléculaire s'était rassemblé à Copenhague. Jacob fait mention de Ole Maaløe, Jim Watson, Francis Crick, Seymour Benzer, Sydney Brenner, Jacques Monod et Niels Bohr.

Orgel, Alan Garen et Ole Maaløe au King's College. Je serai ici très bref sur cet événement déjà relaté à de nombreuses reprises[7]. Lors de cette rencontre, Crick et Brenner firent un rapprochement inédit : il comparèrent l'objet sur lequel travaillait l'équipe de l'Institut Pasteur à Paris ainsi que Pardee et Monica Riley à Berkeley, avec l'ARN à renouvellement rapide qu'Elliot Volkin et Lazarus Astrachan, du Oak Ridge National Laboratory, avaient récemment observé lors de l'infection de leurs bactéries par des bactériophages T2[8].

Depuis plusieurs années déjà circulaient divers signes expérimentaux suggérant l'existence d'une fraction d'ARN instable distincte du gros de l'ARN cellulaire. Mais il ne s'agissait que d'observations plus ou moins isolées, qui n'avaient apparemment pas été prises au sérieux par les cercles gravitant autour de l'équipe de l'Institut Pasteur ni de celle de Crick à Cambridge. Ce qui ne laisse pas d'être étonnant, dans la mesure où toutes ces constatations étaient liées à des études portant ou bien sur les phages ou bien sur la synthèse induite d'enzymes[9]. Et pourtant, le microbiologiste Ernest Gale, voisin de Crick à Cambridge, avait compris dès 1955 « que dans les systèmes inductibles, la synthèse protéique était sinon dépendante, du moins accompagnée, de la synthèse d'ARN ». Gale avait même débattu de cette question avec Monod lors d'un colloque international sur les enzymes qui se tint en novembre 1955 au Henry Ford Hospital de Detroit. À cette date, Monod n'était pas particulièrement enchanté, c'est peu de le dire, par l'idée selon laquelle « les enzymes inductibles seraient formées par des matrices d'ARN instables[10] ». Se référant aux expériences menées par Gale et Joan Folkes sur la production de ß-galactosidase dans des cellules éclatées de staphylocoques, Sol Spiegelman en était lui aussi venu, lors d'un colloque CIBA en mars 1956, à conclure que « les matrices d'ARN des enzymes inductibles étaient instables[11] ». Comme je l'ai exposé au chapitre sur

7   Pour une description plus détaillée, cf. Judson, 1980, p. 318-323 ; Gros, 1986, chap. 5 ; Jacob, 1987 p. 347-350 ; Crick, 1988 [1989], p. 118-120 [p. 161-168] ; Morange, 1994, chap. 13.

8   Astrachan & Volkin, 1958.

9   Cf. Gale & Folkes, 1955a ; Volkin & Astrachan, 1956a ; Volkin & Astrachan, 1956b ; Spiegelman, 1956a ; Spiegelman, 1956b.

10   Sur la citation de Gale, cf. Gale & Folkes, 1955a, p. 683 ; sur la réaction de Monod, cf. Gaebler, 1956, p. 93 & p. 100.

11   Spiegelman, 1956b, p. 193.

l'émergence de l'ARN soluble, Walter Vincent avait avancé des idées comparables dès 1956, et c'est sur la base de ce type de réflexions que Zamecnik s'était mis à la recherche d'une activité de synthèse d'ARN dans le système de synthèse protéique basé sur le foie de rat. La même année, des études sur les « petites colonies » de levures avaient conduit Hubert Chantrenne à supposer qu'une « modification de l'ARN pré-existant » pouvait intervenir si les conditions d'induction étaient réunies, voire même que des « ARN spécifiques impliqués dans la synthèse des protéines individuelles[12] » pouvaient être assemblés. Chantrenne lui aussi se souvient de débats animés avec les biologistes moléculaires de l'Institut Pasteur entre 1956 et 1958 :

> Pendant longtemps, Monod (qui pourrait le croire aujourd'hui) fut résolument opposé à toute idée d'implication de l'ARN dans la synthèse protéique et l'adaptation enzymatique. Il regardait nos résultats d'un œil extrêmement critique et faisait valoir que si nos indices étaient certes convaincants, nous ne disposions d'aucune preuve solide (ce en quoi il avait raison). Je me souviens encore que cet argument me porta moi-même à douter. (Chantrenne, lettre à Rheinberger du 19 mars 1996)

Le concept de microsome qui prédominait à la fin des années cinquante avait été développé à partir de systèmes eucaryotes à activité métabolique ralentie et était en pleine contradiction avec ces observations relatives au métabolisme d'organismes simples. Pour tous ceux qui travaillaient sur les cellules d'organismes plus complexes, les microsomes constituaient une « usine stable contenant déjà une transcription en ARN de l'ADN » et semblaient fabriquer constamment « les mêmes protéines[13] ». Lors du Quatrième Congrès International de Biochimie qui se tint à Vienne en septembre 1958, Hoagland commenta la communication de Ernest Gale par cette remarque : « La détermination de la *séquence* des acides aminés d'une protéine est probablement une fonction des particules microsomales. C'est en elles que doit se trouver la matrice d'ARN relativement stable et déterminée génétiquement qui contient l'information nécessaire pour disposer les acides aminés dans le bon ordre[14]. » Crick réagit avec plus de concision encore : « La matrice d'ARN est située dans

---

12 Chantrenne, 1956, p. 249.
13 Sur le concept de « l'usine stable », *cf.* Hoagland, 1990, p. 107. Sur la « fabrication des mêmes protéines », *cf.* Zamecnik, entretien avec Rheinberger, 1990.
14 Hoagland, 1959c, p. 169.

les particules microsomales[15]. » En effet, ce concept était si fermement installé que Hoagland, qui s'était rendu à l'Institut Pasteur en janvier 1958, n'avait pas pensé un instant à faire le lien entre le phénomène de régulation PaJaMo et la machinerie eucaryotique de synthèse protéique[16]. En outre, les essais bactériens *in vitro* souffraient d'une très mauvaise réputation auprès des chefs de file de la recherche, qui y voyaient des systèmes sales où tout pouvait se produire[17]. Il n'est donc nullement exagéré de dire que l'ARN messager, au carrefour de la génétique des phages, de l'induction enzymatique et de la synthèse protéique, prit forme dans un champ d'idiosyncrasies, de redondances expérimentales et d'indétermination conceptuelle.

Ce nouveau type d'ARN qui fut d'abord nommé « ARN porteur d'information », fit son apparition dans des études sur la génétique bactérienne et la régulation enzymatique différentielle dont l'orientation nettement phénoménologique tranchait avec le caractère plus molécu-laire et mécaniste de l'espace expérimental dans lequel évoluait alors la branche dominante de la recherche sur la synthèse protéique[18]. Le concept de matrice que proposaient ces études présentait toutes les caractéristiques d'un obstacle épistémologique. Il n'y avait pas de place pour la nouvelle entité d'ARN : il aurait pour cela fallu retirer aux microsomes leur fonction spécifique de matrice, c'est-à-dire les dégrader au rang de « simples machines » ne servant à rien d'autre qu'à « assembler les acides aminés pour former n'importe quelle protéine. À la manière de magnétophones qui peuvent jouer n'importe quelle musique selon la bande magnétique qu'on leur soumet[19]. » L'hypothèse tacite « un microsome – un enzyme » devait être abandonnée, et le rôle de matrice être repris par un ARN distinct et instable. Bref, tout cela demandait une complète réorientation conceptuelle.

À l'été 1960, Jacob et Brenner furent tous deux invités au California Institute of Technology, celui-ci par Matthew Meselson, celui-là par Max Delbrück. Ils décidèrent de réaliser ensemble l'expérience « cru-ciale » : cultiver des bactéries sur des isotopes lourds afin de marquer

---

15   Crick, 1958, p. 157.
16   Hoagland, 1990, chap. 6.
17   *Cf.* par exemple les remarques émises par Loftfield dans l'aperçu qu'il livre en 1957 (Loftfield, 1957a, p. 375-377).
18   Riley, Pardee, Jacob & Monod, 1960, p. 225, *cf.* Burian, 1993b.
19   Jacob, 1987, p. 349.

les ribosomes ; infecter les cellules d'*E. coli* avec un phage virulent en présence d'isotopes radioactifs ; et contrôler si de l'ARN de phage radioactif produit par la suite se fixait bien sur les ribosomes lourds déjà existants. Brenner et Jacob considérèrent la méthode d'ultracentrifugation en gradients de densité comme la plus adaptée pour identifier des ribosomes à la fois lourds et radioactivement marqués. Cette technique ayant été mise au point par Meselson, c'est dans le laboratoire de ce dernier que Jacob et Brenner menèrent leur expérience. Le signal recherché, bien que très grossier, leur parvint après un *tour de force*[20] expérimental de quatre semaines : de l'ARN de phage nouvellement synthétisé se liait aux anciens ribosomes déjà présents[21], « X » était ainsi devenu un « *messenger* », un « messager structurel[22] » ; il commençait à acquérir le statut de transmetteur d'information moléculaire universel et quittait ainsi le cadre des modèles de régulation spécifiques à la synthèse protéique dans lequel il avait d'abord émergé.

Au même moment, Masayasu Nomura et Benjamin Hall travaillaient ensemble dans le laboratoire de Sol Spiegelman à Urbana. Au cours de l'année 1960, ils mirent en évidence une forme « soluble » d'ARN distincte de l'ARN « microsomal », qui était synthétisée dans *E. coli* après infection par le bactériophage T2 et s'associait aux ribosomes lorsque la concentration en magnésium était élevée[23]. L'équipe d'Urbana ne tira pourtant aucune conclusion quant à la fonction de ce nouveau type d'ARN soluble. Nomura se rappelle qu'il « ne savai[t] rien des derniers développements expérimentaux et conceptuels qui étaient en train de se produire à Cambridge (Angleterre) et à Paris[24] ». Peu de temps après, François Gros de l'Institut Pasteur, assisté de Walter Gilbert et Charles Kurland du laboratoire de James Watson à Harvard, montrèrent que les cellules d'*E. coli* non infectées comptaient elles aussi des « matrices d'ARN messager[25] » dans leur équipement métabolique.

---

20 En français dans le texte. [*N.d.T.*].
21 Brenner, Jacob & Meselson, 1961.
22 Jacob & Monod, 1961, p. 319.
23 Nomura, Hall & Spiegelman, 1960.
24 Nomura, 1990, p. 5.
25 Gros, Hiatt, Gilbert, Kurland, Risebrough & Watson, 1961 ; Gros, 1986, chap. 5. À propos du contexte de la recherche sur l'ARN messager en France, *cf.* Gaudillière, 1996.

SYNTHÈSE PROTÉIQUE ET CODE GÉNÉTIQUE

La différenciation des essais bactériens *in vitro* eut lieu certes en même temps que les événements expérimentaux que l'on vient de décrire, mais sans lien avec eux. La variante Harvard du système Lamborg-Zamecnik se diffusa sans tarder dans d'autres laboratoires et devint un système-modèle de première importance : il en sortait partout de terre comme des champignons à l'automne. Parmi les premiers utilisateurs d'extraits bactériens pour l'étude de la synthèse protéique figurèrent David Novelli du Oak Ridge National Laboratory, Daniel Nathans et Fritz Lipmann du Rockefeller Institute à New York, Kenichi Matsubara et Itaru Watanabe des Universités de Tokyo et Kyoto, et James Ofengand, qui travaillait alors au Medical Research Council Unit for Molecular Biology de Cambridge (Angleterre)[26]. L'équipe de Watson, à laquelle appartenaient désormais Alfred Tissières, David Schlessinger, Charles Kurland, François Gros et Walter Gilbert, donnait maintenant la priorité aux études sur la structure et la fonction du ribosome et de « l'ARN instable ». Mais le système d'*E. coli* avait également fait son entrée dans les National Institutes of Health (NIH) à Bethesda. Les jours du système de foie de rat comme déclencheur d'événements inanticipables étaient comptés. Ses fonctions de représentation innovante laissaient la place à un rôle simplement démonstratif, il devenait marginal. Le système d'*E. coli*, en revanche, dérivait dans la direction opposée : originairement introduit pour apporter la démonstration des concepts tirés du système de foie de rat, il gagnait maintenant sa dynamique propre. Dans un surprenant revirement qui coupa le souffle de tous ceux qui avaient essayé de déchiffrer le code génétique à l'aide de procédures mutationnelles, il

---

26 Kameyama & Novelli, 1960 ; Nathans & Lipmann, 1961 ; Matsubara & Watanabe, 1961 ; Ofengand & Haselkorn, 1961-1962. En 1962, dans un périodique à publication rapide comme *Biochemical and Biophysical Research Commmunications*, parurent pas moins de six comptes rendus provenant de cinq laboratoires différents qui utilisaient tous le système basé sur l'extrait d'*E. coli* (Université de Pennsylvanie ; Université Rutgers ; Université de New York ; NIH ; Université de Kyoto) ; dans les *Federations Proceedings* de cette même année furent publiés sept rapports issus de cinq laboratoires différents (Oak Ridge National Laboratory ; Université Stanford ; Université de St. Louis ; Rockefeller Institute, NIH). Au cours de l'année 1962, le *Journal of Molecular Biology* publia quatre rapports de recherche s'appuyant sur le système de synthèse protéique basé sur l'extrait d'*E. coli*.

proposait tout à coup un accès expérimental au code. Le déplacement fut rendu possible par le remplacement de l'ARN messager endogène et hétérologue par des *susbstances-modèles* exogènes et homologues : des polyribonucléotides synthétiques.

Peu après avoir soutenu sa thèse de biochimie à l'Université du Michigan, Marshall Nirenberg arriva au NIH en 1957. Il y suivit deux années de formation complémentaire puis intégra le service de Gordon Tompkins, où il essayait de mettre au point un système bactérien acellulaire lorsque Heinrich Matthaei le rejoignit à l'automne 1960. Plus tard, Nirenberg se souvint qu'il s'était alors proposé d'étudier « les étapes reliant l'ADN, l'ARN et les protéines » et de fabriquer une protéine spécifique *in vitro*[27]. Il voulait essayer avec la pénicillinase, une petite protéine qui, contrairement à de nombreuses autres, ne contenait pas de cystéine. Il espérait qu'en l'absence de cet acide aminé dans le mélange réactif, les conditions serait réunies pour que seule de la pénicillinase soit synthétisée. En dépit de tous les efforts évoqués au fil des chapitres précédents, la synthèse *in vitro* d'une protéine complète restait un défi à relever pour tous ceux qui travaillaient sur la synthèse protéique depuis la fin des années quarante. C'est une telle ambition qui animait Matthaei lorsque, quittant l'Université de Bonn, il arriva aux États-Unis avec une bourse de l'OTAN. Spécialiste de physiologie végétale, il avait d'abord pensé à exprimer une protéine de carotte, mais Frederick Steward, avec lequel il voulait collaborer à Cornell, montra peu d'intérêt pour ce projet. Il fut donc contraint de chercher un autre laboratoire et s'adressa finalement à Nirenberg. C'est auprès de lui que, dès le début du mois de novembre 1960, il se consacra entièrement à l'optimisation d'un système *in vitro* basé sur des extraits d'*E. coli*[28].

Pour autant que les carnets de laboratoire de Matthaei permettent d'en juger, l'exploration de la spécificité des matrices d'ARN semble avoir sous-tendu l'ensemble des mouvements et percées qu'il réalisa avec Nirenberg[29]. Lors d'une première série d'expériences préparatoires dans

---

27   Nirenberg, 1969, p. 2.

28   On trouvera une description circonstanciée dans Judson, 1980, p. 348-357. Mon exposé se base sur Heinrich Matthaei, entretien avec Rheinberger du 29 octobre 1992, ainsi que sur les carnets de laboratoire de Matthaeis (MCL). La première expérience est datée du 1er novembre 1960. MCL, M1, p. 1.

29   Je n'ai malheureusement pas pu consulter les carnets de laboratoire de Nirenberg. Je remercie Lily Kay pour les premières informations qu'elle m'a fournies. On trouvera un

lesquelles de la valine au C^{14} servait d'acide aminé radioactif, Matthaei chercha à identifier les conditions expérimentales générales dans lesquelles il serait possible de déterminer l'effet spécifique des matrices d'ARN. Parmi ces conditions figurait l'inhibition de l'activité de l'extrait par la ribonucléase, une enzyme dégradant l'ARN, et par le chloramphénicol, un antibiotique inhibiteur spécifique de la synthèse protéique bactérienne. Il testa également la désoxyribonucléase, une enzyme dégradant l'ADN. Son effet inhibiteur sur l'activité de l'extrait était bien moins net que celui de la ribonucléase, et présentait d'une expérience à l'autre des fluctuations sans lien avec les conditions de réaction[30]. Lors de ces premiers essais, le signal d'incorporation des acides aminés était extrêmement faible, tout juste quelques dizaines de cpm, et se détachait à peine du bruit de fond du système. C'est seulement après l'ajustement minutieux de plusieurs paramètres du système et le test de différentes méthodes de préparation que le signal devint suffisamment puissant pour permettre des mesures de radioactivité fiables. D'après mon analyse des carnets de laboratoire de Matthaei, il y a tout lieu de penser que son confrère Nirenberg et lui, durant cette phase initiale de leurs travaux, partageaient encore la conception des ribosomes qui avait cours à l'époque : leur ARN – ou une partie seulement – devait jouer le rôle d'un *template*, ou matrice, au sens un peu vague dans lequel ce concept était encore employé en 1960. À la lecture et l'étude de ces carnets, il apparaît également que la construction locale de ce système ne fut pas sans difficultés, alors même qu'il était d'ores et déjà installé en d'autres lieux et que l'on pouvait s'appuyer sur des documents de première main pour le mettre en place.

Les acides nucléiques utilisés pour ces premières expériences de simulation provenaient de deux sources différentes : l'ARN surnageant, que Matthaei et Nirenberg appelaient toujours « ARN soluble », et l'ARN extrait des ribosomes, désigné par l'abréviation « ARNm[31] ». Malgré ses efforts acharnés, Matthaei ne parvint pas à démontrer l'effet

récit plus approfondi dans Kay, 2000.

30   Ces expériences eurent lieu en novembre 1960. MCL, M1.

31   C'est là l'abréviation employée dans les comptes rendus d'expérience. Je n'ai pas réussi à déterminer si l'expression « ARNm » signifie ici « ARN microsomal » ou « ARN messager ». On constate en effet que dans les publications de l'époque, l'abréviation « ANRm » fut employée pour désigner l'ARN microsomal ; c'est le cas par exemple dans Bosch, Bloemendaal & Sluyser, 1959.

stimulant d'une préparation d'ARN ribosomal sur l'incorporation d'acides aminés radioactifs avant février 1961[32]. C'est la réunion de trois astuces techniques en elles-mêmes plutôt insignifiantes qui fut la clé de ce succès. Premièrement, Matthaei avait appris à conserver les composants enzymatiques de son système dans un congélateur. Il put ainsi utiliser un matériel présentant des propriétés non seulement connues mais surtout approximativement constantes pour toute une série d'essais. Toute nouvelle préparation pouvait être contrôlée à l'aide des précédentes et ajustée par rapport à elles. Pareils détails étaient loin d'être triviaux pour le type de bio-essais dont il s'agissait ici, dans la mesure où la qualité des préparations employées pouvait connaître d'un jour sur l'autre des variations considérables et souvent inexplicables. David Novelli, qui au même moment à Oak Ridge essayait de mettre au point un système acellulaire basé sur *E. coli*, se souvient « qu'il était absolument impossible de prévoir si la préparation que l'on obtiendrait le lendemain serait active ou non. » Ses préparations étaient « instables et ne pouvaient pas être conservées » ; d'autres chercheurs étaient confrontés aux mêmes problèmes[33]. Deuxièmement, Matthaei trouva une méthode rapide et efficace de précipitation et de filtration des protéines radioactives, ce qui permit de réaliser simultanément un nombre d'essais bien supérieur, et ainsi d'étendre nettement le réseau des contrôles possibles. Dans le jargon de laboratoire, elle fut baptisée « méthode Siekevitz rapide[34] ». La troisième modification procédurale consistait en une pré-incubation de l'extrait cellulaire bactérien[35]. D'après ses carnets de laboratoire, Matthaei utilisa pour la première fois un extrait « S30 » pré-incubé à la mi-février 1936[36]. Dans un premier temps, Matthaei et Nirenberg laissèrent travailler le système jusqu'à ce que cesse son activité de synthèse. C'est à ce moment seulement qu'ils ajoutèrent l'ARN exogène qu'ils voulaient tester. Bien que faible, l'effet de l'ARN ribosomal était effectivement spécifique. Dès le 22 mars

---

32   *Cf.* MCL, M2, série d'expériences n° 26, entamée le 18 février 1961.

33   Novelli, 1966, p. 191-192.

34   Matthaei, entretien avec Rheinberger, 1992. *Cf.* également MCL, M1, septième expérience, 14 et 15 novembre 1960, où « Siekevitz' Procedure » désigne une précipitation à chaud par l'acide trichloracétique.

35   *Cf.* la discussion dans Zamecnik, 1979, p. 299-301, où cette question est soulevée par Robert Olby.

36   « S30 » désigne le liquide surnageant d'une centrifugation à faible vitesse de bactéries éclatées.

1961, les deux chercheurs adressèrent un rapport préliminaire à la revue *Biochemical and Biophysical Research Communications*[37].

La série d'événements que nous retraçons ici à partir des carnets de laboratoire a ceci de caractéristique que Matthaei avait d'ores et déjà utilisé un polymère ribonucléique de synthèse – l'acide polyadénylique, ou poly-A – lors d'une expérience réalisée en décembre 1960. À une tout autre fin cependant, puisqu'il ne devait alors pas servir de matrice mais de polyanion, dont Matthaei espérait qu'il influencerait l'action de la désoxyribonucléase[38]. Dans leur rapport préliminaire de mars 1961, Matthaei et Nirenberg décrivirent le poly-A comme un contrôle négatif, c'est-à-dire comme un polyanion qui *n'était pas en mesure* de reproduire l'effet stimulant de l'ARN ribosomal – lequel, d'un point de vue chimique, était également un polyanion – sur la synthèse protéique. Le 2 mars, on retrouve l'acide polyadénylique dans un essai de stimulation, cette fois-ci dans une série utilisant de l'ADN de sperme de saumon et du polyglucose[39]. Là encore, on n'observait aucun effet.

À la fin février 1961, Matthaei introduisit des ARN supplémentaires dans le système en gardant inchangées toutes les autres conditions. L'ARNs servait alors de contrôle négatif : il n'avait aucun effet stimulant. Parmi d'autres types d'ARN, Matthaei testa l'ARN de levure et l'ARN de cellules ascitiques, ainsi que « l'ARN de David » et « l'ARN de Crestfield », du nom des confrères qui les lui avaient fournis[40]. Début mai, il ajouta sur sa liste des échantillons d'ARN issus du virus de la mosaïque du tabac. Les différents ARN influençaient l'activité du système à divers degrés, mais aucun schéma net ne se dégageait.

Dans le cadre de ces essais, Matthaei fit également varier la stratégie de marquage. Son système standard reposait sur l'incorporation de valine radioactive. Vers la fin mars, il étudia « l'effet ARNm » avec divers acides aminés radioactifs, dont la phénylalanine[41]. En présence d'ARNm, tous les acides aminés étaient incorporés. Parallèlement aux

---

37   Matthaei & Nirenberg, 1961a ; *cf.* également Matthaei & Nirenberg, 1961b.
38   MCL, M1 et M2, neuvième expérience, réalisée du 3 novembre au 1er décembre 1960.
39   MCL, M2, expérience 27B du 2 mars 1961.
40   Le compte rendu de l'expérience ne permet pas de déterminer de quelle sorte d'ARN il s'agit ici.
41   Outre la valine, il utilisa de la thréonine, de la méthionine, de la phénylalanine, de l'arginine, de la lysine ainsi que de la leucine. MCL, M2, expérience 27K, 24 mai 1961.

acides aminés isolés, Matthaei utilisa aussi un mélange d'acides aminés obtenus par hydrolyse de protéines d'algues marquées.

Ainsi s'amorça la série expérimentale décisive. Le 15 mai 1961, Matthaei imagina une expérience destinée à « tester les polynucléotides synthétiques », parmi lesquels le poly-A, le poly-U, le poly-(2A/U) et le poly-(4A/U). Il prévit d'utiliser un « hydrolysat d'algues » non spécifique comme source d'acides aminés radioactifs. Le 22 mai, il prit note d'une multiplication par 11,8 de l'activité dans l'échantillon contenant du poly-U[42]. Aucun argument explicite ne figure dans les comptes rendus pour justifier l'introduction de ces polymères, mais les essais qui suivirent furent conçus de manière systématique et s'accompagnèrent de toute une série de contrôles soigneusement choisis. « Toujours comparer un [système] complet, lit-on dans le journal de laboratoire, pas d'ARN, poly-U, UMP, ARN de Crestfield[43]. » Le 25 mai 1961, Matthaei utilisa un mélange de onze acides aminés radioactifs différents au lieu de son hydrolysat d'algues, et observa une multiplication par 20 de l'activité du système en présence de poly-U. Identifier l'acide aminé correspondant fut dès lors l'affaire de deux journées de travail. Le 26 mai, il avait circonscrit l'activité à un mélange de tyrosine et de phénylalanine. Le 27 mai 1961, à 3 heures du matin, il réalisa l'essai avec du poly-U et de la phénylalanine pour seul acide aminé. Le taux d'incorporation fut multiplié par 26, ainsi qu'il ressort de l'illustration 30.

42   MCL, M1, p. 104 ; M2, expérience 29G.
43   La citation est tirée de MCL, M1, p. 107. *Cf.* également M2, expérience 27N, 25 mai 1961 ; sur la dernière expérience, *cf.* M2, 27Q, 27 mai 1961.

27-Q in cub 5-27-61, 3 s.m. for 60' at 36°, 10% TCA ph 60' flat suc. (see M1, p.107) √

#	System	Special treatment	-tko	min for 10,240 cts.	cpm (+tokyds)	cpm -tokyds
1	Complete	.3 27 1.30	640	50.53	202	167
2		15.2 208P.-Phe. 25.2 Phe-C14 10.2 Val 2M	640	48.69	210	144
3		+ 10γ Poly-U	550	2.69	3810	3748 26× (23×)
4		+ 100γ RNA sol al	540	261.73	39.2	
5		≠ 0-t.	540	164.12	62.4	
6	Complet, but 20AA-tyr	c.te 1/2	640	113.29	90	36
7		25.2 C14-tyr	640	108.37	94	
8		+ 10γ Poly-U	500	94.81	108 108	52 1.45×
9		+ 100γ RNAase	540	181.87	56	0
10		al 0-t.	540	184.48	55.5	

ILL. 30 – Compte rendu de l'expérience 27Q du 27 mai 1961 qui conduisit à l'identification du premier mot du code.
Note de laboratoire de Heinrich Matthaei, en possession de l'auteur.

Que Leon Heppel, le directeur du laboratoire où travaillaient Matthaei et Nirenberg, soit un spécialiste de la synthèse d'ARN artificiel, fut sans nul doute un heureux concours de circonstances. Les polymères poly-A, poly-U, poly-A/U, poly-C et poly-I encombraient les rayonnages, et sitôt que l'un d'entre eux eut émis un signal, il ne fallut plus que quelques jours à Matthaei pour déchiffrer le premier mot du code en testant systématiquement les acides aminés radioactifs disponibles : un homopolymère, l'acide polyuridylique, semblait être traduit en une protéine artificielle, la polyphénylalanine. Cette supposition restait certes à démontrer, mais dans l'hypothèse d'un code de triplets, UUU correspondait alors à la phénylalanine (Phe)[44].

Rappelons une chose : l'intention originelle de Matthaei et Nirenberg était d'optimiser un système *in vitro* pour permettre l'expression d'une protéine spécifique. Sur la voie déterminée par cet objectif, le décryptage du premier mot du code ne fut certainement pas un pur hasard. Ici, ce ne fut pas un banal contrôle qui devint « la véritable expérience ». Mais il s'agit pas non plus d'un événement planifié, du moins pas au sens

---

44 Matthaei & Nirenberg, 1961c ; Nirenberg & Matthaei, 1961 ; *cf.* également Nirenberg & Matthaei, 1963a.

habituel d'une anticipation de ce qui va se produire. On pourrait dire que ce que les acteurs, *a posteriori*, eurent progressivement tendance à considérer comme une intention ne se forma qu'au cours de son processus de recherche comme espace d'intuition possible[45]. Matthaei et Nirenberg explorèrent l'espace expérimental de la synthèse protéique acellulaire à partir des préoccupations de leur époque. Ainsi figurait sur la liste des priorités la « spécificité de la matrice » relativement à la synthèse d'une protéine particulière. Le concept de « messager » qu'ils proposèrent naquit de l'utilisation de différents types d'ARN comme matrices. Mais outre l'observation qui se révéla être le résultat décisif, l'événement qui déplaça l'ensemble des travaux vers le code, d'autres choses attirèrent également l'attention des deux chercheurs : ainsi par exemple l'incorporation de leucine dans les protéines « en l'absence de ribosomes ». Cela peut paraître étrange aux biologistes moléculaires d'aujourd'hui, mais en 1961, Nirenberg et Matthaei accordèrent une telle importance à ce résultat qu'ils le présentèrent à un auditoire international de premier ordre[46]. L'orientation qu'allait prendre le système dépendait de l'exploration tâtonnante de son espace de représentation ; il n'y avait nulle décision préétablie demandant simplement à être mise à exécution.

Nirenberg et Matthaei affirment tous deux n'avoir rien su des expériences sur le messager qui furent menées à l'Institut Pasteur et à Harvard lorsqu'ils commencèrent à optimiser le système d'essais au NIH vers la fin de l'année 1960[47]. Dans leur rapport de mars 1961 pourtant, le concept de « *messenger* » figure bien aux côtés de celui de *template*[48]. Il faut dire que la notion était dans l'air à ce moment-là, et occupait notamment les discussions lors des colloques de l'automne 1960. François Gros employa l'expression d'ARN messager dans plusieurs débats du symposium sur la biosynthèse protéique qui se tint à Wassenaar aux Pays-Bas du 29 août au 2 septembre, ainsi que Hubert Chantrenne dans les remarques finales de ce même colloque[49]. Le concept semblait émerger au même moment dans différents contextes expérimentaux : parmi eux un subtil système *in vivo* à déclenchement génétique de

---

45 *Cf.* Nirenberg, 1969 ; Judson, 1980, p. 350 ; Matthaei, entretien avec Rheinberger, 1992.
46 Nirenberg & Matthaei, 1963b. Abstract du 5ᵉ congrès international de biochimie à Moscou, 1961.
47 *Cf.* Judson, 1980, p. 350-351 ; Matthaei, entretien avec Rheinberger, 1992.
48 Matthaei & Nirenberg, 1961a, p. 407.
49 Harris, 1961, p. 205, 389.

régulation enzymatique, de même qu'un système *in vitro* fractionné, plus modeste en comparaison, d'incorporation des acides aminés dans les protéines. Quoi qu'il en soit, on ne peut pas reprendre telle quelle la légende servie par le club des biologistes moléculaires, selon laquelle le messager du cercle Pasteur-Harvard-Cambridge aurait fourni la clé du code. Les composants décisifs pour le flux d'information génétique allant des acides nucléiques aux protéines – l'ARN de transfert, l'ARN messager et le code – étaient pour l'essentiel les produits de systèmes *in vitro* d'orientation biochimique. La faille qui séparait la « matrice microsomale » de « l'ARN messager » et qui avait été comblée au NIH, courait parallèlement à celle qui séparait « l'intermédiaire instable » de la synthèse enzymatique induite et « l'ARN porteur d'information », et dont l'équipe parisienne avait eu raison.

Suite au Cinquième Congrès International de Biochimie qui se tint en août 1961 à Moscou et à la présentation par Nirenberg des résultats de son laboratoire, les ingénieuses expériences mises au point par Sidney Brenner, Heinz Fraenkel-Conrat et Heinz Günter Wittmann pour traquer le code par des analyses génétiques et chimique de mutation des phages et des virus fut occultées par le nouveau système[50]. La chasse aux mots du code qui s'ensuivit, et dont les laboratoires de Nirenberg et de Severo Ochoa à New York prirent la tête, reposait entièrement sur l'amélioration des conditions expérimentales du système d'*E. coli*[51]. Bien qu'ils eussent apporté une contribution majeure à l'infrastructure de cette stratégie de déchiffrage, ni Zamecnik ni Hoagland ne s'engagèrent dans cette compétition. Au moment où se produisit l'avancée majeure, Zamecnik se trouvait à Cambridge auprès d'Alexander Todd, et Hoagland avait été sollicité pour mettre sur pied un nouveau laboratoire dans le service de bactériologie et d'immunologie de la Harvard Medical School. Zamecnik ne vit « aucune raison de lancer un laboratoire supplémentaire dans la course[52] », et poursuivit ses travaux de caractérisation des ARN de transfert individuels. Hoagland continua d'étudier les questions de régulation dans le foie de rat en régénération. Pour conclure cette étude, un rapide aperçu de leurs activités au cours des années qui suivirent

50 Crick, Barnett, Brenner & Watts-Tobin, 1961 ; Crick, 1990, p. 166-185 ; Wittmann, 1961, 1963 ; Fraenkel-Conrat & Tsugita, 1963.
51 Nirenberg & Matthaei, 1961 ; Lengyel, Speyer & Ochoa, 1961.
52 Zamecnik, 1979, p. 298.

permettra de montrer quelle fut leur réaction « à la récente excitation autour du problème du codage[53] ».

LE SYSTÈME DE FOIE DE RAT, LA RÉGULATION
ET L'ARN MESSAGER

À la lumière de l'ARN messager bactérien nouvellement apparu, la représentation en tube à essai de la synthèse protéique propre au foie de rat demandait quelques ajustements. À l'occasion d'un colloque sur les mécanismes de régulation cellulaire organisé à Cold Spring Harbor en 1961, Hoagland s'était déjà confronté au défi posé par l'ARN messager. Jusqu'en 1960, le système de foie de rat n'avait révélé aucune composante fractionnée qui aurait pu correspondre à un messager. Dans sa variante parisienne à tout le moins, le concept d'ARNm était lié à la question de la *régulation* de la synthèse protéique. C'est donc dans le cadre d'études sur le contrôle de cette synthèse que Hoagland entreprit de rechercher une composante ressemblant à un messager dans le système acellulaire basé sur des tissus de mammifères. Du point de vue expérimental, il aborda ce problème de contrôle en comparant des foies de rat normaux et en régénération. On savait depuis longtemps que dans la synthèse protéique, l'activité de ces derniers était nettement supérieure à celle des foies normaux, et cela aussi bien *in vivo* qu'*in vitro*[54]. Hoagland lança une série d'expériences qui consistaient à croiser des fractions de foie de rat normaux et en régénération pour les faire entrer en réaction. Une de ces fractions était centrifugée à grande vitesse pendant une demi-journée. Selon sa « conclusion provisoire », « les foies de rat normaux autant que ceux en régénération [présentaient] une fraction sédimentable, distincte des ribosomes, précipitable à pH 5, contenant de l'ARN et stimulant nettement la réaction d'incorporation *in vitro*[55] ». Le problème était maintenant que X, ainsi que Hoagland avait nommé sa nouvelle fraction

---

53   Crick, 1963.
54   D'autres expériences avaient par la suite confirmé cette différence : Rendi, 1959 ; Rendi & Hultin, 1960 ; von der Decken & Hultin, 1960 ; McCorquodale, Veach & Mueller, 1961.
55   Hoagland, 1961, p. 155.

à la suite de Jacob, était bien moins sensible à la ribonucléase qu'elle aurait dû l'être si la composante active avait été un ARN.

Puisque la fraction X issue de foies en régénération était plus active et que les microsomes provenant également de foies en régénération réagissaient davantage à la fraction X, Hoagland pensa être sur la piste d'un mécanisme de « contrôle par répression » sur le « plan ribosomal », par opposition au mécanisme opérant sur le plan génétique qu'avaient observé Jacob et Monod. Mais quelque chose clochait toujours. « Nous rencontrons des difficultés à appliquer le concept de messager au comportement des microsomes dans ce système[56]. » Si l'activité avait été strictement corrélée à la quantité d'ARN messager produite, les ribosomes auraient dû réagir de manière identique à ce message, qu'ils soient issus des foies normaux ou en régénération. Or ce n'était pas le cas.

Une partie des difficultés expérimentales étaient liées au fait que Hoagland poursuivait simultanément deux objectifs. D'une part, il avait l'intention de donner à « X » une représentation fractionnelle autonome en affinant la méthode de centrifugation différentielle. Celle-ci permit certes d'obtenir une « nouvelle » fraction, mais il restait impossible de prouver qu'elle représentait bien l'ARN messager. D'autre part, Hoagland s'intéressait moins à la synthèse protéique en tant que telle qu'à la question de sa régulation – laquelle était d'ailleurs une préoccupation de longue date de tout le groupe de Harvard. Il concevait davantage le messager comme une instance régulatrice que comme un élément faisant partie intégrante du mécanisme de synthèse lui-même. Il voyait « quelques raisons d'espérer pouvoir étudier sur des préparations acellulaires certains processus de régulation » qualitativement distincts du modèle de l'équipe Pasteur[57], et supposait qu'il valait mieux consacrer ses efforts à explorer ces phénomènes plutôt qu'à apporter la preuve *a posteriori* de l'existence d'ARNm dans les cellules eucaryotes.

Mais l'ARN messager n'était-il pas une composante essentielle de la synthèse protéique eucaryotique dont Hoagland aurait simplement échoué à donner une représentation adéquate ? En 1961, la situation était nettement moins claire que la mythologie de la biologie moléculaire veut bien le dire. Personne n'avait encore isolé un transmetteur cytoplasmique pour l'introduire dans l'usine à protéines. Personne

---

56 *Ibid.*, p. 153, 155.
57 *Ibid.*, p. 153.

ne pouvait exclure la possibilité qu'il y ait deux types de ribosomes : une particule à fonction « régulatrice » dépendant du messager d'une part, et une particule spécialisée à matrice intégrée d'autre part. Mais le modèle d'opéron proposé par Jacob et Monod ayant été perçu par Hoagland comme une « hypothèse provocatrice », il allait falloir attendre l'identification *in vitro* des éléments de contrôle pour que « la théorie se réconcilie avec les faits[58] ».

À la Harvard Medical School, Hoagland poursuivit ses travaux sur le foie de rat en régénération comme système-modèle *in vitro* pour l'analyse des mécanismes de contrôle de la synthèse protéique. Mais bien que la fraction X partageât de plus en plus de caractéristiques propres aux messagers, un article publié par Hoagland et Brigitte Askonas en 1963 la désignait encore comme un élément de contrôle de la synthèse protéique[59]. Les traits communs de la fraction avec l'ARN messager étaient toujours sujets à caution. Des essais répétés de purification de la composante active n'émergeait aucun élément présentant sans ambiguïté les propriétés d'un acide nucléique. Dans l'ensemble, les résultats laissaient penser à une protéine ribonucléique dont la composante ARN, combinée à d'autres protéines, était responsable de « l'action biologique » régulatrice.

Nous voyons donc que la genèse de l'ARN messager dans le système basé sur le foie de rat est radicalement différente de celle de l'ARN de transfert dans ce même système. Dans le second cas, une molécule avait surgi à laquelle personne n'avait encore jamais pensé. Le système avait généré un événement inanticipable. Dans le cas de l'ARN messager, on avait cherché à clarifier progressivement les contours d'une molécule dont les propriétés supposées étaient héritées d'autres systèmes et pouvaient servir de ligne directrice pour la modélisation expérimentale. Supposons que Hoagland n'ait rien su de cet ARN servant de transmetteur dans la synthèse protéique. Comment aurait-il pu identifier une composante ARN qui, même dans la fraction X enrichie, ne représentait pas plus de 15 % de l'ensemble de l'ARN de cette fraction, et qui au surplus ne réagissait pas à la ribonucléase ? Le messager ne fut pas produit par le système de synthèse protéique basé sur le foie de rat. Il y a une différence entre une machine à fabriquer de l'avenir et une procédure d'identification, entre un système de recherche et un programme de détection. Toutefois,

---

58 *Ibid.*
59 Hoagland & Askonas, 1963.

cette différence n'oppose pas des systèmes *entre* eux, mais des façons de manipuler un système. Les systèmes expérimentaux oscillent en général entre ces deux extrêmes : des phases de représentation générative et des phases de démonstration confirmatoire.

Les expériences de Hoagland sur le messager n'aboutirent à aucun résultat ferme. Une série d'observations le conduisit à supposer que l'activité des ribosomes associés aux membranes (pour lesquels l'expression microsome demeurait usuelle) était contrôlée par des facteurs supplémentaires. Un facteur inhibant semblait être impliqué, dont la GTP paraissait être l'antagoniste[60]. Mais une représentation précise du mode d'action de la GTP dans la synthèse protéique faisait toujours défaut. Était-elle un élément constitutif du processus de synthèse, ou bien contribuait-elle à sa régulation et à sa modulation ? Lors du colloque de Cold Spring Harbor de 1961, Robin Monro, qui travaillait dans le laboratoire de Lipmann, avait décrit un système partiellement purifié basé sur des réticulocytes de lapin dans lequel la GTP était nécessaire pour que puisse avoir lieu le transfert de leucine marquée au C^{14} de l'ARNs à la protéine[61]. Ce transfert dépendait de la présence d'une fraction partielle du surnageant de l'enzyme pH 5[62]. Mais toutes les tentatives pour attribuer à la GTP un rôle de cofacteur du supposé « facteur de transfert » s'étaient soldées par un échec[63]. L'approche adoptée par Hoagland était tout autre : il postulait qu'une purification extrême du système pouvait conduire à négliger certains facteurs catalytiques importants. Contrairement à Lipmann et ses collaborateurs, il ne voyait toujours « aucune corrélation entre le degré de "pureté" d'un système et son besoin en GTP[64] ». En 1964, Jorge Allende et Robin Monro, deux collaborateurs de Lipmann, identifièrent une fraction enzymatique dans *E. coli* dont l'activité de transfert recoupait l'activité d'une GTPase[65]. L'enzyme ne tarda pas à être connue comme le « facteur G[66] ».

---

60 Hoagland, Scornik & Pfefferkorn, 1964.
61 *Cf.* la discussion que l'on trouve dans Hoagland, 1961.
62 *Cf.* Nathans & Lipmann, 1960.
63 « La fonction de la GTP dans le processus et la possible relation avec le facteur de transfert demandent à être expliqués au plus vite. » (Nathans & Lipmann, 1961, p. 502).
64 Hoagland, Scornik & Pfefferkorn, 1964, p. 1191.
65 Allende, Monro & Lipmann, 1964.
66 Nishizuka & Lipmann, 1966, p. 213 ; on trouvera un aperçu dans Lipmann, 1971, p. 91-112.

Une des ambitions de Hoagland était d'isoler les microsomes de façon à pouvoir étudier l'effet modulatoire des processus de régulation. Au début des années soixante, mettre au point des méthodes douces de séparation des grands complexes ribosomiques était devenue l'une des préoccupations centrales de la ribosomologie alors en plein épanouissement. De nombreux laboratoires américains et européens s'escrimaient à donner une représentation de ces complexes. On attribua divers noms aux particules ainsi isolées, parmi lesquels « clusters ribosomiques », « complexes actifs », « ergosomes », « ribosomes agrégés », jusqu'à ce que s'impose le terme « polysomes[67] ». Dès 1960-1961, Zamecnik avait fait apparaître de telles particules au microscope électronique, dont l'aspect rappelait des colliers de perles. Mais ne pouvant rien tirer de ces observations, il renonça à en publier les images[68]. L'idée d'un fil d'ARNm était alors tout à fait étrangère à ses conceptions. Les polysomes semblaient consister en une suite de ribosomes alignés sur un ARMm particulier. Des méthodes de fractionnement spéciales étaient nécessaires pour éviter de les diviser en monosomes lors du fractionnement. Hoagland apporta lui aussi sa pierre à l'édifice. Il put montrer qu'à l'état actif, les ribosomes de foie de rat étaient presque tous assemblés en polysomes[69].

Comme le résume l'illustration 31, la représentation fractionnée du suc cellulaire de foie de rat était devenue au fil des ans un diagramme partitionnel complexe.

---

67   Sur les « clusters ribosomiques », *cf.* Warner, Rich & Hall, 1962 ; sur les « complexes actifs », consulter Gilbert, 1963 ; sur les « ergosomes », se reporter à Wettstein, Staehlein & Noll, 1963 ; sur les « ribosomes agrégés », *cf.* Gierer, 1963 ; quant aux « polysomes », voir Warner, Knopf & Rich, 1963.
68   Zamecnik, entretien avec Rheinberger, 1990.
69   Wilson & Hoagland, 1965.

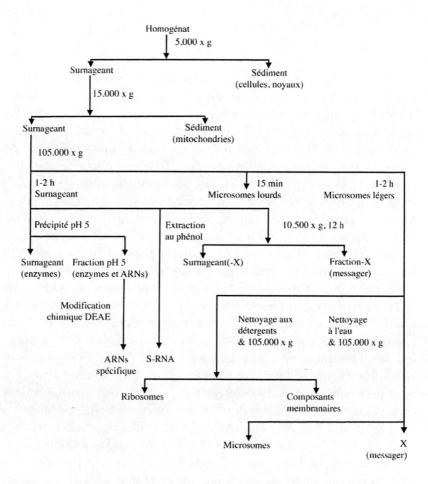

ILL. 31 – Représentation du suc cellulaire de foie de rat en fractions vers 1963. DEAE : chromatographie sur diéthylaminoéthyl cellulose. Dessin de l'auteur.

RÉDUCTION *VERSUS* INTÉGRATION

Deux stratégies étaient envisageables pour poursuivre le développement du système de synthèse protéique *in vitro*. La première consistait à déterminer les *exigences minimales* requises par chaque activité potentiellement intéressante. C'est la voie que choisirent la plupart des équipes qui disposaient d'un système basé sur *E. coli*[70]. Elles se concentrèrent sur les composants nécessaires et suffisants pour différentes réactions partielles, et isolèrent des éléments moléculaires aussi homogènes que possible avant de les recombiner et de les reconstituer *in vitro*. Hoagland opta en revanche pour une autre stratégie qu'il définit comme « plus physiologique ». Ses collègues et lui fractionnèrent le suc des cellules hépatiques en autant de parties que possible, utilisant pour ce faire les procédés les plus doux qu'ils connaissaient. Par principe, ils n'écartaient aucune composante du schéma réactif d'ensemble. Pour mettre en évidence les réactions partielles, ils préféraient utiliser des marquages adaptés plutôt que de purifier et d'enrichir des constituants moléculaires. C'était là une approche plus physiologique, donc, mais aussi plus phénoménologique, qui dans l'ensemble visait davantage à préserver l'intégrité des conditions cellulaires. Hoagland formulait lui-même cette ambition en parlant à ce sujet de « synthèse protéique intégrée[71] ». Cela permet aussi de mieux comprendre ses réticences quant à l'utilisation de ribosomes purifiées à la place de microsomes. Avec ces derniers, les particules ribonucléoprotéiques restaient attachées à des fragments du réticulum endoplasmique. De là également son penchant pour le fractionnement par centrifugation, à la suite duquel le matériel sédimenté pouvait à tout moment être de nouveau mélangé avec le surnageant. Ainsi, aucun constituant du système n'était éliminé par une opération irréversible. Mais si le système restait complet, c'était au détriment de sa « pureté ». C'était là une stratégie adaptée pour capter des signaux faibles qui seraient sinon passés inaperçus. Elle avait été extrêmement productive dans les premières heures du système, mais c'était alors précisément les résultats ambivalents qu'elle fournissait qui la rendaient historiquement obsolète.

---

70   On trouvera une présentation systématique dans Spirin, 1990.
71   Hoagland, 1966.

Les systèmes bactériens *in vitro* développés pour donner une représentation des réactions partielles de la synthèse protéique étaient entre temps devenus la référence. Dans les années soixante, la plupart des nouveaux résultats provinrent des systèmes basés sur *E. coli*. Quand les difficultés initiales, justement liées à leur hyperactivité, eurent été surmontées, ces systèmes se révélèrent moins complexes, et donc plus faciles à disséquer et à entretenir. Mais le fait que les cellules d'*E. coli* étaient plus faciles à définir sur le plan génétique constitua sans doute le changement majeur. On disposait de mutants déficients et pouvait utiliser des marqueurs génétiques. Dès la fin des années quarante en effet, *E. coli* était devenu un organisme-modèle de la génétique bactérienne[72]. Et c'est cette conjoncture de la génétique et de la biochimie qui lui permit de devenir le modèle-organisme central des principaux systèmes *in vitro* de la biologie moléculaire des années soixante et soixante-dix. Dans ces arrangements expérimentaux, les relations structurelles et fonctionnelles entre ribosomes, ARN messager et ARN de transfert prenaient enfin forme[73].

La langue de l'approche phénoménologique restait opérationnelle. Il était rare que Hoagland et Zamecnik isolent des « ribosomes » et leur ajoutent de « l'ARN de transfert » et de « l'ARN messager » pour synthétiser des protéines. Le plus souvent, ils prenaient encore une « fraction de microsomes lourds », ajoutaient le « surnageant pH 5 » qui contenait de « l'ARN soluble », incubaient le mélange avec une « fraction X » et obtenaient une « stimulation » de « l'incorporation d'acides aminés » au « matériel insoluble dans l'acide acétique chaud ». Leur langage illustrait avant tout les conditions techniques d'un espace de représentation expérimental dans lequel les entités requises apparaissaient sous la forme de pics, de fractions et de matériel précipitable, et non pas comme des fixations conceptuelles de l'expression moléculaire des gènes.

Au MGH, Zamecnik continua de travailler sur certaines « questions irrésolues » relatives à la synthèse protéique[74]. En collaboration avec David Allen, il réalisa l'une des premières études consacrées à l'effet d'un antibiotique, la puromycine, sur la synthèse protéique[75]. Il contrôla

72   Pour de plus amples détails, consulter Brock, 1990.
73   Pour un premier aperçu, *cf.* Watson, 1963 ; Lipmann, 1963 ; Crick, 1963.
74   Zamecnik, 1962b.
75   Allen & Zamecnik, 1962 ; Schweet, Lamfrom & Allen, 1958 ; Yarmolinsky & de la Haba, 1959.

les caractéristiques matricielles du poly-U après son introduction par Matthaei et Nirenberg[76]. Mais ses préoccupations principales restaient toujours la purification d'ARN de transfert individuels, la caractérisation de leurs propriétés en tant qu'accepteurs d'acides aminés, et les capacités de reconnaissance des synthétases[77]. Pendant quelque temps, il s'appliqua à mesurer par des méthodes physiques les conformations de l'ARN de transfert – et en particulier les différences entre ses formes chargées et non chargées – avant de se tourner vers des questions liées à ses enzymes de chargement[78].

Zamecnik, comme Robert Holley, avait déployé des efforts considérables pour séquencer l'ARNs et élucider ses « signatures de traduction ». Il avait toutefois misé sur la décomposition chimique pour ce séquençage et Holley, qui travaillait avec une combinaison mêlant distribution à contre-courant et fragmentation nucléolytique, « ainsi qu'une équipe futée » à laquelle s'était jointe Betty Keller du laboratoire de Zamecnik, entra dans la course, l'emporta et proposa la structure secondaire en feuille de trèfle qui rendit célèbre la molécule[79]. Derrière « l'équipe futée » se cachait une histoire. Bien des années après, Holley expliqua lors d'un entretien :

> Je n'ai nullement eu l'idée de l'arrangement en feuille de trèfle. C'est Elizabeth (Betty) Keller, du groupe de Cornell, qui réussit à rendre reproductible le système acellulaire de synthèse protéique. C'est elle qui en fit le schéma, qui le découvrit, ainsi que John Penswick, un étudiant de second cycle. Et en effet, Betty Keller fut l'une des trois personnes qui dessinèrent le diagramme de l'article publié ensuite dans *Science*. Si à l'époque j'avais su que ce schéma s'avérerait juste, je l'aurais bien sûr créditée personnellement plutôt que d'attribuer la « découverte » à l'ensemble des auteurs de l'article. (Portugal & Cohen, 1977, p. 282, 285)

Dans la course au déchiffrage du code génétique, les équipes de Nirenberg et Ochoa ouvrirent la voie en utilisant comme messagers

---

76   Allen & Zamecnik, 1963.
77   Sur la purification d'ARNt individuels, *cf.* Stephenson & Zamecnik, 1962 ; sur la caractérisation de leur propriétés en tant qu'accepteurs d'acides aminés, *cf.* Yu & Zamecnik, 1963a, 1964 ; Sarin & Zamecnik, 1964, 1965a ; sur les propriétés de reconnaissance des synthétases, *cf.* Yu & Zamecnik, 1963b ; Lamborg, Zamecnik, Li, Kägi & Vallée, 1965.
78   Lamborg & Zamecnik, 1965 ; Sarin & Zamecnik, 1965b.
79   *Cf.* Holley, Apgar, Everett, Madison, Marquisee, Merrill, Penswick & Zamir, 1965 ; l'expression « a clever team » se trouve dans Zamecnik, 1979, p. 298.

toutes sortes de polynucléotides synthétiques. Dans le laboratoire de Nirenberg, Philip Leder introduisit un test de reconnaissance des triplets pour examiner la liaison de l'ARN de transfert, qui servit ensuite de modèle pour de nombreuses études de liaison[80]. Mais on ignorait toujours à quel signe caractéristique les enzymes de chargement reconnaissaient leurs molécules d'ARN de transfert. À la déception de tous ceux qui, comme Zamecnik, s'étaient penchés sur ce problème, cette « signature » se révéla être hautement spécifique et différer pour chaque couple enzyme – ARN de transfert. Leur espoir d'une résolution rapide et générale s'était envolé. Vingt années de labeur biochimique les attendaient.

Entre 1955 et 1961, deux objets moléculaires émergèrent de deux systèmes expérimentaux très différents, et devinrent en quelques années les objets centraux de la biologie moléculaire : l'ARN soluble se transforma en ARN de transfert, les matrices d'ARN microsomales en ARN messager. Ce fut la rencontre de ces deux choses épistémiques et les transpositions, greffes, disséminations, hybridations et ramifications auxquelles elles donnèrent lieu qui firent accéder le code génétique à l'existence expérimentale. L'ARN de transfert était le fruit d'expériences *in vitro* sur la synthèse des protéines dans le foie de rat. L'ARN messager avait ses racines à la fois dans un ensemble d'études *in vivo* sur la régulation enzymatique bactérienne et dans la synthèse protéique bactérienne *in vitro*. L'enquête sur le code génétique fut permise par une combinaison *in vitro* de ces deux choses épistémiques qu'elle transforma aussitôt en outils de recherche. Son déchiffrage reposa sur un système de synthèse protéique *in vitro*, lequel avait été tellement stabilisé au fil des ans qu'il put servir d'enveloppe technique, de caisse à outils pour toute une industrie de la synthèse protéique. Pour approcher le code, il fallut élaborer une stratégie de la « représentation minimale » à l'opposé de la « représentation intégrale » avec laquelle Zamecnik et ses collègues avaient pu établir leur système. Cette conversion fut imposée par la différenciation du système expérimental lui-même, sa reproduction différentielle. Mais elle ne se déroula pas de manière automatique, ni au sein d'un unique laboratoire. Le système d'*E. coli* en fut une condition préalable, mais l'exploration de son espace et de son étendue ne constitua pas une simple continuation du travail dans les conditions de l'*ancien*

---

80 Nirenberg & Leder, 1964.

régime[81]. Les concepts qui accompagnèrent ce tournant dans l'histoire expérimentale de la biologie moléculaire étaient issus des domaines de l'information et de la communication : transfert, message, transcription, traduction, codage[82]. Ils ne dominèrent pas d'emblée le discours expérimental de la recherche biochimique sur la synthèse des protéines, mais s'insinuèrent peu à peu jusqu'à s'imposer irrésistiblement.

---

81   En français dans le texte. [*N.d.T.*].
82   *Cf.* Kay, 1994, 2000.

ÉPILOGUE

Dans cet ouvrage, j'ai suivi l'histoire d'un système expérimental d'aussi près que les sources disponibles me l'ont permis. J'ai tenté de restituer son élaboration et sa dynamique avec la même intensité que toutes les réorientations, filiations et substitutions qu'il parcourut pendant une période de quinze années, de 1947 à 1962 environ. À plusieurs reprises, cette enquête a montré que de tels systèmes peuvent donner naissance à des conjonctures à l'occasion desquelles surviennent des choses qui vont au-delà de ce pour quoi ils furent initialement conçus. Et pourtant, ce sont là des effets matériels de leur développement : tout comme les objets et les formes de l'art, les systèmes expérimentaux suivent des trajectoires historiques. Mais la présente étude a également révélé que ces itinéraires expérimentaux s'insèrent dans les configurations locales d'un certain environnement technique, instrumental et institutionnel marqué par des formes de représentation particulières, et plus généralement dans des contextes culturels sans lesquels le tracé concret des trajectoires ne peut être compris.

« Contexte » : prenons un instant ce terme au pied de la lettre. Les séries expérimentales présentent alors des caractéristiques textuelles que nous pouvons décrire. Selon Derrida, c'est un trait fondamental de tout écrit de ne le rester qu'à condition de s'affranchir de son auteur et des circonstances concrètes dans lesquelles il a vu le jour afin d'être continuellement relu et réécrit par d'autres, en tant qu'ensemble de signes au sens de traces ou marques ; bref, à être continuellement re-contextualisé :

> Cette possibilité structurelle d'être sevrée du référent ou du signifié (donc de la communication et de son contexte) me paraît faire de toute marque, fût-elle orale, un graphème en général, c'est-à-dire, comme nous l'avons vu, la *restance* non-présente d'une marque différentielle coupée de sa prétendue « production » ou origine. Et j'étendrai même cette loi à toute « expérience » en général s'il est acquis qu'il n'y a pas d'expérience de *pure* présence mais seulement des chaînes de marques différentielles. (Derrida, 1972b, p. 378)

C'est une telle expérience, précisément, qui me semble caractéristique des systèmes expérimentaux, de la texture de leur espace de représentation. Le projet de la science moderne tire sa puissance du caractère spécifiquement technologique de ces espaces de représentation. Les forces qu'ils libèrent et le type de raisonnement qu'ils déclenchent, de même que les règles auxquels ils obéissent, sont moins ceux de sujets cartésiens que de textures technologico-épistémiques. Par conséquent, il nous faut revoir notre façon de comprendre cette dynamique génératrice d'événements inanticipables, de même que l'idée que nous nous faisons de ce que signifie être « auteur » de connaissances scientifiques. Au cours des cent cinquante dernières années, notre vision du monde s'est profondément transformée. Nous sommes devenus les témoins d'« économies » qui ne sont plus organisées autour d'un sujet : une économie darwinienne de la nature, une économie marxiste de la production, une économie nietzschéenne de la morale, une économie freudienne de l'inconscient, une économie einsteinienne de la relativité, une économie saussurienne du signe, une économie foucaldienne du discours. Ce dont nous avons besoin en histoire des sciences, c'est d'une économie des choses épistémiques.

Le présent ouvrage ne pose que les prémices de cette entreprise. Il étudie la pensée expérimentale dans un cadre historiquement et localement délimité, à la croisée de la biochimie et de la biologie moléculaire. Résumons les grandes lignes argumentatives qu'il développe : les systèmes expérimentaux sont les unités de base du jeu scientifique qui consiste à déposer des traces. Dans un cadre constitué de choses techniques qui, à tel moment de l'histoire, peuvent être considérées comme données, ils fournissent les conditions nécessaires à la production de choses épistémiques en état de naissance. Les systèmes expérimentaux doivent pouvoir se reproduire de manière différentielle pour fonctionner et servir de machineries à fabriquer de l'avenir. Cela ne signifie pas simplement qu'ils doivent autoriser les traces différentielles ; bien plus, ils doivent être agencés de façon à ce que la production de différences devienne la force organisatrice de toute la machinerie. On peut alors dire que le système est mû par la *différance*. J'ai également défendu l'idée que les systèmes expérimentaux déploient leur dynamique dans un espace de représentation où les graphèmes matériels, les marques produites expérimentalement sont reliées et séparées, placées, déplacées et remplacées.

Et enfin, j'ai essayé de montrer comment, par le jeu d'événements que l'on peut appeler conjonctures, ramifications et hybridations, les systèmes expérimentaux peuvent rhizomiser et s'agréger, jusqu'à s'associer en vastes cultures expérimentales.

Au quotidien, dans leur travail de laboratoire, les scientifiques expérimentaux ont affaire à des unités matérielles, à des traces qu'ils considèrent comme le réel et les réalias de la pratique particulière qui est la leur. Ils se meuvent dans un espace, et recourent à un répertoire de gestes, qui partagent beaucoup de caractéristiques communes avec ce que Claude Lévi-Strauss, dans *La Pensée sauvage*, a qualifié de « science du concret[1] ». Ils disposent les traces qu'ils ont produites dans l'espace des représentations techniquement possibles, en génèrent de nouvelles en en réprimant d'autres, et les combinent en chaînes toujours changeantes. Ils les ordonnent d'une certaine manière, les font réagir entre elles et, à partir des réponses obtenues, les engagent dans des ré-actions. Mais les choses épistémiques produites ne sont pas des référents immuables, ni de simples signes renvoyant à des objets donnés d'avance. Elles signifient ce qu'elles signifient aussi longtemps qu'elles se trouvent enchaînées dans l'espace de représentation. C'est cette concaténation qui est décisive. Les systèmes expérimentaux, comme d'autres systèmes de signification, sont de nature diacritique. D'après Brian Rotman, cela vaut également pour l'espace des objets et des opérations mathématiques. Il soutient que « donner la priorité à certaines "choses" sur les signes mathématiques, c'est faire une méprise référentialiste sur la nature des signes écrits », et veut montrer que les ensembles de choses mathématiques « ne signifient rien d'autre que leur capacité à continuer de signifier[2] ». Un système expérimental n'existe en tant qu'activité de recherche qu'à condition que se poursuive le processus d'attribution de signification, c'est-à-dire de combinaison de traces matérielles par décontextualisation et recontextualisation. Ce que Didi-Huberman affirme sur l'empreinte et la référentialité paradigmatique n'en est que plus vrai pour les choses épistémiques : « Tels sont, dira-t-on volontiers, les pouvoirs, mais aussi les limites, de l'empreinte. Dans un sens l'empreinte est *opératoire*, dans un autre elle reste *indéterminée[3]*. » Les scientifiques expérimentaux

---

1 Lévi-Strauss, 1962, premier chapitre : « La science du concret ».
2 Rotman, 1987, p. 2, 102 ; *cf.* également Pickering, 1995, chap. 4.
3 Didi-Huberman, 2008, p. 34.

ne lisent pas simplement dans le grand livre de la nature. Mais ils ne construisent pas non plus la réalité de toutes pièces. Leurs activités ne consistent ni en exercices platoniciens, ni en approximations asymptotiques d'une essence des choses donnée d'avance, et encore moins en inventions socio-constructivistes.

En configurant et reconfigurant des choses épistémiques, les scientifiques butent sur les résistances et résiliences plus ou moins opiniâtres du matériau sur lequel ils travaillent. La construction est possible, mais dans certaines limites. Les lignes selon lesquelles les chercheurs tentent de diviser leurs mondes n'adoptent une signification que lorsque des résonances naissent entre les différents éléments. Sans un minimum de résonance, il n'y aurait pas d'objets techniques robustes. Si quelque chose comme un réel scientifique existe, il est multiple. Ce qui nous sauve du réalisme plat, c'est le fait que les résonances qui sont provoquées dans une certaine configuration historique ne sont pas les seules possibles et imaginables. Bien qu'il leur arrive de persister, les résonances sont éphémères. Leur fugacité est ce qui fonde le jeu sans fin de réalisation du possible. Francis Crick l'a souligné au sujet de la situation de recherche : « Tout [mérite] d'être étudié d'aussi près que possible, car on ne peut connaître à l'avance le cours que vont prendre les choses[4]. » Les objets scientifiques, non pas en tant que choses matérielles en soi, mais en tant qu'ils sont des objets épistémiquement configurés, sont plongés dans le flux ininterrompu des concaténations transversales de représentations. Les choses épistémiques ont leur temps propre, mais il arrive rarement qu'elles finissent un jour par être de pures illusions. Cependant, elles peuvent devenir tout à fait insignifiantes dans un contexte scientifique modifié, lorsque personne ne voit plus comment elles pourraient donner lieu à des événements inanticipables. Elles peuvent aussi se taire en tant qu'objets de recherche et perdurer comme de purs objets techniques. Pour appréhender la réalité étrange et – à long terme – toujours fragile des objets scientifiques, il faut prendre conscience de ce double mouvement : elles peuvent aussi bien se retrouver au centre d'une culture expérimentale donnée, que disparaître dans la marginalité.

Je partage l'idée de Pierre Bourdieu selon laquelle une vision réaliste de l'histoire des sciences ne doit pas chercher à se placer par-delà les limites indépassables de l'histoire, mais qu'il lui faut cependant examiner

4   Crick, 1988 [1989], p. 112 [p. 155].

« sous quelles conditions historiques peuvent s'arracher à l'histoire des vérités irréductibles à l'histoire ». Il s'agit donc d'admettre, pour continuer avec Bourdieu,

> [...] que la raison n'est pas tombée du ciel, comme un don mystérieux et voué à rester inexplicable, donc qu'elle est de part en part historique ; mais on n'est nullement contraint d'en conclure, comme on le fait d'ordinaire, qu'elle soit réductible à l'histoire. C'est dans l'histoire, et dans l'histoire seulement, qu'il faut chercher le principe de l'indépendance relative de la raison à l'égard de l'histoire dont elle est le produit ; ou, plus précisément, dans la logique proprement historique, mais tout à fait spécifique, selon laquelle se sont institués les univers d'exception où s'accomplit l'histoire singulière de la raison. (Bourdieu, 1997, p. 130-131)

Ainsi, les scientifiques restent prisonniers du paradoxe de la connaissance : ils agissent selon le principe de la distanciation empathique. Lacan a écrit un jour que « le sujet [...] reste le corrélat de la science, mais un corrélat antinomique puisque la science s'avère définie par la non-issue de l'effort pour le suturer ». Il y a donc, d'après Lacan, « quelque chose dans le statut de l'objet de la science, qui ne nous paraît pas élucidé depuis que la science est née[5] ». C'est au statut de tels objets que j'ai prêté attention dans cet ouvrage. J'espère avoir fait quelque lumière sur leur mode d'émergence, leur constitution et leur dynamique. Les sutures sont certes les lignes de partage où se dessinent les objets de la science. Mais ce sont également les signes visibles d'une mutilation. Ces sutures sont des lignes le long desquelles on a essayé de disséquer, en même temps que les traces indélébiles de l'échec de ces tentatives. *Versäumen*, ce verbe allemand aujourd'hui tombé en désuétude, enveloppe dans son double sens les deux faces de leur fonctionnement : s'enchâsser dans, et manquer quelque chose. Le scientifique est un locuteur autorisé, mais pas le maître du jeu. En tant que modeste sujet, il est pris dans une inextricable relation d'exclusion interne avec ses objets. Il les *fait*, mais seulement dans la mesure où les objets font qu'il *les* fait. Sans cesse, cette extimisation est rattrapée de manière récursive par ses propres produits. Avec Marjorie Grene, je pose la question et y réponds aussitôt : « *Pourquoi* ne pouvons-nous pas vérifier nos convictions en les confrontant [directement] à la réalité ? Non pas, comme le croient les

---

5   Lacan, 1966, p. 863.

sceptiques, parce que nous ne pouvons pas l'atteindre, mais parce que nous en faisons partie[6]. » Il ne peut donc s'agir de révoquer les sciences au nom d'une autre autorité.

> [Mais] au lieu de les prendre dans leur objectivité, leur froideur, leur extra-territorialité – qualités qu'elles n'ont jamais eues que par le retraitement arbitraire de l'épistémologie –, nous les prenons dans ce qu'elles ont toujours eu de plus intéressant : leur audace, leur expérimentation, leur incertitude, leur chaleur, leur mélange incongru d'hybrides, leur capacité folle à recomposer le lien social. (Latour, 1991, p. 194)

C'est quand ils opèrent sur la frontière floue entre le trivial et le complexe que les systèmes expérimentaux productifs sont les plus féconds. Ces systèmes sont en fait des machines à réduire la complexité. Mais pour chacun de ces systèmes, la complexité joue également le rôle d'horizon épistémique. Les différentes tentatives de réduction peuvent donc partir dans toutes les directions possibles, et aucun principe général ne garantit ni ne permet d'éviter à coup sûr les impasses ou de trouver des voies royales. Mais dans un réseau de systèmes voisins, la valeur épistémique de chacun des systèmes est partiellement définie par l'ensemble qu'ils forment, et non pas seulement de manière immanente. Quand la complexité ontologique doit être réduite pour permettre la recherche expérimentale, elle est conservée épistémiquement dans la texture d'un paysage expérimental. Là, de nouvelles combinaisons et séparations peuvent avoir lieu à tout moment, et l'éruption d'un système volcanique peut apporter des transformations radicales.

Voilà qui nous rapproche d'une idée que Stuart Kauffman, dans un ouvrage publié il y a quelques années sous le titre *At Home in the Universe*, a nommé la « procédure de patchwork ».

> L'idée de base de la procédure de patchwork est simple : que l'on prenne une tâche difficile et conflictuelle dans laquelle interagissent de nombreuses parties, et la divise, comme un dessus de lit en patchwork, en morceaux sans recouvrements. Que l'on essaye alors de trouver une solution optimale dans chaque pièce. Dans le cas de deux pièces voisines ayant une arête commune, trouver une « bonne » solution dans l'une d'entre elles modifie le problème à résoudre dans sa voisine. Puisque les changements réalisés dans chaque pièce transforment également les problèmes posés par les pièces adjacentes, et que les adaptions opérées par ces pièces voisines modifieront à leur tour

---

6   Grene, 1995, p. 17.

les problèmes rencontrés par les autres pièces, le système forme un modèle
d'écosystèmes coévolutifs. [...] Lorsque la tâche conflictuelle est décomposée
en pièces adéquatement choisies, le système coévolutif se situe dans une
phase de transition entre l'ordre et le chaos, et trouve rapidement de très
bonnes solutions. Bref, il se pourrait que le patchwork soit un processus
fondamental développé dans nos systèmes sociaux, ainsi sans doute que dans
d'autres domaines, pour résoudre des problèmes particulièrement complexes.
(Kauffman, 1995, p. 252-253)

Appelons cela la perspective en patchwork de la recherche. Elle
exprime le besoin d'une logique qui ne réside ni dans la rationalité de
chacun des acteurs, ni dans des objectifs collectivement formulés. Les
pièces de ce patchwork, c'est-à-dire les systèmes expérimentaux, sont les
éléments individuellement sous-critiques d'un réseau qui, en tant que
totalité, présente les traits d'un processus supra-critique que nous appelons
« science en devenir ». Pour l'instant, la perspective en patchwork n'est
pas beaucoup plus qu'une séduisante métaphore. Mais j'espère qu'elle
peut constituer un précieux guide heuristique pour ce qui apparaîtra
un jour ou l'autre comme une histoire générale des sciences empiriques,
et en particulier des sciences biologiques. Cette histoire n'a pas encore
été écrite. Le présent ouvrage est lui-même une pièce de patchwork, un
fragment de travail historique qui indique des directions envisageables.
L'épistémologie ici décrite peut nous aider dans notre quête d'outils
pour comprendre l'évolution historique de cet inextricable réseau que
forment les sciences – son déploiement imprévisible mais non dépourvu
de structures.

Au terme de son ouvrage, Kauffman se demande « si nous comprenons
vraiment bien ce que nous créons ». Et il poursuit : « Tout ce qui
est en notre pouvoir, c'est de faire preuve de sagesse locale, même si
nos aspirations les plus nobles finiront par donner lieu à des modifications imprévisibles de nos conditions d'existence[7]. » C'est cette
« sagesse locale » qui caractérise la pratique des sciences. Aujourd'hui,
par conséquent, la tâche de l'épistémologie n'est pas de courir après les
théories universelles, mais de comprendre comment des formes locales
de pensée et de savoir incorporées dans les systèmes expérimentaux – ou
d'autres attracteurs de recherche – s'assemblent entre elles pour former
un patchwork du savoir. Loin d'être un inconvénient, leur caractère

---

7   *Ibid.*, p. 298, 303.

fragmentaire constitue au contraire une condition préalable essentielle à l'apparition de développements inanticipables. Visant la simplicité, la fragmentation débouche toujours sur des solutions très complexes. Une « philosophie du détail épistémique[8] » devra chercher à comprendre la dynamique de ces interactions et transformations. Et l'épistémologie est appelée à devenir elle-même expérimentale si elle veut faire droit aux pratiques qu'elle ambitionne d'analyser. Il y a encore beaucoup de chemin à faire dans cette direction.

Avec toutes ses protubérances et renflements post-modernes, notre monde actuel est recouvert et dominé par un entrelacs rhizomatique de systèmes techniques. C'est donc à juste titre que nous parlons d'une civilisation technologique. Mais ce ne sont pas les sciences qui ont engendré la technologie moderne : c'est la forme de vie technologique elle-même qui a donné sa force historique et son irrésistible énergie à cette activité épistémique particulière que nous appelons la science. En dernière instance, les systèmes de la science tirent leur signification, leur dignité et leur valeur de ce super-espace. Mais par ailleurs, la puissance épistémique des sciences leur vient du fait qu'elles entretiennent un « espace du vague » et ne succombent pas d'emblée au regard clinique des solutions technologiques. Leur existence repose sur ces caractéristiques que Lévi-Strauss a reconnues au bricolage[9] – ou, pour parler avec Didi-Huberman :

> Le principe non orienté du « ça peut toujours servir » ; l'ouverture au « mouvement incident », au hasard technique, à l'« absence de projet » ; mais aussi à la possibilité de « résultats brillants et imprévus » ; le caractère « hétéroclite » des matériaux et des opérations ; mais aussi le désir qu'un seul geste soit « apte à exécuter un grand nombre de tâches diversifiées ». (Didi-Huberman, 2008, p. 33)

Les systèmes expérimentaux menacent constamment de déconstruire ce qui a été techniquement implémenté. D'où le changement viendrait-il sinon ? Le jeu expérimental n'existe qu'à générer des surprises. C'est pourquoi je pense que nous avons de bonnes raisons de ne pas renoncer entièrement à la distinction entre science et technologie. Nous devrions plutôt essayer de comprendre leurs cohérences et incohérences mutuelles.

---

8   Bachelard, 1940, p. 14.
9   Lévi-Strauss, 1962, p. 26-29.

Dans cet ouvrage, j'ai mis en lumière les différents stades épistémiques de l'évolution d'un système de recherche particulier, et exposé
les événements qui s'y produisent. J'ai retracé la façon dont le système
d'étude *in vitro* de la synthèse protéique s'est graduellement déplacé de
la cancérologie vers la biochimie, puis de là vers la biologie moléculaire.
Je me suis efforcé de susciter un intérêt pour la façon dont les systèmes
expérimentaux sont construits et articulés ; connaissent un âge d'or
puis vieillissent ; peuvent marquer de leur empreinte toute une culture
de laboratoire ; deviennent des générateurs d'innovations épistémiques,
le demeurent un temps puis cessent de jouer ce rôle. Bref, c'est moins
une histoire des théories et des acteurs qu'il m'importait de raconter,
qu'une histoire des traces et des choses.

GLOSSAIRE

Le présent glossaire, largement anachronique, entend permettre aux lecteurs qui ne seraient pas familiers de la terminologie de la biochimie, et en particulier de la synthèse protéique, de ne pas perdre pied dans les parties les plus techniques du texte.

Acétate : composant chargé négativement de l'acide acétique, CH_3COO^-.

Acétylation : incorporation covalente du groupement chimique CH_3CO-, issu de l'acide acétique. Important dans divers phénomènes métaboliques.

Acide aminé : élément constitutif des protéines. Tous les acides aminés possèdent la même structure de base (H_2N-CHR-COOH) qui comporte un groupe amine et un groupe carboxyle, mais se distinguent les unes des autres par leurs chaînes latérales (R). Il existe vingt acides aminés dits « naturels » dont les protéines sont généralement composées : l'alanine, l'arginine, l'asparagine, l'aspartate, la cystéine, la glutamine, le glutamate, la glycine, l'histidine, l'isoleucine, la leucine, la lysine, la méthionine, la phénylalanine, la proline, la sérine, la thréonine, le tryptophane, la tyrosine et la valine.

Acide aminé adénylé : substance activée constituant une étape intermédiaire dans la formation d'une liaison covalente entre un acide aminé et son ARN de transfert. Abréviation : aa~AMP.

Acide désoxyribonucléique (ADN) : polymère hélicoïdal, en général à deux brins, et constitué de désoxyribonucléotides. Le matériel génétique de toutes les cellules est composé d'ADN.

Acide nucléique : macromolécule composée d'une suite de ribonucléotides (ARN) ou de désoxyribonucléotides (ADN). *Cf.* également ADN et ARN.

Acide pentosenucléique : ancien nom de l'ARN.

Acide pantothénique : vitamine appartenant au complexe vitaminique B_5.

Acide polyadénylique (poly-A) : acide nucléique exclusivement composé de résidus d'adénosine reliés entre eux par des liaisons phosphates.

Acide polyuridylique (poly-U) : acide nucléique exclusivement composé de résidus d'uridine reliés entre eux par des liaisons phosphates.

Acide ribonucléique (ARN) : polymère constitué de ribonucléotides. On peut distinguer trois grands types d'ARN jouant un rôle dans la synthèse des protéines : l'ARN ribosomique, l'ARN de transfert et l'ARN messager.

Acide trichloroacétique : acide acétique dans

lequel les trois atomes d'hydrogène du groupe méthyle (CH$_3$–) sont remplacés par des atomes de chlore.

Activation : processus modifiant l'état énergétique des acides aminés de telle sorte qu'ils puissent être fixés à leurs ARN de transfert respectifs. *Cf.* adénylation.

Adénine (A) : base azotée aromatique entrant dans la constitution des acides nucléiques, s'appariant avec la thymine pour former la paire de bases A=T (Adénine-Thymine).

Adénosine monophosphate (AMP) : l'un des quatre nucléotides composant la molécule d'ARN. Deux groupements phosphate doivent être ajoutés à l'AMP pour obtenir de l'ATP (Adénosine Triphosphate). *Cf.* phosphorylation.

Adénosine triphosphate (ATP) : l'un des éléments dont sont formés l'ARN et l'ADN. Elle est composée de la base azotée adénine, d'un sucre – le ribose – et de trois groupements phosphates. ATP joue également un rôle essentiel dans le stockage de l'énergie chimique dans les cellules. Les groupements phosphates terminaux sont hautement réactifs : leur hydrolyse, ou transfert à une autre molécule, s'accompagne de la libération d'une grande quantité d'énergie.

Adénylation : processus par lequel des acides aminés se lient à l'adénosine monophosphate (AMP).

ADN : Acide désoxyribonucléique.

ADNase : enzyme dégradant l'ADN.

Adsorption : rétention d'une substance à la surface d'un solide par interactions moléculaires.

Alumine (oxyde d'aluminium) : Al$_2$O$_3$, utilisée sous forme de poudre pour l'adsorption de biomolécules.

Anaérobique : caractérise un processus métabolique pouvant avoir lieu en l'absence de dioxygène à l'état gazeux (O$_2$).

Analogue : substance chimique pouvant remplacer une autre substance similaire dans une réaction.

Anhydride : substance chimique résultant de la fusion de deux molécules d'acide au cours de laquelle une molécule d'eau est libérée.

Antibiotique : les antibiotiques sont des composés chimiques produits naturellement par des micro-organismes (bactéries, champignons) ou, de plus en plus, synthétisés artificiellement. Ils empêchent certains phénomènes métaboliques d'avoir lieu et peuvent être employés pour lutter sélectivement contre certains agents pathogènes.

Anticorps : molécule protéique présentant une structure en Y, capable de se fixer sur une molécule étrangère (antigène) et de la neutraliser. Base moléculaire du système immunitaire.

Apoenzyme : protéine formant la partie centrale d'un complexe enzymatique.

ARN : acide ribonucléique.

ARN de transfert (ARNt) : type d'ARN dont les différentes variations présentent une structure comparable et affichent une masse moléculaire d'environ 25 000. Chaque espèce d'ARN de transfert – il en existe au moins 20 – est capable d'établir une liaison covalente avec un acide aminé spécifique et une liaison complémentaire non-covalente avec au moins un des 64 triplets de nucléotides de l'ARN messager. *Cf.* également molécule adaptatrice.

ARN messager (ARNm) : ARN s'associant à des ribosomes et servant de modèle pour la synthèse protéique.

ARN microsomique : acide ribonucléique composant le microsome. Initialement confondu avec l'ARN-matrice (*Template*-RNA).

ARN soluble (ARNs) : classe de petites molécules d'ARN se trouvant dans la fraction soluble après centrifugation à grande vitesse d'un homogénat cellulaire. Elle fut caractérisée par sa capacité à s'associer à des acides aminés de façon covalente. *Cf.* également ARN de transfert et molécule adaptatrice.

Autocatalyse : réaction qui, catalysée par un de ses produits, s'entretient elle-même.

Autoradiogramme : représentation utilisant l'énergie de désintégration d'isotopes radioactifs pour rendre visibles sur un film photographique des molécules ou des fragments de macromolécules marqués.

Autotrophe : qualifie des organismes (plantes chlorophylliennes, nombreux micro-organismes) dont la croissance ne dépend pas de composés organiques.

Bactériophage : virus se multipliant dans les bactéries.

Bactérie : nom trivial des membres du grand groupe des organismes pour la plupart unicellulaires contenant des ribosomes 70 S et ne possédant ni noyau ni organites. Également nommés procaryotes ; *cf.* eucaryotes.

Bactéries à Gram positif : type de micro-organismes se caractérisant par les propriétés de coloration des parois cellulaires.

Base : molécule qui, en solution, accepte un proton. Souvent employée pour les substances azotées que sont la purine et pyrimidine dans l'ADN ou l'ARN. La guanine et l'adénine font partie des bases puriques ; la cytosine et la thymine (et l'uracile dans les acides ribonucléiques) des bases pyrimidiques.

^{14}C : isotope radioactif du carbone émettant des rayons ß$^-$ lors de sa désintégration. Sa demi-vie est de 5700 ans.

Cancérigène : (ou carcinogène) terme générique pouvant désigner un agent chimique ou un type de rayonnement provoquant l'apparition d'un cancer.

Catalyseur : substance capable d'accélérer une réaction chimique mais n'étant pas transformée elle-même par cette réaction. Les enzymes sont habituellement des catalyseurs protéiques.

Cellules ascitiques : cellules pouvant être prélevées dans le liquide de la cavité abdominale dans certaines conditions pathologiques.

Cellules ascitiques d'Ehrlich : Cellules ascitiques.

Centrifugeuse Henriot-Huguenard : petite ultracentrifugeuse à air comprimé atteignant des vitesses très élevées et pouvant générer de forts champs centrifuges.

Cétoglutarate (α-cétoglutarate) : composant négativement chargé de l'acide cétoglutarique (respectivement acide α-cétoglutarique), de formule $^-OOC\text{-}CH_2\text{-}CH_2\text{-}CO\text{-}COO^-$. Étape intermédiaire dans le cycle de l'acide citrique (également nommé cycle de Krebs).

Chaîne métabolique : série de réactions enzymatiques consécutives convertissant une molécule en une autre ou associant plusieurs molécules entre elles.

Chloramphénicol : antibiotique inhibant la synthèse protéique des bactéries.

Chloroplaste : organite spécialisé présent chez les algues vertes et les végétaux qui contient de la chlorophylle et réalise la photosynthèse. Les chloroplastes sont une forme spécialisée de plastides.

Cholestérol : molécule du groupe des stéroïdes présent dans de nombreuses graisses animales et pouvant se déposer dans les membranes.

Chromatographie : technique biochimique par laquelle des substances mélangées sont séparées selon leur charge, leur taille ou une autre caractéristique, en se répartissant entre une phase mobile et une phase stationnaire.

Chromosomes : complexes constitués d'une longue molécule à double hélice d'ADN portant l'information génétique et de protéines attachées. Les chromosomes se trouvent dans le noyau.

Cinétique : (ici) procédé expérimental consistant à mesurer des prélèvements réalisés à intervalles réguliers afin d'étudier le déroulement d'une réaction propre à un processus biochimique.

Code génétique : système de correspondance des 64 triplets de nucléotides avec les 20 acides aminés. Par exemple, le triplet UUU est associé à la phénylalanine. Désigne également, comme « second code », les propriétés moléculaires d'un ARN de transfert qui déterminent le type d'acide aminé auquel cet ARN de transfert est associé.

Coenzyme : petite molécule associée à une enzyme (apoenzyme). La coenzyme participe à la réaction catalysée par l'enzyme, et établit souvent une liaison instable avec le substrat.

Coenzyme A : molécule contenant une liaison sulfure riche en énergie. L'acyl-coenzyme A, de formule R-CO~S-CoA, sert d'intermédiaire dans le transfert enzymatique de groupements acyles au sein de la cellule.

Coefficient de sédimentation : unité de mesure de la sédimentation (Svedberg). S est proportionnel à la vitesse de sédimentation d'une molécule dans un champ centrifuge donné et dépend donc de la masse moléculaire et de la forme de la molécule.

Cofacteur : ion ou coenzyme inorganique nécessaire à l'activité d'une enzyme.

Complémentarité : correspondance stéréochimique entre les bases de nucléotides C=G et A=T (A=U) reposant sur des liaisons hydrogènes. La complémentarité est au fondement de la réplication de l'ADN, de la transcription de l'ARN et de la traduction de l'ARN en protéines.

Condensation : processus de polymérisation de macromolécules au cours duquel des molécules d'eau sont libérées.

Conformation : organisation spatiale d'une macromolécule. En règle générale, une même macromolécule peut adopter plusieurs conformations différentes, lesquelles peuvent être actives ou inactives.

cpm : unité de mesure de la radioactivité d'un isotope en coups (nombre de désintégrations enregistrées) par minute.

Cytosine triphosphate (CTP) : élément dont sont formés l'ARN et l'ADN, composé de la base cytosine, d'un ribose et de trois groupements phosphate.

Cytoplasme : contenu d'une cellule, à l'exception du noyau ou de l'équivalent-noyau.

Cytosine (C) : base azotée des acides nucléiques, un des membres de la paire de base G=C (guanine et cytosine).

Désoxycholate : détergent employé pour la solubilisation de composants membranaires lipidiques.

Dialyse : procédé par lequel les petits composants d'une solution diffusent à travers une membrane artificielle et résorbent ainsi la différence de concentration avec le milieu environnant.

Dinitrophénol : composé organique cyclique inhibant la phosphorylation oxydative.

Distribution à contre-courant : procédé de séparation de macromolécules sur la base de petites différences de solubilité.

Échange ATP-Phosphate : réaction au cours de laquelle des groupements phosphates sont incorporés à l'ATP. La réaction peut être mise en évidence par l'emploi de ^{32}P radioactif.

Électrophorèse : méthode permettant d'isoler de grandes molécules (acides nucléiques ou protéines par exemple) parmi un mélange de molécules semblables. Un milieu, le plus souvent du gel, contenant le mélange est soumis à un courant électrique : selon sa taille et sa charge électrique, chaque type de molécule migre dans le milieu à une vitesse qui lui est propre.

Endergonique : qualifie une réaction chimique nécessitant un apport (net) d'énergie pour pouvoir se réaliser.

Endogène : désigne tout composant qui est un constituant naturel d'une entité, par exemple d'un organisme ou d'une cellule.

Enzyme : biomolécule, en règle générale une protéine, capable de catalyser des réactions biochimiques.

Enzymes pH 5 : enzymes pouvant être précipitées du surnageant d'une centrifugation à grande vitesse en fixant la valeur de leur pH autour de 5. *Cf.* ultracentrifugeuse.

Enzymes activatrices : groupe composé d'au moins vingt enzymes différentes catalysant dans un premier temps la réaction qui transforme un acide aminé spécifique et l'ATP en un aminoacyl-AMP puis, dans un second temps, la fixation de l'acide aminé ainsi activé sur l'ARN de transfert par la production d'un aminoacyl-ARNt et d'AMP.

Enzyme de chargement : enzyme chargeant les acides aminés sur leurs ARN de transfert respectifs. Synonyme d'enzyme activatrice.

Ergastoplasme : ancien nom de la principale substance cytoplasmique.

Escherichia coli (E. coli) : bactérie en forme de bâtonnet normalement présente dans le gros intestin chez l'homme ainsi que chez d'autres mammifères. Elle est fréquemment utilisée dans la recherche biomédicale en raison de ses propriétés génétiques, de son caractère normalement non-pathogène et de sa culture aisée en laboratoire.

Eucaryote : organisme composé de cellules possédant un noyau délimité par une membrane et des organites également délimités par une membrane, ainsi que des ribosomes 80 S.

Expression : production d'un caractère

observable par utilisation de l'information contenue dans un gène ; consiste habituellement en la synthèse d'une protéine remplissant une fonction spécifique dans la cellule.

Extraction au phénol : procédé permettant de séparer les protéines des acides nucléiques. Après agitation puis séparation des phases, les protéines restent dans la phase organique contenant du phénol tandis que les acides nucléiques se rassemblent dans la phase aqueuse.

Extrait acellulaire : liquide contenant la plupart des molécules solubles de la cellule ; il est obtenu par rupture des cellules puis élimination des débris cellulaires ainsi que des cellules demeurées intactes, le plus souvent par centrifugation. *Cf.* ultracentrifugeuse.

Facteur G : protéine qui, en hydrolysant la GTP, provoque la translocation de l'ARN de transfert sur le ribosome ; aujourd'hui également appelé facteur d'élongation G (EF-G : *elongation factor* G).

Ferritine : protéine permettant le stockage du fer, présente surtout dans le foie et la rate.

Fluorure de potassium (KF) : composé chimique constitué d'un ion potassium et d'un ion fluorure.

Fraction post-microsomale : fraction d'un homogénat cellulaire après élimination des microsomes par centrifugation.

Fraction soluble : partie d'un homogénat demeurée dans le surnageant après centrifugation à une vitesse donnée. *Cf.* ultracentrifugeuse.

g : constante gravitationnelle. La force des champs centrifuges est mesurée en multiples de g, par exemple 30 000 x g.

Galactosidase (ß-Galactosidase) : enzyme catalysant la décomposition du lactose (un sucre) en glucose et galactose ; exemple classique d'enzyme inductible, présente en particulier dans les bactéries et les levures. *Cf.* induction d'enzyme.

Groupement aminé : groupement chimique ($-NH_2$) qui constitue un composant invariable de tous les acides aminés. Sa forme basique caractéristique ($-NH_3^+$) résulte de la captation d'un ion hydrogène H^+ (proton).

Groupement carboxyle : groupement chimique (-COOH) présent dans de nombreux composés organiques et qui constitue un composant invariable de tous les acides aminés. Sa forme acide caractéristique ($-COO^-$) résulte de la dissociation d'un ion hydrogène H^+ (proton).

GTPase : enzyme pouvant hydrolyser la GTP.

Guanine (G) : base azotée aromatique des nucléotides, membre de la paire de bases $G\equiv C$ (Guanine-Cytosine).

Guanosine triphosphate (GTP) : élément dont sont formés l'ARN et l'ADN, composé de la base guanine, du ribose (sucre) et de trois groupements phosphates. Nucléoside triphosphate jouant un rôle dans la synthèse d'ARN et d'ADN ainsi que dans diverses réactions de transfert d'énergie.

Hémoglobine : protéine présente dans les globules rouges et assurant le transport du dioxygène.

Hépatome : forme particulière de cancer du foie.

Hétérologue : (ici) qualifie les composants d'un système provenant d'un autre système (organisme).

Histochimie : discipline qui étudie d'un point de vue chimique la localisation dans les différents tissus des composants et réactions considérés.

Homogénéisation : technique consistant à provoquer la rupture d'une ou plusieurs cellules provenant de différents systèmes tissulaires pour séparer leur contenu des parois cellulaires.

Homologue : (ici) qualifie les composants d'un système provenant d'une source identique.

Homopolymère : macromolécule polymère composée d'un seul type de monomères.

Hydrolyse : division d'une molécule en deux ou plusieurs molécules plus petites par réaction avec une molécule d'eau.

Hydroxamate : composé chimique constitué d'un acide aminé et d'une molécule d'hydroxylamine.

Hydroxyle : groupement chimique (-OH) composé d'un atome d'hydrogène lié à un atome d'oxygène.

Hydroxylamine : composé chimique (NH_2OH) pouvant réagir avec un acide aminé activé.

In situ : se rapporte à des préparations de tissus et cellules fixés et colorés mais dont les éléments ne sont pas déplacés de leur localisation naturelle.

In vitro : se rapporte à des expériences effectuées en tube à essai, le plus souvent dans un système acellulaire.

In vivo : se rapporte à des expériences dans lesquelles l'organisme demeure intact.

Incorporation des acides aminés : définition opérationnelle de la synthèse protéique in vitro reposant sur l'intégration des acides aminés radioactifs aux protéines.

Incubation : réchauffement d'un mélange réactif ou de tissus pour déclencher ou accélérer une activité métabolique.

Induction enzymatique : processus par lequel une molécule déterminée (un sucre par exemple) conduit la cellule à produire une enzyme normalement absente de la cellule et qui contribue au métabolisme de cette molécule.

Insuline : hormone peptidique des vertébrés ayant pour effet de diminuer la glycémie. Cf. pancréas.

Intermédiaire : composé chimique transitoire observable entre l'espèce de départ et le produit final d'une réaction métabolique.

Ion : atome ou molécule chargé positivement ou négativement.

Isotope : une des diverses formes prises par un atome et qui possèdent le même nombre de protons et d'électrons mais se distinguent par le nombre de neutrons ; un isotope peut être stable ou se désintégrer en émettant des rayonnements radioactifs.

Jaune de beurre : p-diméthyl-amino-benzène, composé chimique cancérigène.

Liaison covalente : liaison chimique dont la force élevée est due au fait que les atomes partagent une ou plusieurs paires d'électrons.

Liaison ester : liaison covalente formée par élimination d'une molécule d'eau entre le groupement hydroxyle d'un acide et le groupement hydroxyle d'un alcool.

Liaison peptidique (liaison α-peptidique) : liaison covalente entre deux acides aminés par laquelle le groupement α-aminé d'un acide aminé est attaché au groupement α-carboxyle d'un autre acide aminé. Il en résulte une liaison amide.

Liaison riche en énergie : liaison chimique contenant une quantité d'énergie utilisable relativement importante. L'énergie peut être libérée par hydrolyse ou par réaction de transfert.

Lipide : classe mixte de molécules organiques insolubles dans l'eau ; à cette classe appartiennent notamment les stéroïdes, les acides gras et les cires.

Macromolécule : molécule ayant une masse moléculaire comprise entre plusieurs milliers et plusieurs millions de daltons. En font partie les acides nucléiques et les protéines.

Marquage radioactif : procédé consistant à incorporer un atome radioactif à une molécule, par exemple pour en étudier la consommation au cours d'une réaction métabolique.

Masse moléculaire : somme des masses des atomes composant une molécule. L'unité est le dalton (la masse d'un proton ou d'un neutron environ).

Matrice : arrangement d'une macromolécule servant de modèle pour la biosynthèse d'une autre macromolécule.

Métabolisme : ensemble des réactions biochimiques ayant lieu dans une cellule vivante et nécessaires à son maintien en vie et à sa croissance.

Microscopie électronique : technique de visualisation utilisant des rayons d'électrons, et permettant des grossissements bien supérieurs à ceux des microscopes optiques. Pour le matériel biologique, des résolutions de l'ordre du nanomètre sont possibles.

Microsomes : d'abord repérés comme des structures particulaires propres aux cellules eucaryotes et susceptibles d'être sédimentées par centrifugation à grande vitesse, puis identifiés comme un mélange de fragments du réticulum endoplasmique et des particules ribonucléoprotéiques. Ce sont ces particules qui furent ensuite nommées ribosomes.

Microtome : appareil principalement utilisé pour l'étude microscopique, permettant de découper de très fines tranches de tissus inclus en paraffine ou d'autres types de matériel biologique.

Mitochondrie : organite délimité par une membrane, présent chez toutes les cellules eucaryotes aérobies. Réalise la phosphorylation oxydative et constitue le principal lieu de production d'ATP.

Molécule adaptatrice : petite molécule d'ARN disposant les acides aminés sur l'ARN messager lors de la synthèse protéique. Chaque adaptateur est à la fois associé à un acide aminé spécifique et correspond à un triplet de nucléotides sur l'ARN messager. *Cf.* également ARNs et ARNt.

Monomère : unité élémentaire fondamentale à partir de laquelle, par répétition d'une réaction donnée, peuvent être produits des polymères. Par exemple, les acides aminés (monomères) se condensent pour former des polypeptides ou des protéines (polymères).

Monosome : ribosome isolé, par opposition à un groupe de ribosomes s'enchaînant sur un brin d'ARN messager (polysome).

Néoplasme : tumeur due à un dérèglement croissant de la division cellulaire.

Ninhydrine, réaction à la : réaction colorée impliquant le groupement aminé libre d'un acide aminé ou d'une protéine. Est employé pour identifier les acides aminés libres.

Noyau : organite délimité par une membrane, présent dans les cellules eucaryotes et dans lequel sont contenus les chromosomes.

Nucléole : structure ronde et granulaire se trouvant dans le noyau des cellules eucaryotes, habituellement associée à des sites chromosomiques spécifiques. Impliquée dans la synthèse d'ARN ribosomique et dans la production des ribosomes.

Nucléolyse : terme générique désignant la dégradation des acides nucléiques.

Nucléoprotéine : complexe composé d'acides nucléiques et de protéines.

Nucléotide : unité élémentaire des acides nucléiques se composant d'une base (purine A ou G, pyrimidine C, T ou U), d'un sucre (ribose ou désoxyribose) et d'un, deux ou trois groupements phosphate (NMP, NDP ou NTP, où N désigne une base et M, D et T respectivement pour mono-, di- ou triphosphate).

Oligonucléotide : court segment d'ADN ou d'ARN.

Oligonucléotide antisens : court segment d'acides nucléiques employé pour bloquer une autre séquence d'acides nucléiques complémentaire.

Oncologie : cancérologie.

Organite : structure délimitée, souvent par une membrane, présente dans les cellules eucaryotes et contenant des enzymes qui remplissent des fonctions spécifiques. Parmi les organites figurent notamment les mitochondries et les chloroplastes.

Oxydation : réaction chimique au cours de laquelle a lieu un échange d'électrons entre un réducteur et un oxydant. Il résulte de ce transfert que le réducteur est « oxydé » et l'oxydant « réduit ».

^{32}P : isotope radioactif du phosphore émettant des rayons ß de forte énergie et dont la demi-vie est de 14,3 jours.

Paire de bases : paire de nucléotides dans laquelle les bases sont liées entre elles par des liaisons hydrogènes spécifiques (complémentaires).

Pancréas : glande sécrétrice des vertébrés. Produit l'insuline.

Pénicillinase : enzyme pouvant dégrader la pénicilline, un antibiotique. Se trouve par exemple dans les staphylocoques.

Peptide : courte suite d'acides aminés liés entre eux par des liaisons peptidiques.

Peptidase : enzyme capable de briser des liaisons peptidiques des protéines.

Periodate : composé iodé (IO_4^-) se distinguant de l'iodate par un atome d'oxygène supplémentaire. Peut être utilisé pour l'oxydation et l'ouverture du sucre terminal d'un ARN.

Petites colonies (levures) : colonies de levures anormalement petites formées par certaines souches de levures mutantes.

pH : échelle de mesure de l'acidité d'une solution.

Phage : bactériophage.

Phosphatase : enzyme pouvant retirer un groupement phosphate d'un substrat tel qu'une protéine ou un acide nucléique.

Phosphate inorganique : molécule de phosphate, de formule PO_4^{3-}.

Phosphate internucléoside : molécule de phosphate reliant deux nucléosides au sein d'une chaîne d'acide nucléiques.

Phospholipide : graisse présentant une tête

hydrophile (qui attire l'eau) composée d'un groupement phosphate chargé et une queue hydrophobe ; composant des membranes cellulaires.

Phosphorylation : réaction par laquelle un groupement phosphate se trouve lié de manière covalente à une autre molécule.

Phosphorylation oxydative : production d'ATP dans les bactéries et les mitochondries, utilisant l'énergie libérée par le transfert d'électrons des molécules nutritives à l'oxygène moléculaire ; la phosphorylation oxydative est réalisée par un gradient de protons à travers la membrane.

Photosynthèse : processus par lequel les végétaux et certaines bactéries exploitent l'énergie de la lumière solaire pour synthétiser des molécules organiques à partir de carbone et d'eau.

Plasmagène : composant du cytoplasme dont on supposait qu'il présentait des propriétés génétiques et était susceptible d'auto-réplication. Ce concept était principalement employé dans les années quarante pour désigner les nucléoprotéines cytoplasmiques.

Polyanion : molécule porteuse de plusieurs charges négatives, par exemple un acide nucléique.

Polyglucose : macromolécule composée d'unités de glucose.

Polymère : arrangement régulier constitué de petites sous-unités (monomères) reliées entre elles de façon covalente, et produit par répétition d'une ou plusieurs réactions chimiques.

Polymérisation : procédé chimique de production de polymères à partir de monomères.

Polynucléotide : séquence linéaire de nucléotides dans laquelle la position 3' du sucre d'un nucléoside est reliée à la position 5' du sucre du nucléoside voisin par un groupement phosphate.

Polynucléotide phosphorylase : enzyme bactérienne catalysant la polymérisation de ribonucléosides diphosphates, laquelle produit des phosphates libres et de l'ARN.

Polypeptide : polymère constitué d'acides aminés reliés entre eux par des liaisons peptidiques.

Polyphénylalanine : polypeptide composé exclusivement de phénylalanine.

Polyribonucléotide : séquence linéaire de ribonucléotides.

Polysome : complexe constitué d'une molécule d'ARN messager et de ribosomes (dont le nombre dépend de la taille de l'ARNm) en train de synthétiser des polypeptides.

Précipité pH 5 : (ici) ensemble de la matière précipitant du surnageant d'une centrifugation à grande vitesse à pH 5.

Précipitation au sulfate d'ammonium : technique de fractionnement des protéines en fonction de leur solubilité dans diverses concentrations de $(NH_4)_2SO_4$ (sulfate d'ammonium).

Produit intermédiaire : Intermédiaire.

Protéine : macromolécule composée d'une ou plusieurs chaînes d'acides aminés de séquence déterminée. Chaque protéine remplit une fonction spécifique qui peut concerner aussi bien la structure que le fonctionnement ou la régulation de cellules, de tissus ou d'organes.

Protéolyse : dégradation d'une protéine par hydrolyse de ses liaisons peptidiques.

Protoplaste : cellule dépourvue de parois cellulaires mais possédant une membrane cellulaire intacte.

Purine : une des deux catégories de composés cycliques azotés basiques que l'on trouve dans l'ADN et l'ARN ; à cette catégorie appartiennent l'adénine ou la guanine. *Cf.* également pyrimidine.

Puromycine : antibiotique inhibant la synthèse de polypeptides.

Pyrimidine : une des deux catégories de composés cycliques azotés basiques que l'on trouve dans l'ADN et l'ARN ; à cette catégorie appartiennent la cytosine, la thymine et l'uracil. *Cf.* également purine.

Pyrophosphate : composé chimique constitué de deux molécules de phosphate inorganique.

Radioactivité : énergie dégagée sous forme de rayonnement par les atomes à noyau instable qui se stabilisent en émettant des rayons α, β, ou γ. *Cf.* isotope.

Réplication (réplication de l'ADN) : utilisation d'une molécule d'ADN préexistante comme modèle pour la synthèse de nouvelles molécules d'ADN. Chez les eucaryotes, la réplication a lieu dans le noyau avant la division cellulaire, chez les bactéries dans le cytoplasme.

Respiration : terme générique désignant tout processus dans lequel l'absorption et la consommation de dioxygène (O_2) s'accompagne de la production de dioxyde de carbone (CO_2).

Réticulocyte : globule rouge jeune synthétisant l'hémoglobine.

Réticulum endoplasmique : compartiment du cytoplasme ramifié et délimité par une membrane, présent chez les cellules eucaryotes et dans lequel sont synthétisés des lipides et sont fabriquées des protéines membranaires.

Ribonucléase (RNase) : enzyme dégradant l'ARN.

Ribonucléoprotéine : structure composée de protéines et d'acides ribonucléiques.

Ribonucléotide : unité élémentaire de l'ARN composée d'une base purique (A, G) ou pyrimidique (C, U), d'un sucre (ribose) et d'un groupement phosphate.

Ribose : sucre présent dans les unités élémentaires de l'ARN (ribonucléotides).

Ribosome : petite particule cellulaire (diamètre de 15 à 30 nm environ), composée d'ARN ribosomique et de protéines. Les ribosomes 70 S sont caractéristiques des bactéries, les ribosomes 80 S des eucaryotes (*cf.* coefficient de sédimentation). Les ribosomes constituent à la fois le lieu et la machinerie de la synthèse des protéines.

RNP, particule de : ribonucléoprotéine.

^{35}S : isotope radioactif du soufre, émetteur de rayons ß et d'une demi-vie de 87 jours.

Saccharose : sucre composé d'une unité de glucose et d'une unité de fructose.

Sarcome : cancer du tissu conjonctif.

Sédiment : matériel se déposant au fond d'un tube à essai pour une vitesse et une durée de centrifugation données.

Sephadex : matériau gélatineux composé de polysaccharides entrelacés et utilisé pour la séparation chromatographique de macromolécules.

Séquençage : procédé permettant de déterminer la séquence linéaire des acides aminés dans une protéine ou des nucléotides dans un acide nucléique.

Séquence : disposition linéaire des éléments constitutifs dans un acide nucléique ou une protéine.

Site accepteur : partie du ribosome sur

laquelle se fixe l'ARN de transfert pour fournir ensuite ses acides aminés à la chaîne peptidique en cours de formation.

Solution tampon : solution dont le pH n'est modifié que de manière insignifiante par l'ajout d'ions hydrogène ou hydroxyle. Est utilisée pour maintenir *in vitro* des biomolécules en état de fonctionnement.

Spinco : ultracentrifugeuse commerciale équipée d'un système de refroidissement et d'une chambre de centrifugation pouvant être mise sous vide.

Staphylocoque doré (Staphylococcus aureus) : micro-organisme faisant partie des bactéries à Gram positif.

Stœchiométrie : détermination des relations quantitatives entre les diverses substances d'un composé chimique.

Structure primaire : séquence de monomères dans une macromolécule.

Surnageant : partie d'un mélange qui ne sédimente pas à une vitesse de centrifugation donnée. *Cf.* ultracentrifugeuse.

Synthétase : enzyme activatrice.

Template : Matrice.

Template-RNA : ARN-matrice ; ARN responsable de la spécificité de la séquence d'une protéine. Fut initialement confondu avec l'ARN microsomique. *Cf.* également ARN messager.

Traçage : technique permettant de suivre les déplacements d'un produit métabolique au moyen d'un marquage approprié.

Traduction : conversion de l'information génétique donnée par l'enchaînement de triplets d'un ARN messager en un enchaînement d'acides aminés dans une chaîne protéique en cours d'allongement.

Transacylation : (ici) transfert d'un acide aminé activé sur son ARN de transfert (inclut la rupture d'une liaison ester et l'établissement d'une nouvelle liaison).

Transamidation : rupture d'une liaison amide et formation d'une nouvelle liaison sur une autre molécule porteuse.

Transcription : copie de l'information génétique contenue dans une séquence d'ADN dans une séquence complémentaire d'ARN. Repose sur le principe de l'appariement de bases.

Transpeptidation : transfert d'un peptide ou d'un acide aminé d'un peptide à un autre. Désigne également le transfert ayant lieu sur le ribosome d'une chaîne peptidique en cours d'allongement vers un acide aminé lié à un ARN de transfert.

Triplet : chacune des combinaisons de trois nucléotides d'un ARN messager. Il existe 64 triplets possibles.

Ultracentrifugeuse : instrument servant à réaliser des analyses ou des préparations qui, pouvant atteindre de grandes vitesses (jusqu'à 60 000 rotations par minute) et générer de puissants champs centrifuges (jusqu'à 500 000 x g), peut être utilisé pour la sédimentation rapide de macromolécules.

Uracile (U) : base azotée aromatique présente dans l'ARN mais pas dans l'ADN. L'uracile peut former une paire de bases avec l'adénine.

Uridine triphosphate (UTP) : unité élémentaire dont est formé l'ARN, composée d'uracile, de ribose et de trois groupes phosphate.

Virus : agent infectieux et en règle générale pathogène, plus petit que les bactéries, contenant des composants génétiques (ADN ou ARN) et nécessitant pour sa multiplication une cellule hôte intacte.

Virus de la mosaïque du tabac (Tobacco mosaic virus, TMV) : virus infectant les plants de tabac ; est constitué d'un noyau d'acide ribonucléique et d'une enveloppe composée de nombreuses molécules protéiques identiques.

BIBLIOGRAPHIE

ABIR-AM, Pnina G., 1980, « From biochemistry to molecular biology : DNA and the acculturated journey of the critic of science Erwin Chargaff », *History and Philosophy of the Life Sciences*, vol. 2, p. 3-60.

ABIR-AM, Pnina G., 1985, « Themes, genres and orders of legitimation in the consolidation of new scientific disciplines : Deconstructing the historiography of molecular biology », *History of Science*, vol. 23, p. 74-117.

ABIR-AM, Pnina G., 1991, « Noblesse oblige : Lifes of molecular biologists », *Isis*, vol. 82, p. 326-343.

ABIR-AM, Pnina G., 1992, « The politics of macromolecules : Molecular biologists, biochemists, and rhetoric », *Osiris*, vol. 7, p. 164-191.

AGRAWAL, Sudhir, Tohru IKEUCHI, Daisy SUN, Prem S. SARIN, Andrzej KONOPKA, Jacob MAIZEL & Paul C. ZAMECNIK, 1989, « Inhibition of human immunodeficiency virus in early infected and chronically infected cells by antisense oligodeoxynucleotides and their phosphorothioate analogues », *Proceedings of the National Academy of Sciences of the United States of America*, vol. 86, p. 7790-7794.

ALLEN, David W. & Paul C. ZAMECNIK, 1962, « The effect of puromycin on rabbit reticulocyte ribosomes », *Biochimica et Biophysica Acta*, vol. 55, p. 865-874.

ALLEN, David W. & Paul C. ZAMECNIK, 1963, « T1 ribonuclease inhibition of polyuridylic acid-stimulated polyphenylalanine synthesis », *Biochemical and Biophysical Research Communication*, vol. 11, p. 294-300.

ALLENDE, Jorge E., Robin MONRO & Fritz LIPMANN, 1964, « Resolution of the E. coli amino acyl sRNA transfer factor into two complementary fractions », *Proceedings of the National Academy of Sciences of the United States of America*, vol. 51, p. 1211-1216.

ALLFREY, Vincent G., Marie M. DALY & Alfred E. MIRSKY, 1953, « Synthesis of protein in the pancreas », 2ᵉ partie : « The role of ribonucleoprotein in protein synthesis », *Journal of General Physiology*, vol. 37, p. 157-175.

ALLFREY, Vincent G., Alfred E. MIRSKY & Syozo OSAWA, 1957, « Protein synthesis in isolated cell nuclei », *Journal of General Physiology*, vol. 40, p. 451-490.

ALTHUSSER, Louis & Étienne BALIBAR, 1968, *Lire le capital*, tome I, Paris F. Maspero.

ALTHUSSER, Louis, 1974, *Philosophie et philosophie spontanée des savants*, Paris F. Maspero.

ALTHUSSER, Louis, 1994, *Sur la philosophie*, Paris Gallimard.

AMANN, Klaus & Karin KNORR CETINA, 1990, « The fixation of (visual) evidence », *Representation in Scientific Practice*, Michael Lynch & Steve Woolgar (éd.), Cambridge (Mass.) MIT Press, p. 85-121.

ANFINSEN, Christian B., Anne BELOFF, Albert BAIRD HASTINGS & Arthur K. SOLOMON, 1947, « The in vitro turnover of dicarboxylic amino acids in liver slice proteins », *Journal of Biological Chemistry*, vol. 168, p. 771-772.

ASKONAS, Brigitte A., Peter N. Campbell & Thomas S. Work, 1954, « The distribution of radioactivity in goat casein after injection of radioactive amino acids and its bearing on theories of protein synthesis », *Biochemical Journal*, vol. 56, p. IV.

ASTRACHAN, Lazarus & Elliot VOLKIN, 1958, « Properties of ribonucleic acid turnover in T2-infected Escherichia coli », *Biochimica et Biophysica Acta*, vol. 29, p. 536-544.

AUB, Joseph C., Austin M. BRUES, René DUBOS, Seymour S. KETY, Ira T. NATHANSON, Alfred POPE & Paul C. ZAMECNIK, 1944, « Bacteria and the "toxic factor" in shock », *War Medicine*, vol. 5, p. 71-73.

AVERY, Oswald T., Colin M. MacLeod & Maclyn McCarty, 1944, « Studies on the chemical nature of the substance inducing transformation of pneumococcal types : Induction of transformation by a desoxyribonucleic acid fraction isolated from Pneumococcus type III », *Journal of Experimental Medicine*, vol. 79, p. 137-158.

BACHELARD, Gaston, 1933, *Les Intuitions atomistiques, essai de classification*, Paris Boivin.

BACHELARD, Gaston, 1934, *Le Nouvel Esprit scientifique*, Paris Alcan.

BACHELARD, Gaston, 1938, *La Formation de l'esprit scientifique*, Paris Vrin.

BACHELARD, Gaston, 1940, *La Philosophie du non*, Paris PUF.

BACHELARD, Gaston, 1951, *L'Activité rationaliste de la science contemporaine*, Paris PUF.

BARNES, Barry, 1974, *Scientific Knowledge and Sociological Theory*, Londres Routledge and Kegan Paul.

BARNES, Barry, 1977, *Interests and the Growth of Knowledge*, Londres Routledge and Kegan Paul.

BARTELS, Ditta, 1983, « The multi-enzyme programme of protein synthesis – its neglect in the history of biochemistry and its current role in biotechnology », *History and Philosophy of the Life Sciences*, vol. 5, p. 187-219.

BAUDRILLARD, Jean, 1976, *L'Échange symbolique et la mort*, Paris Gallimard.

BAUDRILLARD, Jean, 1981, *Simulacres et simulation*, Paris Galilée.

BAZERMAN, Charles, 1988, *Shaping Written Knowledge. The Genre and Activity of the Experimental Article in Science*, Madison University of Wisconsin Press.

BECHTEL, William & Robert C. RICHARDSON, 1993, *Discovering Complexity. Decomposition and Localization as Strategies in Scientific Research*, Princeton Princeton University Press.

BELJANSKI, Mirko & Severo OCHOA, 1958a, « Protein biosynthesis by a cell-free bacterial system », *Proceedings of the National Academy of Sciences of the United States of America*, vol. 44, p. 494-501.

BELJANSKI, Mirko & Severo OCHOA, 1958b, « Protein biosynthesis by a cell-free bacterial system », 2ᵉ partie : « Further studies on the amino acid incorporation enzyme », *Proceedings of the National Academy of Sciences of the United States of America*, vol. 44, p. 1157-1161.

BENDA, C., 1902, « Die Mitochondria », *Ergebnisse der Anatomie und Entwickelungsgeschichte*, vol. 12, p. 743-781.

BENSLEY, Robert R. & Normand L. HOERR, 1934, « Studies on cell structure by the freezing-drying method. VI. The preparation and properties of mitochondria », *Anatomical Record*, vol. 60, p. 449-455.

BERG, Paul, 1955, « Participation of adenyl-acetate in the acetate-activating system », *Journal of the American Chemical Society*, vol. 77, p. 3163-3164.

BERG, Paul, 1956, « Acyl adenylates : The interaction of adenosine triphosphate and L-methionine », *Journal of Biological Chemistry*, vol. 222, p. 1025-1034.

BERG, Paul, 1957, « Chemical synthesis and enzymatic utilization of adenyl amino acids », *Federation Proceedings*, vol. 16, p. 152.

BERG, Paul & E. James OFENGAND, 1958, « An enzymatic mechanism for linking amino acids to RNA », *Proceedings of the National Academy of Sciences of the United States of America*, vol. 44, p. 78-86.

BERGMANN, Max, 1942, « A classification of proteolytic enzymes », *Advances in Enzymology*, vol. 2, p. 49-68.

BERKHOFER, Robert F. Jr., 1995, *Beyond the Great Story : History as Text and Discourse*, Cambridge (Mass.) Harvard University Press.

BERNARD, Claude, 1954, *Philosophie*. Manuscrit inédit, J. Chevalier (éd.), Paris Hatier-Boivin.

BERNARD, Claude, 1965, *Cahier de notes 1850-1860*, M. Grmek (éd.), Paris Gallimard.

BERNARD, Claude, 1966, *Leçons sur les phénomènes de la vie communs aux animaux et aux végétaux*, Paris Vrin.

BERNARD, Claude, 1984, *Introduction à l'étude de la médecine expérimentale*, Paris Flammarion.

Biology and Philosophy, 1991, vol. 6, numéro spécial : « Pictorial Representation in Biology ».

BLOOR, David, 1976, *Knowledge and Social Imagery*, Londres Routledge and Kegan Paul. [1983, *Sociologie de la logique, ou les limites de l'épistémologie*, traduit par Dominique Ebnöther, Paris Pandore.]

BLUMENBERG, Hans, 1986, *Die Lesbarkeit der Welt*, Francfort-sur-le-Main Suhrkamp. [2007, *La Lisibilité du monde*, traduit par Pierre Rusch & Denis Trierweiler, Paris Éditions du Cerf.]

BORSOOK, Henry & Jacob W. DUBNOFF, 1940, « The biological synthesis of hippuric acid in vitro », *Journal of Biological Chemistry*, vol. 132, p. 307-324.

BORSOOK, Henry, Clara L. DEASY, Arie J. HAAGEN-SMIT, Geoffrey KEIGHLEY & Peter H. LOWY, 1949a, « The incorporation of labeled lysine into the protein of Guinea pig liver homogenate », *Journal of Biological Chemistry*, vol. 179, p. 689-704.

BORSOOK, Henry, Clara L. DEASY, Arie J. HAAGEN-SMIT, Geoffrey KEIGHLEY & Peter H. LOWY, 1949b, « Uptake of labeled amino acids by tissue proteins in vitro », *Federation Proceedings*, vol. 8, p. 589-596.

BORSOOK, Henry, 1950, « Protein turnover and incorporation of labeled amino acids into tissue proteins in vivo and in vitro », *Physiological Reviews*, vol. 30, p. 206-219.

BORSOOK, Henry, Clara L. DEASY, Arie J. HAAGEN-SMIT, Geoffrey KEIGHLEY & Peter H. LOWY, 1950a, « The uptake in vitro of C^{14}-labeled glycine, L-leucine, and L-lysine by different components of Guinea pig liver homogenate », *Journal of Biological Chemistry*, vol. 184, p. 529-543.

BORSOOK, Henry, Clara L. DEASY, Arie J. HAAGEN-SMIT, Geoffrey KEIGHLEY & Peter H. LOWY, 1950b, « Metabolism of C^{14}-labeled glycine, L-histidine, L-leucine, and L-lysine », *Journal of Biological Chemistry*, vol. 187, p. 839-848.

BORSOOK, Henry, 1953, « Peptide bond formation », *Advances in Protein Chemistry*, vol. 8, p. 127-174.

BORSOOK, Henry, 1956a, « The biosynthesis of peptides and proteins », *Proceedings of the Third International Congress of Biochemistry, Brussels 1955*, Claude Liébecq (éd.), New York Academic Press, p. 92-104.

BORSOOK, Henri, 1956b, « The biosynthesis of peptides and proteins », *Journal of Cellular and Comparative Physiology*, supplément 1, vol. 47, p. 35-80.

BOSCH, Leendert, Hans BLOEMENDAL & Mels SLUYSER, 1959, « Metabolic interrelationships between soluble and microsomal RNA in rat-liver cytoplasm », *Biochimica et Biophysica Acta*, vol. 34, p. 272-274.

BOSCH, Leendert, Hans BLOEMENDAL & Mels SLUYSER, 1960, « Studies on cytoplasmic ribonucleic acid from rat liver », 1re partie : « Fractionation and function of soluble ribonucleic acid », et 2e partie : « Fractionation and function of microsomal ribonucleic acid », *Biochimica et Biophysica Acta*, vol. 41, p. 444-453, p. 454-461.

BOURDIEU, Pierre, 1997, *Méditations pascaliennes*, Paris Éditions du Seuil.

BRACHET, Jean, 1942, « La localisation des acides pentosenucléiques dans les tissus animaux et les œufs d'amphibiens en voie de développement », *Archives de biologie*, vol. 53, p. 207-257.

BRACHET, Jean & Raymond JEENER, 1943-1945, « Recherches sur des particules cytoplasmiques de dimensions macromoléculaires riches en acide pentosenucléique », 1re partie : « Propriétés générales, relations avec les hydrolases, les hormones, les protéines de structure », *Enzymologia*, vol. 11, p. 196-212.

BRACHET, Jean, 1947a, « Nucleic acids in the cell and the embryo », *Symposia of the Society for Experimental Biology*, vol. 1, p. 207-224.

BRACHET, Jean, 1947b, « The metabolism of nucleic acids during embryonic development », *Cold Spring Harbor Symposia on Quantitative Biology*, vol. 12, p. 18-27.

BRACHET, Jean, 1949, « The localization and the role of ribonucleic acid in the cell », *Annals of the New York Academy of Sciences*, vol. 50, p. 861-869.

BRACHET, Jean & John R. SHAVER, 1949, « The injection of embryonic microsomes into early amphibian embryos », *Experientia*, vol. 5, p. 204-205.

BRACHET, Jean, 1952, « Acides ribonucléiques et biogenèse des protéines », *IIe Congrès International de Biochimie*, Paris. Comptes rendus, symposium n° 2, 1952, p. 85-95.

BRENNER, Sydney, François JACOB & Matthew MESELSON, 1961, « An unstable intermediate carrying information from genes to ribosomes for protein synthesis », *Nature*, vol. 190, p. 576-581.

BROCK, Thomas D., 1990, *The Emergence of Bacterial Genetics*, New York Cold Spring Harbor Laboratory Press.

BRUES, Austin M., Marjorie M. TRACY & Waldo E. COHN, 1944, « Nucleic acids of rat liver and hepatoma : Their metabolic turnover in relation to growth », *Journal of Biological Chemistry*, vol. 155, p. 619-633.

BUCHER, Nancy L. R. & Andre GLINOS, 1948, « Phosphatase distribution in rat liver during regeneration and after p-dimethylaminoazobenzene administration », *Unio Internationalis Contra Cancrum Acta*, vol. 6, n° 2, p. 273-280.

BUCHER, Nancy L. R., Robert B. LOFTFIELD & Ivan D. FRANTZ Jr., 1949, « The effect of regeneration on the rate of protein synthesis and degradation in rat liver », *Cancer Research*, vol. 9, p. 623.

BUCHER, Nancy L. R., 1953, « The formation of radioactive cholesterol and fatty acids from C^{14}-labeled acetate by rat liber homogenates », *Journal of the American Chemical Society*, vol. 75, p. 498.

BUCHER, Nancy L. R., 1987, « Dr. Aub, Huntington Hospital, and Cancer Research », *Harvard Medical Alumni Bulletin*, automne-hiver, p. 46-51.

BUCHWALD, Jed. Z. (éd.), 1995, *Scientific Practice : Theories and Stories of Doing Physics*, Chicago University of Chicago Press.

BURIAN, Richard M., 1990, « La contribution française aux instruments de recherche dans le domaine de la génétique moléculaire », *Histoire de la génétique*, Jean-Louis Fischer & William H. Schneider (éd.), Paris A.R.P.E.M. et Éditions Sciences en situation, p. 247-269.

BURIAN, Richard M., 1993a, *On the cusp between biochemistry and molecular biology : The Pyjama (or PaJaMo) experiment*, manuscrit.

BURIAN, Richard M, 1993b, « Technique, task definition, and the transition from genetics to molecular genetics : Aspects of the work on protein synthesis in the laboratories of J. Monod and P. Zamecnik », *Journal of the History of Biology*, vol. 26, p. 387-407.

BURIAN, Richard M., 1996, « Underappreciated pathways toward molecular genetics as illustrated by Jean Brachet's cytochemical embryology », *The Philosophy and History of Molecular Biology : New Perspectives*, Sahotra Sarkar (éd.), Dordrecht et Londres Kluwer, p. 67-85.

BURIAN, Richard M., 1997, « Exploratory experimentaion and the role of histochemical techniques in the work of Jean Brachet, 1938-1952 », *History and Philosophy of the Life Sciences*, vol. 19, p. 27-45.

BUTTERFIELD, Herbert, 1957, *The Origins of Modern Science*, New York Macmillan.

CAIRNS, John, Gunther S. STENT & James D. WATSON, [1966] 1992, *Phage and the Origins of Molecular Biology*, New York Cold Spring Harbor Laboratory Press.

CAMBROSIO, Alberto, Peter KEATING & Alfred I. TAUBER (éd.), 1994, « Immunology as a Historical Object », numéro spécial du *Journal of the History of Biology*, vol. 27, nº 3.

CAMPBELL, Peter N. & Thomas S. WORK, 1953, « Biosynthesis of proteins », *Nature*, vol. 171, p. 997-1001.

CANELLAKIS, Evangelos S., 1957, « On the mechanism of incorporation of adenylic acid from adenosine triphosphate into ribonucleic acid by soluble mammalian enzyme systems », *Biochimica et Biophysica Acta*, vol. 25, p. 217-218.

CANGUILHEM, Georges, 1968, *Études d'histoire et de philosophie des sciences*, Paris Vrin.

CANGUILHEM, Georges, 1977, *Idéologie et rationalité dans l'histoire des sciences de la vie*, Paris Vrin.

CARRARD, Philippe, 1998, *Poétique de la nouvelle histoire : le discours historique français de Braudel à Chartier*, Lausanne Payot.

CASPERSSON, Torbjörn, 1941, « Studien über den Eiweißumsatz der Zelle », *Die Naturwissenschaften*, vol. 29, p. 33-43.

CASPERSSON, Torbjörn, 1947, « The relations between nucleic acid and protein synthesis », *Symposia of the Society for Experimental Biology*, vol. 1, p. 127-151.

CASTLEMAN, Benjamin, David C. CROCKETT & S. B. SUTTON (éd.), 1983, *The Massachussets General Hospital 1955-1980*, Boston Little, Brown and Company.

CHADAREVIAN, Soraya de, 1996, « Sequences, conformation, information. Biochemists and molecular biologists in the 1950s », *Journal of the History of Biology*, vol. 29, p. 361-386.

CHADAREVIAN, Soraya de, 1998, « Following molecules : Hemoglobin between the clinic and the laboratory », *Molecularizing Biology and Medicine. New Practices and Alliances 1910s-1970s*, Soraya de Chadarevian & Harmke Kamminga (éd.), Amsterdam Harwood Academic Publishers, p. 171-201.

CHANTRENNE, Hubert, 1943-1945, « Recherches sur des particules cytoplasmiques de dimensions macromoléculaires riches en acide pentosenucléique », 2ᵉ partie : « Relations avec les ferments respiratoires », *Enzymologia*, vol. 11, p. 213-221.

CHANTRENNE, Hubert, 1947, « Hétérogénéité des granules cytoplasmiques du foie de souris », *Biochimica et Biophysica Acta*, vol. 1, p. 437-448.

CHANTRENNE, Hubert, 1948, « Un modèle de synthèse peptidique. Propriétés du benzoylphosphate de phényle », *Biochimica et Biophysica Acta*, vol. 2, p. 286-293.

CHANTRENNE, Hubert, 1951, « Recherches sur le mécanisme de la synthèse des protéines », *Pubblicazioni della Stazione Zoologica di Napoli*, vol. 23 (supplément), p. 70-86.

CHANTRENNE, Hubert, 1956, « Metabolic changes in nucleic acids during the induction of enzymes by oxygen in resting yeast », *Archives of Biochemistry and Biophysics*, vol. 65, p. 414-426.

CHANTRENNE, Hubert, 1990, « Notice sur Jean Brachet », *Annuaire 1990*, Académie Royale de Belgique (éd.), Bruxelles Académie Royale de Belgique, p. 3-87.

CHANTRENNE, Hubert, 1991, « Souvenirs de mes premières années au laboratoire du Rouge Cloître », *Fondation Jean Brachet, Bulletin de Liaison*, nᵒ 7, p. 3-4.

CHAO, Fu Chuan & Howard K. SCHACHMAN, 1956, « The isolation and characterization of a macromolecular ribonucleoprotein from yeast », *Archives of Biochemistry and Biophysics*, vol. 61, p. 220-230.

CHARGAFF, Erwin, 1978, *Das Feuer des Heraklit : Skizzen aus einem Leben vor der Natur*, Stuttgart, Klett-Cotta. [2006, *Le Feu d'Héraclite, scène d'une vie devant la nature*, traduit par Chantal Philippe, Paris Viviane Hamy.]

CLARK, William, 1995, « Narratology and the history of science », *Studies in History and Philosophy of Science*, vol. 26, p. 1-71.

CLARKE, Steve, 1998, *Metaphysics and the Disunity of Scientific Knowledge*, Aldershot Ashgate.

CLAUDE, Albert, 1938, « A fraction from normal chick embryo similar to the tumor producing fraction of chicken tumor I », *Proceedings of the Society for Experimental Biology and Medicine*, vol. 39, p. 398-403.

CLAUDE, Albert, 1941, « Particulate components of cytoplasm », *Cold Spring Harbor Symposia on Quantitative Biology*, vol. 9, p. 263-271.

CLAUDE, Albert, 1943a, « The constitution of protoplasm », *Science*, vol. 97, p. 451-456.

CLAUDE, Albert, 1943b, « Distribution of nucleic acids in the cell and the morphological constitution of cytoplasm », *Frontiers in Cytochemistry. Biological Symposia*, Normand L. Hoerr (éd.), Lancaster The Jacques Cattell Press, vol. 10, p. 111-129.

CLAUDE, Albert & Ernest F. FULLAM, 1945, « An electron microscope study of isolated mitochondria. Method and preliminary results », *Journal of Experimental Medicine*, vol. 81, p. 51-61.

CLAUDE, Albert, 1950, « Studies on cells : morphology, chemical constitution, and distribution of biochemical functions », *The Harvey Lectures (1947-1948)*, vol. 43, p. 121-164.

COHEN, Seymour S. & Hazel D. BARNER, 1954, « Studies on unbalanced growth in Escherichia coli », *Proceedings of the National Academy of Sciences of the United States of America*, vol. 40, p. 885-893.

COHN, P., 1959, « Incorporation in vitro of amino acids into ribonucleoprotein fractions of microsomes », *Biochimica et Biophysica Acta*, vol. 33, p. 284-285.

COLLINS, Harry M., 1985, *Changing Order. Replication and Induction in Scientific Practice*, Londres SAGE Publications.

CONNELL, George E., Peter LENGYEL & Robert C. WARNER, 1959, « Incorporation of amino acids into protein of Azotobacter cell fractions », *Biochimica et Biophysica Acta*, vol. 31, p. 391-397.

CREAGER, Angela, 1996, « Wendell Stanley's dream of a free-standing biochemistry department at the University of California, Berkeley », *Journal of the History of Biology*, vol. 29, p. 331-360.

CREAGER, Angela, 2002, *The Life of a Virus. TMV as an Experimental Model, 1930-1965*, Chicago University of Chicago Press.

CRICK, Francis H. C., 1955, « On degenerate templates and the adaptor hypothesis. Note for the RNA Tie Club », non daté et non publié [l'original se trouve en la possession de Sydney Brenner].

CRICK, Francis H. C., 1957, « Discussion note », *The Structure of Nucleic Acids and their Role in Protein Synthesis. Biochemical Society Symposium 14* (18 février 1956), Eric M. Crook (éd.), Cambridge (R.-U.) Cambridge University Press, p. 25-26.

CRICK, Francis H. C., 1957, John S. GRIFFITH & Leslie E. ORGEL, « Codes without commas », *Proceedings of the National Academy of Sciences of the United States of America*, vol. 43, p. 416-421.

CRICK, Francis H. C., 1958, « On protein synthesis », *Symposia of the Society for Experimental Biology London*, vol. 12, p. 138-163.

CRICK, Francis H. C., 1961, Leslie BARNETT, Sydney BRENNER & R. J. WATTS-TOBIN, « General nature of the genetic code for proteins », *Nature*, vol. 192, p. 1227-1232.

CRICK, Francis H. C., 1963, « The recent excitement in the coding problem », *Progress in Nucleic Acid Research*, vol. 1, p. 163-217.

CRICK, Francis H. C., 1970, « Molecular biology in the year 2000 », *Nature*, vol. 228, p. 613-615.

CRICK, Francis H. C., 1988, *What Mad Pursuit, a Personal View of Scientific Discovery*, New York Basic Books. [1989, *Une Vie à découvrir : de la double hélice à la mémoire*, traduit par Abel Gerschenfeld, Paris Odile Jacob.]

Culture technique, 1985, vol. 14, numéro spécial : « Les vues de l'esprit ».

DAGOGNET, François, 1984, « Préface », *Introduction à l'étude de la médecine expérimentale*, Claude Bernard, Paris Flammarion, p. 9-21.

DAMEROW, Peter & Wolfgang LEFÈVRE (éd.), 1981, *Rechenstein, Experiment, Sprache*, Stuttgart Klett-Cotta.

DARDEN, Lindley & Nancy MAULL, 1977, « Interfield theories », *Philosophy of Science*, vol. 44, p. 43-64.

DARDEN, Lindley, 1991, *Theory Change in Science. Strategies from Mendelian Genetics*, Oxford Oxford University Press.

DAVIDSON, James N., 1957, « Cytological aspects of the nucleic acids », *The Structure of Nucleic Acids and their Role in Protein Synthesis. Biochemical Society Symposium 14* (18 février 1956), Eric M. Crook (éd.), Cambridge (R.-U.) Cambridge University Press, p. 27-31.

DAVIE, Earl W., Victor V. KONINGSBERGER & Fritz LIPMANN, 1956, « The isolation of a tryptophan-activating enzyme from pancreas », *Archives of Biochemistry and Biophysics*, vol. 65, p. 21-38.

DELEUZE, Gilles, 1968, *Différence et répétition*, Paris PUF.

DEMOSS, John A. & G. David NOVELLI, 1955, « An amino acid dependent exchange between inorganic pyrophosphate and ATP in microbial extracts », *Biochimica et Biophysica Acta*, vol. 18, p. 592-593.

DEMOSS, John A., Saul M. GENUTH & G. David NOVELLI, 1956, « The enzymatic activation of amino acids via their acyl-adenylate derivatives »,

Proceedings of the National Academy of Sciences of the United States of America, vol. 42, p. 325-332.

DERRIDA, Jacques, 1967, *De la grammatologie*, Paris Minuit.

DERRIDA, Jacques, 1972a, « La différance », *Marges de la philosophie*, Paris Minuit, p. 1-29.

DERRIDA, Jacques, 1972b, « Signature, événement, contexte », *Marges de la philosophie*, Paris Minuit, p. 365-393.

DERRIDA, Jacques, 1972c, *La Dissémination*, Paris Éditions du Seuil, « Points Seuil ».

DERRIDA, Jacques, 1991, « Une "folie" doit veiller sur la pensée », entretien avec François Ewald, *Magazine littéraire*, n° 286, p. 18-30.

DERRIDA, Jacques, 1999, *Sur parole. Instantanés philosophiques*, Paris Éditions de l'Aube.

DIDI-HUBERMAN, Georges, 2008, *La ressemblance par contact. Archéologie, anachronisme et modernité de l'empreinte*, Paris Minuit.

DIJKSTERHUIS, Eduard J., 1969, « The origins of classical mechanics. From Aristotle to Newton », *Critical Problems in the History of Science*, Marshall Clagett (éd.), Madison University of Wisconsin Press, p. 163-190.

DOUDOROFF, Michael, Horace A. BARKER & William Z. HASSID, 1947, « Studies with bacterial sucrose phosphorylase. The mechanism of action of sucrose phosphorylase as a glucose-transferring enzyme (transglucosidase) », *Journal of Biological Chemistry*, vol. 168, p. 725-732.

DOUNCE, Alexander L., 1952, « Duplicating mechanism for peptide chain and nucleic acid synthesis », *Enzymologia*, vol. 15, p. 251-258.

DOYLE, Richard, 1997, *On Beyond Living : Rhetorical Transformations of the Life Sciences*, Stanford Stanford University Press.

DUNN, D. B., 1959, « Additional components in ribonucleic acid of rat-liver fractions », *Biochimica et Biophysica Acta*, vol. 34, p. 286-287.

DUNN, D. B., J. D. SMITH & Pierre F. SPAHR, 1960, « Nucleotide composition of soluble ribonucleic acid from Escherichia coli », *Journal of Molecular Biology*, vol. 2, p. 113-117.

DUPRÉ, John, 1993, *The Disorder of Things. Metaphysical Foundations of the Disunity of Science*, Cambridge (Mass.) Harvard University Press.

EDMONDS, Mary & Richard ABRAMS, 1957, « Incorporation of ATP into polynucleotide in extracts of Ehrlich ascites cells », *Biochimica et Biophysica Acta*, vol. 26, p. 226-227.

ELKANA, Yehuda, 1970, « Helmholtz' "Kraft" : An illustration of concepts in flux », *Historical Studies in the Physical Sciences*, vol. 2, p. 263-298.

ELKANA, Yehuda, 1981, « A programmatic attempt at an anthropology of knowledge », *Sciences and Cultures*, Everett Mendelsohn & Yehuda Elkana (éd.), Dordrecht et Boston Reidel, p. 1-76.

ELKANA, Yehuda, 1986, *Anthropologie der Erkenntnis. Die Entwicklung des Wissens als episches Theater einer listigen Vernunft*, traduit par Ruth Achlama, Francfort-sur-le-Main Suhrkamp.

ERNSTER, Lars & Gottfried SCHATZ, 1981, « Mitochondria : a historical review », *Journal of Cell Biology*, vol. 91, p. 227-255.

FAXON, Nathaniel W., 1959, *The Massachusetts General Hospital 1935-1955*, Cambridge (Mass.) Harvard University Press.

FEYERABEND, Paul K., 1995, *Killing Time*, Chicago University of Chicago Press. [1996, *Tuer le temps*, traduit par Baudoin Jurdant, Paris Éditions du Seuil.]

FISCHER, Emil, 1906, *Untersuchungen über Aminosäuren, Polypeptide und Proteine (1899-1906)*, Berlin Springer.

FISCHER, Ernst Peter, 1988, *Das Atom der Biologen. Max Delbrück und der Ursprung der Molekulargenetik*, Munich Piper.

FLECK, Ludwik, 1980, *Entstehung und Entwicklung einer wissenschaftlichen Tatsache*, Francfort-sur-le-Main Suhrkamp. [2005, *Genèse et Développement d'un fait scientifique*, traduit par Nathalie Jas, Paris Les Belles Lettres.]

FOUCAULT, Michel, 1969, *Archéologie du savoir*, Paris Gallimard.

FOUCAULT, Michel, 1971, *L'Ordre du discours*, Paris Gallimard.

FRAENKEL-CONRAT Heinz & Robley C. WILLIAMS, 1955, « Reconstitution of active tobacco mosaic virus from its inactive protein and nucleic acid components », *Proceedings of the National Academy of Sciences of the United States of America*, vol. 41, p. 690-698.

FRAENKEL-CONRAT, Heinz & Akira TSUGITA, 1963, « Biological et protein-structural effects of chemical mutagenesis of TMV-RNA », *Proceedings of the Fifth International Congress of Biochemistry*, Moscou, 10-16 août 1961, tome III, New York Macmillan, p. 242-244.

FRANCIS, M. David & Theodore WINNICK, 1953, « Studies on the pathway of protein synthesis in tissue culture », *Journal of Biological Chemistry*, vol. 202, p. 273-289.

FRANKLIN, Allan, 1986, *The Neglect of Experiment*, Cambridge (R.-U.) Cambridge University Press.

FRANKLIN, Allan, 1990, *Experiment, Right or Wrong*, Cambridge (R.-U.) Cambridge University Press.

FRANTZ, Ivan D. Jr., Robert B. LOFTFIELD & Warren W. MILLER, 1947, « Incorporation of C^{14} from carboxyl-labeled dl-alanine into the proteins of liver slices », *Science*, vol. 106, p. 544-545.

FRANTZ, Ivan D. Jr., Paul C. ZAMECNIK, John W. REESE & Mary L. STEPHENSON, 1948, « The effet of dinitrophenol on the incorporation of alanine labeled with radioactive carbon into the proteins of slices of normal and malignant rat liver », *Journal of Biological Chemistry*, vol. 174, p. 773-774.

FRANTZ, Ivan D. Jr. & Howard FEIGELMAN, 1949, « Biosynthesis of amino acids uniformly labeled with radioactive carbon, for use in the study of growth », *Cancer Research*, vol. 9, p. 619.

FRANTZ, Ivan D. Jr., Robert B. LOFTFIELD & Ann S. WERNER, 1949, « Observations on the equilibrium between glycine and glycylglycine in the presence of liver peptidase », *Federation Proceedings*, vol. 8, p. 199.

FRANTZ, Ivan D. Jr. & Robert B. LOFTFIELD, 1950, « Equilibrium and exchange reactions involving peptides, amino acids, and proteolytic enzymes », *Federation Proceedings*, vol. 9, p. 172-173.

FRANTZ, Ivan D. Jr. & Nancy L. R. BUCHER, 1954, « The incorporation of the carboxyl carbon from acetate into cholesterol by rat liver homogenates », *Journal of Biological Chemistry*, vol. 206, p. 471-481.

FRIEDBERG, Felix, Theodore WINNICK & David M. GREENBERG, 1947, « Incorporation of labeled glycine into the protein of tissue homogenates », *Journal of Biological Chemistry*, vol. 171, p. 441-442.

FRIEDBERG, Wallace & Harry WALTER, 1955, « Metabolic fate of doubly labeled heterologous proteins », *Federation Proceedings*, vol. 14, p. 214-215.

FROST, Robert, 1964, *Complete Poems*, New York Holt, Rinehart and Winston.

FRUTON, Joseph S., 1952, « The enzymatic synthesis of peptide bonds », *IIe Congrès International de Biochimie*, Paris, 1952. Comptes rendus, symposium, vol. 2, p. 5-18.

FRUTON, Joseph S., 1992, *A Skeptical Biochemist*, Cambridge (Mass.) Harvard University Press.

GAEBLER, Oliver H., 1956, *Enzymes : Units of Biological Structure and Function*, New York Academic Press.

GALE, Ernest F. & Joan P. FOLKES, 1953a, « The assimilation of amino-acids by bacteria », 14^e partie : « Nucleic acid and protein synthesis in Staphylococcus aureus », *Biochemical Journal*, vol. 53, p. 483-492.

GALE, Ernest F. & Joan P. FOLKES, 1953b, « The assimilation of amino acids by bacteria », 18^e partie : « The incorporation of glumatic acid into the protein fraction of Staphylococcus aureus », *Biochemical Journal*, vol. 55, p. 721-729.

GALE, Ernest F. & Joan P. FOLKES, 1953c, « Amino acid incorporation by fragmented Staphylococcal cells », *Biochemical Journal*, vol. 55, p. XI.

GALE, Ernest F. & Joan P. FOLKES, 1954, « Effect of nucleic acids on protein synthesis and amino-acid incorporation in disrupted Staphylococcal cells », *Nature*, vol. 173, p. 1223-1227.

GALE, Ernest F., 1955, « From amino acids to proteins », *A Symposium on Amino Acid Metabolism* (14-17 juin, 1954), William D. McElroy & Hiram Bentley Glass (éd.), Baltimore The Johns Hopkins University Press, p. 171-192.

GALE, Ernest F. & Joan P. FOLKES, 1955a, « The assimilation of amino acids by bacteria », 20ᵉ partie : « The incorporation of labeled amino acids by disrupted Staphylococcal cells », et 21ᵉ partie : « The effect of nucleic acids on the development of certain enzymic activities in disrupted Staphylococcal cells », *Biochemical Journal*, vol. 59, p. 661-675 et p. 675-684.

GALE, Ernest F. & Joan P. FOLKES, 1955b, « Promotion of incorporation of amino-acids by specific di- and tri-nucleotides », *Nature*, vol. 175, p. 592-593.

GALE, Ernest F., 1956, « Nucleic acids and amino acid incorporation », *CIBA Foundation Symposium on Ionizing Radiations and Cell Metabolism*, Gordon E. W. Wolstenholme & Cecilia M. O'Connor (éd.), Boston Little, Brown and Company, p. 174-184.

GALE, Ernest F., 1959a, « Incorporation factors, amino acid incorporation and nucleic acid synthesis », *Recent Progress in Microbiology*, Gösta Tunevall (éd.), Springfield Charles C. Thomas Publisher, p. 104-114.

GALE, Ernest F., 1959b, « Protein synthesis in sub-cellular systems », *Proceedings of the Fourth International Congress of Biochemistry* (Vienne, 1959, tome 6), Londres Pergamon Press, p. 156-165.

GALISON, Peter, 1987, *How Experiments End*, Chicago University of Chicago Press. [2002, *Ainsi s'achèvent les expériences. La place des expériences dans la physique du XXᵉ siècle*, traduit par Bertrand Nicquevert, Paris La Découverte.]

GALISON, Peter, 1988, « History, philosophy and the central metaphor », *Science in Context*, vol. 2, p. 197-212.

GALISON, Peter, 1995, « Context and constraints », *Scientific Practice : Theories and Stories of Physics*, Jed Z. Buchwald (éd.), Chicago University of Chicago Press, p. 13-41.

GALISON, Peter & David J. STUMP, 1996 (éd.), *The Disunity of Science : Boundaries, Contexts and Power*, Stanford Stanford University Press.

GALISON, Peter, 1997, *Image and Logic : The Material Culture of Microphysics*, Chicago University of Chicago Press.

GAMOW, George, 1954, « Possible relation between deoxyribonucleic acid and protein structures », *Nature*, vol. 173, p. 318.

GARLAND, Joseph E., 1961, *Every Man our Neighbor. A Brief History of the Massachusetts General Hospital 1811-1961*, Boston Little, Brown and Company.

GARNIER, Charles, 1900, « Contribution à l'étude de la structure et du fonctionnement des cellules glandulaires séreuses », *Journal de l'Anatomie et de la Physiologie*, vol. 36, p. 22-98.

GASCHÉ, Rodolphe, 1986, *The Tain of the Mirror. Derrida and the Philosophy of Reflection*, Cambridge (Mass.) Harvard University Press. [1995, *Le Tain du miroir. Derrida et la philosophie de la réflexion*, traduit par Marc Froment-Meurice, Paris Galilée.]

GAUDILLIÈRE, Jean-Paul, 1991, *Biologie moléculaire et biologistes dans les années soixante. La naissance d'une discipline. Le cas français*, thèse de doctorat, Université Paris VII.

GAUDILLIÈRE, Jean-Paul, 1992, « J. Monod, S. Spiegelman et l'adaptation enzymatique. Programmes de recherche, cultures locales et traditions disciplinaires », *History and Philosophy of the Life Sciences*, vol. 14, p. 23-71.

GAUDILLIÈRE, Jean-Paul, 1993, « Molecular biology in the French tradition ? Redefining local traditions and disciplinary patterns », *Journal of the History of Biology*, vol. 26, p. 473-498.

GAUDILLIÈRE, Jean-Paul, 1994, « Wie man Labormodelle für Krebsentstehung konstruiert : Viren und Transfektion am (US) National Cancer Institute », *Objekte, Differenzen, Konjunkturen : Experimentalsysteme im historischen Kontext*, Michael Hagner, Hans-Jörg Rheinberger & Bettina Wahrig-Schmidt (éd.), Berlin Akademie Verlag, p. 233-257.

GAUDILLIÈRE, Jean-Paul, 1996, « Molecular biologists, biochemists, and messenger RNA : The birth of a scientific network », *Journal of the History of Biology*, vol. 29, p. 417-445.

GIERER, Alfred & Gerhard SCHRAMM, 1956, « Infectivity of ribonucleic acid from tobacco mosaic virus », *Nature*, vol. 177, p. 702-703.

GIERER, Alfred, 1963, « Function of aggregated reticulocyte ribosomes in protein synthesis », *Journal of Molecular Biology*, vol. 6, p. 148-157.

GILBERT, Walter, 1963, « Polypeptide synthesis in Escherichia coli », 1re partie : « Ribosomes and the active complex », *Journal of Molecular Biology*, vol. 6, p. 374-388.

GOETHE, Johann Wolfgang von, 1957, « Materialen zur Geschichte der Farbenlehre », *Die Schriften zur Naturwissenschaft*, première section, tome 6, Dorothea Kuhn (éd.), Weimar Hermann Böhlaus Nachfolger. [2003, *Matériaux pour l'histoire de la théorie des couleurs*, traduit par Maurice Elie, Toulouse Presses Universitaires du Mirail.]

GOETHE, Johann Wolfgang von, 1962, « Der Versuch als Vermittler von Objekt und Subjekt », *Die Schriften zur Naturwissenschaft*, première section, tome 8, Dorothea Kuhn (éd.), Weimar Hermann Böhlaus Nachfolger, p. 305-315. [2006, « La médiation de l'objet et du sujet dans la démarche expérimentale », *Traité des couleurs. Accompagné de trois essais théoriques*, traduit par Henriette Bideau, Paris Triades, p. 296-304.]

GOETHE, Johann Wolfgang von, 1982, « Maximen und Reflexionen », *Werke* [Hamburger Ausgabe], tome 12, Munich Deutscher Taschenbuchverlag, p. 365-547.

GOLDWASSER, Eugene, 1955, « Incorporation of adenosine-5'-phosphate into ribonucleic acid », *Journal of the American Chemical Society*, vol. 77, p. 6083-6084.

GOODING, David, Trevor PINCH & Simon SCHAFFER (éd.), 1989, *The Uses of Experiment*, Cambridge (R.-U.) Cambridge University Press.

GOODING, David, 1990, *Experiment and the Making of Meaning. Human Agency in Scientific Observation and Experiment*, Dordrecht Kluwer.

GOODMAN, Nelson, 1968, *Languages of Art*, Indianapolis Bobbs-Merrill. [1990, *Langages de l'art. Une approche de la théorie des symboles*, traduit par Jacques Morizot, Nîmes Jacqueline Chambon.]

GREENBERG, David M., Felix FRIEDBERG, Martin P. SCHULMAN & Theodore WINNICK, 1948, « Studies on the mechanism of protein synthesis with radioactive carbon-labeled compounds », *Cold Spring Harbor Symposia on Quantitative Biology*, vol. 13, p. 113-117.

GRENE, Marjorie, 1984, *The Knower and the Known*, Washington D.C. Center for Advanced Research in Phenomenology & University Press of America.

GRENE, Marjorie, 1995, *A Philosophical Testament*, Chicago et La Salle Open Court.

GRIER, Robert S., Margaret B. HOOD & Mahlon B. HOAGLAND, 1949, « Observations on the effects of beryllium on alkaline phosphatase », *Journal of Biological Chemistry*, vol. 180, p. 289-298.

GRIESEMER, James & Grant YAMASHITA, octobre 1999, *Managing time in model systems : Illustrations from evolutionary biology*, manuscrit, Princeton Workshop in the History of Science.

GRIFFIN, A. Clark, William N. NYE, Lafayette NODA & James MURRAY LUCK, 1948, « Tissue proteins and carcinogenesis », 1re partie : « The effect of carcinogenic azo dyes on liver proteins », *Journal of Biological Chemistry*, vol. 176, p. 1225-1235.

GRMEK, Mirko D., Robert S. COHEN & Guido CIMINO (éd.), 1981, *On Scientific Discovery*, Dordrecht Reidel.

GRMEK, Mirko D. & Bernardino FANTINI, 1982, « Le rôle du hasard dans la naissance du modèle de l'opéron », *Revue d'Histoire des Sciences*, vol. 35, p. 193-215.

GROS, François, H. HIATT, Walter GILBERT, Charles G. KURLAND, R. W. RISEBROUGH & James D. WATSON, 1961, « Unstable ribonucleic acid revealed by pulse labelling of Escherichia coli », *Nature*, vol. 190, p. 581-585.

GROS, François, 1986, *Les Secrets du gène*, Paris Odile Jacob.

GRUNBERG-MANAGO, Marianne & Severo OCHOA, 1955, « Enzymatic synthesis and breakdown of polynucleotides ; polynucleotide phosphorylase », *Journal of the American Chemical Society*, vol. 77, p. 3165-3166.

GRUNBERG-MANAGO, Marianne, Priscilla J. ORTIZ & Severo OCHOA, 1955, « Enzymatic synthesis of nucleic acidlike polynucleotides », *Science*, vol. 122, p. 907-910.

HACKING, Ian, 1983, *Representing and Intervening : Introductory Topics in the Philosophy of Natural Science*, Cambridge (R.-U.) Cambridge University Press. [1989, *Concevoir et expérimenter. Thèmes introductifs à la philosophie des sciences expérimentales*, traduit par Bernard Ducrest, Paris Christian Bourgois.]

HACKING, Ian, 1992a, « The self-vindication of the laboratory sciences », *Science as Practice and Culture*, Andrew Pickering (éd.), Chicago University of Chicago Press, p. 29-64.

HACKING, Ian, 1992b, « "Style" for historians and philosophers », *Studies in History and Philosophy of Science*, vol. 23, p. 1-20.

HAGNER, Michael, Hans-Jörg RHEINBERGER & Bettina WAHRIG-SCHMIDT, 1994, « Objekte, Differenzen, Konjunkturen », *Objekte, Differenzen, Konjunkturen*, Michael Hagner, Hans-Jörg Rheinberger & Bettina Wahrig-Schmidt (éd.), Berlin Akademie Verlag, p. 7-21.

HAGNER, Michael, 1997, « Zwei Anmerkungen zur Repräsentation in der Wissenschaftsgeschichte », *Räume des Wissens. Repräsentation, Codierung, Spur*, Hans-Jörg Rheinberger, Michael Hagner & Bettina Wahrig-Schmidt (éd.), Berlin Akademie Verlag, p. 339-355.

HALVORSON, Harlyn O. & Sol SPIEGELMAN, 1952, « The inhibition of enzyme formation by amino acid analogues », *Journal of Bacteriology*, vol. 64, p. 207-221.

HARRIS, Robert J. C. (éd.), 1961, *Protein Biosynthesis*, Londres et New York Academic Press.

HART NIBBRIG, Christian L. (éd.), 1994, *Was heißt « Darstellen » ?*, Francfort-sur-le-Main Suhrkamp.

HAUROWITZ, Felix, 1949, « Biological problems and immunochemistry », *Quarterly Review of Biology*, vol. 24, p. 93-101.

HAUROWITZ, Felix, 1950, *Chemistry and Biology of Proteins*, New York Academic Press.

HAUROWITZ, Felix, 1956, « The mechanism of protein biosynthesis », *Proceedings of the Third International Congress of Biochemistry* (Bruxelles, 1955), Claude Liébecq (éd.), New York Academic Press, p. 104-105.

HAYLES, N. Katherine, 1993, « Constrained constructivism : Locating scientific inquiry in the theater of representation », *Realism and Representation. Essays on the Problem of Realism in Relation to Science, Literature, and Culture*, George Levine (éd.), Madison University of Wisconsin Press, p. 27-43.

HECHT, Liselotte I., Mary L. STEPHENSON & Paul C. ZAMECNIK, 1958a, « Formation of nucleotide end groups and incorporation of amino acids into soluble RNA », *Federation Proceedings*, vol. 17, p. 239.

HECHT, Liselotte I., Mary L. STEPHENSON & Paul C. ZAMECNIK, 1958b, « Dependence of amino acid binding to soluble ribonucleic acid on cytidine triphosphate », *Biochimica et Biophysica Acta*, vol. 29, p. 460-461.

HECHT, Liselotte I, Paul C. ZAMECNIK, Mary L. STEPHENSON & Jesse F. SCOTT, 1958, « Nucleotide triphosphates as precursors of ribonucleic acid end groups in a mammalian system », *Journal of Biological Chemistry*, vol. 233, p. 954-963.

HECHT, Liselotte I., Mary L. STEPHENSON & Paul C. ZAMECNIK, 1959, « Binding of amino acids to the end group of a soluble ribonucleic acid », *Proceedings of the National Academy of Sciences of the United States of America*, vol. 45, p. 505-518.

HEIDEGGER, Martin, 1959, « Das Wesen der Sprache », *Unterwegs zur Sprache*, Pfullingen Neske, p. 157-216. [2003, « Le déploiement de la parole », *Acheminement vers la parole*, traduit par Jean Beaufret, Wolfgang Brokmeier & François Fédier, Paris Gallimard, p. 141-202.]

HEIDEGGER, Martin, 1977, « Die Zeit des Weltbildes », Gesamtausgabe, 1re section, tome 5, *Holzwege*, Francfort-sur-le-Main Vittorio Klostermann. [2004, « L'époque des conceptions du monde », *Chemins qui ne mènent nulle part*, traduit par Wolfgang Brokmeier, Paris Gallimard, p. 99-146.]

HEIDEGGER, Martin, 1987, *Die Frage nach dem Ding*, Tübingen Niemeyer. [1988, *Qu'est-ce qu'une chose ?*, traduit par Jean Reboul & Jacques Taminiaux, Paris Gallimard.]

HEIDEGGER, Martin, 2000, « Die Frage nach der Technik », Gesamtausgabe, 1re section, tome 7, *Vorträge und Aufsätze*, Francfort-sur-le-Main Vittorio Klostermann, p. 5-36. [1980, « La question de la technique », *Essais et Conférences*, traduit par André Préau, Paris Gallimard, p. 9-48.]

HEIDELBERGER, Charles, Eberhard HARBERS, Kenneth C. LEIBMAN, Y. Takagi & Van R. Potter, 1956, « Specific incorporation of adenosine-5'-phosphate-^{32}P into ribonucleic acid in rat liver homogenates », *Biochimica et Biophysica Acta*, vol. 20, p. 445-446.

HEIDELBERGER, Michael & Friedrich STEINLE, 1998, *Experimental Essays – Versuche zum Experiment*, Baden-Baden Nomos.

HENTSCHEL, Klaus, 1993, « The conversion of St. John : A case study on the interplay of theory and experiment », *Science in Context*, vol. 6, p. 137-194.

HENTSCHEL, Klaus, 1998, *Zum Zusammenspiel von Instrument, Experiment und Theorie : Rotverschiebung im Sonnenspektrum und verwandte spektrale Verschiebungseffekte von 1880 bis 1960*, Hambourg Kovac.

HERBERT, Edward, Van R. POTTER & Liselotte I. HECHT, 1957, « Nucleotide metabolism », 7e partie : « The incorporation of radioactivity from orotic acid-6-C^{14} into ribonucleic acid in cell-free systems from rat liver », *Journal of Biological Chemistry*, vol. 225, p. 659-674.

HERBERT, Edward, 1958, « The incorporation of adenine nucleotides into ribonucleic acid of cell-free systems from liver », *Journal of Biological Chemistry*, vol. 231, p. 975-986.

HERSHEY, Alfred D., 1953, « Nucleic acid economy in bacteria infected with bacteriophage T2 », 2ᵉ partie : « Phage precursor nucleic acid », *Journal of General Physiology*, vol. 37, p. 1-23.

HOAGLAND, Mahlon B., 1952, « Beryllium and growth », 3ᵉ partie : « The effect of beryllium on plant phosphatase », *Archives of Biochemistry and Biophysics*, vol. 35, p. 259-267.

HOAGLAND, Mahlon B. & G. David NOVELLI, 1954, « Biosynthesis of coenzyme A from phosphopantetheine and of pantetheine from pantothenate », *Journal of Biological Chemistry*, vol. 207, p. 767-773.

HOAGLAND, Mahlon B., 1955a, « An enzymic mechanism for amino acid activation in animal tissues », *Biochimica et Biophysica Acta*, vol. 16, p. 288-289.

HOAGLAND, Mahlon B., 1955b, « Enzymatic mechanism for amino acid activation in animal tissues », *Federation Proceedings*, vol. 14, p. 73.

HOAGLAND, Mahlon B., Elizabeth B. KELLER & Paul C. ZAMECNIK, 1956, « Enzymatic carboxyl activation of amino acids », *Journal of Biological Chemistry*, vol. 218, p. 345-358.

HOAGLAND, Mahlon B., Paul C. ZAMECNIK, Nahama SHARON, Fritz LIPMANN, Melvin P. STULBERG & Paul D. BOYER, 1957, « Oxygen transfer to AMP in the enzymic synthesis of the hydroxamate of tryptophan », *Biochimica et Biophysica Acta*, vol. 26, p. 215-217.

HOAGLAND, Mahlon B. & Paul C. ZAMECNIK, 1957, « Intermediate reactions in protein biosynthesis », *Federation Proceedings*, vol. 16, p. 197.

HOAGLAND, Mahlon B., Paul C. ZAMECNIK & Mary L. STEPHENSON, 1957, « Intermediate reactions in protein biosynthesis », *Biochimica et Biophysica Acta*, vol. 24, p. 215-216.

HOAGLAND, Mahlon B., 1958, « On an enzymatic reaction between amino acids and nucleic acid and its possible role in protein synthesis », *Recueil des travaux Chimiques des Pays-Bas et de la Belgique*, vol. 77, p. 623-633.

HOAGLAND, Mahlon B., Mary L. STEPHENSON, Jesse F. SCOTT, Liselotte I. HECHT & Paul C. ZAMECNIK, 1958, « A soluble ribonucleic acid intermediate in protein synthesis », *Journal of Biological Chemistry*, vol. 231, p. 241-257.

HOAGLAND, Mahlon B., 1959a, « The present status of the adaptor hypothesis », *Brookhaven Symposia in Biology*, vol. 12, p. 40-46.

HOAGLAND, Mahlon B., 1959b, « Nucleic acids and proteins », *Scientific American*, vol. 201, p. 55-61.

HOAGLAND, Mahlon B., 1959c, « Discussion of Dr. Gales' paper [on 'Protein synthesis in sub-cellular systems']. *Proceedings of the Fourth International Congress of Biochemistry* » (Vienne, 1-6 septembre 1958), tome 6, Londres Pergamon Press, p. 166-170.

HOAGLAND, Mahlon B., Paul C. ZAMECNIK & Mary L. STEPHENSON, 1959, « A hypothesis concerning the roles of particulate and soluble ribonucleic acids in protein synthesis », *A Symposium on Molecular Biology*, Raymond E. Zirkle (éd.), Chicago University of Chicago Press, p. 105-114.

HOAGLAND, Mahlon B., 1960, « The relationship of nucleic acid and protein synthesis as revealed by studies in cell-free systems », *The Nucleic Acids*, tome 3, Erwin Chargaff & James N. Davidson (éd.), New York et Londres Academic Press, p. 349-408.

HOAGLAND, Mahlon B. & Lucy T. COMLY, 1960, « Interaction of soluble ribonucleic acid and microsome », *Proceedings of the National Academy of Sciences of the United States of America*, vol. 46, p. 1554-1563.

HOAGLAND, Mahlon B., 1961, « Some factors influencing protein synthetic activity in a cell-free mammalian system », *Cold Spring Harbor Symposia on Quantitative Biology*, vol. 26, p. 153-157.

HOAGLAND, Mahlon B. & Brigitte A. ASKONAS, 1963, « Aspects of control of protein synthesis in normal and regenerating rat liver », 1re partie : « A cytoplasmic RNA-containing fraction that stimulates amino acid incorporation », *Proceedings of the National Academy of Sciences of the United States of America*, vol. 49, p. 130-137.

HOAGLAND, Mahlon B., Oscar A. SCORNIK & Lorraine C. PFEFFERKORN, 1964, « Aspects of control of protein synthesis in normal and regenerating rat liver », 2^{e} partie : « A microsomal inhibitor of amino acid incorporation whose action is antagonized by guanosine triphosphate », *Proceedings of the National Academy of Sciences of the United States of America*, vol. 51, p. 1184-1191.

HOAGLAND, Mahlon B., 1966, « Views on integrated protein synthesis in liver », *Current Aspects of Biochemical Energetics*, Nathan O. Kaplan & Eugene P. Kennedy (éd.), New York Academic Press, p. 199-212.

HOAGLAND, Mahlon B., 1989, « Commentary on 'Intermediate reactions in protein biosynthesis' », *Biochimica et Biophysica Acta*, vol. 1000, p. 103-105.

HOAGLAND, Mahlon B., 1990, *Toward the Habit of Truth. A Life in Science*, New York et Londres W. W. Norton & Company.

HOAGLAND, Mahlon B., 1996, « Biochemistry or molecular biology ? The discovery of "soluble"RNA », *Trends in Biochemical Sciences (TIBS)*, vol. 21, p. 77-80.

HOFMEISTER, Franz, 1902, « Ueber den Bau des Eiweißmolecüls », *Naturwissenschaftliche Rundschau*, vol. 17, p. 529-533, p. 545-549.

HOFFMANN, Christoph, 2001, *Entdeckungen ? Abfälle !*, manuscrit.

HOGEBOOM, George H., Walter C. SCHNEIDER & George E. PALADE, 1948, « Cytochemical studies of mammalian tissues », 1re partie : « Isolation of intact mitochondria from rat liver ; some biochemical properties of mitochondria and submicroscopic particulate material », *Journal of Biological Chemistry*, vol. 172, p. 619-635.

HOLLEY, Robert W., 1956, « An alanine-dependent, ribonuclease-inhibited conversion of AMP to ATP, and its possible relationship to protein synthesis », *Abstracts of Papers, 130th Meeting, American Chemical Society* (Atlantic City (N. J.), 16-21 septembre), p. 43.

HOLLEY, Robert W., 1957, « An alanine-dependent, ribonuclease-inhibited conversion of AMP to ATP, and its possible relationship to protein synthesis », *Journal of the American Chemical Society*, vol. 79, p. 658-662.

HOLLEY, Robert W. & P. PROCK, 1958, « Intermediates in protein synthesis : Alanine activation and an active ribonucleic acid fraction », *Federation Proceedings*, vol. 17, p. 244.

HOLLEY, Robert W. & Susan H. MERRILL, 1959, « Countercurrent distribution of an active ribonucleic acid », *Journal of the American Chemical Society*, vol. 81, p. 753.

HOLLEY, Robert W., Jean APGAR, Bhupendra P. DOCTOR, John FARROW, Mario A. MARINI & Susan H. MERRILL, 1961, « A simplified procedure for the preparation of tyrosine- and valine-acceptor fractions of yeast "soluble ribonucleic acid" », *Journal of Biological Chemistry*, vol. 236, p. 200-202.

HOLLEY, Robert W., Jean APGAR, George A. EVERETT, James T. MADISON, Mark MARQUISEE, Susan H. MERRILL, John ROBERT PENSWICK & Ada ZAMIR, 1965, « Structure of a ribonucleic acid », *Science*, vol. 147, p. 1462-1465.

HOLMES, Frederic L., 1985, *Lavoisier and the Chemistry of Life. An Exploration of Scientific Creativity*, Madison University of Wisconsin Press.

HULTIN, Tore, 1950, « Incorporation in vivo of ^{15}N-labeled glycine into liver fractions of newly hatched chicks », *Experimental Cell Research*, vol. 1, p. 376-381.

HULTIN, Tore, 1955, « The incorporation in vivo of labeled amino acids into subfractions of liver cytoplasm fractions », *Experimental Cell Research*, supplément n° 3, p. 210-217.

HULTIN, Tore, 1956, « The incorporation in vitro of 1-C^{14}-glycine into liver proteins visualized as a two-step reaction », *Experimental Cell Research*, vol. 11, p. 222-224.

HULTIN, Tore & Gunilla BESKOW, 1956, « The incorporation of C^{14}-L-leucine into rat liver proteins in vitro visualized as a two-step reaction », *Experimental Cell Research*, vol. 11, p. 664-666.

HULTIN, Tore & Alexandra VON DER DECKEN, 1959, « The transfer of soluble polynucleotides to the ribonucleic acid of rat liver microsomes », *Experimental Cell Research*, vol. 16, p. 444-447.

HUNTER, G. D., P. BROOKES, A. R. CRATHORN & John A. V. BUTLER, 1959, « Intermediate reactions in protein synthesis by the isolated cytoplasmic-membrane fraction of Bacillus megaterium », *Biochemical Journal*, vol. 73, p. 369-376.

HURLBERT, Robert B. & Van R. POTTER, 1954, « Nucleotide metabolism », 1re partie : « The conversion of orotic acid-6-C^{14} to uridine nucleotides », *Journal of Biological Chemistry*, vol. 209, p. 1-21.

HUSSERL, Edmund, 1976a, « Die Krisis des europäischen Menschentums und die Philosophie », *Die Krisis der europäischen Wissenschaften und die transzendentale Phänomenologie*, Walter Biemel (éd.), Husserliana, tome 6, La Haye Nijhoff, p. 314-348. [1987, *La Crise de l'humanité européenne et la philosophie*, traduit par Paul Ricœur, Paris Aubier.]

HUSSERL, Edmund, 1976b, « Die Frage nach dem Ursprung de Geometrie als intentional-historisches Problem », *Die Krisis der europäischen Wissenschaften und die transzendentale Phänomenologie*, Husserliana, tome 6, Walter Biemel (éd.), La Haye Nijhoff, p. 365-386. [2010, *L'Origine de la géométrie*, traduit par Jacques Derrida, Paris PUF.]

JACOB, François & Jacques MONOD, 1961, « Genetic regulatory mechanisms in the synthesis of proteins », *Journal of Molecular Biology*, vol. 3, p. 318-356.

JACOB, François, 1974, « Le modèle linguistique en biologie », *Critique*, n° 322, p. 197-205.

JACOB, François, 1981, *Le Jeu des possibles. Essai sur la diversité du vivant*, Paris Fayard.

JACOB, François, 1987, *La Statue intérieure*, Paris Odile Jacob.

JARDINE, Nicholas, 1991, *The Scenes of Inquiry*, Oxford Oxford University Press.

JEENER, Raymond & Jean BRACHET, 1943-1945, « Recherches sur l'acide ribonucléique des levures (microdosage, relations avec la croissance, conditions de sa synthèse) », *Enzymologia*, vol. 11, p. 222-234.

JEENER, Raymond, 1948, « L'hétérogénéité des granules cytoplasmiques : Données complémentaires fournies par leur fractionnement en solution saline concentrée », *Biochimica et Biophysica Acta*, vol. 2, p. 633-641.

JUDSON, Horace Freeland, 1979, *The Eighth Day of Creation. The Makers of the Revolution in Biology*, New York Simon and Schuster.

KALCKAR, Herman M., 1941, « The nature of energetic coupling in biological syntheses », *Chemical Reviews*, vol. 28, p. 71-178.

KAMEYAMA, Tadanori & G. David NOVELLI, 1960, « The cell-free synthesis of ß-galactosidase by Escherichia coli », *Biochemical and Biophysical Research Communications*, vol. 2, p. 393-396.

KAUFFMAN, Stuart, 1995, *At Home in the Universe : The Search for the Laws of Self-Organization and Complexity*, Oxford Oxford University Press.

KAY, Lily E., 1993, *The Molecular Vision of Life*, Oxford Oxford University Press.

KAY, Lily E., 1994, « Wer schrieb das Buch des Lebens ? Information und Transformation der Molekularbiologie », *Objekte, Differenzen, Konjunkturen. Experimentalsysteme im historischen Kontext*, Michael Hagner, Hans-Jörg Rheinberger & Bettina Wahrig-Schmidt (éd.), Berlin Akademie Verlag, p. 151-179.

KAY, Lily E., 2000, *Who Wrote the Book of Life ? A History of the Genetic Code*, Stanford Stanford University Press.

KELLER, Elizabeth B., 1951, « Turnover of proteins of cell fractions of adult rat liver in vivo », *Federation Proceedings*, vol. 10, p. 206.

KELLER, Elizabeth B. & Paul C. ZAMECNIK, 1954, « Anaerobic incorporation of C^{14}-amino acids into protein in cell-free liver preparations », *Federation Proceedings*, vol. 13, p. 239-240.

KELLER, Elizabeth B., Paul C. ZAMECNIK & Robert B. LOFTFIELD, 1954, « The role of microsomes in the incorporation of amino acids into proteins », *Journal of Histochemistry and Cytochemistry*, vol. 2, p. 378-386.

KELLER, Elizabeth B. & Paul C. ZAMECNIK, 1955, « Effect of guanosine diphosphate on incorporation of labeled amino acids into proteins », *Federations Proceedings*, vol. 14, p. 234.

KELLER, Elizabeth B. & Paul C. ZAMECNIK, 1956, « The effect of guanosine diphosphate and triphosphate on the incorporation of labeled amino acids into proteins », *Journal of Biological Chemistry*, vol. 221, p. 45-59.

KELLER, Evelyn Fox, 1983, *A Feeling for the Organism : The Life and Work of Barbara McClintock*, New York W. H. Freeman. [1999, *La Passion du vivant. La vie et l'œuvre de Barbara McClintock, prix Nobel de médecine*, traduit par Rose-Marie Vassallo-Villaneau, Paris Sanofi-Synthélabo.]

KELLER, Evelyn Fox, 1990, « Physics and the emergence of molecular biology : A history of cognitive and political synergy », *Journal of the History of Biology*, vol. 23, p. 389-409.

KELLER, Evelyn Fox, 1994, « Language and science : Genetics, embryology and the discourse of gene action », *Encyclopedia Britannica*, « Great Ideas Today », 1re partie : « Current Developments in the Arts and Sciences », p. 1-29.

KIRBY, K. S., 1956, « A new method for the isolation of ribonucleic acids from mammalian tissues », *Biochemical Journal*, vol. 64, p. 405-408.

KIT, Saul & David M. GREENBERG, 1952, « Incorporation of isotopic threonine and valine into the protein of rat liver particles », *Journal of Biological Chemistry*, vol. 194, p. 377-381.

KITTLER, Friedrich, 1985, *Aufschreibesysteme 1800-1900*, Munich Fink.

KLEIN, Ursula, 2003, *Experiments, Models, Paper Tools : Cultures of Organic Chemistry in the Nineteenth Century*, Stanford Stanford University Press.

KNORR CETINA, Karin, 1984, *Die Fabrikation von Erkenntnis*, Francfort-sur-le-Main Suhrkamp.

KNORR CETINA, Karin, Klaus AMANN, Stefan HIRSCHAUER & Karl-Heinrich SCHMIDT, 1988, « Das naturwissenschaftliche Labor als Ort der "Verdichtung" von Gesellschaft », *Zeitschrift für Soziologie*, vol. 17, p. 85-101.

KOHLER, Robert E., 1991a, *Partners in Science : Foundations and Natural Scientists, 1900-1945*, Chicago University of Chicago Press.

KOHLER, Robert E., 1991b, « Systems of production : Drosophila, Neurospora and biochemical genetics », *Historical Studies in the Physical and Biological Sciences*, vol. 22, p. 87-130.

KOHLER, Robert E., 1994, *Lords of the Fly. Drosophila Genetics and the Experimental Life*, Chicago University Press of Chicago.

KONINGSBERGER, Victor V. & Jan Th. G. OVERBEEK, 1953, « On the role of the nucleic acids in the biosynthesis of the peptide bond », *Koninklijke Nederlandse Akademie van Wetenschappen, Proceedings of the Section of Sciences*, Physical Sciences, vol. 56, série B, p. 248-254.

KONINGSBERGER, Victor V., Christian Olav VAN DER GRINTEN & Jan Th. G. OVERBEEK, 1957, « Possible intermediates in the biosynthesis of proteins », 1re partie : « Evidence for the presence of nucleotide-bound carboxyl-activated peptides in baker's yeast », *Biochimica et Biophysica Acta*, vol. 26, p. 483-490.

KORNBERG, Arthur, 1989, *For the Love of Enzymes*, Cambridge (Mass.) Harvard University Press.

KRUH, Jacques & Henry BORSOOK, 1955, « In vitro synthesis of ribonucleic acid in reticulocytes », *Nature*, vol. 175, p. 386-387.

KUBLER, George, 1962, *The Shape of Time : Remarks on the History of Things*, New Haven et Londres Yale University Press. [1973, *Formes du temps : remarques sur l'histoire des choses*, traduit par Yana Kornel & Carole Naggar, Paris Champ Libre.]

KUHN, Thomas S., 1962, *The Structure of Scientific Revolutions*, Chicago University of Chicago Press. [1982, *La Structure des révolutions scientifiques*, traduit par Laure Meyer, Paris Flammarion.]

KUHN, Thomas S., 1992, *The Trouble with the Historical Philosophy of Science*, publication spéciale du département d'histoire des sciences de l'université de Harvard Cambridge (Mass.).

KURLAND, Charles G., 1960, « Molecular characterization of ribonucleic acid from Escherichia coli ribosomes », 1re partie : « Isolation and molecular weights », *Journal of Molecular Biology*, vol. 2, p. 83-91.

LACAN, Jacques, 1966, « La science et la vérité », *Écrits*, Paris Éditions du Seuil, p. 855-877.

LACAN, Jacques, 1986, *Séminaire VII. L'Éthique de la psychanalyse*, Paris Éditions du Seuil.

LACKS, Sandford & François GROS, 1959, « A metabolic study of the RNA-amino acid complexes in Escherichia coli », *Journal of Molecular Biology*, vol. 1, p. 301-320.

LAMBORG, Marvin R., 1960, « Amino acid incorporation into protein by extracts of E. coli », *Federation Proceedings*, vol. 19, p. 346.

LAMBORG, Marvin R. & Paul C. ZAMECNIK, 1960, « Amino acid incorporation into protein by extracts of E. coli », *Biochimica et Biophysica Acta*, vol. 42, p. 206-211.

LAMBORG, Marvin R. & Paul C. ZAMECNIK, 1965, « Optical rotatory dispersion of E. coli sRNA in the far ultraviolet region », *Biochemical and Biophysical Research Communications*, vol. 20, p. 328-333.

LAMBORG, Marvin R., Paul C. ZAMECNIK, Ting-Kai LI, Jeremias KÄGI & Bert L. VALLEE, 1965, « Anomalous rotatory dispersion of soluble ribonucleic acid and its relation to amino acid synthetase recognition », *Biochemistry*, vol. 4, p. 63-70.

LATOUR, Bruno & Steve WOOLGAR, [1979] 1986, *Laboratory Life*, Londres SAGE Publications. [1996, *La Vie de laboratoire : la production des faits scientifiques*, traduit par Michel Biezunski, Paris La Découverte.]

LATOUR, Bruno, 1987, *Science in Action*, Cambridge (Mass.) Harvard University Press. [2005, *La Science en action*, traduit par Michel Biezunski, Paris La Découverte.]

LATOUR, Bruno, 1988, *The Pasteurization of France*, Cambridge (Mass.) Harvard University Press.

LATOUR, Bruno, 1990a, « Postmodern ? No, simple amodern ! Steps towards an anthropology of science », *Studies in History and Philosophy of Science*, vol. 21, p. 145-171.

LATOUR, Bruno, 1990b, « The force and the reason of experiment », *Experimental Inquiries*, Homer E. Le Grand (éd.), Dordrecht Reidel, p. 49-80.

LATOUR, Bruno, 1990c, « Drawing things together », *Representation in Scientific Practice*, Michael Lynch & Steve Woolgar (éd.), Cambridge (Mass.) MIT Press, p. 19-68.

LATOUR, Bruno, 1991, *Nous n'avons jamais été modernes. Essai d'anthropologie symétrique*, Paris La Découverte.

LATOUR, Bruno, 1993, « Le "pédofil" de Boa Vista – montage photo-philosophique », *La clef de Berlin et autres leçons d'un amateur de sciences*, Paris La Découverte, p. 171-225.

LEDINGHAM, John C. G. & William E. GYE, 1935, « On the nature of the filterable tumour-exciting agent in avian sarcomata », *Lancet*, vol. 228, n° 1, p. 376-377.

LEE, Norman D., Norma M. MACRAE & Robert H. WILLIAMS, 1951, « Effect of p-dimenthylaminoazobenzene on the incorporation of labeled cystine into protein of the subcellular components of rat liver », *Federation Proceedings*, vol. 10, p. 363.

LEE, Norman D., Jean T. ANDERSON, Ruth MILLER & Robert H. WILLIAMS, 1951, « Incorporation of labeled cystine into tissue protein and subcellular structures », *Journal of Biological Chemistry*, vol. 192, p. 733-742.

LE GRAND, Homer E. (éd.), 1990, *Experimental Inquiries*, Dordrecht Kluwer.

LENGYEL, Peter, Joseph F. SPEYER & Severo OCHOA, 1961, « Synthetic polynucleotides and the amino acid code », *Proceedings of the National Academy of Sciences of the United States of America*, vol. 47, p. 1936-1942.

LENOIR, Timothy, 1988, « Practice, reason, context : The dialogue between theory and experiment », *Science in Context*, vol. 2, p. 3-22.

LENOIR, Timothy, 1992, « Practical reason and the construction of knowledge : The lifeworld of Haber-Bosch », *The Social Dimensions of Science*, Ernan McMullin (éd.), Notre Dame (Indiana) University of Notre Dame Press, p. 158-197.

LENOIR, Timothy, 1993, « The discipline of nature and the nature of disciplines », *Knowledges : Historical and Critical Studies in Disciplinarity*, Ellen Messer-Davidow, David Sylvan & David Shumway (éd.), Charlottesville University Press of Virginia, p. 70-102.

LENOIR, Timothy, 1997, *Instituting Science : The Cultural Production of Scientific Disciplines*, Stanford Stanford University Press.

LENOIR, Timothy & Marguerite HAYS, 2000, « The Manhattan Project for Biomedicine », *Controlling Our Destinies : The Human Genome Project from Historical, Philosophical, Social and Ethical Perspectives*, Phillip R. Sloan (éd.), Notre Dame (Indiana) University of Notre Dame Press, p. 29-62.

LEROI-GOURHAN, André, 1964, *Le Geste et la parole. Technique et langage*, Paris Éditions du Seuil.

LEVINE, George (éd.), 1993, *Realism and Representation : Essays on the Problem of Realism in Relation to Science, Literature, and Culture*, Madison University of Wisconsin Press.

LÉVI-STRAUSS, Claude, 1962, *La Pensée sauvage*, Paris Plon.

LINDERSTRØM-LANG, Kaj U., 1952, « Proteins and enzymes : Lane medical lectures », 5ᵉ partie : « Biological synthesis of proteins », *Stanford University Publications, University Series, Medical Sciences*, vol. 6, p. 1-115.

LIPMANN, Fritz, 1941, « Metabolic generation and utilization of phosphate bond energy », *Advances in Enzymology*, vol. 1, p. 99-162.

LIPMANN, Fritz, 1949, « Mechanism of peptide bond formation », *Federation Proceedings*, vol. 8, p. 597-602.

LIPMANN, Fritz, 1954, « On the mechanism of some ATP-linked reactions and certain aspects of protein synthesis », *The Mechanism of Enzyme Action*, William D. McElroy & Hiram Bentley Glass (éd.), Baltimore The Johns Hopkins Press, p. 599-607.

LIPMANN, Fritz, W. C HÜLSMANN, G. HARTMANN, Hans G. BOMAN & George Acs, 1959, « Amino acid activation and protein synthesis », *Journal of Cellular and Comparative Physiology*, vol. 54, supplément 1, p. 75-88.

LIPMANN, Fritz, 1963, « Messenger ribonucleic acid », *Progress in Nucleic Acid Research*, vol. 1, p. 135-161.

LIPMANN, Fritz, 1971, *Wanderings of a Biochemist*, New York Wiley-Interscience.

LITTLEFIELD, John W., Elizabeth B. KELLER, Jerome GROSS & Paul C. ZAMECNIK, 1995a, « Studies on cytoplasmic ribonucleoprotein particles from the liver of the rat », *Journal of Biological Chemistry*, vol. 217, p. 111-123.

LITTLEFIELD, John W., Elizabeth B. KELLER, Jerome GROSS & Paul C. ZAMECNIK, 1955b, « Studies on protein synthesis in the liver », *Journal of Clinical Investigation*, vol. 34, p. 950.

LITTLEFIELD, John W. & Elizabeth B. KELLER, 1956, « Cell-free incorporation of C^{14}-amino acids into cytoplasmic ribonucleoprotein particles », *Federation Proceedings*, vol. 15, p. 302-303.

LITTLEFIELD, John W. & Elizabeth B. KELLER, 1957, « Incorporation of C^{14}-amino acids into ribonucleoprotein particles from the Ehrlich mouse ascites tumor », *Journal of Biological Chemistry*, vol. 224, p. 13-30.

LOFTFIELD, Robert B., 1947, « Preparation of C^{14}-labeled hydrogen cyanide, alanine, and glycine », *Nucleonics*, vol. 1, n° 3, p. 54-57.

LOFTFIELD, Robert B., John W. GROVER & Mary L. STEPHENSON, 1953, « Possible role of proteolytic enzymes in protein synthesis », *Nature*, vol. 171, p. 1024-1025.

LOFTFIELD, Robert B., 1954, « In vivo and in vitro incorporation of C-14 leucine into ferritin », *Federation Proceedings*, vol. 13, p. 465.

LOFTFIELD, Robert B., 1955, « Participation of free amino acids in protein synthesis », *Federation Proceedings*, vol. 14, p. 246.

LOFTFIELD, Robert B. & Anne HARRIS, 1956, « Participation of free amino acids in protein synthesis », *Journal of Biological Chemistry*, vol. 219, p. 151-169.

LOFTFIELD, Robert B., 1957a, « The biosynthesis of protein », *Progress in Biophysics and Biophysical Chemistry*, vol. 8, p. 347-386.

LOFTFIELD, Robert B., 1957b, « Speed of protein synthesis », *Federation Proceedings*, vol. 16, p. 82.

LOFTFIELD, Robert B. & Elizabeth A. EIGNER, 1958, « The time required for the synthesis of a ferritin molecule in rat liver », *Journal of Biological Chemistry*, vol. 231, p. 925-943.

LOFTFIELD, Robert B., Liselotte I. HECHT & Elizabeth A. EIGNER, 1959, « Alloisoleucine as a competitor for isoleucine and valine in protein synthesis », *Federation Proceedings*, vol. 18, p. 276.

LOOMIS, William F. & Fritz Lipmann, 1948, « Reversible inhibition of the coupling between phosphorylation and oxidation », *Journal of Biological Chemistry*, vol. 173, p. 807-808.

LÖWY, Ilana, 1992, « The strength of loose concepts – Boundary concepts, federative experimental strategies and disciplinarity growth : The case of immunology », *History of Science*, vol. 30, p. 371-395.

LUBAR, Steven & W. David KINGERY, 1993, *History from Things. Essays on Material Culture*, Washington Smithsonian Institution Press.

LUNARDINI, Rosemary, automne 1993, « DNA drama », *Dartmouth Medicine*, p. 16-22.

LURIA, Salvador E., 1985, *A Slot Machine, A Broken Test Tube. An Autobiography*, New York Harper & Row.

LWOFF, André & Agnes ULLMANN (éd.), 1979, *Origins of Molecular Biology : A Tribute to Jacques Monod*, New York Academic Press.

LYNCH, Michael, 1985, *Art and Artifact in Laboratory Science : A Study of Shop Work and Shop Talk in a Research Laboratory*, Londres Routledge and Kegan Paul.

LYNCH, Michael & Steve Woolgar, 1990a, « Sociological orientations to representational practice in science », *Representation in Scientific Practice*, Michael Lynch & Steve Woolgar (éd.), Cambridge (Mass.) MIT Press, p. 1-18.

LYNCH, Michael & Steve WOOLGAR, 1990b, *Representation in Scientific Practice*, Cambridge (Mass.) MIT Press.

LYNCH, Michael, 1994, « Representation is overrated : Some critical remarks about the use of the concept of representation in science studies », *Configurations*, vol. 2, p. 137-149.

MAAS, Werner K. & G. David NOVELLI, 1953, « Synthesis of pantothenic acid by depyrophosphorylation of adenosine triphosphate », *Archives of Biochemistry and Biophysics*, vol. 43, p. 236-238.

MacColl, San, 1989, « Intimate observation », *Metascience*, vol. 7, p. 90-98.

MALKIN, Harold M., 1954, « Synthesis of ribonucleic acid purines and protein in enucleated and nucleated sea urchin eggs », *Journal of Cellular and Comparative Physiology*, vol. 44, p. 105-112.

MATSUBARA, Kenichi & Itaru WATANABE, 1961, « Studies of amino acid incorporation with purified ribosomes and soluble enzymes from Escherichia coli », *Biochemical and Biophysical Research Communications*, vol. 5, p. 22-26.

MATTHAEI, Heinrich & Marshall W. NIRENBERG, 1961a, « The dependence of cell-free protein synthesis in E. coli upon RNA prepared from ribosomes », *Biochemical and Biophysical Research Communications*, vol. 4, p. 404-408.

MATTHAEI, J. Heinrich & Marshall W. NIRENBERG, 1961b, « Some characteristics of a cell-free DNAase sensitive system incorporating amino acids into protein », *Federation Proceedings*, vol. 20, p. 391.

MATTHAEI, J. Heinrich & Marshall W. NIRENBERG, 1961c, « Characteristics and stabilization of DNAase-sensitive protein synthesis in E. coli extracts », *Proceedings of the National Academy of Sciences of the United States of America*, vol. 47, p. 1580-1588.

MAYR, Ernst, 1990, « When is historiography whiggish ? », *Journal of the History of Ideas*, vol. 51, p. 301-309.

McCARTY, Maclyn, 1985, « *The Transforming Principle : Discovering That Genes Are Made of DNA* », New York W. W. Norton.

McCORQUODALE, Donald J., E. G. VEACH & Gerald C. MUELLER, 1961, « The incorporation in vitro of labeled amino acids into the proteins of normal and regenerating rat liver », *Biochimica et Biophysica Acta*, vol. 46, p. 335-343.

McINTOSH, James, 1935, « The sedimentation of the virus of Rous sarcoma and the bacteriophage by a high-speed centrifuge », *Journal of Pathology and Bacteriology*, vol. 41, p. 215-217.

MELCHIOR, Jacklyn B. & Harold TARVER, 1947a, « Studies in protein synthesis in vitro », 1re partie : « On the synthesis of labeled cystine (S^{35}) and its attempted use as a tool in the study of protein synthesis », *Archives of Biochemistry*, vol. 12, p. 301-308.

MELCHIOR, Jacklyn B. & Harold TARVER, 1947b, « Studies on protein synthesis in vitro », 2^{e} partie : « On the uptake of labeled sulfur by the proteins of liver slices incubated with labeled methionine (S^{35}) », *Archives of Biochemistry*, vol. 12, p. 309-315.

MILLER, Warren W., 1947, « High-efficiency counting of long-lived radioactive carbon as CO_2 », *Science*, vol. 105, p. 123-125.

MITCHELL, W. J. Thomas, 1987, *Iconology : Image, Text, Ideology*, Chicago University Press of Chicago. [2009, *Iconologie : image, texte, idéologie*, traduit par Maxime Boidy & Stéphane Roth, Paris Les Prairies Ordinaires.]

MOLES, Abraham, 1995, *Les Sciences de l'imprécis*, Paris Éditions du Seuil.

MONIER, Robert, Mary L. STEPHENSON & Paul C. ZAMECNIK, 1960, « The preparation and some properties of a low molecular weight ribonucleic acid from baker's yeast », *Biochimica et Biophysica Acta*, vol. 43, p. 1-8.

MONOD, Jacques, Alwin M. PAPPENHEIMER Jr. & Germaine COHEN-BAZIRE, 1952, « La cinétique de la biosynthèse de la ß-galactosidase chez E. coli considérée comme fonction de la croissance », *Biochimica et Biophysica Acta*, vol. 9, p. 648-660.

MONOD, Jacques & Melvin COHN, 1953, « Sur le mécanisme de la synthèse d'une protéine bactérienne. La ß-galactosidase d'E. coli », *IV^{bh} International*

Congress of Microbiology, Rome Symposium on Microbial Metabolism, p. 42-62.

MONOD, Jacques & E. BOREK (éd.), 1971, *Of Microbes and Life*, Ithaca (N.Y.) Cornell University Press.

MOORE, Stanford & William H. STEIN, 1949, « Chromatography of amino acids on starch columns. Solvent mixtures for the fractionation of protein hydrolysates », *Journal of Biological Chemistry*, vol. 178, p. 53-77.

MORANGE, Michel, 1990, « Le concept du gène régulateur », *Histoire de la génétique*, Jean-Louis Fischer & William H. Schneider (éd.), Paris A.R.P.E.M. et Éditions Sciences en Situation, p. 271-291.

MORANGE, Michel, 1994, *Histoire de la biologie moléculaire*, Paris La Découverte.

MYERS, Greg, 1990, *Writing Biology. Texts in the Social Construction of Scientific Knowledge*, Madison University of Wisconsin Press.

NÄGELE, Rainer, 1987, *Reading After Freud*, New York Columbia University Press.

NATHANS, Daniel & Fritz LIPMANN, 1960, « Amino acid transfer from sRNA to microsome », 2^e partie : « Isolation of a heat-labile factor from liver supernatant », *Biochimica et Biophysica Acta*, vol. 43, p. 126-128.

NATHANS, Daniel & Fritz LIPMANN, 1961, « Amino acid transfer from aminoacyl-ribonucleic acids to protein on ribosomes of Escherichia coli », *Proceedings of the National Academy of Sciences of the United States of America*, vol. 47, p. 497-504.

NATHANSON, Ira T., A. L. NUTT, Alfred POPE, Paul C. ZAMECNIK, Joseph C. AUB, Austin M. BRUES & Seymour S. KETY, 1945, « The toxic factors in experimental traumatic shock », 1re partie : « Physiologic effects of muscle ligation in the dog », *Journal of Clinical Investigation*, vol. 24, p. 829-834 (parties 2 à 6 : p. 835-863).

NIETZSCHE, Friedrich, 1919, *Der Wille zur Macht, Werke*, tome 9, Leipzig Kröner. [1992, *Fragments posthumes*, tome XIV des *Œuvres philosophiques complètes*, traduit par Jean-Claude Hémery, Paris Gallimard ; 1994, *L'Antéchrist*, traduit par Éric Blondel, Paris GF Flammarion.]

NIRENBERG, Marshall W. & J. Heinrich MATTHAEI, 1961, « The dependence of cell-free protein synthesis in E. coli upon naturally occurring or synthetic polyribonucleotides », *Proceedings of the National Academy of Sciences of the United States of America*, vol. 47, p. 1588-1602.

NIRENBERG, Marshall W. & J. Heinrich MATTHAEI, 1963a, « The dependence of cell-free proteins synthesis in E. coli upon naturally occurring or synthetic template RNA », *Proceedings of the Fifth International Congress of Biochemistry* (Moscou, 10-16 août 1961), tome 1, Vladimir A. Engelhardt (éd.), New York, p. 184-195.

NIRENBERG, Marshall W. & J. Heinrich MATTHAEI, 1963b, « Comparison of ribosomal and soluble E. coli systems incorporating amino acids into protein. Abstract 2.115 », *Proceedings of the Fifth International Congress of Biochemistry* (Moscou, 10-16 août 1961), tome 9, New York, p. 102.

NIRENBERG, Marshall W. & Philip LEDER, 1964, « RNA codewords and protein synthesis », *Science*, vol. 145, p. 1399-1407.

NIRENBERG, Marshall W., 1969, « The genetic code. Nobel Lecture by Marshall Nirenberg », *Les Prix Nobel en 1968*, Stockholm The Nobel Foundation, p. 1-21.

NISHIZUKA, Yasutomi & Fritz LIPMANN, 1966, « Comparison of guanosine triphosphate split and polypeptide synthesis with a purified E. coli system », *Proceedings of the National Academy of Sciences of the United States of America*, vol. 55, p. 212-219.

NISMAN, B., 1959, « Incorporation and activation of amino acids by disrupted protoplasts of Escherichia coli », *Biochimica et Biophysica Acta*, vol. 32, p. 18-31.

NOMURA, Masayasu, Benjamin D. HALL & Sol SPIEGELMAN, 1960, « Characterization of RNA synthesized in Escherichia coli after bacteriophage T2 infection », *Journal of Molecular Biology*, vol. 2, p. 306-326.

NOMURA, Masayasu, 1990, « History of ribosome research : a personal account », *The Ribosome. Structure, Function, and Evolution*, Walter E. Hill, Peter B. Moore, Albert Dahlberg, David Schlessinger, Rober A. Garrett & Jonathan R. Warner (éd.), Washington American Society for Microbiology, p. 3-55.

NOVELLI, G. David, 1966, « From ~P to CoA to protein biosynthesis », *Current Aspects of Biochemical Energetics*, Nathan O. Kaplan & Eugene P. Kennedy (éd.), New York Academic Press, p. 183-197.

NOWOTNY, Helga, 1989, *Eigenzeit. Entstehung und Strukturierung eines Zeitgefühls*, Francfort-sur-le-Main Suhrkamp. [1992, *Le Temps à soi : genèse et structuration d'un sentiment du temps*, traduit par Sabine Bollack & Anne Masclet, Paris Éditions de la Maison des Sciences de l'Homme.]

OFENGAND, E. James & Robert HASELKORN, 1961-1962, « Viral RNA-dependent incorporation of amino acids into protein by cell-free extracts of E. coli », *Biochemical and Biophysical Research Communications*, vol. 6, p. 469-474.

OGATA, Kikuo, Masana OGATA, Yoshio MOCHIZUKI & Tadamoto NISHIYAMA, 1956, « The in vitro incorporation of C^{14}-glycine into antibody and other protein fractions by popliteal lymph nodes of rabbits following the local injection of crystalline ovalbumin », *The Journal of Biochemistry*, vol. 43, p. 653-668.

OGATA, Kikuo & Hiroyoshi NOHARA, 1957, « The possible role of the ribonucleic acid (RNA) of the pH 5 enzyme in amino acid activation », *Biochimica et Biohysica Acta*, vol. 25, p. 659-660.

OGATA, Kikuo, Hiroyoshi NOHARA & Tomi MORITA, 1957, « The effect of ribonuclease on the amino acid-dependent exchange between labeled inorganic pyrophosphate ($^{32}P^{32}P$) and adenosine triphosphate (ATP) by the pH 5 enzyme », *Biochimica et Biophysica Acta*, vol. 26, p. 656-657.

OLBY, Robert C., 1990, « The molecular revolution in biology », *Companion to the History of Modern Science*, R. C. Olby, G. N. Cantor, J. R. R. Christie & M. J. S. Hodge (éd.), Londres Routledge, p. 503-520.

PAILLOT, André & André GRATIA, 1938, « Application de l'ultracentrifugation à l'isolement du virus de la grasserie des vers à soie », *Comptes Rendus Hebdomadaires de la Société de Biologie*, vol. 90, p. 1178-1180.

PALADE, George E., 1951, « Intracellular distribution of acid phosphatase in rat liver cells », *Archives of Biochemistry*, vol. 30, 144-158.

PALADE, George E. & Keith R. PORTER, 1954, « Studies on the endoplasmic reticulum », 1re partie : « Its identification in cells in situ », *Journal of Experimental Medicine*, vol. 100, p. 641-656.

PALADE, George E., 1955, « A small particulate component of the cytoplasm », *Journal of Biophysical and Biochemical Cytology*, vol. 1, p. 59-68.

PALADE, George E. & Philip SIEKEVITZ, 1956, « Liver microsomes. An integrated morphological and biochemical study », *Journal of Biophysical and Biochemical Cytology*, vol. 2, p. 171-200.

PALADE, George, E., 1958, « Microsomes and ribonucleoprotein particles », *Microsomal Particles and Protein Synthesis*, Richard B. Roberts (éd.), Londres Pergamon Press, p. 36-61.

PARDEE, Arthur B., 1954, « Nucleic acid precursors and protein synthesis », *Proceedings of the National Academy of Sciences of the United States of America*, vol. 40, p. 263-270.

PARDEE, Arthur B., François JACOB & Jacques MONOD, 1959, « The genetic control and cytoplasmic expression of "inducibility" in the synthesis of ß-galactosidase by E. coli », *Journal of Molecular Biology*, vol. 1, p. 165-178.

PATERSON, Alan R. P. & Gerald A. LEPAGE, 1957, « Ribonucleic acid synthesis in tumor homogenates », *Cancer Research*, vol. 17, p. 409-417.

PEIRCE, Charles Sanders, 1955, « Logic as semiotic : The theory of signs », *Philosophical Writings of Peirce*, Justus Buchler (éd.), New York Dover, p. 98-119. [1976, « La logique comme sémiotique : la théorie des signes », *Théories du signe et du sens*, Alain Rey (éd.), traduit par Alain Rey, Paris Klincksieck, p. 15-36.]

PERUTZ, Max F., 1998, *Science Is Not a Quiet Life : Unraveling the Atomic Mechanism of Haemoglobin*, Singapour World Scientific Publishers.

PETERMANN, Mary L. & Mary G. HAMILTON, 1952, « An ultracentrifugal analysis of the macromolecular particles of normal and leukemic mouse spleen », *Cancer Research*, vol. 12, p. 373-378.

PETERMANN, Mary L., Nancy A. MIZEN & Mary G. HAMILTON, 1953, « The macromolecular particles of normal and regenerating rat liver », *Cancer Research*, vol. 13, p. 372-375.

PETERMANN, Mary L., Mary G. HAMILTON & Nancy A. MIZEN, 1954, « Electrophoretic analysis of the macromolecular nucleoprotein particles of mammalian cytoplasm », *Cancer Research*, vol. 14, p. 360-366.

PETERMANN, Mary L. & Mary G. HAMILTON, 1955, « A stabilizing factor for cytoplasmic nucleoproteins », *Journal of Biophysical and Biochemical Cytology*, vol. 1, p. 469-472.

PETERMANN, Mary L., Mary G. HAMILTON, Moses Earl BALIS, Kumud SAMARTH & Pauline PECORA, 1958, « Physicochemical and metabolic studies on rat liver ribonucleoprotein », *Microsomal Particles and Proteins Synthesis*, Richard B. Roberts (éd.), Londres Pergamon Press, p. 70-75.

PETERSON, Elbert A. & David M. GREENBERG, 1952, « Characteristics of the amino acid-incorporating system of liver homogenates », *Journal of Biological Chemistry*, vol. 194, p. 359-375.

PICKERING, Andrew (éd.), 1992, *Science as Practice and Culture*, Chicago University of Chicago Press.

PICKERING, Andrew, 1995, *The Mangle of Practice. Time, Agency, and Science*, Chicago The University Press of Chicago.

PICKSTONE, John V., 2000, *Ways of Knowing. A New History of Science, Technology and Medicine*, Manchester Manchester University Press.

POLANYI, Michael, 1958, *Personal Knowledge. Towards a Post-Critical Philosophy*, Londres Routledge and Kegan Paul.

POLANYI, Michael, 1965, *Duke University Lectures 1964*, microfilm, Berkeley University of California, (copie du Library Photographic Service).

POLANYI, Michael, 1967, *The Tacit Dimension*, New York Anchor.

POLANYI, Michael, 1969, *Knowing and Being*, Marjorie Grene (éd.), Chicago University of Chicago Press.

POPPER, Karl, 1968, *The Logic of Scientific Discovery*, New York Harper and Row. [2009, *La Logique de la découverte scientifique*, traduit par Nicole Thyssen-Rutten & Philippe Devaux, Paris Payot.]

PORTER, Keith R., 1953, « Observations on a submicroscopic basophilic component of cytoplasm », *Journal of Experimental Medicine*, vol. 97, p. 727-749.

PORTER, Keith R. & Joseph BLUM, 1953, « A study in microtomy for electron microscopy », *Anatomical Record*, vol. 117, p. 685-710.

PORTUGAL, Franklin H. & Jack S. COHEN, 1977, *A Century of DNA*, Cambridge (Mass.) MIT Press.

POTTER, Joseph L. & Alexander L. DOUNCE, 1956, « Nucleotide-amino acid complexes in alkaline digests of ribonucleic acid », *Journal of the American Chemical Society*, vol. 78, p. 3078-3082.

POTTER, Van R., Liselotte I. HECHT & Edward HERBERT, 1956, « Incorporation of pyrimidine precursors into ribonucleic acid in a cell-free fraction of rat liver homogenate », *Biochimica et Biophysica Acta*, vol. 20, p. 439-440.

PREISS, Jack, Paul BERG, E. James OFENGAND, Fred H. BERGMANN & Marianne DIECKMANN, 1959, « The chemical nature of the RNA-amino acid compound formed by amino acid-activating enzymes », *Proceedings of the National Academy of Sciences of the United States of America*, vol. 45, p. 319-328.

PRIGOGINE, Ilya & Isabelle STENGERS, 1991, *La Nouvelle alliance*, Paris Gallimard, « Folio essais ».

RABINOW, Paul, 1996, *Making PCR : A Story of Biotechnology*, Chicago University of Chicago Press.

RASMUSSEN, Nicolas, 1997, *Picture Control : The Electron Microscope and the Transformation of Biology in America, 1940-1960*, Stanford Stanford University Press.

REICHENBACH, Hans, 1983, *Erfahrung und Prognose, Gesammelte Werke*, tome 4, Braunschweig Vieweg.

REMER, Theodore G., 1964, « Serendipity – the last word », *Science*, vol. 143, p. 196-197.

RENDI, R., 1959, « Incorporation of ^{14}C-glycine into "S-RNA" and microsomes of normal and regenerating rat liver », *Biochimica et Biophysica Acta*, vol. 31, p. 266-268.

RENDI, R. & Tore HULTIN, 1960, « Preparation and amino acid incorporating ability of ribonucleoprotein-particles from different tissues of the rat », *Experimental Cell Research*, vol. 19, p. 253-266.

RHEINBERGER, Hans-Jörg, 1989, « H. M. Collins, Changing Order », *History and Philosophy of the Life Sciences*, vol. 11, p. 388-390.

RHEINBERGER, Hans-Jörg, 1992a, *Experiment, Differenz, Schrift. Zur Geschichte epistemischer Dinge*, Marburg Basiliskenpresse.

RHEINBERGER, Hans-Jörg, 1992b, « Experiment, difference and writing », 1re partie : « Tracing protein synthesis », 2^e partie : « The laboratory production of transfer RNA », *Studies in History and Philosophy of Science*, vol. 23, p. 305-331 et p. 389-422.

RHEINBERGER, Hans-Jörg, 1993, « Experiment and orientation : Early systems of in vitro protein synthesis », *Journal of the History of Biology*, vol. 26, p. 443-471.

RHEINBERGER, Hans-Jörg & Michael HAGNER, 1993, « Experimentalsysteme », *Die Experimentalisierung des Lebens*, Hans-Jörg Rheinberger & Michael Hagner (éd.), Berlin Akademie Verlag, p. 7-27.

RHEINBERGER, Hans-Jörg (éd.), 1994, « Experimental systems : Historiality, narration and deconstruction », *Science in Context*, vol. 7, p. 65-81.

RHEINBERGER, Hans-Jörg, 1995, « From microsomes to ribosomes : "Strategies" of "representation" », *Journal of the History of Biology*, vol. 28, p. 49-89.

RHEINBERGER, Hans-Jörg, 1996, « Comparing experimental systems : Protein Synthesis in microbes and in animal tissue at Cambridge (Ernest F. Gale) and at the Massachusetts General Hospital (Paul C. Zamecnik), 1945-1960 », *Journal of the History of Biology*, vol. 29, p. 387-416.

RHEINBERGER, Hans-Jörg, 1997, « Cytoplasmic particles in Brussels (Jean Brachet, Hubert Chantrenne, Raymond Jeener) and at Rockefeller (Albert Claude), 1935-1955 », *History and Philosophy of the Life Sciences*, vol. 19, p. 47-67.

RHEINBERGER, Hans-Jörg, Michael HAGNER & Bettina WAHRIG-SCHMIDT (éd.), 1997, *Räume des Wissens. Repräsentation, Codierung, Spur*, Berlin Akademie Verlag.

RHEINBERGER, Hans-Jörg, 1998a, « From the "originary phenomenon" to the "system of pelagic fishery" : Johannes Müller (1801-1858) and the relation between physiology and philosophy », *From Physico-Theology to Bio-Technology : Essays in the Social and Cultural History of Bioscience. A Festschrift for Mikuláš Teich*, Kurt Bayertz & Roy Porter (éd.), Amsterdam Editions Rodopi, p. 133-152.

RHEINBERGER, Hans-Jörg, 1998b, « Augenmerk », *Aufmerksamkeit*, Norbert Haas, Rainer Nägele & Hans-Jörg Rheinberger (éd.), Eggingen Isele, p. 397-412.

RHEINBERGER, Hans-Jörg, 2001, « Putting isotopes to work : Liquid scintillation counters, 1950-1970 », *Instrumentation Between Science, State and Industry*, Bernward Jeorges & Terry Shinn (éd.), Dordrecht Kluwer, p. 143-174.

RICH, Alexander & Norman DAVIDSON (éd.), 1968, *Structural Chemistry and Molecular Biology*, San Francisco Freeman.

RILEY, Monica, Arthur B. PARDEE, François JACOB & Jacques MONOD, 1960, « On the expression of a structural gene », *Journal of Molecular Biology*, vol. 2, p. 216-225.

RITTENBERG, David, 1941, « The state of the proteins in animals as revealed by the use of isotopes », *Cold Spring Harbor Symposia on Quantitative Biology*, vol. 9, p. 283-289.

RITTENBERG, David, 1950, « Dynamic aspects of the metabolism of amino acids », *The Harvey Lectures (1948-1949)*, vol. 44, p. 200-219.

ROBERTS, Richard B., 1958, « Introduction », *Microsomal Particles and Protein Synthesis*, Richard B. Roberts (éd.), New York Pergamon Press, p. VII-VIII.

ROBERTS, Richard B., 1964, « Ribosomes. A. General Properties of ribosomes », *Studies of Macromolecular Biosynthesis*, Richard B. Roberts (éd.), Washington D. C. Carnegie Institution, p. 147-168.

ROBERTS, Royston M., 1989, *Serendipity. Accidental Discoveries in Science*, New York Wiley.

ROGERS, Palmer & G. David NOVELLI, 1959, « Cell free synthesis of ornithine transcarbamylase », *Biochimica et Biophysica Acta*, vol. 33, p. 423.

ROHBECK, Johannes, 1993, *Technologische Urteilskraft. Zu einer Kritik technischen Handelns*, Francfort-sur-le-Main Suhrkamp.

Root-Bernstein Robert Scott, 1989, *Discovering. Inventing and Solving Problems at the Frontiers of Scientific Knowledge*, Cambridge (Mass.) Harvard University Press.

ROSENBERG, Alexander, 1994, *Instrumental Biology or the Disunity of Science*, Chicago Chicago University Press.

ROTMAN, Boris & Sol SPIEGELMAN, 1954, « On the origin of the carbon in the induced synthesis ß-galactosidase in Escherichia coli », *Journal of Bacteriology*, vol. 68, p. 419-429.

ROTMAN, Brian, 1987, *Signifying Nothing : The Semiotics of Zero*, New York St. Martin's Press.

ROUS, Peyton, 1911, « A sarcoma of fowl transmissible by an agent separable from tumor cells », *Journal of Experimental Medicine*, vol. 13, p. 397-411.

ROUSE, Joseph, 1991, « Philosophy of science and the persistent narratives of modernity », *Studies in History and Philosophy of Science*, vol. 22, p. 141-162.

ROUSE, Joseph, 1996, *Engaging Science : How to Understand Its Practices Philosophically*, Ithaca (N.Y.) Cornell University Press.

SANADI, D. Rao, David M. GIBSON & Padmasini AYENGAR, 1954, « Guanosine triphosphate, the primary product of phosphorylation coupled to the breakdown of succinyl coenzyme A », *Biochimica et Biophysica Acta*, vol. 14, p. 434-436.

SANGER, Frederick & Hans TUPPY, 1951, « The amino-acid sequence in the phenylalanyl chain of insulin », 1re partie : « The identification of lower peptides from partial hydrolysates », et 2^e partie : « The investigation of peptides from enzymic hydrolysates », *Biochemical Journal*, vol. 49, p. 463-481 et p. 481-490.

SAPOLSKY, Harvey M., 1990, *Science and the Navy*, Princeton Princeton University Press.

SARIN, Prem S. & Paul C. ZAMECNIK, 1964, « On the stability of aminoacyl-s-RNA to nucleophilic catalysis », *Biochimica et Biophysica Acta*, vol. 91, p. 653-655.

SARIN, Prem S. & Paul C. ZAMECNIK, 1965a, « Modification of amino acid acceptance and transfer capacity of s-RNA in the presence of organic solvents », *Biochemical and Biophysical Research Communications*, vol. 19, p. 198-203.

SARIN, Prem S. & Paul C. ZAMECNIK, 1965b, « Conformational differences between s-RNA and aminoacyl s-RNA », *Biochemical and Biophysical Research Communications*, vol. 20, p. 400-405.

SARKAR, Sahotra, 1996, « Biological information : A skeptical look at some central dogmas of molecular biology », *The Philosophy and History of Molecular Biology : New Perspectives*, Sahotra Sarkar (éd.), Dordrecht Kluwer, p. 187-231.

SCHACHMAN, Howard K., Arthur B. PARDEE & Roger Y. STANIER, 1952, « Studies on the macromolecular organization of microbial cells », *Archives of Biochemistry and Biophysics*, vol. 38, p. 245-260.

SCHACHTSCHABEL, Dietrich & Wolfram ZILLIG, 1959, « Untersuchungen zur Biosynthese der Proteine », 1re partie : « Über den Einbau ^{14}C-markierter Aminosäuren ins Protein zellfreier Nucleoproteid-Enzym-Systeme aus Escherichia coli B », *Hoppe-Seyler's Zeitschrift für physiologische Chemie*, vol. 314, p. 262-275.

SCHAFFER, Simon, 1994, « Making up discovery », *Dimensions of Creativity*, Margaret A. Boden (éd.), Cambridge (Mass.) MIT Press, p. 13-51.

SCHNEIDER, Walter C. & George H. HOGEBOOM, 1950, « Intracellular distribution of enzymes », 5e partie : « Further studies on the distribution of cytochrome c in rat liver homogenates », *Journal of Biological Chemistry*, vol. 183, 123-128.

SCHOENHEIMER, Rudolf, 1942, *The Dynamic State of Body Constituents*, Cambridge (Mass.) Harvard University Press.

SCHWEET, Richard S., Freeman C. BOVARD, Esther ALLEN & Edward GLASSMAN, 1958, « The incorporation of amino acids into ribonucleic acid », *Proceedings of the National Academy of Sciences of the United States of America*, vol. 44, p. 173-177.

SCHWEET, Richard S., Hildegarde LAMFROM & Esther ALLEN, 1958, « The synthesis of hemoglobin in a cell-free system », *Proceedings of the National Academy of Sciences of the United States of America*, vol. 44, p. 1029-1035.

SELBY, Cecily Cannan, John J. BIESELE & Clifford E. GREY, 1956, « Electron microscope studies of ascites tumor cells », *Annals of the New York Academy of Sciences*, vol. 63, p. 748-773.

SERRES, Michel, 1980, *Le Passage du Nord-Ouest (Hermes V)*, Paris Minuit.

SERRES, Michel, 1987, *Statues*, Paris Bourin.

SERRES, Michel, 1989, « Préface qui invite le lecteur à ne pas négliger de la lire pour entrer dans l'intention des auteurs et comprendre l'agencement de ce livre », *Éléments d'histoire des sciences*, Michel Serres (éd.), Paris Bordas, p. 1-15.

SHAPIN, Steven & Simon SCHAFFER, 1985, *Leviathan and the Air Pump : Hobbes, Boyle, and the Experimental Life*, Princeton Princeton University Press. [1993, *Léviathan et la pompe à air. Hobbes et Boyle entre science et politique*, traduit par Thierry Piélat avec la collaboration de Sylvie Barjansky, Paris La Découverte.]

SHAVER, John R. & Jean BRACHET, 1949, « The exposition of chorioallantoic membranes of the chick embryo to granules from embryonic tissue », *Experientia*, vol. 5, p. 235.

SIEKEVITZ, Philip & Paul C. ZAMECNIK, 1951, « In vitro incorporation of 1-C^{14}-DL-alanine into proteins of rat-liver granular fractions », *Federation Proceedings*, vol. 10, p. 245-246.

SIEKEVITZ, Philip, 1952, « Uptake of radioactive alanine in vitro into the proteins of rat liver fractions », *Journal of Biological Chemistry*, vol. 195, p. 549-565.

SIEKEVITZ, Philip & Paul C. ZAMECNIK, 1981, « Ribosomes and protein synthesis », *Journal of Cell Biology*, vol. 91, n° 3, partie 2, p. 53-65.

SIEKEVITZ, Philip, 1988, « The historical intermingling of biochemistry and cell biology », *The Roots of Modern Biochemistry. Fritz Lipmann's Squiggle and its Consequences*, Horst Kleinkauf, Hans von Döhren & Lothar Jaenicke (éd.), Berlin et New York Walter de Gruyter, p. 285-293.

SIMKIN, Julius L. & Thomas S. WORK, 1957, « Protein synthesis in Guinea-pig liver. Incorporation of radioactive amino acids into proteins of the microsome fraction in vivo », *Biochemical Journal*, vol. 65, p. 307-315.

SIMKIN, Julius L., 1959, « Protein biosynthesis », *Annual Review of Biochemistry*, vol. 28, p. 145-170.

SIMPSON, Melvin V., E. FARBER & Harold TARVER, 1950, « Studies on ethionine », 1re partie : « Inhibition of protein synthesis in intact animals », *Journal of Biological Chemistry*, vol. 182, p. 81-89.

SIMPSON, Melvin V. & Sidney F. VELICK, 1954, « The synthesis of aldolase and glyceraldehyde-3-phosphate dehydrogenase in the rabbit », *Journal of Biological Chemistry*, vol. 208, p. 61-71.

SISSAKIAN, Norair M., 1956, « Biochemical properties of plastides », *Proceedings of the Third International Congress of Biochemistry* (Bruxelles, 1955), Claude Liébecq (éd.), New York Academic Press, p. 18-23.

SMELLIE, Robert M. S., W. M. McINDOE & James N. DAVIDSON, 1953, « The incorporation of ^{15}N, ^{35}S and ^{14}C into nucleic acids and proteins of rat liver », *Biochimica et Biophysica Acta*, vol. 11, p. 559-565.

SMITH, Kendric C., Eugen CORDES & Richard S. SCHWEET, 1959, « Fractionation of transfer ribonucleic acid », *Biochimica et Biophysica Acta*, vol. 33, p. 286-287.

SPAHR, Pierre F. & Alfred TISSIÈRES, 1959, « Nucleotide composition of ribonucleoprotein particles from Escherichia coli », *Journal of Molecular Biology*, vol. 1, p. 237-239.

SPIEGELMAN, Sol, Harlyn O. HALVORSON & Ruth BEN-ISHAI, 1955, « Free amino acids and the enzyme-forming mechanism », *A Symposium on Amino Acid Metabolism* (14-17 juin 1954), William D. McElroy & Hiram Bentley Glass (éd.), Baltimore The Johns Hopkins Press, p. 124-170.

SPIEGELMAN, Sol, 1956a, « The present status of the induced synthesis of enzymes », *Proceedings of the Third International Congress of Biochemistry* (Bruxelles, 1955), Claude Liébecq (éd.), New York Academic Press, p. 185-195.

SPIEGELMAN, Sol, 1956b, « Protein synthesis in protoplasts », *CIBA Foundation Symposium on Ionizing Radiations and Cell Metabolism*, Gordon E. W. Wolstenholme & Cecilia M. O'Connor (éd.), Boston, Little, Brown and Company, p. 185-195.

SPIEGELMAN, Sol, 1959, « Protein and nucleic acid synthesis in subcellular fractions of bacterial cells », *Recent Progress in Microbiology*, Gösta Tunevall (éd.), Oxford Blackwell Scientific Publications, p. 81-103.

SPIRIN, Alexander, 1990, « Ribosome preparation and cell-free protein synthesis », *The Ribosome. Structure, Function, and Evolution*, Walter E. Hill, Peter B. Moore, Alfred Dahlberg, David Schlessinger, Roger A. Garrett & Jonathan R. Warner (éd.), Washington D. C. American Society for Microbiology, p. 56-70.

STAIGER, Emil (éd.), 1987, *Der Briefwechsel zwischen Schiller und Goethe*, Francfort-sur-le-Main Insel. [1994, *Correspondance : 1794-1805*, traduit et présenté par Lucien Herr, édition revue et augmentée par Claude Roëls, Paris Gallimard.]

STAR, Susan Leigh, 1986, « Triangulating clinical and basic research : British localizationists, 1870-1906 », *History of Science*, vol. 24, p. 29-48.

STAR, Susan Leigh & James R. GRIESEMER, 1988, « Institutional ecology, "translations" and boundary objects : Amateurs and professionals in Berkeley's Museum of Vertebrate Zoology 1907-1939 », *Social Studies of Science*, vol. 19, p. 387-420.

ST. AUBIN, P. M. G & Nancy L. R. BUCHER, 1951, « A study of binucleate cell counts in resting and regenerating rat liver employing a mechanical method for the separation of liver cells », *Anatomical Record*, vol. 112, p. 797-809.

STEIN, William H. & Stanford MOORE, 1948, « Chromatography of amino acids on starch columns. Separation of phenylalanine, leucine, isoleucine, methionine, tyrosine, and valine », *Journal of Biological Chemistry*, vol. 176, p. 337-365.

STEIN, William H. & Stanford MOORE, 1950, « Chromatographic determination of the amino acid composition of proteins », *Cold Spring Harbor Symposia on Quantitative Biology*, vol. 14, p. 179-190.

STEINBERG, Daniel & Christian B. ANFINSEN, 1952, « Evidence for intermediates in ovalbumin synthesis », *Journal of Biological Chemistry*, vol. 199, p. 25-42.

STENGERS, Isabelle, 1987, « La propagation des concepts », *D'une science à l'autre. Des concepts nomades*, Isabelle Stengers (éd.), Paris Éditions du Seuil, p. 9-26.

STENT, Gunther S., 1968, « That was the molecular biology that was », *Science*, vol. 160, p. 390-395.

Stephenson, Mary L., Kenneth V. THIMANN & Paul C. ZAMECNIK, 1956, « Incorporation of C^{14}-amino acids into proteins of leaf disks and cell-free fractions of tobacco leaves », *Archives of Biochemistry and Biophysics*, vol. 65, p. 194-209.

STEPHENSON, Mary L., Paul C. ZAMECNIK & Mahlon B. HOAGLAND, 1959, « Conditions for transfer reactions between soluble RNA and microsomes involved in protein biosynthesis », *Federation Proceedings*, vol. 18, p. 331.

STEPHENSON, Mary L. & Paul C. ZAMECNIK, 1961, « Purification of valine transfer ribonucleic acid by combined chromatographic and chemical prodecures », *Proceedings of the National Academy of Sciences of the United States of America*, vol. 47, p. 1627-1635.

STEPHENSON, Mary L. & Paul C. ZAMECNIK, 1962, « Isolation of valyl-RNA of a high degree of purity », *Biochemical and Biophysical Research Communications*, vol. 7, p. 91-94.

STEPHENSON, Mary L. & Paul C. ZAMECNIK, 1978, « Inhibition of Rous sarcoma viral RNA translation by a specific oligodeoxyribonucleotide », *Proceedings of the National Academy of Sciences of the United States of America*, vol. 75, p. 285-288.

STRAUB, Ferenc B., Agnes ULLMANN & George ACS, 1955, « Enzyme synthesis in a solubilised system », *Biochimica et Biophysica Acta*, vol. 18, p. 439.

STRITTMATTER, Cornelius F. & Eric G. BALL, 1952, « A hemochromogen component of liver microsomes », *Proceedings of the National Academy of Sciences of the United States of America*, vol. 38, p. 19-25.

SUCHMAN, Lucy A., 1990, « Representing practice in cognitive science », *Representation in Scientific Practice*, Michael Lynch & Steve Woolgar (éd.), Cambridge (Mass.) MIT Press, p. 301-321.

TARSKI, Alfred, 1946, *Introduction to Logic and to the Methodology of Deductive Sciences*, Oxford Oxford University Press. [1960, *Introduction à la logique*, traduit par Jacques Tremblay, Paris Gauthier-Villars Louvain.]

TARVER, Harold, 1954, « Peptide and protein synthesis. Protein turnover », *The Proteins*, tome 2, partie B, Hans Neurath & Kenneth Baily (éd.), New York Academic Press, p. 1199-1296.

TISSIÈRES, Alfred & James D. WATSON, 1958, « Ribonucleoprotein particles from Escherichia coli », *Nature*, vol. 182, p. 778-780.

TISSIÈRES, Alfred, 1959, « Some properties of soluble ribonucleic acid from Escherichia coli », *Journal of Molecular Biology*, vol. 1, p. 365-374.

TISSIÈRES, Alfred, James D. WATSON, David SCHLESSINGER & B. R. HOLLINGWORTH, 1959, « Ribonucleoprotein particles from Escherichia coli », *Journal of Molecular Biology*, vol. 1, p. 221-233.

TISSIÈRES, Alfred, David SCHLESSINGER & François GROS, 1960, « Amino acid incorporation into proteins by Escherichia coli ribosomes », *Proceedings of the National Academy of Sciences of the United States of America*, vol. 46, p. 1450-1463.

TISSIÈRES, Alfred, 1974, « Ribosome research. Historical background », *Ribosomes*, Masayasu Nomura, Alfred Tissières & Peter Lengyel (éd.), New York Cold Spring Harbor Laboratory Press, p. 3-12.

TODD, Alexander, 1955, « Nucleic acid structure and function », *Chemistry and Industry*, vol. 37, p. 1139-1144.

TODD, Alexander, 1956, « Nucleic acids », *Perspectives in Organic Chemistry*, Alexander Todd (éd.), New York et Londres Interscience, p. 245-264.

TS'O, Paul O. P. & R. SQUIRES, 1959, « Quantitative isolation of intact RNA from microsomal particles of pea seedlings and rabbit reticulocytes », *Federation Proceedings*, vol. 18, abstract 1351, p. 341.

TURNBULL, David & Terry STOKES, 1990, « Manipulable systems and laboratory strategies in a biomedical institute », *Experimental Inquiries*, Homer E. Le Grand (éd.), Dordrecht Kluwer, p. 167-192.

TYNER, Evelyn Pease, Charles HEIDELBERGER & Gerald A. LEPAGE, 1953, « Intracellular distribution of radioactivity in nucleic acid nucleotides and proteins following simultaneous administration of P^{32} and glycine-2-C^{14} », *Cancer Research*, vol. 13, p. 186-203.

VAN FRAASSEN, Bas C. & Jill SIGMAN, 1993, « Interpretation in science and in the arts », *Realism and Representation*, George Levine (éd.), Madison University of Wisconsin Press, p. 73-99.

VOLKIN, Elliot & Lazarus ASTRACHAN, 1956a, « Phosphorus incorporation in Escherichia coli ribonucleic acid after infection with bacteriophage T2 », *Virology*, vol. 2, p. 149-161.

VOLKIN, Elliot & Lazarus ASTRACHAN, 1956b, « Intracellular distribution of labeled ribonucleic acid after phage infection of Escherichia coli », *Virology*, vol. 2, p. 433-437.

VON DER DECKEN, Alexandra & Tore HULTIN, 1958, « A metabolic isotope transfer from soluble polynucleotides to microsomal nucleoprotein in a cell-free rat liver system », *Experimental Cell Research*, vol. 15, p. 254-256.

VON DER DECKEN, Alexandra & Tore HULTIN, 1960, « The enzymatic composition of rat liver microsomes during liver regeneration », *Experimental Cell Research*, vol. 19, p. 591-604.

VON PORTATIUS, Hans, Paul DOTY & Mary L. STEPHENSON, 1961, « Separation of L-valine acceptor "soluble ribonucleic acid" by specific reaction with polyacrylic acid hydrazide », *Journal of the American Chemical Society*, vol. 83, p. 3351-3352.

WAHRIG-SCHMIDT Bettina & Friedhelm HILDEBRANDT, 1993, « Pathologische Erythrozytendeformation und renale Hämaturie », *Die Experimentalisierung des Lebens*, Hans-Jörg Rheinberger & Michael Hagner (éd.), Berlin Akademie Verlag, p. 74-96.

WARNER, Jonathan R., Alexander RICH & Cecil E. HALL, 1962, « Electron microscope studies of ribosomal clusters synthesizing hemoglobin », *Science*, vol. 183, p. 1399-1403.

WARNER, Jonathan R., Paul M. KNOPF & Alexander RICH, 1963, « A multiple ribosomal structure in protein synthesis », *Proceedings of the National Academy of Sciences of the United States of America*, vol. 49, p. 122-129.

WATSON, James D. & Francis H. C. CRICK, 1953, « Molecular structure of nucleic acids. A structure for deoxyribose nucleic acid », *Nature*, vol. 171, p. 737-738.

WATSON, James D., 1963, « Involvement of RNA in the synthesis of proteins », *Science*, vol. 140, p. 17-26.

WATSON, James D., 1968, *The Double Helix : A Personal Account of the Discovery of the Structure of DNA*, Londres Weidenfeld and Nicolson. [1984, *La Double Hélice : compte rendu personnel de la découverte de la structure de l'ADN*, traduit par Henriette Joël, Paris Hachette.]

WEBER, Samuel, 1989, « Upsetting the set up : Remarks on Heidegger's questing after technics », *Modern Language Notes*, vol. 104, p. 977-991.

WEBSTER, George C., 1959, « Studies on the mechanism of protein synthesis by isolated nucleoprotein particles », *Federation Proceedings*, vol. 18, abstract 1379, p. 348.

WEISS, Samuel B., George ACS & Fritz LIPMANN, 1958, « Amino acid incorporation in pigeon pancreas fractions », *Proceedings of the National Academy of Sciences of the United States of America*, vol. 44, p. 189-196.

WETTSTEIN, Felix O., Theophil STAEHELIN & Hans NOLL, 1963, « Ribosomal aggregate engaged in protein synthesis : Characterization of the ergosome », *Nature*, vol. 197, p. 430-435.

WHITE, Hayden, 1980, « The value of narrativity in the representation of reality », *On Narrative*, W. J. Thomas Mitchell (éd.), Chicago University of Chicago Press, p. 1-23.

WILSON, Samuel H. & Mahlon B. HOAGLAND, 1965, « Studies on the physiology of rat liver polyribosomes : quantitation and intracellular distribution of ribosomes », *Proceedings of the National Academy of Sciences of the United States of America*, vol. 54, p. 600-607.

WINNICK, Theodore, Felix FRIEDBERG & David M. GREENBERG, 1947, « Incorporation of C^{14}-labeled glycine into intestinal tissue and its inhibition by azide », *Archives of Biochemistry*, vol. 15, p. 160-161.

WINNICK, Theodore, Felix FRIEDBERG & David M. GREENBERG, 1948, « The utilization of labeled glycine in the process of amino acid incorporation by the protein of liver homogenate », *Journal of Biological Chemistry*, vol. 175, p. 117-126.

WINNICK, Theodore, Ingrid MORING-CLAESSON & David M. GREENBERG, 1948, « Distribution of radioactive carbon among certain amino acids of liver homogenate protein, following uptake experiments with labeled glycine », *Journal of Biological Chemistry*, vol. 175, p. 127-132.

WINNICK, Theodore, Elbert A. PETERSON & David M. GREENBERG, 1949, « Incorporation of C^{14} of glycine into protein and lipide fractions of homogenates », *Archives of Biochemistry*, vol. 21, p. 235-237.

WINNICK, Theodore, 1950, « Studies on the mechanism of protein synthesis in embryonic and tumor tissues », 2^e partie : « Inactivation of fetal rat liver homogenates by dialysis and reactivation by the adenylic acid system », *Archives of Biochemistry*, vol. 28, p. 338-347.

WISE, Norton, 1992, *Meditations : Enlightenment balancing acts, or the technologies of rationalism*, manuscrit.

WITTMANN, Heinz-Günter, 1961, « Ansätze zur Entschlüsselung des genetischen Codes », *Die Naturwissenschaften*, vol. 48, p. 729-734.

WITTMANN, Heinz-Günter, 1963, « Studies on the nucleic acid-protein correlation in Tobacco mosaic virus », *Proceedings of the Fifth International Congress of Biochemistry* (Moscou, 10-16 août 1961), tome 1, New York Macmillan, p. 240-254.

YARMOLINSKY, Michael B. & Gabriel L. DE LA HABA, 1959, « Inhibition by puromycin of amino acid incorporation into protein », *Proceedings of the National Academy of Sciences of the United States of America*, vol. 45, p. 1721-1729.

YEARLEY, Steven, 1990, « The dictates of method and policy : Interpretational structures in the representation of scientific work », *Representation in Scientific Practice*, Michael Lynch & Steve Woolgar (éd.), Cambridge (Mass.) MIT Press, p. 337-355.

YU, Chuan-Tao & Frank W. ALLEN, 1959, « Studies on an isomer of uridine isolated from ribonucleic acids », *Biochimica et Biophysica Acta*, vol. 32, p. 393-406.

YU, Chuan-Tao & Paul C. ZAMECNIK, 1963a, « Effect of bromination on the amino acid-accepting activities of transfer ribonucleic acids », *Biochimica et Biophysica Acta*, vol. 76, p. 209-222.

YU, Chuan-Tao & Paul C. ZAMECNIK, 1963b, « On the aminoacyl-tRNA synthetase recognition sites of yeast and E. coli transfer RNA », *Biochemical and Biophysical Research Communications*, vol. 12, p. 457-463.

YU, Chuan-Tao & Paul C. ZAMECNIK, 1964, « Effect of bromination on the biological activities of transfer RNA of Escherichia coli », *Science*, vol. 144, p. 856-859.

ZACHAU, Hans Georg, George ACS & Fritz LIPMANN, 1958, « Isolation of adenosine amino acid esters from a ribonuclease digest of soluble, liver ribonucleic acid », *Proceedings of the National Academy of Sciences of the United States of America*, vol. 44, p. 885-889.

ZAMECNIK, Paul C. & Fritz LIPMANN, 1947, « A study of the competition of lecithin and antitoxin for C. welchii lecithinase », *Journal of Experimental Medicine*, vol. 85, p. 395-403.

ZAMECNIK, Paul C., Lydia E. BREWSTER & Fritz LIPMANN, 1947, « A manometric method for measuring the activity of the C. welchii lecithinase and a description of certain properties of this enzyme », *Journal of Experimental Medicine*, vol. 85, p. 381-394.

ZAMECNIK, Paul C., Ivan D. FRANTZ Jr., Robert F. LOFTFIELD & Mary L. Stephenson, 1948, « Incorporation in vitro of radioactive carbon from carboxyl-labeled DL-alanine and glycine into proteins of normal and malignant rat livers », *Journal of Biological Chemistry*, vol. 175, p. 299-314.

ZAMECNIK, Paul C. & Ivan D. FRANTZ Jr., 1949, « Peptide bond synthesis in normal and malignant tissue », *Cold Spring Harbor Symposia on Quantitative Biology*, vol. 14, p. 199-208.

ZAMECNIK, Paul C., Ivan D. FRANTZ Jr. & Mary L. STEPHENSON, 1949, « Use of starch column chromatography in study of amino acid composition and distribution of radioactivity in proteins of normal rat liver and hepatoma », *Cancer Research*, vol. 9, p. 612-613.

ZAMECNIK, Paul C., Robert B. LOFTFIELD, Mary L. STEPHENSON & Carroll M. WILLIAMS, 1949, « Biological synthesis of radioactive silk », *Science*, vol. 109, p. 624-626.

ZAMECNIK, Paul C., 1950, « The use of labeled amino acids in the study of the protein metabolism of normal and malignant tissues : A review », *Cancer Research*, vol. 10, p. 659-667.

ZAMECNIK, Paul C., 1953, « Incorporation of radioactivity from DL-leucine-1-C^{14} into proteins of rat liver homogenates », *Federation Proceedings*, vol. 12, p. 295.

ZAMECNIK, Paul C. & Elizabeth B. KELLER, 1954, « Relation between phosphate energy donors and incorporation of labeled amino acids into proteins », *Journal of Biological Chemistry*, vol. 209, p. 337-354.

ZAMECNIK, Paul C., Elizabeth B. KELLER, John W. LITTLEFIELD, Mahlon B. HOAGLAND & Robert B. LOFTFIELD, 1956, « Mechanism of incorporation of labeled amino acids into protein », *Journal of Cellular and Comparative Physiology*, vol. 47, supplément 1, p. 81-101.

ZAMECNIK, Paul C., Elizabeth B. KELLER, Mahlon B. HOAGLAND, John W. LITTLEFIELD & Robert B. LOFTFIELD, 1956, « Studies on the mechanism of protein synthesis », *CIBA Foundation Symposium on Ionizing Radiations and Cell Metabolism*, Gordon E. W. Wolstenholme & Cecilia M. O'Connor (éd.), Boston Little, Brown and Company, p. 161-173.

ZAMECNIK, Paul C., Mary L. STEPHENSON, Jesse F. SCOTT & Mahlon B. HOAGLAND, 1957, « Incorporation of C^{14}-ATP into soluble RNA isolated from 105,000 x g supernatant of rat liver », *Federation Proceedings*, vol. 16, p. 275.

ZAMECNIK, Paul C., Mary L. STEPHENSON & Liselotte I. HECHT, 1958, « Intermediate reactions in amino acid incorporation », *Proceedings of the National Academy of Sciences of the United States of America*, vol. 44, p. 73-78.

ZAMECNIK, Paul C., Mahlon B. HOAGLAND, Mary L. STEPHENSON & Jesse F. SCOTT, 1958, « Studies on intermediates in protein synthesis », *Unio Internationalis Contra Cancrum Acta*, vol. 14, p. 63.

ZAMECNIK, Paul C., 1958, « The microsome », *Scientific American*, vol. 198, p. 118-124.

ZAMECNIK, Paul C., 1960, « Historical and current aspects of the problem of protein synthesis », *The Harvey Lectures (1958-1959)*, vol. 54, p. 256-281.

ZAMECNIK, Paul C. & Mary L. STEPHENSON, 1960, « Enrichment of specific activity of aminoacyl RNA », *Federation Proceedings*, vol. 19, p. 346.

ZAMECNIK, Paul C., Mary L. STEPHENSON & Jesse F. SCOTT, 1960, « Partial purification of soluble RNA », *Proceedings of the National Academy of Sciences of the United States of America*, vol. 46, p. 811-822.

ZAMECNIK, Paul C., 1962a, « History and speculation on protein synthesis », *Proceedings of the Symposium on Mathematical Problems in the Biological Sciences (New York, Rand Corporation)*, vol. 14, p. 47-53.

ZAMECNIK, Paul C., 1962b, « Unsettled questions in the field of protein synthesis », *Biochemical Journal*, vol. 85, p. 257-264.

ZAMECNIK, Paul C., 1969, « An historical account of protein synthesis, with current overtones – a personalized view », *Cold Spring Harbor Symposia on Quantitative Biology*, vol. 34, p. 1-16.

ZAMECNIK, Paul C., 1974, « Joseph Charles Aub, 1890-1973 », *Transactions of the Association of American Physicians*, vol. 87, p. 12-14.

ZAMECNIK, Paul C., 1976, « Protein synthesis – early waves and recent ripples », *Reflections on Biochemistry*, Arthur Kornberg, Bernard L. Horecker, Luis Cornudella & Juan Oro (éd.), New York Pergamon Press, p. 303-308.

ZAMECNIK, Paul C. & Mary L. STEPHENSON, 1978, « Inhibition of Rous sarcoma virus replication and cell transformation by a specific oligodeoxynucleotide », *Proceedings of the National Academy of Sciences of the United States of America*, vol. 75, p. 280-284.

ZAMECNIK, Paul C., 1979, « Historical aspects of protein synthesis », *Annals of the New York Academy of Sciences*, vol. 235, p. 269-301.

ZAMECNIK, Paul C., 1983, « Cancer Research : Joseph Charles Aub », *The Massachusetts General Hospital, 1955-1980*, Benjamin Castleman, David C. Crockett & Silvia B. Sutton (éd.), Boston Little, Brown and Company, p. 343-348.

ZAMECNIK, Paul C., 1984, « The machinery of protein synthesis. Biochemistry and the birth of molecular biology », *Trends in Biochemical Sciences (TIBS)*, vol. 9, p. 464-466.

ZAMECNIK, Paul C. & Sudhir AGRAWAL, 1991, « The hybridization inhibition, or antisense, approach to the chemotherapy of AIDS », *AIDS Research Reviews*, vol. 1, p. 301-313.

INDEX DES NOMS

ALLEN, David : 303
ALLENDE, Jorge : 299
ALTHUSSER, Louis : 101, 184
ANFINSEN, Chris : 57-58, 71
ASTRACHAN, Lazarus : 267, 283
AUB, Joseph Charles : 44-45, 49-50, 52, 61-62, 109, 115, 206

BACHELARD, Gaston : 27, 33, 72, 105, 111, 146, 152, 185, 192, 213, 244
BALL, Eric : 126
BAUDRILLARD, Jean : 148, 153
BENZER, Seymour : 22
BERG, Paul : 164, 211, 230, 241
BERGMANN, Max : 43-44, 46-47, 59, 258
BERNARD, Claude : 29, 100-101, 104, 143, 192
BLUMENBERG, Hans : 29
BOURDIEU, Pierre : 310-311
BORSOOK, Henry : 57-58, 60, 83, 89, 258
BOYER, Paul : 165
BRACHET, Jean : 76-79, 81-82, 123, 168, 197, 202, 258
BRENNER, Sidney : 282-283, 285-286, 295
BROWN, Dan : 228
BUCHER, Nancy L. R. : 19, 59-60, 62, 113-114
BURIAN, Richard : 20, 38

CANELLAKIS, Evangelo : 233
CANGUILHEM, Georges : 244, 247, 253
CASPERSSON, Torbjörn : 77, 124, 168, 197, 258
CHADAREVIAN, Soraya de : 20

CHANTRENNE, Hubert : 78, 81, 179, 284, 294
CHAO, Fu-Chuan : 268
CHARGAFF, Erwin : 200
CLARK, William : 254
CLAUDE, Albert : 74-82, 115, 127, 168
COHN, Waldo : 199, 270
COLLINS, Harry : 25, 122
COMLY, Lucy : 278
COMPTON, Karl : 47
CORI, Carl : 47
CRICK, Francis : 37, 179, 196-197, 216-217, 220-223, 225, 227, 240, 257, 261-264, 278, 282-284, 310

DAGOGNET, François : 104
DARDEN, Lindley : 20, 187
DAVIE, Earl : 164, 207
DELBRÜCK, Max : 104, 285
DELEUZE, Gilles : 104-105
DeMOSS, John : 164
DERRIDA, Jacques : 13, 20, 100, 108, 144, 150-151, 154, 225, 243, 250-251, 307
DIDI-HUBERMAN, Georges : 107, 144, 309, 314
DIJKSTERHUIS, Eduard : 192
DINTZIS, Howard : 261
DOTY, Paul : 197
DOUNCE, Alexander : 179-180, 209

EDMONDS, Mary : 233
EINSTEIN, Albert : 246, 308
ELIOT, Thomas S. : 244
ELKANA, Yehuda : 20, 29
ENGELHARDT, Dietrich von : 20

EVANS, Robley T. : 50

FEYERABEND, Paul : 29
FISCHER, Emil : 258
FLECK, Ludwik : 25-26, 29, 32, 101, 190
FOLKES, Joan : 112, 283
FORD-CARLETON, Penny : 20
FOUCAULT, Michel : 17-18, 37, 193, 248, 253
FRAENKEL-CONRAT, Heinz : 295
FRANTZ, Ivan Deray, Jr. : 16, 19, 51-52, 55, 59-60, 64, 71, 92, 113, 170
FREUD, Sigmund : 308
FRIEDBERG, Felix : 57
FRUTON, Joseph : 71

GALE, Ernest : 112, 121, 124, 199, 267, 269-270, 283, 284
GALISON, Peter : 20
GAMOW, George : 179, 201, 216
GAREN, Alan : 21, 23, 283
GASSER, Herbert : 47
GAUDILLIÈRE, Jean-Paul : 20
GIERER, Alfred : 228
GILBERT, Walter : 286-287
GOETHE, Johann Wolfgang von : 24, 244, 251
GOLDWASSER, Eugene : 211
GOODMAN, Nelson : 142, 145, 147
GOULD, Gordon : 113
GRATIA, André : 77-78
GREENBERG, David : 57-58, 84, 86-87, 120
GRENE, Marjorie : 20, 311
GRIFFITH, John S. : 220
GROS, François : 274, 286-287, 294
GROSS, Jerome : 1 : 8-130
GRUNBERG-MANAGO, Marianne : 201
GUGERLI, David : 20
GULLAND, John Mason : 270

HACKING, Ian : 145, 152, 190-191
HAGNER, Michael : 20
HALL, Benjamin : 286
HAMILTON, Mary : 130

HANNON, Meredith : 206
HARRIS, Anne : 167
HAUROWITZ, Felix : 178
HECHT, Lisa (Hecht-Fessler, Liselotte I.) : 16, 19, 207, 209, 211, 231-234, 263
HEIDEGGER, Martin : 22-23, 34-35, 99, 194
HENRIOT, Emile : 77-78, 81
HENTSCHEL, Klaus : 20
HEPPEL, Leon : 293
HERBERT, Edward : 233
HERSHEY, Alfred : 21-22, 199
HOAGLAND, Mahlon Bush : 14, 16, 19, 28, 35, 37, 62, 73, 155-167, 174, 177, 199, 201, 203, 207, 209, 206-221, 227, 238-239, 252, 257-270, 278, 284-285, 295-306
HOFMEISTER, Franz : 258
HOGEBOOM, George : 80, 84, 87
HOLLEY, Robert : 211, 231, 277, 304
HOLMES, Barbara : 202
HOLMES, Frederic : 20, 23-24
HORTON, Marion : 206
HOTCHKISS, Rollin : 21, 80
HULTIN, Tore : 83, 212-213
HUSSERL, Edmund : 153-154

JACOB, François : 17, 20, 22-23, 26, 97, 100, 139, 141, 146, 186, 249-250, 281-282, 285-286, 297-298
JEENER, Raymond : 78
JUDSON, Horace : 22, 203, 217

KAUFFMAN, Stuart : 312
KAY, Lily : 20, 179
KELLER, Elizabeth Beach : 16, 69, 73, 83, 85, 91, 116-117, 120, 123-125, 133, 165-166, 173-175, 201, 304
KIRBY, K. S. : 228
KOHLER, Robert : 28
KONINGSBERGER, Victor : 179-180, 207, 230
KUBLER, George : 12, 98, 106, 244, 247
KUHN, Thomas : 26, 183, 189, 191, 246
KURLAND, Charles : 286-287

LACAN, Jacques : 21, 195, 311
LAMBORG, Marvin : 16, 272-274, 287
LANDIS, Eugene : 47
LATOUR, Bruno : 12, 30, 32, 132, 143, 145, 150-152, 187, 312
LEDER, Philip : 305
LEE, Norman : 83
LENOIR, Timothy : 20
LEPENIES, Wolf : 20
LEPAGE, Gerald : 233
LÉVI-STRAUSS, Claude : 309, 314
LINDERSTRØM-LANG, Kaj : 44, 71, 157
LIPMANN, Fritz : 16, 47, 54-55, 94, 112, 115-116, 155-158, 163-165, 177, 179, 207, 216, 230-231, 240-241, 258, 277, 287, 299
LITTLEFIELD, John : 16, 19, 126, 130, 174-175, 199, 202
LOFTFIELD, Robert Berner : 16, 19, 46, 50, 52, 56-57, 60-64, 71-72, 94, 121-122, 124, 167, 208, 219-220, 240
LOOMIS, William : 55
LÖWY, Ilana : 20, 29
LYNCH, Michael : 142

MAALØE, Ole : 283
MAAS, Werner : 156, 158
MALRAUX, André : 244
MARX, Karl : 308
MATSUBARA, Kenichi : 287
MATTHAEI, J. Heinrich : 19-20, 31, 288-295, 304
McLAUGHLIN, Peter : 20
MELCHIOR, Jacklyn : 57
MENDELSOHN, Everett : 20
MESELSON, Matthew : 285-286
MILLER, Warren : 50, 64
MINOT, George ; 45
MIRSKY, Alfred : 124
MIZEN, Nancy : 131
MOLES, Abraham : 29
MONIER, Robert : 275, 277
MONOD, Jacques : 166, 186, 198, 281-284, 297-298

MONRO, Robin : 299
MOORE, Stanford : 59
MÜLLER, Johannes : 185
MURPHY, James : 74-75

NATHANS, Daniel : 287
NEWTON, Isaac : 246
NIETZSCHE, Friedrich : 34, 308
NIRENBERG, Marshall Warren : 31, 288-295, 304-305
NOHARA, Hiroyoshi : 212
NOMURA, Masayasu : 286
NOVELLI, David : 112, 156, 158, 164, 239, 287, 290
NOVOTNY, Helga : 20

OCHOA, Severo : 201, 295, 304
O'CONNOR, Basil : 241
OFENGAND, James : 241, 272, 287
OGATA, Kikuo : 212-213, 230
OLBY, Robert : 20, 197
ORGEL, Leslie : 220, 283
OVERBEEK, Theo : 207

PAILLOT, André : 77
PALADE, George : 127-128, 130, 168-170, 258
PARDEE, Arthur : 281-283
PATERSON, Allan : 233
PAULING, Linus : 47, 94
PEIRCE, Charles Sanders : 141
PENSWICK, John : 304
PETERMANN, Mary : 130, 169, 175, 268
POLANYI, Michael : 101-102, 143, 147
POPJAK, George : 202
POPPER, Karl : 25-26
PORTER, Keith : 127
POTTER, Joseph . 209
POTTER, Van : 95, 128, 202, 207, 211, 233
PRIGOGINE, Ilya : 246

RABINOW, Paul : 20
RILEY, Monica : 283
RITTENBERG, David : 258

ROBERTS, Richard : 201, 261
ROBERTS, Royston : 184
ROHBECK, Johannes : 20
ROTMAN, Brian : 42, 309
ROUS, Peyton : 74
ROUSE, Joseph : 20

SANADI, Rao : 125, 173
SANGER, Frederick : 72, 258
SAUSSURE, Ferdinand : 308
SCHACHMAN, Howard : 268
SCHILLER, Friedrich : 24
SCHLESSINGER, David : 274, 287
SCHMIDT, Karl : 130
SCHNEIDER, Walter : 80, 84, 87
SCHOENHEIMER, Rudolf : 258
SCHRAMM, Georg : 228
SCHUSTER, Heinz : 228
SCHWEET, Richard : 230, 259, 269, 277
SIEGERT, Bernhard : 20
SCOTT, Jesse Friend : 16, 225, 226, 232
SERRES, Michel : 30
SHAVER, John Rodney : 82
SIEKEVITZ, Philip : 16, 19, 69, 84-92,
    95, 103, 111, 114-118, 128, 130, 168-
    170, 290
SIGMAN, Jill : 140
SISSAKIAN, Norair : 172
SOLOMON, Art : 57-58
SPIEGELMAN, So : 21, 166, 200, 283, 286
STANLEY, Wendell : 268, 281
STEIN, William : 59
STENGERS, Isabelle : 109, 188
STENT, Gunther : 14, 73
STEPHENSON, Mary Louise : 16, 19, 59,
    62, 112, 120, 170-172, 208-213, 216,
    218, 220, 231-232, 276
STEWARD, Frederick : 288
STOKES, Terry : 28
STRACK, Hans Bernd : 20

STRITTMATTER, Cornelius : 126
STULBERG, Melvin : 165

TARVER, Harold : 57-58, 123
TISSIÈRES, Alfred : 268, 272, 274, 287
TODD, Alexander : 179, 229, 277, 295
TOMPKINS, Gordon : 288
TUPPY, Hans : 72
TURNBULL, David : 28

VAN FRAASSEN, Bas : 140
VINCENT, Walter : 201, 284
VOLKIN, Elliot : 267, 283

WAHRIG-SCHMIDT, Bettina : 20
WATANABE, Itaru : 287
WATSON, James : 15, 179, 197-198, 217-
    218, 221, 223, 268, 272, 274, 286-287
WEBER, Samuel : 35
WEBSTER, George : 269
WERNER, Ann : 60
WILLIAMS, Carroll : 61
WILLIAMS, Robert : 83
WINNICK, Theodore : 57-58, 116
WISE, Norton : 20, 107
WITTMANN, Heinz-Günter : 20, 295
WOLFE, Richard : 20
WOLLMAN, Elie : 186
WOOLGAR, Steve : 142, 150
WORK, Thomas : 71, 201

ZACHAU, Hans : 241
ZAMECNIK, Paul Charles : 9, 16, 18-21,
    23, 37, 43-68, 69-72, 83-85, 90-94,
    109-110, 111-134, 149, 157-159, 164-
    166, 168, 170, 173, 175, 178, 180,
    183, 195, 197-207, 210, 212, 216, 218,
    220-221, 228-231, 233, 235, 240-242,
    257-277, 284, 287, 295, 300, 303-305
ZILLIG, Wolfram : 228

INDEX DES LIEUX ET NOTIONS

acellulaire, système : *cf.* synthèse protéique : système *in vitro*

acide désoxyribonucléique (ADN): 17, 76, 179, 185, 197, 262, 266, 282-291

acides aminés :
activation : 19, 117, 155-181, 197-242, 282
incorporation : 49-57, 65, 71-92, 111-137, 155-178, 200-225, 264-279, 287-296, 303
séparation : 59, 64

acide pantothénique, synthèse de : 156, 162

acide polyadénylé (poly[A]) : 291-293

acide polyuridylé (poly[U]) : 32, 292-293, 304

acide ribonucléique :
comme composant des microsomes : 74-84, 123-124, 126-134, 168-170, 174-176, 198-202, 255, 284, 287-296
cytoplasmique : 76, 78, 124, 168, 169, 175, 197, 212, 268, 281-286
incorporation des nucléotides : 197-215, 231-234
synthèse de novo : 198-202, 267, 282-283
synthétique : 32, 287-296
cf. également *template*, matrice, ARN messager, ARN de transfert, ARNs

adaptaeur : *cf.* hypothèse de l'adaptateur

adénosine triphosphate (ATP) : 85, 91, 116, 117-119, 125, 136, 151, 155-178, 202-215, 226-228, 231-234, 273

AEC : *cf.* Atomic Energy Commission

alanine : 50-56, 61, 85-86, 91, 164, 211-212

American Cancer Society : 52, 56, 93-94, 116, 164

anachronicité : 253

archéologie du savoir : 17-18, 193

ARN : *cf.* acide ribonucléique

ARN de transfert (ARNt) : 15-19, 39, 195, 209-210, 214, 217, 227, 255, 257-264, 275, 278-279, 281, 286, 289, 291, 295, 298-299, 303-305

ARN messager (ARNm) : 19, 186, 242, 255, 271, 281-306

ARN soluble (ARNs) : 17, 19, 187, 195-242, 252, 255, 257-275, 286, 289, 303, 305

artistique, pratique : *cf.* science et art : 12-13, 98, 106, 307

ascitiques, cellules : 46, 175-176, 230-233, 238, 278, 291

Atomic Energy Commission (ou Commission de l'Énergie Atomique) : 51, 93

ATP : *cf.* adénosine triphosphate

bactérien, système : *cf.* synthèse protéique : bactérienne (*in vitro*)

bactériophage : 22, 186, 199, 267, 283, 285-286, 195

Biochemical and Biophysical Research Communications . 291

biochimie : 9, 14-17, 27-28, 37, 39-40, 69-70, 73, 84-85, 112, 157, 172, 185, 196, 201, 207, 216, 223, 231, 252, 273, 288, 303, 308, 315

Biochimica et Biophysica Acta : 158, 160, 162, 210, 213

biologie moléculaire : 9, 14-19, 27-28, 37-40, 44-45, 73, 150-151, 185-186, 195, 216, 218, 223, 227, 252, 255, 261, 264, 273-274, 281, 297, 303, 305-306
black boxing : 32, 92, 168, 172, 178

California Institute of Technology (Caltech) : 37, 47, 57, 83, 94, 211, 230, 285
Cancer Research (périodique) : 65-66, 69
cancérologie : cf. également oncologie : 9, 14, 16, 17, 37, 39, 43-67, 74, 93-94, 109, 127, 130, 164, 174-176, 223, 235, 315
Carnegie Institution de Washington : 201
cellules entières, artefact de : 149, 272-273
chloroplastes : 170-173
cholestérol, synthèse du : 113-114
chose épistémique : cf. aussi objet épistémique : 9, 11-12, 17-19, 21-42, 63, 75, 80, 87-88, 97, 99, 107, 111, 118, 124, 128, 133, 143, 146, 150-152, 162, 185, 188-190, 184, 198, 209, 215, 242, 248, 253-254, 264, 270-271, 281, 305, 308-310
chose technique : 32, 28-36, 40, 308
CIBA Foundation : 180, 201, 206, 283
cinétiques, études : 133-134, 167, 212, 230, 278
Clostridium welchii : 47
Club des Cravates ARN : 216
code génétique : 17, 19, 32, 39, 179, 195, 197-198, 216-227, 241-242, 262-268, 275, 277, 281-306
Cold Spring Harbor : 37, 63, 76, 199, 296, 299
collaboration : 16, 45-54, 60, 63, 80, 82, 112-113, 157, 165, 227, 232, 257, 281, 303
Collis P. Huntington Memorial Hospital : 9, 16, 37, 43-67, 73, 92-93, 109, 111, 113, 115, 130, 157, 175, 199, 206, 211, 217, 221, 240, 262
complexité : 27, 72-73, 134, 137, 192, 213, 312

concurrence : 57-63, 211-213, 271
conditions expérimentales : cf. aussi objets techniques : 31, 52-53, 161, 289, 295
Congrès International de Biochimie : 269, 284, 295
conjonctures : 12, 19, 183-186, 188-190, 195-196, 223, 249, 252, 264, 303, 307, 309
Contamination : 124, 200, 202sq, 215, 228, 270-271
contrôle (expérience) : 25-26, 54-57, 88-93, 103104, 113, 160, 203, 208-209, 274, 278-279, 290-293, 296-299
coopération : cf. collaboration
coupes histologiques, système de : 18, 52-57, 64-66, 69-72, 85-86, 91, 107, 111, 113, 116, 118, 171
culture expérimentale : 14, 17, 73, 148, 190, 216-223, 310
cytoplasme : 15, 74-81, 111, 127, 133-134, 151, 201, 261

déconstruction : 88, 100, 108, 120, 147, 254
désoxycholate : 126, 128-133, 170, 173, 175, 261
déstabilisation : cf. également stabilisation : 106, 268
différance : 13, 108sq, 136, 225, 243, 250-251 308
différence : 11, 97-110, 125, 144, 279, 308
dinitrophénol (DNP) : 55-56, 64, 70, 85, 91, 151, 171
DNP : cf. dinitrophénol
double hélice : 179, 197, 225

écriture : cf. science et écriture
empirisme et rationalisme : 25, 83, 139, 251
enzymes :
    activatrices d'acides aminés : 159-166, 221-222, 241, 263
    de conjugaison de l'ARNs avec les acides aminés : 231-135, 239, 267, 304-305

d'incorporation de nucléotides dans l'ARN : 203, 231-234
protéolytique : 47, 71-72, 258
de transfert : 230, 239
épistémologique, obstacle : 118, 126, 213-215, 285
épistémologues et historiens, différence entre : 10, 244, 250
épistémologie :
    du détail : 192
    de l'expérimentation : 9, 190
    d'en bas : 11
    et histoire : 109, 142, 193, 253
    expérimentale : 314
    du non-conceptuel : 29
    non-cartésienne : 27, 102
    de la simplification : 27, 72
    du temps : 243-250
    traditionnelle : 83
Escherichia Coli (E. coli) : 112, 149, 186, 198, 268, 271-274, 281, 286-288, 290, 295, 299, 302, 303, 305
espace de représentation : 38, 75, 80, 92-95, 120, 130, 134-137, 144, 147, 149, 223, 242, 273, 279, 294, 303, 308-309
état d'expérience (Erfahrenheit) : 99-101
événement inanticipable : 12, 19,, 35, 63, 101, 106, 173, 183-185, 215, 223, 247, 249, 252, 254, 287, 298, 308, 310, 314
exhaustion, principe d' : 103, 125
extimité : 21, 87, 102, 185
extraction au phénol : 228, 229, 275

ferritine : 122, 167
financement de la recherche : 48, 51, 56, 58, 93-94, 116-117, 164
foie de rat en régénération : 59, 60, 295-298
foie de rat, système de . 84-92, 111-137, 173-176, 199, 207, 212-215, 227, 234, 238, 271-274, 281, 284, 287, 295-301
fragmentation : 239, 246, 314
fraction soluble : 93, 120, 124-126, 136, 159, 163-164, 173, 175, 177, 200, 202-215, 259, 270

fractionnement : cf. représentation fractionnelle

galactosidase (ß-galactosidase) : 186, 198, 281-283
GDP : cf. guanosine diphosphate
génétique moléculaire : 14-17, 195-196, 198
graphème : 11-12, 144-147, 152, 251, 307-308
greffe : 148, 188, 251252, 305
GTP : cf. guanosine triphosphate
guanosine diphosphate (GDP) : 125, 173-174
guanosine triphosphate (GTP) : 125, 136, 155, 169, 173-174, 177, 209-210, 227, 230, 232, 234, 236, 239, 273, 299

Hammersmith Hospital : 202
Harvard Cancer Commission : 45
Harvard Medical School : 16, 43, 57, 126, 128, 157, 295, 298
Harvey Society, conférence : 81, 258, 262-263
Henry Ford Hospital : 283
historialité : 13, 243-255
Homogénat : 39, 41, 58, 61, 65-66, 69-95, 111-123, 130, 155, 168, 170-171, 176-177, 211, 229, 233, 238, 267, 272
homogénéité, principe d' : 103
Huntington : cf. Collis P. Huntington Memorial Hospital
hybrides, systèmes : 19, 148, 176, 186-190, 196, 252, 305, 309
hydroxamate : 159-166
hydroxylamine : 159-166, 171, 174, 214-215
hypothèse de l'adaptateur : 196, 216-227, 262-267, 279

identité et différence : 35, 36, 97-110, 252
in situ, représentation : 127-128, 169-170
in vivo, études : 52, 57, 64-65, 71, 73, 83, 85, 121, 133, 148, 166, 168, 199, 274, 278, 282, 294, 296, 305

induction enzymatique : 166-167, 281, 285

information :
traduction ou transfert moléculaire de l' : 14-15, 67, 73, 185, 190, 198, 201, 217, 219, 224, 235, 242, 257, 259, 261, 282, 286, 295
langage de l' : 38, 195-196, 220, 223, 257, 266, 306

inscription : 144-147, 149, 150-151

Institut Bach, Moscou : 172

Institut Pasteur : 17, 166, 186, 281-286, 294

International Cancer Research Foundation : 46

itération : 109, 144, 146, 252

jeu de différences : 251

Journal :
of the American Chemical Society : 165
of Biological Chemistry : 54-55
of Molecular Biology : 271

Laboratoires Carlsberg : 44

langage : *cf.* science et langage

levure : 21, 82, 164-165, 199-200, 234, 268, 275-278, 284, 291

liaison α-peptidique : 121-122, 214

marquage radioactif : 39, 52, 58, 69, 92, 134, 150, 202, 208-212, 229-230, 258, 278-279, 291

marque : 145, 151

Massachusetts General Hospital (MGH) : 9-20, 23, 37, 44-59, 91-94, 109-128, 157-158, 165-167, 174-176, 195, 202-239, 257-258, 274, 303

Massachusetts Institute of Technology (MIT) : 16, 47, 49-51, 117, 233

matrice : 19, 32, 38, 156, 178-181, 198, 200-201, 216-220, 225, 241-242, 261-269, 283-298, 305

McArdle Laboratories for Cancer Research : 95, 128, 202, 233

méthionine, activation de la : 164-165, 211-212, 241

MGH : *cf.* Massachusetts General Hospital

microscopie électronique : 127-128, 130, 134, 168-169, 261, 300

microsomes : 19, 74-84, 85, 90, 92, 115-117, 120, 122-125, 126-134, 159, 163, 166, 168-170, 173-177, 198-199, 207-222, 227, 230, 237-242, 255, 268, 276-279, 284-285, 297- 299-300, 302-303

MIT : *cf.* Massachusetts Institute of Technology

mitochondries : 76, 79-81, 84-85, 88, 90-91, 111, 116-117, 120, 124, 127

modèles :
modèle, cellule- : 233
modèle, expérimental : 121, 141, 145, 147-152, 178, 189
modèle, matrice- : 178, 181, 268
modèle, organisme- : 31, 99, 148-149, 271, 274, 303
modèle, réaction- : 39, 148, 159-166, 177, 214
modèle, substance- : 148, 159, 162, 214-215, 288
modèle, système- : 69-74, 122, 148, 150, 273-274, 279, 287, 298

narration : *cf.* récit historique

National Institutes of Health (NIH) : 84, 287-288, 294-295

National Institute for Medical Research, London : 201

NIH : *cf.* National Institute of Health

Oak Ridge National Laboratory : 200, 270, 283, 287, 290

objet scientifique : *cf.* aussi chose épistémique : 36, 132, 142, 144, 148-149, 310

objet technique : 33-36, 97, 107, 146, 310

Office of Scientific Research and Development : 44

OTAN, bourse : 288

PaJaMo, expérience : 281, 285
paradigme : 39, 83, 183, 246, 249
peptidases : 60, 64, 79
perspective en patchwork de la science : 196, 312-313
phage : *cf.* bactériophage
phosphorylation : 55-56, 64, 70, 95, 173, 179
polynucléotide phosphorylase : 201
polyribonucléotide : 269, 288
polysome : 300
post-microsomales, fractions : 118, 128, 169
pragmatogonie : 152-154
principe de négligence modérée : 104, 209
Proceedings of the National Academy of Sciences (USA) : 231
programme multi-enzyme : 71
protéolyse : 47, 57, 60, 64, 70-71, 79
pyrophosphate : 159, 161, 208, 214

Radcliffe College : 172
ramification : 12, 19, 187-190, 231, 248, 274, 305, 309
rationalisme et empirisme : 25, 139
réaction d'échange PP/ATP : 164
récit historique : 191-192, 255, 243-255
Recueil des Travaux Chimiques des Pays-Bas et de la Belgique : 238, 240
récurrence : 99-100, 185-186, 243-244
régénérateur d'ATP, système : 117-118, 176, 273
représentation, espace de : 38, 75, 80, 92-95, 120, 130, 134-137, 144, 147, 149, 223, 242, 273, 279, 294, 303, 308-309
représentation fractionnelle : 111-137, 163, 215, 229, 236, 259, 297
reproduction : 24, 36, 63, 141, 153, 191, 246
reproduction différentielle : 11, 18, 39, 41, 93, 97-110, 124, 137, 139, 150, 176, 230, 232, 247-249, 270, 305
résonance : 76, 83-84, 106, 128, 133, 135, 246, 249, 310

réticulum endoplasmique : 127-128, 169, 174-175, 261, 302
ribonucléoprotéique, particule : 131, 133, 136, 166, 169-170, 175-176, 218-219, 225, 227, 233, 236, 238-239, 242, 260-262, 268, 302
ribosome : 15, 19, 32, 197, 199-200, 217, 255, 261, 268-271, 272-279, 286-289, 294-303
Rockefeller Foundation : 275
Rockefeller Institute : 43, 47, 59, 74, 80-81, 84, 115, 124, 127-128, 168-169, 231, 287

saccharose, solution ou gradient : 73, 80, 84, 87, 114, 174
savoir tacite : 101-104, 105, 143, 189
science :
    et art : 12-13, 98, 107, 244, 307
    et écriture : 12, 18-19, 24, 108, 154, 225, 245, 250-251
    comme jeu des possibles : 100, 249
    et langage : 108, 148, 220, 223, 266, 303
Scientific American : 266
sémiotique : 141, 143
sérendipité : 184, 215
simplification, : *cf.* épistémologie de la simplification
Sloan Kettering Institute : 130, 169
soie radioactive, synthèse de : 60-61
soluble, ARN : *cf.* ARN soluble
solution de sucre : 114
solution de sel : 176, 209, 228, 238
stabilisation : *cf.* également déstabilisation : 83-84, 86, 106, 165, 220, 268
staphylocoque doré : *cf.* également Staphylococcus aureus : 112, 124, 267, 269, 283
subversion : 118, 225, 279
surplus : 147, 208, 251-252, 254, 279
supplément : 13-15, 56, 88, 113, 150-151, 195-196, 208, 220, 223-225, 257-259, 266, 279

surnageant : *cf.* également fraction soluble : 85, 89-91, 114-118, 122, 125, 151, 159, 163, 169, 174, 200, 203, 215, 228, 232-233, 237, 259, 270, 173, 189, 299, 302-303

symétrie, principe de : 103, 204, 214, 232

synthèse protéique :
    à partir d'acides aminés libres : 47, 64, 167
    et apport d'énergie : 54, 56, 57, 64, 120, 155-181
    bactérienne (*in vitro*) : 31, 261, 271-274, 305
    et code génétique : 195, 197, 225, 261, 281-296, 305
    contrôle de la : 296-301
    comme inversion de la protéolyse : 43-44, 47, 57, 60, 64, 71, 79
    par échange peptidique : 64, 69-70
    reconstitution de l'activité : 86, 90, 111, 119, 126, 135-136
    système *in vitro*, mise au point : 18-19, 40, 45, 69-95, 103, 109, 115-116, 121, 133-134, 146, 155, 157, 159, 168, 170-173, 184, 198-199, 203, 255, 269, 279, 296-301, 302, 315

système expérimental : 9-19, 21-42, 69-74, 84-92, 97-110, 144-147, 183-196, 213, 223, 243-255, 271-274, 298-199, 305-306, 307-315

tâtonnement : 98, 146, 173, 177, 185, 211, 270

technique, objet ou chose : 32-36, 97, 107, 146, 310

technoscience : 33-34

temps : *cf.* épistémologie du temps

template : *cf.* également matrice : 156, 178, 255, 264, 289, 294

théorie et expérience : 23, 26, 33, 38, 70, 83, 142, 146, 153, 183, 187, 217, 219, 257, 298, 313, 315

trace, : *cf.* également marque : 11, 13, 41, 55, 107-108, 137, 139, 141, 144-147, 149-152, 161, 185-186, 231, 245, 251, 253, 279, 307-309, 311

Thiobacillus thiooxidans : 59

traceur : *cf.* également marquage radioactif : 49-51, 92, 150, 169

ultracentrifugation : 39-40, 74-75, 80, 115, 117, 126, 130-131, 134, 150, 168, 175, 273, 286

United States Navy Department : 93

Université :
    de Bonn : 288
    Libre de Bruxelles : 76, 78, 81, 202
    de Californie à Berkeley : 16, 57, 84, 268, 281-283
    de Cambridge : 37, 112, 121, 124, 199, 202, 221, 227, 257, 277-278, 282-283, 286-287, 295
    de Case Western Reserve : 164
    de Chicago : 211, 264
    de Cornell : 16, 73, 211, 231, 288, 304
    de l'État de New York à Syracuse : 201
    de l'Illinois, Urbana : 166, 200, 286
    Johns Hopkins, Baltimore : 16, 59, 113, 272
    de Harvard : 9, 15-16, 37, 43, 47, 49-50, 57, 61, 83, 126, 128, 157, 206, 216-217, 268, 274, 286-287, 294-298
    de Kyoto : 287
    de Liège : 77-78
    du Michigan : 288
    du Minnesota : 165
    de New York : 201, 295
    de Niigata : 212
    de Pennsylvanie : 82
    de Pittsburgh : 233
    de Stockholm : 77, 212
    de Tokyo : 287
    d'Utrecht : 207, 230
    de Yale : 71, 233
    de Vanderbilt : 16, 225

de Washington, St. Louis : 47, 164, 211, 230
de Wisconsin, Madison : 16, 95, 125, 128, 211, 233

végétaux, systèmes : 170-174
versäumen : 311

virus de la mosaïque du tabac (Tobacco Mosaic Virus, TMV) : 170-174, 269, 291

X (composant de l'ARN) : 296-298, 301, 303
xénotexte : 42

TABLE DES ILLUSTRATIONS

ILL. 1 – Dépendance au dinitrophénol de la consommation d'oxygène et de l'incorporation d'acides aminés dans les cellules de foies normaux et tumoraux 55

ILL. 2 – Fragment d'un cocon de vers à soie et autoradiogramme du même fragment 61

ILL 3 – Possibles sites actifs des agents carcinogènes 66

ILL. 4 – Représentation du fractionnement d'un homogénat de tissus de foie de rat 88

ILL. 5 – Reconstitution de l'activité d'incorporation d'acides aminés par combinaison de différentes fractions de foie de rat 90

ILL. 6 – Diagramme de la reconstitution d'un homogénat actif 119

ILL. 7 – Électromicrographie de microsomes traités au désoxycholate et électromicrographie d'une fraction microsomale non traitée 129

ILL. 8 – Ultracentrifugation analytique de microsomes de foie de rat sans et avec traitement au désoxycholate à 37020 tours par minute 131

ILL. 9 – Effet de l'augmentation de la concentration de désoxycholate de sodium sur le comportement de l'ARN et de la protéine dans la fraction microsomale 132

ILL. 10 – Schéma de fractionnement du suc cellulaire du foie de rat vers 1955 135

ILL. 11 – État de la reconstitution fonctionnelle de la synthèse protéique *in vitro* en 1955 136

ILL. 12 – Cycle-modèle de la synthèse protéique envisagé par Lipmann 156

Ill. 13 – Consommation d'ATP et formation d'hydroxamate en présence d'acides aminés et d'hydroxylamine 160

Ill. 14 – Schéma de la réaction d'activation des acides aminés 162

Ill. 15 – Schéma de synthèse du mécanisme d'incorporation des acides aminés dans les protéines tel qu'on se le représentait en 1955 178

Ill. 16 – Séquentialisation des acides aminés telle qu'on se la représentait en 1956 180

Ill. 17 – Compte rendu d'un des premiers essais en date du mois de novembre 1955 sur l'incorporation de leucine dans l'ARNs 204

Ill. 18 – Première esquisse d'une combinaison entre acides aminés et ARN 206

Ill. 19 – Représentation schématique du mécanisme de la synthèse protéique 219

Ill. 20 – Schéma de la décomposition de l'ARNs en trinucléotides 222

Ill. 21 – Étapes supposées de l'incorporation des acides aminés dans les protéines 224

Ill. 22a – Possible mécanisme de génération des molécules adaptatrices 226

Ill. 22b – Possible mécanisme de spécification de la séquence polypeptidique 226

Ill. 23 – Schéma de fractionnement de l'homogénat de foie de rat (1957) 229

Ill. 24 – Cascade des enzymes pouvant jouer un rôle dans la synthèse protéique 236

Ill. 25 – Localisation des composants enzymatiques de l'incorporation des acides aminés 237

Ill. 26 – Stades de la décomposition du système acellulaire d'incorporation d'acides aminés basé sur le foie de rat 238

Ill. 27 – Schéma de l'interaction entre l'ARN microsomal et l'ARN soluble chargé d'acides aminés 260

Ill. 28 – Modèle matriciel de la condensation des acides aminés dirigée par l'adaptateur 265

Ill. 29 – Dernière étape de l'assemblage d'une protéine 266

ILL. 30 – Compte rendu de l'expérience 27Q du 27 mai 1961
de Heinrich Matthaei 293
ILL. 31 – Représentation du suc cellulaire de foie de rat en
fractions vers 1963 301

TABLE DES MATIÈRES

ABRÉVIATIONS 7

PROLOGUE 9
   L'épistémologie 10
   L'historiographie 12
   L'étude de cas 14

SYSTÈMES EXPÉRIMENTAUX ET CHOSES ÉPISTÉMIQUES 21
   Systèmes expérimentaux 25
   Choses épistémiques, choses techniques 28
   La biosynthèse des protéines et son contexte 37

UN POINT DE DÉPART : LA CANCÉROLOGIE, 1947-1950 43
   La recherche sur le cancer au Huntington Hospital 45
   Acides aminés radioactifs 49
   Comment un simple contrôle
   devint l'expérience « proprement dite » 54
   Accroissement de la concurrence, multiplication des activités . . . 57
   Recherche sur le cancer : une page se tourne 63

UN SYSTÈME DE SYNTHÈSE PROTÉIQUE
IN VITRO PREND FORME, 1949-1952 69
   Systèmes-modèles simples 71
   Digression sur l'histoire des microsomes 74
   Un homogénat actif 84
   Un nouvel espace de représentation 92

REPRODUCTION ET DIFFÉRENCE 97
   Reproduction 98
   Savoir tacite 101
   Différence 104
   Différance 108

DÉFINIR DES FRACTIONS, 1952-1955 111
   Homogénéisation douce 113
   À petites molécules, grandes machines 114
   La dynamique des fractions 119
   L'ARN : une question sans réponse 123
   La fraction soluble 125
   Les microsomes 126
   Un espace de représentation complexe 134

ESPACES DE LA REPRÉSENTATION 139
   Significations de la représentation 140
   Graphèmes, traces, inscriptions 144
   Modèles 147
   Une pragmatogonie du réel 152

L'ACTIVATION DES ACIDES AMINÉS, 1954-1956 155
   Réactions-modèles 159
   Le contexte 166
   La question des microsomes 168
   Systèmes végétaux 170
   Le nucléotide G 173
   Retour aux cellules cancéreuses 174
   Les débuts d'un récit 176
   Matrices-modèles 178

CONJONCTURES, CULTURES EXPÉRIMENTALES 183

Conjonctures 183

Hybrides 186

Ramifications 187

Cultures expérimentales 188

Synthèse protéique et discours de l'information 195

L'ÉMERGENCE D'UN ARN SOLUBLE, 1955-1958 197

L'ARN revisité 198

1ᵉʳ déplacement :
D'une contamination de la fraction soluble
à un intermédiaire de la synthèse protéique 202

2ᵈ déplacement :
De la biochimie à la biologie moléculaire 216

ARNs : les signes caractéristiques d'une molécule 227

Sur les traces de l'incorporation
des nucléotides dans l'ARN 231

Représentations alternatives 235

Une machine à générer des questions 239

Code ou matrice ? 241

HISTORIALITÉ, NARRATION, RÉFLEXION 243

Épistémologie du temps 243

Déplacements et retardements 250

ARN DE TRANSFERT ET RIBOSOMES, 1958-1961 257

L'impasse de l'adaptateur 262

Matrice, premier code et second code 264

Les ribosomes prennent forme 268

Du foie de rat au *Escherichia coli* 271

L'isolement des ARN de transfert singuliers 275

La fonction des ribosomes 277

VERS L'ARN MESSAGER ET LE CODE GÉNÉTIQUE 281

    Un messager cytoplasmique 281

    Synthèse protéique et code génétique 287

    Le système de foie de rat, la régulation
    et l'ARN messager 296

    Réduction *versus* intégration 302

ÉPILOGUE 307

GLOSSAIRE 317

BIBLIOGRAPHIE 331

INDEX DES NOMS 377

INDEX DES LIEUX ET NOTIONS 381

TABLE DES ILLUSTRATIONS 389

IMPRIM'VERT®

Achevé d'imprimer par Corlet Numérique,
Ã Condé-sur-Noireau (Calvados), en octobre 2017
N° d'impression : 142247 – Dépôt légal : octobre 2017
Imprimé en France